홍원표의 지반공학 강좌 건설사례편 1

지하굴착사례

홍원표의 지반공학 강좌 건설사례편 1

지하굴착사례

우리나라에서는 고도의 산업 발전과 도심지의 인구집중에 따른 용지면적의 부족 및 지가 상승으로 지하공간의 활용이 점차 증대되고 있어서 앞으로도 대규모 지하굴착공사가 증가할 추세다. 도심지에서 굴착공사가 주변구조물과 지하매설물에 근접해서 실시되는 경우 흙막이벽의 변형이 크게 되며 지반의 강도가 저하되어 굴착지반의 안정성에 문제가 발생한다. 그리고 주변지반 변형에도 영향을 미치게 되어 시공 중 흙막이벽 배면지반의 변형으로 인접구조물의 균열이나 붕괴사고가 종종 발생한다. 이러한 사고를 막기 위한 방법으로 가설흙막이구조물을 설치하고 있다.

홍원표 저

중앙대학교 명예교수
홍원표지반연구소 소장

굴착지반 보일링

씨아이알

'홍원표의 지반공학 강좌'를 시작하면서

2015년 8월 말, 필자는 퇴임강연으로 퇴임식을 대신하면서 34년간의 대학교수직을 마감하였다. 이후 대학교수 시절의 연구업적과 강의노트를 서적으로 남겨놓는 작업을 시작하였다. 퇴임 당시 주변에서 이제부터는 편안히 시간을 보내면서 즐기라는 권유도 많이 받았고 새로운 직장을 권유받기도 하였다. 여러 가지로 부족한 필자의 여생을 편안하게 보내도록 진심어린 마음으로 해준 조언도 분에 넘치게 고마웠고 새로운 직장을 권하는 사람들도 더 없이 고마웠다. 그분들의 고마운 권유에도 귀를 기울이지 않고 신림동에 마련한 자그마한 사무실에서 막상 집필 작업에 들어가니 황량한 벌판에 외롭게 홀로 내팽겨진 쓸쓸함과 정작 '집필을 수행할 수 있을까?' 하는 두려운 마음이 들었다.

그때 필자는 자신의 선택과 앞으로의 작업에 대하여 많은 생각을 하였다. '과연 나에게 허락된 남은 귀중한 시간을 무엇을 하는 데 써야 행복할까?' 하는 질문을 수없이 되새겨보았다. 이제 드디어 나에게 진정한 자유가 허락된 것인가? 자유란 무엇인가? 자신에게 반문하였다. 여기서 필자는 "진정한 자유란 자기가 좋아하는 것을 하는 것이며 행복이란 지금의 일을 좋아하는 것"이라고 한 어느 글에서 해답을 찾을 수 있었다. 그 결과 퇴임 후 계획하였던 집필작업을 차질 없이 진행해오고 있다. 지금 돌이켜보면 대학교수직을 퇴임한 것은 새로운 출발을 위한 아름다운 마무리에 해당하는 것이라고 스스로에게 말할 수 있게 되었다. 지금도 힘들고 어려우면 초심을 돌아보면서 다짐을 새롭게 하고 마지막에 느낄 기쁨을 생각하면서 혼자 즐거워한다. 지금부터의 세상은 평생직장의 시대가 아니고 평생직업의 시대라고 한다. 필자에게 집필은 평생직업이 된 셈이다.

이러한 평생직업을 가질 수 있는 준비작업은 교수 재직 중 만난 수많은 석·박사 제자들과의 연구에서부터 출발하였다고 생각한다. 그들의 성실하고 꾸준한 노력이 없었다면 오늘 이런 집필 작업은 꿈도 꾸지 못하였을 것이다. 그 과정에서 때론 크게 격려하기도 하고 나무라기도 하였던 점이 모두 주마등처럼 지나가고 있다. 그러나 그들과의 동고동락하던 시기가 내 인생 최고의 시기였음을 이 지면에서 자신 있게 분명히 말할 수 있고, 늦게나마 스승보다는 연구동반자로 고마움을 표하는 바다.

신이 허락한다는 전제 조건하에서 100세 시대의 내 인생 생애주기를 세 구간으로 나누면 제1구간은 탄생에서 30년까지로 성장과 활동의 시기였고, 제2구간인 30세에서 60세까지는 노후 집필의 준비시기였으며, 제3구간인 60세 이상에서는 평생직업을 갖는 인생 마무리 주기로 정하고 싶다. 이 제3구간의 시기에 필자는 즐기면서 지나온 기록을 정리하고 있다. 프랑스 작가 시몬드 보부아르는 "노년에는 글쓰기가 가장 행복한 일"이라고 하였다. 이 또한 필자가 매일 느끼는 행복과 일치하는 말이다. 또한 김형석 연세대 명예교수도 "인생에서 60세부터 75세까지가 가장 황금시대"라고 언급하였다. 필자 또한 원고를 정리하다 보면 과거 연구가 잘못된 점도 발견할 수 있어 늦게나마 바로 잡을 수 있어 즐겁고 연구가 미흡하여 계속 연구를 더 할 필요가 있는 사항을 종종 발견하기도 한다. 지금이라도 가능하다면 더 계속 진행하고 싶으나 사정이 여의치 않아 아쉬운 감이 들 때도 많다. 어찌하였든 지금까지 이렇게 한발 한발 자신의 생각을 정리할 수 있다는 것은 내 인생 생애주기 중 제3구간을 즐겁고 보람되게 누릴 수 있다는 것이 더없는 영광이다.

우리나라에서 지반공학 분야 연구를 수행하면서 참고할 서적이나 사례가 없어 힘든 경우도 있었지만 그럴 때마다 "길이 없으면 만들며 간다"는 신용호 교보문고 창립자의 말을 생각하면서 묵묵히 연구를 계속하였다. 필자의 집필작업뿐만 아니라 세상의 모든 일을 성공적으로 달성하기 위해서는 불광불급(不狂不及)의 자세가 필요하다고 한다. "미치지(狂) 않으면 미치지(及) 못한다"라고 하니 필자도 이 집필작업에 여한이 없도록 미쳐보고 싶다. 비록 필자가 이 작업에 미쳐 완성한 서적이 독자들 눈에 차지 못할지라도 그것은 필자에겐 더없이 소중한 성과다.

지반공학 분야의 서적을 기획집필하기에 앞서 이 서적의 성격을 우선 정하고자 한다. 우리 현실에서 이론 중심의 책보다는 강의 중심의 책이 기술자에게 필요할 것 같아 이름을 '지반공학 강좌'로 정하였고, 일본에서 발간된 여러 시리즈의 서적과 구분하기 위해 필자의 이름을 넣어 '홍원표의 지반공학 강좌'로 정하였다. 강의의 목적은 단순한 정보전달이어서는 안 된다고 생각한다. 강의는 생각을 고취하고 자극해야 한다. 많은 지반공학도들이 본 강좌서적을 활용하여 새로운 아이디어, 연구 테마 및 설계·시공안을 마련하기를 바란다. 앞으로 이 강좌에서는 「말뚝공학편」, 「기초공학편」, 「토질역학편」, 「건설사례편」 등 여러 분야의 강좌가 계속될 것이다. 주로 필자의 강의노트, 연구논문, 연구 프로젝트 보고서, 현장자문기록, 필자가 지도한 석·박사 학위논문 등을 정리하여 서적으로 구성하였고 지반공학도 및 설계·시공기술자에게 도움이 될 수 있는 상태로 구상하였다. 처음 시도하는 작업이다 보니 조심스러운 마음이 많다. 옛 선현의 말에 "눈길을 걸어갈 때 어지러이 걷지 마라. 오늘 남긴 내 발자국이 뒷사람의 길이 된다"라고 하였기에 조심 조심의 마음으로 눈 내린 벌판에 발자국을 남기는 자세로 진행할 예정이다. 부디 필자가 남긴 발자국이 많은 후학들의 길 찾기에 초석이 되길 바란다.

2015년 9월 '홍원표지반연구소'에서

저자 **홍원표**

「건설사례편」 강좌
서 문

은퇴 후 지인들로부터 받는 인사가 "요즈음 뭐하고 지내세요"가 많다. 그도 그럴 것이 요즘 은퇴한 남자들의 생활이 몹시 힘들다는 말이 많이 들리기 때문에 나도 그 대열에서 벗어날 수 없는 것이 사실이다. 이러한 현상은 남지들이 옛날에는 은퇴 후 동내 복덕방(지금의 부동산 소개업소)에서 소일하던 생활이 변하였기 때문일 것이다. 요즈음 부동산 중개업에는 젊은 사람들이나 여성들이 많이 종사하고 있어 동네 복덕방이 더 이상 은퇴한 할아버지들의 소일터가 아니다. 별도의 계획을 세우지 않는 경우 남자들은 은퇴 즉시 백수가 되는 세상이다.

이런 상황에 필자는 일찌감치 은퇴 후 자신이 할 일을 집필에 두고 준비하여 살았다. 이로 인하여 은퇴 후에도 바쁜 생활을 할 수 있어 기쁘다. 필자는 은퇴 전 생활이나 은퇴 후의 생활이 다르지 않게 집필계획에 따라 바쁘게 생활할 수 있다. 비록 금전적으로는 아무 도움이 되지 못하지만 시간상으로는 아무 변화가 없다. 다만 근무처가 학교가 아니라 개인 오피스텔인 점만이 다르다. 즉, 매일 매일 아침 9시부터 저녁 5시까지 집필에 몰두하다 보니 하루, 한 달, 일 년이 매우 빠르게 흘러가고 있다. 은퇴 후 거의 10년의 세월이 되고 있다. 계속 정진하여 처음 목표로 정한 '홍원표의 지반공학 강좌'의 「말뚝공학편」, 「기초공학편」, 「토질공학편」, 「건설사례편」의 집필을 완성하는 그날까지 계속 정진할 수 있기를 기원하는 바다.

그동안 집필작업이 너무 힘들어 포기할까도 생각하였으나 초심을 잃지 말자는 마음으로 지금까지 버텨왔음이 오히려 자랑스럽다. 심지어 작년 한 해는 처음 목표의 절반을 달성하였으므로 집필작업을 잠시 멈추고 지금까지의 길을 뒤돌아보는 시간도 가졌다. 더욱이 대한토목학회로부터 내가 집필한 '홍원표의 지반공학 강좌' 「기초공학편」이 학회 '저술상'이란 영광스런 상의 수상자로 선발되기까지 하였고, 일면식도 없는 사람으로부터 전혀 생각지도 않았던 감사인사까지 받게 되어 그동안 집필작업에 계속 정진하였음은 정말 잘한 일이고 그 결정을 무엇보다 자랑스럽게 생각하는 바다.

드디어 '홍원표의 지반공학 강좌'의 네 번째 강좌인 「건설사례편」의 집필을 수행하게 되었다. 실제 필자는 요즘 「건설사례편」에 정성을 가하여 열심히 몰두하고 있다. 황금보다 소금보다 더 소중한 것이 지금이라 하지 않았던가.

네 번째 강좌인 「건설사례편」에서는 필자가 은퇴 전에 참여하여 수행하였던 각종 연구 용역을 '지하굴착', '사면안정', '기초공사', '연약지반 및 항만공사', '구조물 안정'의 다섯 분야로 구분하여 정리하고 있다. 책의 내용이 다른 전문가들에게 어떻게 평가될지 모르나 필자의 작은 노력과 발자취가 후학에게 도움이 되고자 과감히 용기를 내어 정리하여 남기고자 한다. 내가 노년에 해야 할 일은 내 역할에 맞는 일을 해야 한다고 생각한다. 이러한 결정은 "새싹이 피기 위해서는 자리를 양보해야 하고 낙엽이 되어서는 다른 나무들과 숲을 자라게 하는 비료가 되야 한다"라는 신념에 의거한 결심이기도 하다.

그동안 필자는 '홍원표의 지반공학 강좌'의 첫 번째 강좌로 『수평하중말뚝』, 『산사태억지말뚝』, 『흙막이말뚝』, 『성토지지말뚝』, 『연직하중말뚝』의 다섯 권으로 구성된 「말뚝공학편」 강좌를 집필·인쇄·완료하였으며, 두 번째 강좌로는 「기초공학편」 강좌를 집필·인쇄·완료하였다. 「기초공학편」 강좌에서는 『얕은기초』, 『사면안정』, 『흙막이굴착』, 『지반보강』, 『깊은기초』의 내용을 집필하였다. 계속하여 세 번째 「토질공학편」 강좌에서는 『토질역학특론』, 『흙의 전단강도론』, 『지반아칭』, 『흙의 레오로지』, 『지반의 지역적 특성』의 다섯 가지 주제의 책을 집필하였다. 네 번째 강좌에서는 필자가 은퇴 전에 직접 참여하였던 각종 연구 용역의 결과를 다섯 가지 주제로 나누어 정리함으로써 내 경험이 후일의 교육자와 기술자에게 작은 도움이 되도록 하고 싶다.

우리나라는 세계에서 가장 늦은 나이까지 일하는 나라라고 한다. 50대 초반에 자의든 타의든 다니던 직장에서 나와 비정규직으로 20여 년 더 일을 해야 하는 형편이다. 이에 맞추어 우리는 생각의 전환과 생활 패턴의 변화가 필요한 시기에 진입하였다. 이제 '평생직장'의 시대에서 '평생직업'의 시대에 부응할 수 있게 변화해야 한다.

올해는 세계적으로 '코로나19'의 여파로 지구인들이 고통을 많이 겪었다. 이 와중에서도 내 자신의 생각을 정리할 수 있는 기회를 신으로부터 부여받은 나는 무척 행운아다. 원래 위기는 모르고 당할 때 위기라 하였다. 알고 대비하면 피할 수 있다. 부디 독자 여러분들도 어려운 시기지만 잘 극복하여 각자의 성과를 내기 바란다. 마음의 문을 여는 손잡이는 마음의 안쪽에만 달려 있음을 알아야 한다. 먼 길을 떠나는 사람은 많은 짐을 갖지 않는다. 높은 정상에 오르기 위해서는 무거운 것들은 산 아래 남겨두는 법이다. 정신적 가치와 인격의 숭고함을 위해서는 소유의 노예가 되어서는 안 된다. 부디 먼 길을 가기 전에 모든 짐을 내려놓을 수 있도록 노력해야겠다.

모름지기 공부란 남에게 인정받기 위해 하는 게 아니라 인격을 완성하기 위해 하는 수양이다. 여러 가지로 부족한 나를 채우고 완성하기 위해 필자는 오늘도 집필에 정진한다. 사명이 주어진 노력에는 불가능이 없기에 남이 하지 못한 일에 과감히 도전해보고 싶다. 잘된 실패는 잘못된 성공보다 낫다는 말에 희망을 걸고 용기를 내본다. 욕심의 반대는 무욕이 아니라 만족이기 때문이다.

2023년 2월 '홍원표지반연구소'에서

저자 **홍원표**

『지하굴착사례』
머리말

얼마 전에 은퇴한 후배 교수들의 모임에 참석하여 담소를 나눈 적이 있었다. 이 모임에 참석한 교수들이 모두 은퇴한 사람들이다 보니 자연스럽게 요즈음 어떻게 지내는지, 무슨 일을 하는지 궁금해했다. 이들 중 많은 교수들이 지역사회에 봉사를 하며 지내고 있었다. 교수들이 저마다 평생 지녀온 경험과 지식을 활용하여 지역사회 발전에 기여하고 있음은 꽤 바람직해 보였다. 그러나 전체적인 분위기가 은퇴한 교수들이 퇴임 전의 활발한 활동 분위기에 비해 많이 침체된 활동을 하고 있구나 하고 느껴졌다. 역시 은퇴한 교수들도 일반 직장인들처럼 '평생직장'의 시대에서 벗어나서 '평생직업'의 시대로 바뀐 과정에의 적응이 힘든 모양새였다. 즉, 바뀐 생활 환경에 적극적으로 적응하고 있지는 못한 것 같았다. 이런 시대적 상황에서 저자는 일찌감치 집필에 몰두하여 집필로 은퇴 후 '평생직업'의 생활을 할 수 있어 다행이라는 생각을 가질 수 있었다.

이러한 집필의 일환으로 이번에 '홍원표의 지반공학 강좌'의 네 번째 강좌인 「건설사례편」의 첫 번째 주제인 『지하굴착사례』를 집필하게 되었다.

최근 우리나라에서는 고도의 산업 발전과 도심지의 인구집중에 따른 용지면적의 부족 및 지가 상승으로 인하여 지하공간의 활용이 점차 증대되고 있다. 이러한 경향은 도심지 용지의 효율적인 이용을 위하여 앞으로도 대규모 지하구조물을 축조하기 위한 대심도 지하굴착공사가 증가할 추세에 있다.

도심지에서 굴착공사가 주변구조물과 지하매설물에 근접해서 실시되는 경우, 흙막이벽의 변형이 크게 되며 지반의 강도가 저하되어 굴착지반의 안정성에 문제가 발생한다. 그리고 주변지반 변형에도 상당한 영향을 미치게 되어 시공 중에 흙막이벽 배면지반의 변형(침하)으로 인접구조물의 균열이나 붕괴사고가 종종 발생한다. 이러한 사고는 재산상에 막대한 피해를 가져옴은 물론이고 심한 경우에는 인명피해가 발생하는 대형 사고로 나타나기도 한다.

이와 같이 지하굴착공사를 실시할 때 주변지반의 토사와 지하수의 유입을 방지하고 인접구조물을 보호하기 위하여 가설흙막이구조물을 설치한다. 종래의 흙막이벽체는 엄지말뚝과 나무널판을 사용하는 연성벽체가 주로 이용되었으며, 흙막이벽체 지지 시스템은 버팀보공법과 어스앵커 공법이 이용되고 있다. 그러나 이러한 흙막이구조물은 굴착 과정에서 지반변형이 크게 발생하고 차수성이 좋지 않아 지반붕괴사고를 초래하고 많은 인명피해와 경제적인 손실을 가져올 수도 있다. 이러한 폐단을 방지하기 위하여 최근에는 주열식 흙막이벽과 지하연속벽같이 비교적 강성이 큰 벽체를 사용하고 있다. 이러한 공법의 사용으로 지반변형 및 차수성이 부분적으로는 개선되었으나 안전한 공법으로는 아직 인식되지 못하는 실정이다. 따라서 지반변형을 최소화할 수 있는 보다 안전한 굴착공법이 필요하게 되어 근접시공 시 굴착공법으로 역타(top-down) 공법이 많이 이용되고 있다.

이 책에 수록된 지하굴착안정성 검토사례는 모두 11장에 걸쳐 수록하였다. 인간이 지하공간을 활용하기 위하여 지하굴착을 실시할 경우에는 두 가지 안정상의 문제점에 유의해야 한다. 하나는 흙막이벽체의 변형이고 다른 하나는 지하굴착으로 인한 지반침하다.

이 책에 수록된 11장의 경우도 모두 이들 두 경우에 해당한다. 첫 번째, 흙막이벽의 안정성 검토를 목적으로 하는 경우는 제4장을 제외한 제1장에서 제10장까지의 사례를 들 수 있다. 두 번째, 지반침하 안정검토를 목적으로 하는 경우는 특히 제4장을 예로 들 수 있다.

이들 지하굴착사례를 더욱 세분하면 제1장에서 제3장까지의 지하굴착사례는 지하공간활용을 목적으로 한 경우다. 이 중에서 특히 제3장에서는 지하굴착현장 부근에서 발생한 사고의 경우로 지하굴착 시 유의해야 할 주변지반의 안정성에 관한 사례를 언급하였다.

제4장에서는 지하철 일산 전철 건설 시의 굴착 바닥의 보일링 문제로 인한 흙막이벽 배면지반의 침하 안정성을 검토하였고, 제6장에서는 특별시방서를 작성하였을 경우의 사례를 설명하였으며, 제7장에서는 현장계측 시스템의 사례를 언급하였다. 또한 제8장에서는 지하굴착 시 예상되는 변화에 대하여 열거·설명하였으며, 제9장에서는 트렌치 굴착 시의 안정성을 설명하였다. 그리고 제10장에서는 절토지반의 굴착한계를 구하는 방법을 열거·설명하였다.

끝으로 제11장에서는 흙막이벽 설치 없이 비교적 얕은 지하굴착 시 자립식 H-말뚝만을 설치하는 경우의 공법으로 이 공법으로 지하굴착을 실시하고 아파트를 건설하는 경우의 사례를 설명하였다.

전체 11장에 열거한 지하굴착 시의 안전성 검토에서 도심지의 지하굴착에 안정성을 확보할 수 있는 공법 적용 사례를 설명하였다. 이는 앞으로도 우리나라 도심지의 지하굴착 시 억지대책으로 흙막이말뚝 사용이 적극 검토될 수 있음을 예고하기도 한다.

끝으로 이번 강좌부터는 원고 정리에 아내의 도움을 크게 받아 강좌를 무사히 마칠 수 있었음을 밝히며, 아내에게 고마운 마음을 여기에 표하고자 한다.

2023년 12월 '홍원표지반연구소'에서

저자 **홍원표**

Contents

Chapter 07 울산 WAL*MART 신축공사현장 지하굴착 방안

Chapter 08 WAL*MART 인천 계양점 지하굴착

Chapter

01

재개발지역(서린 제1지구) 지하굴착공사

재개발지역(서린 제1지구) 지하굴착공사

1.1 서론

1.1.1 과업목적

본 과업은 서울특별시 서린 제1지구 재개발사업을 위한 지하굴착공사를 시행하는 데 인접건물인 서린호텔에 대한 안정성을 검토하고, 이에 따른 안전대책을 마련하는 데 그 목적이 있다.[1] 본 과업의 수행기간은 1985년 2월 20일에서 1985년 3월 11일까지의 20일간으로 한다.

1.1.2 과업범위

한효빌딩 신축부지 중 서린호텔과 인접한 부분의 지하굴착만을 과업 대상으로 한다. 이 부분을 그림 1.1에 도시된 바와 같이 5개 구간으로 구분하여 검토한다.

(1) 제1구간: 물탱크 구간
(2) 제2구간: 서린호텔 북쪽 돌출부 구간
(3) 제3구간: 서린호텔 북쪽 돌출부 구간 중 4층 부속건물 구간
(4) 제4구간: 서린호텔 북쪽 돌출부 동쪽 모서리 구간
(5) 제5구간: 게임룸 구간

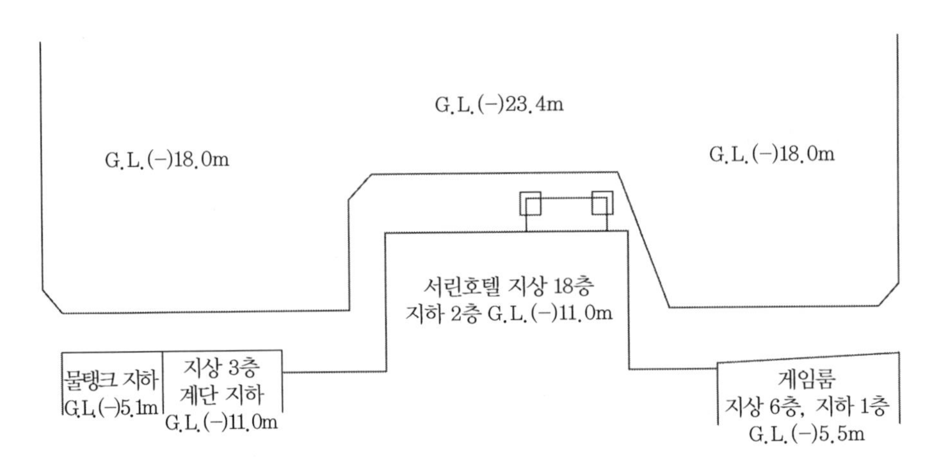

그림 1.1 검토 구간 개략도

1.1.3 과업내역

앞의 5개 구간에 대한 기존자료의 검토와 현장답사를 실시한 후 흙막이벽 기존 설계의 타당성을 검토한다. 또한 굴착공사로 인한 서린호텔의 안정성 검토 시에는 흙막이벽에 작용하는 측방토압에 대한 안정성과 지하수 침투의 보일링에 대한 안전성을 검토한다. 끝으로 서린호텔의 안전성을 확보시키면서 굴착공사를 실시할 수 있는 대책공법을 연구·제안한다.

1.1.4 과업수행방법

과업의뢰자가 제공한 다음과 같은 기존자료에 의거 과업을 수행한다.

(1) 과업의뢰자 제공 참고자료

① 서린호텔 기초설계도면(극동건축개발연구소: 1982.07.)
② 한효개발 신축 흙막이공사 설계도면((주)박콘건설: 1984.12.)
③ 한효개발 사옥 신축부지 지질 및 지하수조사보고서((주)영진지하개발: 1983.02.)
④ 한효개발 신축공사 흙막이설계계산서((주)박콘건설)
⑤ 한효빌딩 흙막이변경설계서((주)박콘건설: 1985.02.)

1.2 기존 자료 검토 및 현황

1.2.1 서린호텔 구조물 기초하중

한효개발 신축공사현장에 인접한 부분의 서린호텔 기초의 개요는 다음과 같다(다음 소제목의 괄호 속 구간 번호는 H-말뚝 번호다).

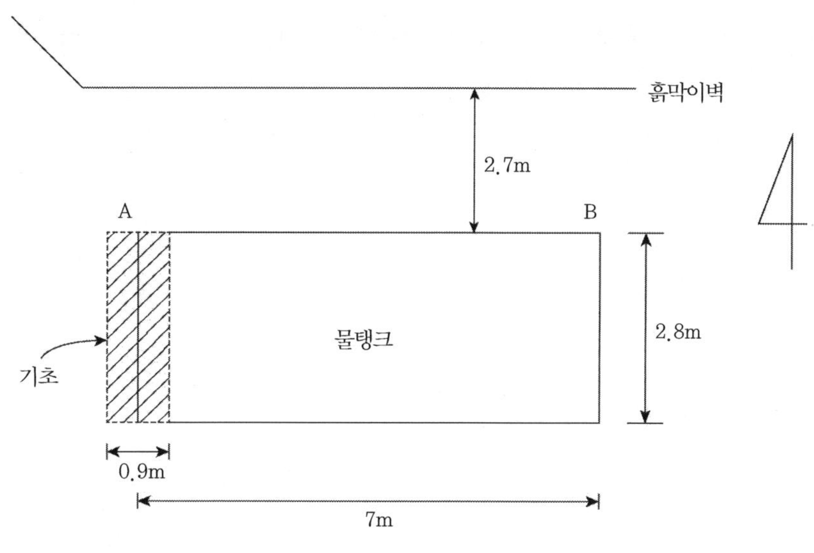

그림 1.2 물탱크 구간 서린호텔 기초

(1) 물탱크 구간(말뚝번호 80~85 사이)

물탱크의 높이는 3.5m고 지표면에서 1.2m 깊이에 묻혀 있다. 기초는 A쪽 하단에 폭 0.9m, 길이 2.8m의 크기로 있으며, B쪽 편은 본 건물과 기초 없이 연결되어 있다. 기초에 작용하는 하중은 1.2m 두께의 흙의 무게, $2.8 \times 7 \times 3.5\text{m} = 68.6\text{m}^3$ 부피의 물의 무게 그리고 6.77m^3의 콘크리트 구조물 무게의 총합계의 1/2에 해당한다고 판단하였다. 흙의 단위중량은 1.7t/m^3다. 그 밖에 재료의 무게는 다음과 같다.

① 흙의 무게: $2.8 \times 7 \times 1.2 \times 1.7 = 40\text{t}$

② 물의 무게: $68.6 \times 1 = 68.6\text{t}$

③ 콘크리트 무게: $6.77 \times 2.3 = 15.6\text{t}$

④ 합계: 124.2t

따라서 기초하중 = 124.2/2/2.8/0.9 = 24.6t/m^{3}을 얻었다.

(2) 서린호텔 북쪽 돌출부 구간(말뚝번호 90~100 사이)

서린호텔의 기초는 그림 1.3의 빗금처럼 격자형 세장기초의 형태이며, 기초의 폭은 참고자료에 표시된 기초형태 중 가장 좁은 폭(1.15m)을 택하였다. 건물의 하중은 층당 1t/m^{2}로 가정하고, 1.15m 폭의 기초는 1.5m 폭의 건물하중을 받는 것으로 하였다. 그 결과 기초에 작용하는 하중은 1t/m^2×20층×1.5m/1.15m = 26t/m^{2}다.

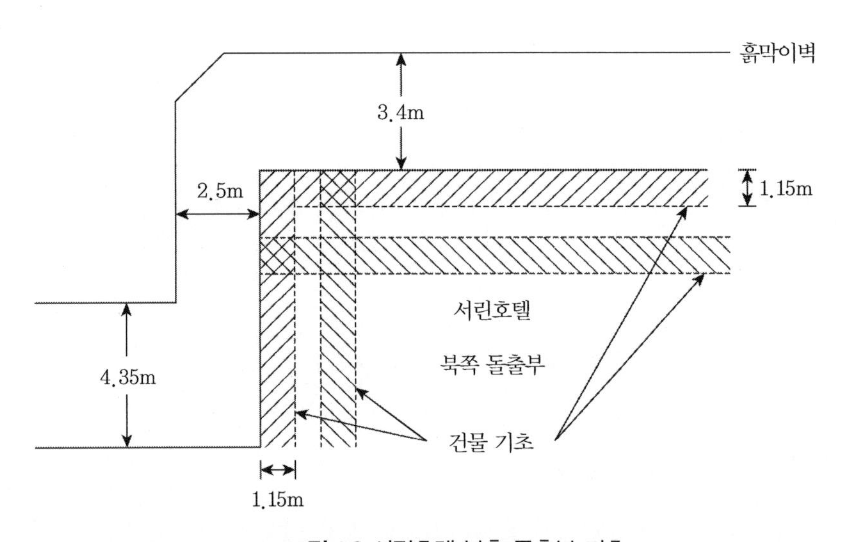

그림 1.3 서린호텔 북측 돌출부 기초

(3) 서린호텔 북쪽 돌출부 구간 중 4층 부속건물 구간(말뚝번호 106)

4층 부속건물은 북쪽 양단에 각각 1.5m 정사각형의 독립기초로 지지되어 있고, 남쪽은 본 건물과 연결되어 있다. 4층 건물의 하중을 층당 1t/m^{2}로 가정하고 기초하중을 산정하면 다음과 같다.

① 4층 부속건물의 총 하중: 2.4m×5.4m×4층×1t/m^2 = 52t

② 독립기초에 작용하는 하중: 52t/2/2/(1.5)^2 = 5.8t/m^2

③ 부속 건물 세장기초에 작용하는 하중: 26t/5.4m/1.15m + 26t/m^2 = 30.2t/m^2

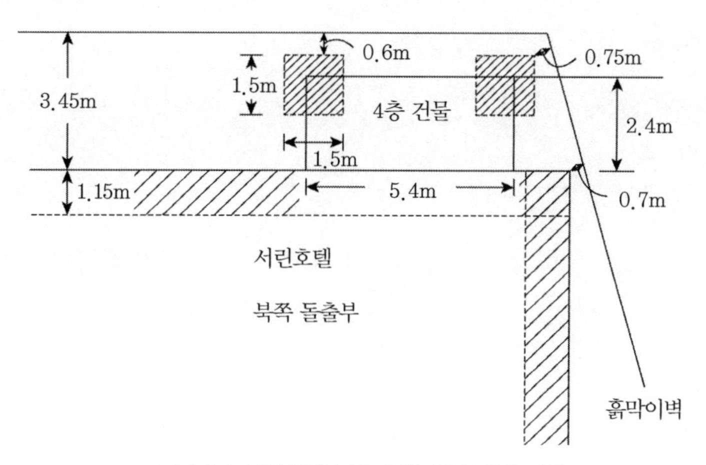

그림 1.4 서린호텔 북측 돌출 부속건물 기초

(4) 서린호텔 북쪽 돌출부 동쪽 모서리 구간(말뚝번호 110)

본 모서리 구간은 흙막이벽 사이의 거리가 가깝고 가로, 세로 방향의 세장기초영향을 함께 받고 있어서 구간을 독립하여 선정하였는데, 토압응력의 계산편의상 그림 1.5에 보인 바와 같이 빗금 친 부분의 독립기초가 존재하는 것으로 가정하였다.

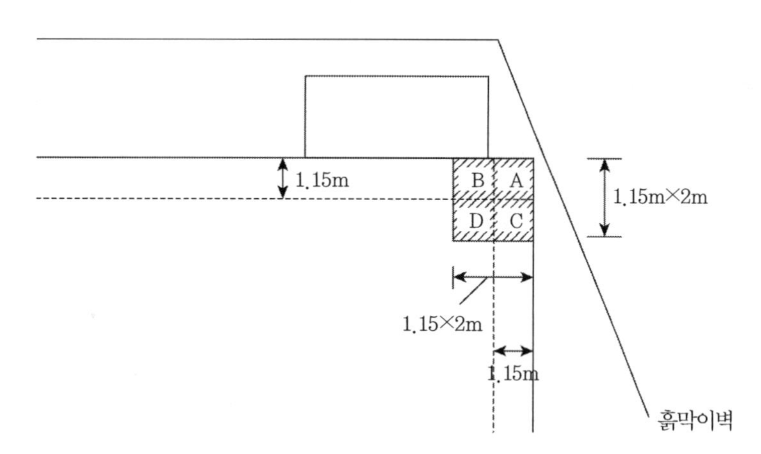

그림 1.5 서린호텔 북쪽 돌출부 모서리 구간 기초

모서리 구간 독립기초 기초하중은 다음과 같다.

① A부분: $30.2t/m^2 + 26t/m^2 = 56.2t/m^2$

② B부분: $30.2t/m^2$

③ C부분: 26t/m^2

④ D부분: $(30.2+26)/2=28.1\text{t/m}^2$

(5) 게임룸 구간(말뚝번호 115~119 사이)

본 게임룸 건물에 대한 자료가 전혀 없어서 폭 1m의 세장기초가 흙막이벽에 연하여 위치해 있는 것으로 가정하였다. 동 기초가 폭 2m의 건물하중을 받는 것으로 하면 기초하중은 2m×7층×1t/m^2/1m = 14t/m^{2}다.

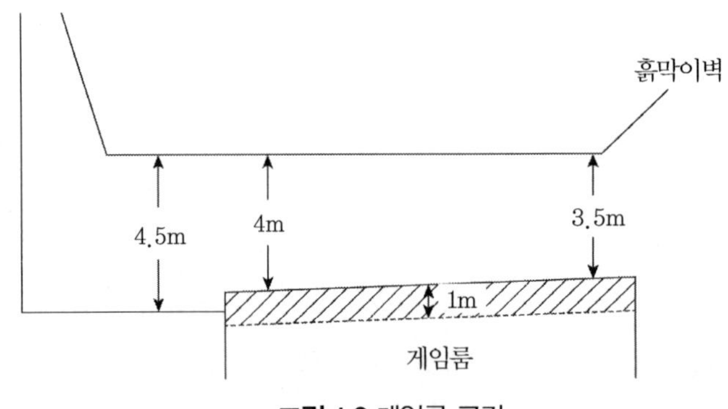

그림 1.6 게임룸 구간

1.2.2 서린호텔 구조물과 흙막이벽 사이의 거리

서린호텔과 한효개발 신축공사현장 흙막이예정벽(RPI) 사이의 거리는 그림 1.7과 같다.

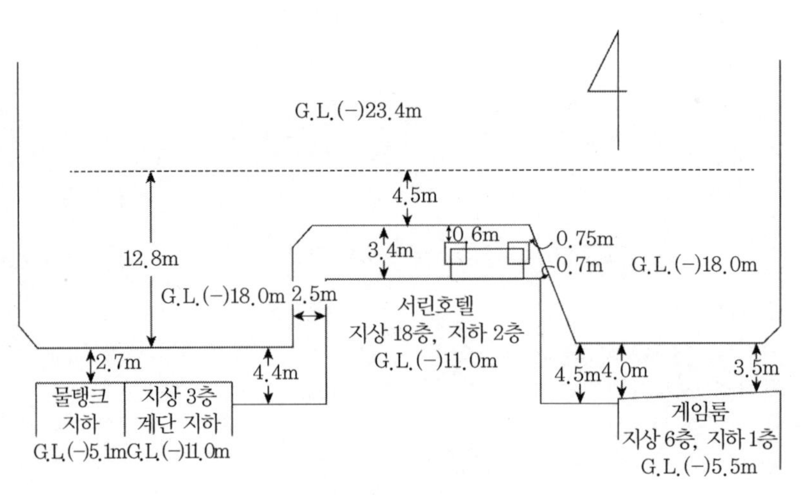

그림 1.7 구조물 사이의 거리

1.2.3 굴착지반의 토질공학적 성질 및 지하수위 위치

시추주상도, 시초조사 결과표 및 표준관입시험 결과로부터 종합한 내용은 표 1.1과 같다.

표 1.1 시추조사 결과표(단위: m)

지층 공번	매립토층	사질점토층	모래층	풍화암	연암	경암	지하수위
B-1 *N*값	0.00~4.80 (4.80) 6~9	4.80~5.70 (0.90) 5	5.70~9.30 (3.60) 11~30	9.30~17.00 (7.70) 36~50/3	17.00~51.50 (34.50)	51.50~52.50 (1.00)	10.90
B-2 *N*값	0.00~4.40 (4.40) 6~7	6.60~7.50 (0.90) 9	4.40~6.60 (2.20) 12	7.50~17.40 (9.90) 16~50/7	17.40~49.60 (32.20)	49.60~50.60 (1.00)	10.50
B-3 *N*값	0.00~3.90 (3.90) 3 ~ 7	3.90~7.40 (3.50) 13	7.40~7.80 (0.40)	7.80~15.50 (7.70) 33~50/10	15.50~52.00 (36.50)	52.00~53.00 (1.00)	10.80
B-4 *N*값	0.00~4.40 (4.40) 5~12	6.50~7.50 (1.00) 7	4.40~6.50 (2.10) 6	7.50~16.70 (9.20) 15~50/5	16.70~53.60 (36.90)	53.60~54.60 (1.00)	10.30
B-5 *N*값	0.00~3.50 (3.50) 12	6.60~8.00 (1.40) 6	3.50~6.60 (3.10) 10~20	8.00~17.30 (9.30) 35~50/5	17.30~51.50 (34.20)	51.50~52.50 (1.00)	10.70
B-6 *N*값	0.00~4.80 (4.80) 6~8	4.80~7.30 (2.50) 7	7.30~9.40 (2.10) 11~16	9.40~17.80 (8.40) 50/18~50/6	17.80~52.00 (34.20)	52.00~53.00 (1.00)	9.90
B-7 *N*값	0.00~2.80 (2.80) 9	5.70~7.00 (1.30) 5	2.80~5.70 (2.70) 4~11	7.00~14.80 (7.80) 42~50/6	14.80~51.30 (36.50)	51.30~52.30 (1.00)	10.10
B-8 *N*값	0.00~2.50 (2.50)	4.40~6.70 (2.30)	2.50~4.40 (1.90) 7	8.50~15.60 (7.10)	15.60~49.00 (33.40)	49.00~50.00 (1.00)	9.90
B-9 *N*값	 12	 13	6.70~8.50 (1.80) 15	50/21~50/10			

( ) 내의 수치는 층두께 또는 굴진량이다.

1.2.4 흙막이벽의 구조

서린호텔 인접 구간의 흙막이벽의 구조와 흙막이벽 위에 설치하는 소일시멘트 기둥과 패커(soil cement column packer) 그라우팅의 개요는 그림 1.8 및 1.9와 같다. 타설깊이는 모두 12m, 어스앵커(earth anchor)에 관한 사항은 변경될 것으로 간주하였다.

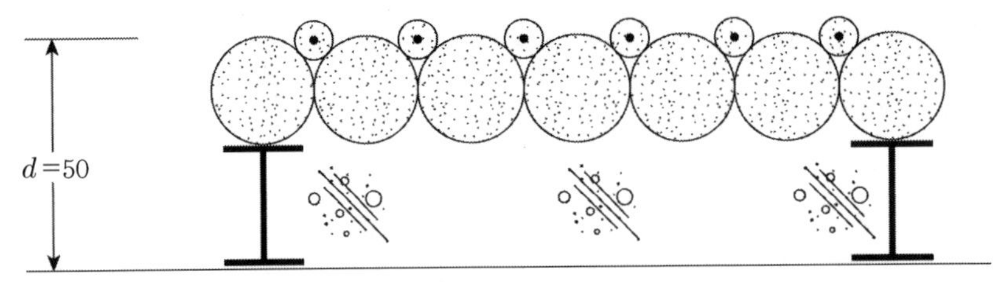

그림 1.8 게임룸 및 물탱크 구간의 소일시멘트 기둥과 패커 그라우팅

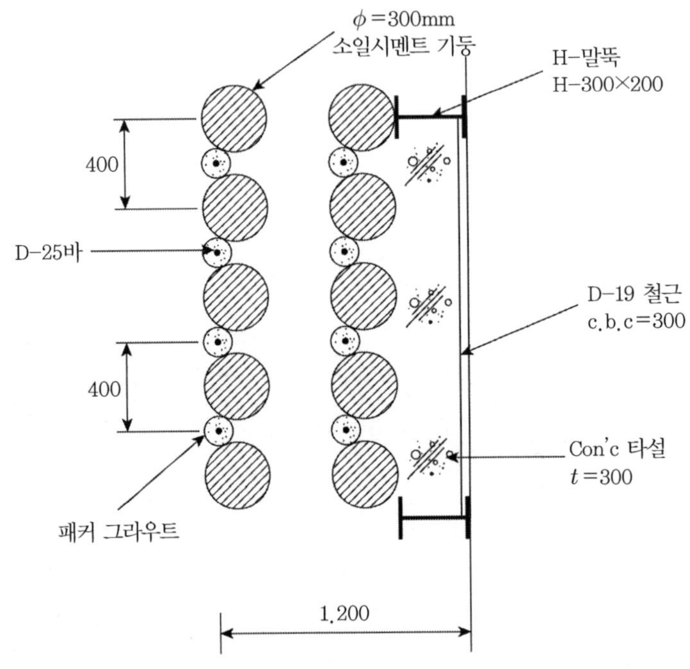

그림 1.9 4층 부속건물 구간의 소일시멘트 기둥과 패커 그라우팅

1.2.5 어스앵커의 설계

변경된 흙막이벽의 상태와 어스앵커에 관한 대략적인 개요는 그림 1.10과 같다. 해석과정에서 건물의 영향을 무시하였으며, 토압 산정 시 횡방향 토압계수는 주동토압계수 K_a를 사용하였고, 전체적으로 흙막이벽에 작용하는 하중을 삼각형 분포로 가정하였다. 또 앵커의 정착장 산정 시 흙의 전단강도를 앵커 ①, ②, ③, ④, ⑤에 대하여 각각 3.5, 4.0, 4.0, 4.0, 5.0kg/cm^{2}로 간주하였다. 최상단 앵커는 2단으로 설계하였다.

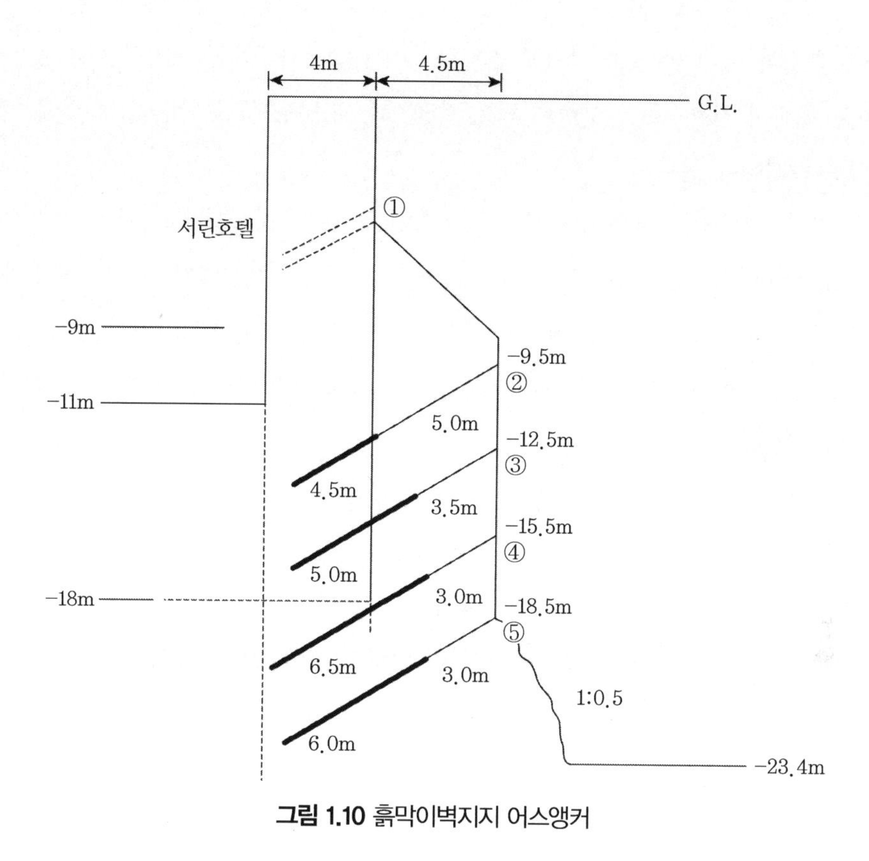

그림 1.10 흙막이벽지지 어스앵커

1.3 안정성 분석

1.3.1 측방토압 산정 및 어스앵커 설계

제1.2.5절에서 밝힌 바와 같이 변경설계에서는 흙막이벽 어스앵커의 정착장 산정을 위하여 첫째, 횡방향 토압계수는 주동토압계수 $K_a(=0.3)$을 사용하였고, 삼각형 토압문포(G.L.(-)18m에서 9.72t/m/m)를 가정하였으며, 서린호텔 구조물의 영향을 무시하였다. 한효개발 신축 공사현장과 같이 고층건물이 흙막이벽 가까이에 인접하여 있는 경우에는 인근 구조물의 보호를 위하여 흙막이벽의 변위를 절대로 허용할 수 없으므로 횡방향 토압계수는 정지토압계수 K_o을 사용하는 것이 바람직하다.

마찬가지 이유로 이론적인 삼각형 토압 분포로 가정하는 대신 경험적인 구형 토압 분포를 가정해야 하고 인근구조물의 하중도 물론 고려해야 한다. 또 흙막이벽의 강성 및 저항력을 높이기 위해 본 현장과 같이 H-말뚝 사이에 콘크리트벽을 설치하고 지하수처리를 하지 않는 경우(건물보호를 위하여 지하수위를 낮출 수도 없지만)에는 횡방향 토압 산정 시 수압에 의한 횡하중도 별도로 고려해야 한다.

둘째로 변경설계에서는 흙의 전단강도를 어스앵커 ①, ②, ③, ④와 ⑤에 대하여 각각 3.5, 4.0, 4.0, 4.0 그리고 5.0kg/cm^{2}로 보았는데, 이 중에서 특히 최상단 앵커의 경우 앵커 체의 매입깊이가 지하 5m 내외(N치 = 5 ~ 10)이므로 전단강도는 최고 1.0kg/cm^2(가압형 앵커) 정도다. 또 이 앵커를 2단으로 설치하고자 하였는데, 가까운 거리에 앵커가 2단으로 설치되는 경우는 2배의 저항력을 발휘할 수 없다.

끝으로 본 현장과 같이 주요구조물이 인접한 경우에는 흙막이벽의 범위를 최소한으로 하고 구조물의 안전을 최대한 보장하기 위하여 앵커 체의 정착위치를 단순히 Rankine의 가상파괴면 밖으로 제한하는 것은 충분하지 않다. 앵커 체의 정착위치는 그림 1.11에서 보는 바와 같이 흙막이벽 하부 끝단에서 흙의 내부마찰각으로 연결한 면보다 아랫부분으로 제한하는 것이 타당하다. 그 이유는 내부마찰각이 이루는 면보다 급한 경사면은 어느 것이나 그 면을 따라 사실상 파괴가 가능하기 때문이다(Tschebotarioff, 1973).(2)

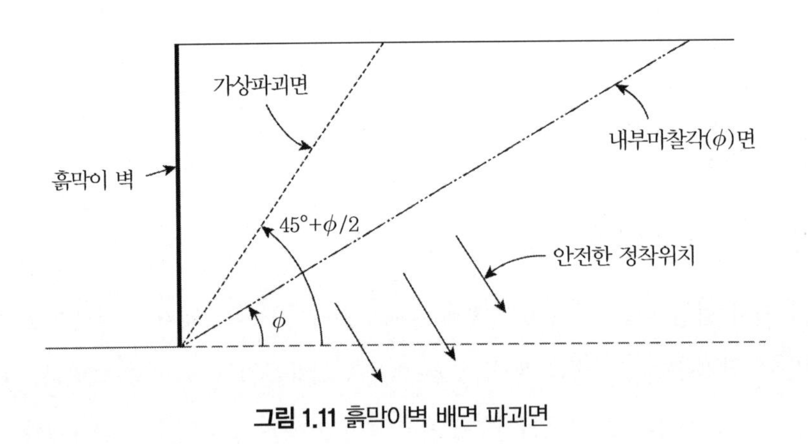

그림 1.11 흙막이벽 배면 파괴면

1.3.2 흙막이벽의 구조

기존 구조물인 서린호텔에 영향을 주지 않으면서 굴착을 실시하기 위해서는 흙막이벽이 이동하지 않아야 함은 물론이고, 흙막이벽 자체도 충분한 강성을 지니고 있어야 한다.

기존 설계와 같이 H-말뚝을 1.8m 간격으로 설치하고, 굴착하면서 말뚝 사이에 콘크리트를 친 흙막이벽은 흙막이벽의 강성을 기대하기가 다소 부족하다. 왜냐하면 굴착을 하여 콘크리트를 치기 전 혹은 콘크리트가 경화되는 도중에 이미 말뚝 사이 지반이 이완되기 때문이다. 즉, 콘크리트가 경화한 후에는 강성을 얻을지 모르나 그 이전에 이미 지반이 변형하므로 효과가 적다. 따라서 흙막이벽의 구조는 철근콘크리트가 경화되기 이전에 말뚝 사이의 지반변형을 막을 수 있는 강성이 미리 확보되어 있어야 한다.

특히 제4구간(서린호텔 돌출부 동쪽 모서리 구간)에서는 H-말뚝 설치위치와 서린호텔 사이가 그림 1.7에서 보는 바와 같이 0.7m밖에 여유가 없어 이에 대한 대책이 필요하다.

한편 물탱크~게임룸 구간에서는 소일시멘트 기둥과 패커 그라우트를 -12m 깊이까지 설치하도록(그림 1.8) 되어 있으나, 이에 대해서는 다음 세 가지 점에서 부적합함을 알 수 있다.

(1) 제1.1.4절의 참고자료 ④의 흙막이벽에 대한 휨응력 검토 시 유효높이 d의 부당성: 앞에서 이미 언급한 바와 같이 굴착을 하고 콘크리트를 치기 전 상태를 생각해야 하므로 유효높이는 그림 1.8과 같이 $d = 50$cm가 아니고 d-H-말뚝 웨브가 되어야 한다. 따라서 d는 25cm 정도로 하는 것이 적합하다.
(2) 사용강재의 응력의 부당성: 강성이 큰 흙막이벽이므로 강체의 강도도 가설구조물용 강도가 아니라 영구구조물용 강도 1,400kg/cm^{2}을 쓰는 것이 타당하다.
(3) 소일시멘트 기둥과 패커 그라우트가 -12m 깊이까지 설치되므로 그 이하 지반의 차수(遮水)가 문제가 된다.

위의 (1)과 (2)의 조건 및 제1.3.1절의 측방토압산정법과 동일방법으로 산정된 설계용 측압분포는 그림 1.12를 가지고 계산을 하면 다음과 같다.

지반을 굴착하여 H-말뚝 사이에 콘크리트를 치고 콘크리트가 강화되기 전, 즉 콘크리트의 강도를 기대할 수 없을 때까지 흙막이벽에 작용하는 측방토압을 그림 1.12의 설계를 측방토압의 1/2 정도로 생각한다.

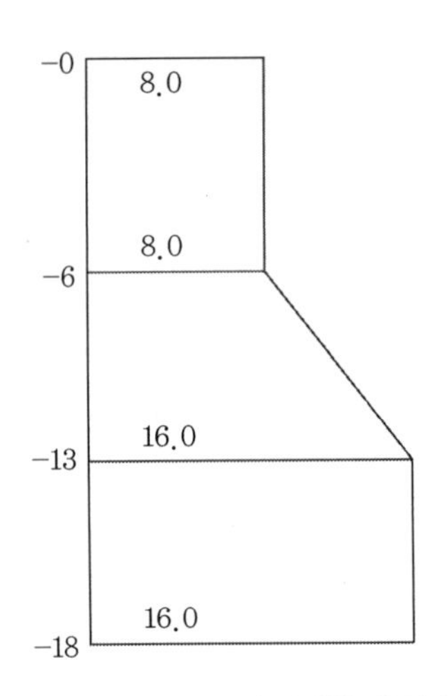

그림 1.12 RPI 흙막이벽의 설계용 측압 분포

(1) 콘크리트 치기 전의 안정성

① 활동모멘트 M_a

$M_a = 4×5/2×5/3 = 16.7\text{t m/m}$

② 저항모멘트 M_r

가. 철근콘크리트의 저항모멘트

$M_{rc} = 0.875×25×12.7×1,400 ≒ 4\text{t m/m}$

나. H-말뚝의 저항모멘트

$M_{rp} = Z_x \times \sigma_x = 893×1,400/1.8\text{m} = 7\text{t m/m}$

$M_r = M_{rc} + M_{rp} = 4 + 7 = 11\text{t m/m}$

$M_r < M_a$이므로 불안전하다.

(2) 콘크리트 경화 후의 안정성

① 활동모멘트 M_a

$M_a = 8×5/2×5/3 = 33.3\text{t m/m}$

② 저항모멘트 M_r

가. 철근콘크리트의 저항모멘트

$M_{rc} = 0.875 \times 50 \times 12.7 \times 1{,}400 = 8\text{t m/m}$

나. 말뚝의 저항모멘트

$M_r = M_{rc} + M_{rp} = 8 + 7 = 15\text{t m/m}$

$M_r < M_a$이므로 불안전하다.

따라서 이 흙막이 구조로는 그림 1.12의 측방토압을 감당할 수가 없다. 또한 제3구간 서린호텔 4층 부속 구간에서는 소일시멘트 기둥과 패커 그라우트 벽을 2열-12m까지 설치하도록 되어 있으나 그림 1.7에서 보는 바와 같이 말뚝과 구조물 기초 사이의 여유가 0.6m밖에 없어 그림 1.9와 같은 폭의 2열을 설치할 수 없다.

1.3.3 흙막이벽의 근입장

지하수개발조사 결과(W-1위치)에 의하면 지하수위가 -10~-11m 사이에 존재하며 풍화암 지대가 주대수층으로 되어 있다.

H-말뚝의 타입으로 인하여 이 풍화암은 균열이 많이 발생하였을 것으로 예상된다. 하부의 연암도 슬러지(sludge) 상태로 채취될 정도이므로 보일링에 대한 안전 검토의 필요가 있다.

풍화암층의 지하수위만 유지시키면 상부토층 내 지반침하는 없을 것으로 예상된다. 다만 흙막이벽의 측방이동이 발생할 시에는 이로 인한 지반의 연직침하도 발생할 것이다.

(1) 보일링에 대한 근입장의 검토

그림 1.13에서 보는 바와 같이 하부지반이 연암이므로 안전율 F_s는 1로 한다.

① 평균지하수위: -10.5m

② 평균연암위치: -18.0m

③ 연암의 단위중량: 3.0t/m^3

Terzaghi의 공식을 사용하면 다음과 같다.

$$F_s = \frac{W}{U} = \frac{2\gamma' D}{\gamma_w h_w}$$

$$\therefore D = \frac{F_s \gamma_w h_w}{2\gamma'} = \frac{1 \times 1 \times 7.5}{2 \times 2} = 1.88\text{m} > 1\text{m}$$

따라서 기존 설계의 근입장이 1m이므로 부족하다.

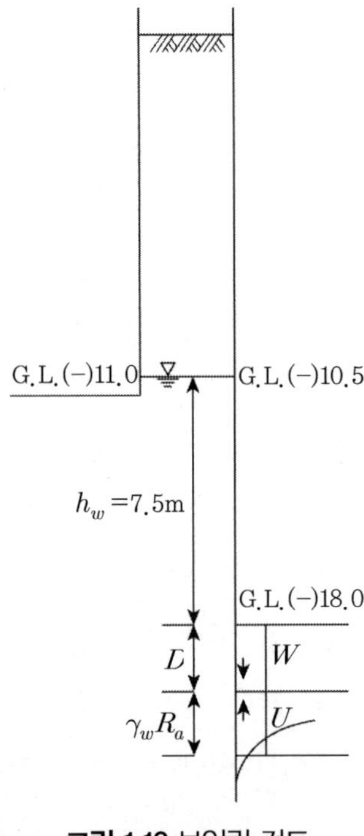

그림 1.13 보일링 검토

1.4 대책공법

1.4.1 흙막이벽의 구조

기존 구조물인 서린호텔에 영향을 주지 않으면서 굴착을 실시하기 위해서는 서린호텔에 인접시켜 설치하는 흙막이벽의 변위를 적극 억제하여 흙막이벽에 작용하는 측방토압을 정지토압 상태로 유지시킬 필요가 있다. 그러기 위하여서는 흙막이벽의 강성이 충분해야 하고 이 흙막이 벽의 지지공 또한 견고해야 한다. 그러나 기존 설계된 흙막이벽의 경우는 제1.3.2절에서 설명한 바와 같은 결점으로 강성이 충분하다고 하기는 어렵다. 따라서 이에 대한 보강대책이 필요하다.

현장조사 결과 이미 H-말뚝이 1.8m 간격으로 서린호텔에 인접하여 타설되어 있었으므로 이들 말뚝을 사용하면서 흙막이벽을 보강시키는 방법이 바람직하다. 따라서 흙막이벽 보강방법으로 그림 1.14와 같은 흙막이벽 구조가 좋을 것으로 생각되어 제안하는 바다.

그림 1.14의 흙막이벽 단면도에서 보는 바와 같이 주열식 흙막이벽을 응용한 방법을 사용하여 흙막이벽에 강성을 충분하게 한다. 이 흙막이벽의 특색은 다음과 같다.

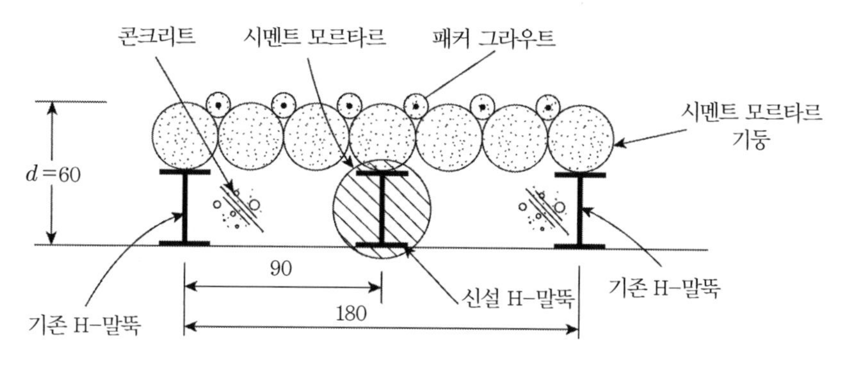

그림 1.14 흙막이보강방법에서의 흙막이 구조

(1) 1.8m 간격의 기존 H-말뚝 사이에 동일규격의 H-말뚝을 신설한다. 새로 설치하는 H-말뚝은 말뚝 설치 시 주변지반 및 구조물에 영향을 줄이기 위하여 천공식을 채택한다. 즉, 드릴공(보일링공)으로 구멍을 파고 H-말뚝을 삽입한 후 시멘트 모르타르(cement mortar)로 구멍 속 여백을 메꾸어 설치한다.

(2) H-말뚝열 배면에 시멘트 모르타르 기둥을 -20m까지 설치한다. 기존 설계에서 채택한 소일 시멘트 강도가 대단히 적어서 이를 시멘트 모르타르 기둥으로 대체한다.

(3) 시멘트 모르타르 기둥 사이에 패커 그라우트를 -20m까지 설치한다. 시멘트 모르타르 기둥과 패커 그라우트 벽은 흙막이벽의 보강과 지하수 차수의 이중 목적으로 설치하므로 -20m까지 설치할 필요가 있다.

(4) 지반을 굴착하면서 H-말뚝 사이에 콘크리트를 친다. 이때 기존설계에서 제시한 말뚝과 말뚝

사이의 철근용접 설치문제는 그대로 실시해도 무방하다.

지반굴착을 하면서 콘크리트를 치는 경우 콘크리트 강도를 고려하지 않고도 최소한의 흙막이 효과를 얻을 수 있어야 한다. 따라서 콘크리트가 경화되기 전의 흙막이벽의 안전성을 검토해보면 다음과 같다.

① 상부지반 굴착 시

그림 1.15에서 보는 바와 같이 -9m 깊이까지는 3m 간격으로 버팀보를 설치하므로 이 구간에서의 활동모멘트와 저항모멘트를 비교한다. 흙막이벽에 작용하는 측방토압은 그림 1.12로부터 $8t/m^2$으로 한다.

우선 활동모멘트 M_a는 다음과 같다.

$$M_a = \frac{1}{8}wl^2 = \frac{1}{8} \times 8 \times 3^2 = 9\mathrm{tm/m}$$

저항모멘트는 $h = 30$cm인 시멘트 모르타르 벽의 저항모멘트와 H-말뚝의 저항모멘트의 합으로 구한다(그림 1.16 참조).

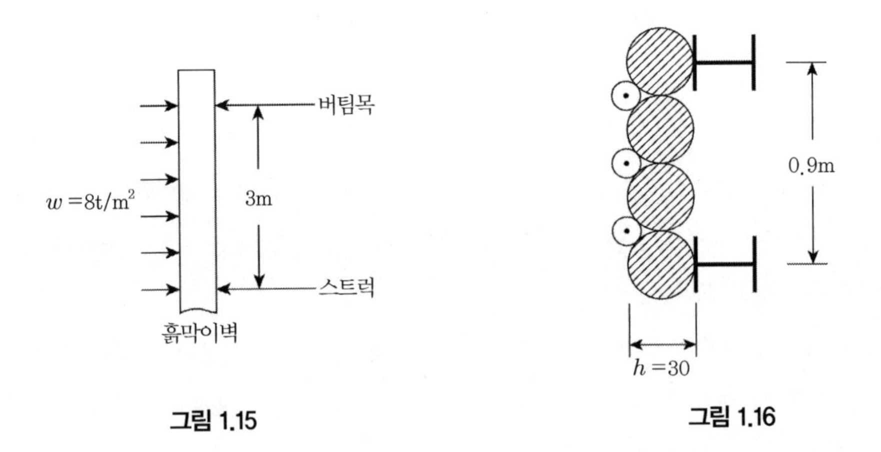

그림 1.15

그림 1.16

시멘트 모르타르 벽의 저항모멘트 산출 시에 패커 그라우트의 철근은 압축철근이 되므로 무시한다. $h = 30$cm고 $b = 100$cm인 시멘트 모르타르 단면벽으로 생각한다. 이 벽의 단면계수 Z_c는 다음과 같다.

$$Z_c = \frac{bh^2}{6} = \frac{100 \times 30^2}{6} = 1.5 \times 10^4 \text{cm}^3$$

시멘트 모르타르의 3일 압축강도를 90kg/cm²로 생각하면 허용휨강도는 이 압축강도의 1/10을 취할 수 있다.

따라서 허용휨강도 σ_{ca}는 다음과 같다.

$$\sigma_{ca} = 90 \times \frac{1}{10} = 9\text{kg/cm}^2$$

시멘트 모르타르 벽의 저항모멘트는 $M_{rc} = Z_c \sigma_{ca} = 1.5 \times 10^4 \times 9 = 1.35\text{t m/m}$ 다.

한편 H-말뚝의 저항모멘트는 다음과 같다.

$$M_{rp} = Z_x \sigma_{ca} = \frac{893 \times 1400}{0.9} = 13.89\text{t m/m}$$

여기서, H-298×201×9×14 말뚝의 단면계수 Z_x는 893cm³다.

따라서 전체 저항모멘트는 다음과 같다.

$$M_r = M_{rc} + M_{rp} = 1.35 + 13.89 = 15.24\text{t m/m}$$

활동모멘트는 저항모멘트의 59%에 해당하므로 안전율이 1.7 정도다. 따라서 이 정도의 흙막이벽 구조는 흙막이벽 PR1(그림 1.23)의 변형을 극력 억제할 수 있다고 판단된다.

한편 그림 1.17과 같이 H-말뚝 사이의 콘크리트가 경화된 후의 경우는 더욱 충분한 강도를 가질 것이 예상된다.

② 하부지반 굴착 시

-9m에서 -17m까지는 그림 1.18에서 보는 바와 같이 2m 간격으로 버팀보를 설치하고 있으며, 이 부분에 작용하는 측방토압은 그림 1.12에서 아는 바와 같이 16t/m²다.

이 부분의 활동모멘트는 다음과 같다.

$$M_a = \frac{wl^2}{8} = \frac{1}{8} \times 16 \times 2^2 = 8\text{t m/m}$$

저항모멘트 M_r은 ⓐ의 경우와 동일하므로 15.24t m/m다. 그러므로 활동모멘트는 저항모멘트의 52.5%에 해당하며, 안전율은 1.9 정도다. 따라서 이 부분은 ⓐ의 경우와 같이 PR1(그림 1.23) 흙막이벽의 변형을 극력 억제할 수 있다고 판단된다.

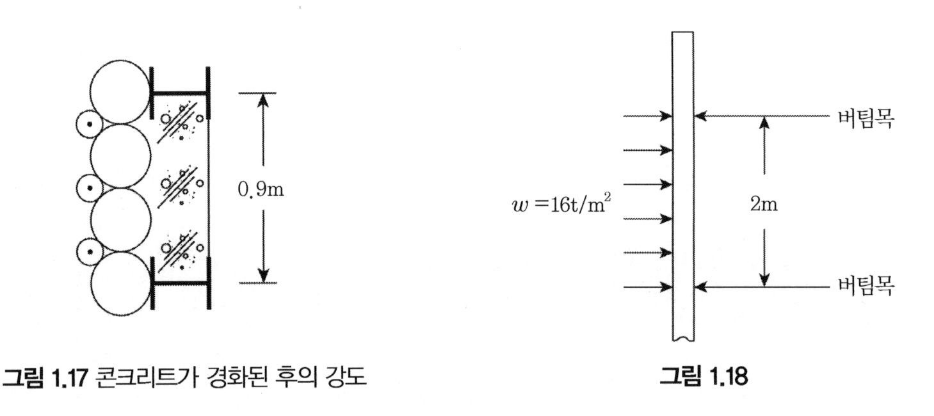

그림 1.17 콘크리트가 경화된 후의 강도

그림 1.18

1.4.2 굴착방법 및 가설흙막이벽 지지공

제1.3.1절에서 지적한 바와 같이 4.5m 간격을 두고 가설흙막이벽 RP2을 설치하는 경우에 어스앵커만으로는 안전하게 지지할 수 없으며, 버팀보나 혹은 기타 방법을 사용해야 한다. 그러나 본 현장과 같이 굴착 구간이 광범위한 장소에는 버팀보공법의 적용이 비경제적이므로 버팀보의 사용을 최소한으로 하고, 어스앵커의 사용을 늘리기 위하여 그림 1.19에 보인 선 Ⓐ를 따라 가설흙막이벽 RP2을 설치하며, 이 벽과 최종 흙막이벽 RP1 사이의 지반을 원래 상태로 두어야 한다.

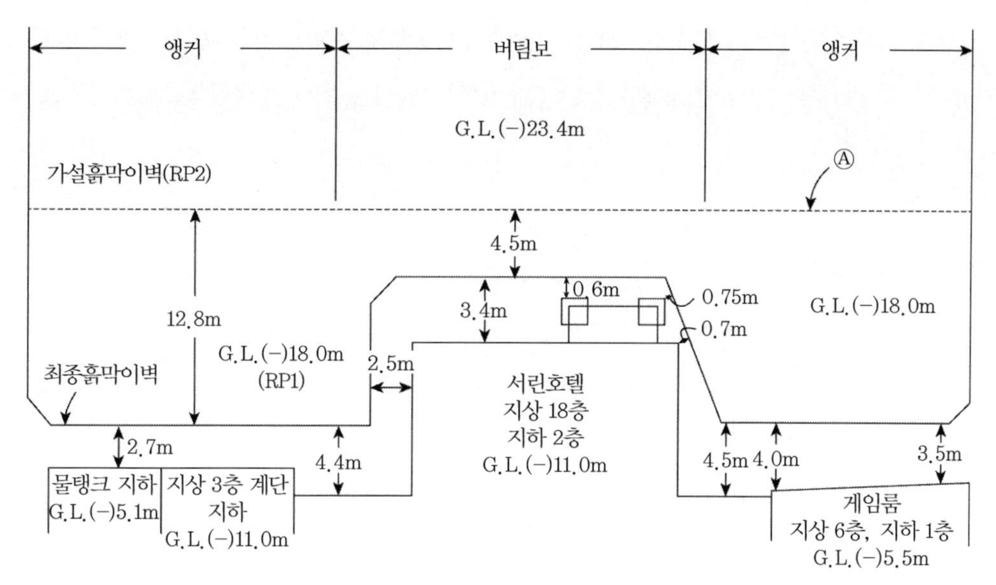

그림 1.19 서린호텔 인접 구간 평면도

이와 같이 가설흙막이벽을 설치하는 경우는 그림 1.19에 보인 대로 돌출부 구간을 제외한 구간에서 어스앵커를 사용할 수 있으며, 이때 어스앵커 설계를 위한 토압 분포는 그림 1.20과 같다.

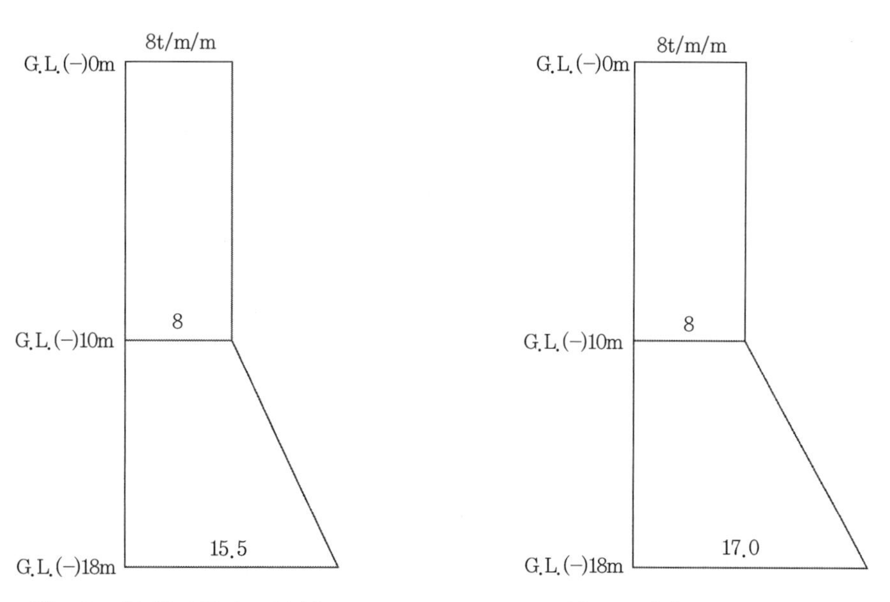

그림 1.20 어스앵커 구간 토압 분포

그림 1.21 버팀보 구간 토압 분포

서린호텔 북쪽 돌출부가 위치한 중간 구간에는 앵커제의 정착을 위한 충분한 거리의 확보가 불가능하므로 버팀보공법을 사용해야 한다. 이 버팀보 설계를 위한 동구간의 토압 분포는 그림 1.21에 나타나 있다.

1.4.3 Island 공법

가설흙막이벽 RP2 전면부의 1차 굴착과 구조물 골조공사가 끝나면 최종흙막이벽(RP1)과 RP2 사이 지반을 굴착하는 2차 굴착을 실시하면서 RP1 흙막이벽의 지지공을 설치하는 Island 공법을 사용해야 한다. RP1벽의 지지공은 버팀보와 띠장을 사용하도록 한다. 이 버팀보는 수평 방향으로 2m 간격으로 배치하는 것이 좋고 연직방향으로는 버팀보와 띠장을 8단 설치한다. 즉, -9m 깊이까지는 3m 간격으로, -9m에서 -17m까지는 2m 간격으로 설치한다(그림 1.22 참조).

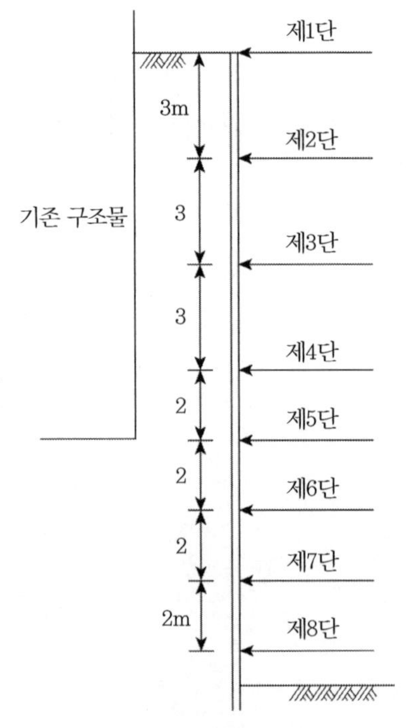

그림 1.22 흙막이벽 위치

이때 버팀보와 띠장은 그림 1.12의 측방토압 분포를 사용하여 압축응력, 휨응력, 전단응력은 물론이고 변형량에 대한 검토도 반드시 실시해야 한다. 또한 응력 검토 시에는 강재의 허용강도를 가설재의 활증허용강도로 사용하지 말고 안전을 고려하여 할증시키지 않은 강재의 강도(예를 들어, 1,400kg/cm^2 정도)를 사용해야 한다. 그 밖의 사항을 열거하면 다음과 같다.

(1) 주변지반의 변형을 극력 억제하기 위하여 지표면 굴착과 동시에 최상단 버팀보를 지표면부 위에 설치한다.
(2) 띠장은 연속강재를 사용한다. 기존 설계와 같은 짧은 띠장으로는 흙막이벽구속의 효과를 기대하기가 어렵다. 또한 띠장의 처짐량도 검토해야 한다.
(3) 버팀보길이가 너무 길어지지 않게 한다. 특히 물탱크 구간 및 게임룸 구간에서는 버팀보길이가 길어질 우려가 있으므로 축력을 그림 1.12의 측방토압 분포로 산정하여 좌굴에 대해서도 반드시 검토해야 한다. 만약 좌굴에 의하여 불안정하면 중간에 H-말뚝을 설치하여 버팀보길이를 줄여주도록 해야 한다.

1.4.4 시공순서

(1) 처음에 설계된 흙막이벽 위치 내부에 우선 RP2 흙막이벽을 H-말뚝을 적정 간격으로 설치한다(그림 1.23 참조).
(2) RP1 흙막이벽 위치에 기존 타설된 H-말뚝 사이에 천공으로 H-말뚝의 시멘트 모르타르로 구성된 원형 말뚝을 설치한다.
(3) RP1 흙막이벽 위치의 H-말뚝열 배면에 시멘트 모르타르 기둥을 한 지점에서 접촉되게 설치한다.
(4) 시멘트 모르타르 기둥 사이에 패커 그라우트를 설치한다.
(5) RP2 흙막이벽 전면을 굴착한다.
(6) RP2 흙막이벽 전면부의 기초와 구조물의 골조를 설치한다.
(7) RP1 흙막이벽과 RP2 흙막이벽 사이 지반을 굴착하면서 흙막이벽 지지공을 신속히 설치한다.
(8) H-말뚝 사이에 콘크리트를 친다.
(9) 나머지 부분의 기초와 구조물 골조를 설치한다.
(10) 하부기초공사가 끝난 후 되메움을 실시한다.

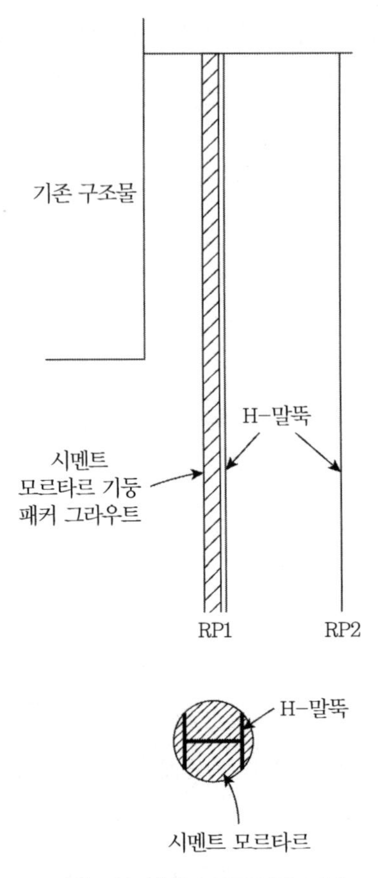

그림 1.23 시멘트 모르타르 기둥

1.4.5 흙막이벽의 근입장

제1.3.3절에서 검토한 바와 같이 서린호텔에 인접하여 설치하는 흙막이벽의 경우는 보일링에 대한 안전을 확보하기 위하여 굴착저면 아래 2m 깊이까지 설치할 필요가 있다. 따라서 흙막이벽 RP1은 -2.0m 깊이까지 설치한다.

한편 이 흙막이벽 전면에 설치하는 또 하나의 가설 흙막이벽 RP2는 전면에 약간의 굴착지반의 경사부를 둔 후 굴착저면이 -23.4m까지 이르기 때문에 근입장이 연암 속 1m 깊이까지 되게 하여 -24.5m까지 H-말뚝을 설치하는 것이 바람직하다.

1.4.6 기타 유의사항

(1) 버팀보 설치는 되도록 신속하게 한다. 또한 버팀보 설치용 굴착깊이를 최소로 하면서 시공한다.

(2) 가능한 한 지하수위, 주변지반변형, 버팀보반력 등을 시공 시 계측·관리한다.

(3) 기초공사 완료 후 RP1벽의 H-말뚝은 인발하지 않는다.

(4) 전반적인 공사를 지반의 시간의존성 변형량(creep)이 적은 기간 중에 끝내도록 한다.

(5) 굴착저면의 지하수처리를 잘하여 지반의 연약화를 방지한다.

(6) 버팀보와 어스앵커를 동시에 사용하는 경우에 하중이 탄성계수가 큰 쪽으로 쏠릴 우려가 있으므로 버팀보와 어스앵커의 설치 후 긴장상태를 자주 확인해야 한다.

(7) 동서 방향의 흙막이벽에 대한 어스앵커 설계 시 도로의 차량중량이 동적 하중임을 감안하여 상단부 어스앵커의 경우 지반의 전단강도를 40% 정도 낮게 잡는 것이 타당하다.

(8) 불투수벽을 설치하여도 현장 내에서 지하수를 퍼내면 서린호텔 구조물 하부의 지하수위가 내려가서 건물에 좋지 않은 영향을 미칠 수 있으므로 서린호텔 건물 주변에 우물을 설치(대략 2개소 정도)하고 이 우물을 통하여 퍼낸 지하수를 다시 순환시키는 것이 바람직하다.(3)

• 참고문헌 •

(1) 홍원표 · 김명모(1985), '재개발지역(서린 제1지구) 굴착공사에 따른 주변건물의 안전성 검토 및 대책연구 보고서', 대한토목학회.

(2) Tschebotarioff, G.P.(1973), *Foundations, Retaining and Earth Structures*, McGraw-Hill, Kogakusha Ltd.

(3) Zeevaert, L.(1973), *Foundation Engineering for difficult Subsoil Conditions*, Van Nostrand Reinhold, New York.

Chapter

02

유니온센터 오피스텔 신축공사 지하굴착

Chapter 02 유니온센터 오피스텔 신축공사 지하굴착

2.1 서론

2.1.1 연구 목적 및 범위

유니온센터 오피스텔(강남구 역삼동 837-11 소재) 신축공사의 지하굴착 흙막이공에 대한 설계도서를 검토하여 안전성을 규명하고 필요시 보완 방안을 제시하는 것이 본 연구의 목적이다.(4)

연구 범위는 흙막이공에 대하여 제출된 계산서(흙막이공 설계도, 구조계산서 및 지반조사보고서)를 상세히 검토하고 흙막이공의 안전성을 확인하며, 지하굴착으로 인한 주변 지반의 침하 및 인근에 있는 서우빌딩에 미치는 영향을 검토한다. 제출된 설계내용이 부적당하다고 판단될 경우 보완설계안을 제시한다.(4)

2.1.2 공사개요

유니온센터 오피스텔은 지하 8층, 지상 20층의 건물로 이 건물 신축공사 현장은 그림 2.1에서 보는 바와 같이 굴착바닥의 크기가 70.2×45.0m인 직사각형으로서 지면으로부터 33.6m 깊이까지(그림 2.2 참조) 연직 굴착하여 시공한다.(2,3) 공사현장 주위에는 북측 면을 따라 바닥이 38.6×37.0m인 전면기초를 가진 지하 3층(기초바닥 깊이 14.52m), 지상 15층의 고층건물(서우빌딩: 그림 2.3(a) 참조)이 신축공사현장과 1.35m 떨어져서 인접해 있다. 그리고 서측은 강남대로에 접해 있으며 남측과 동측은 소규모의 건물 및 작업장이 약간 떨어져서 산재해 있다.

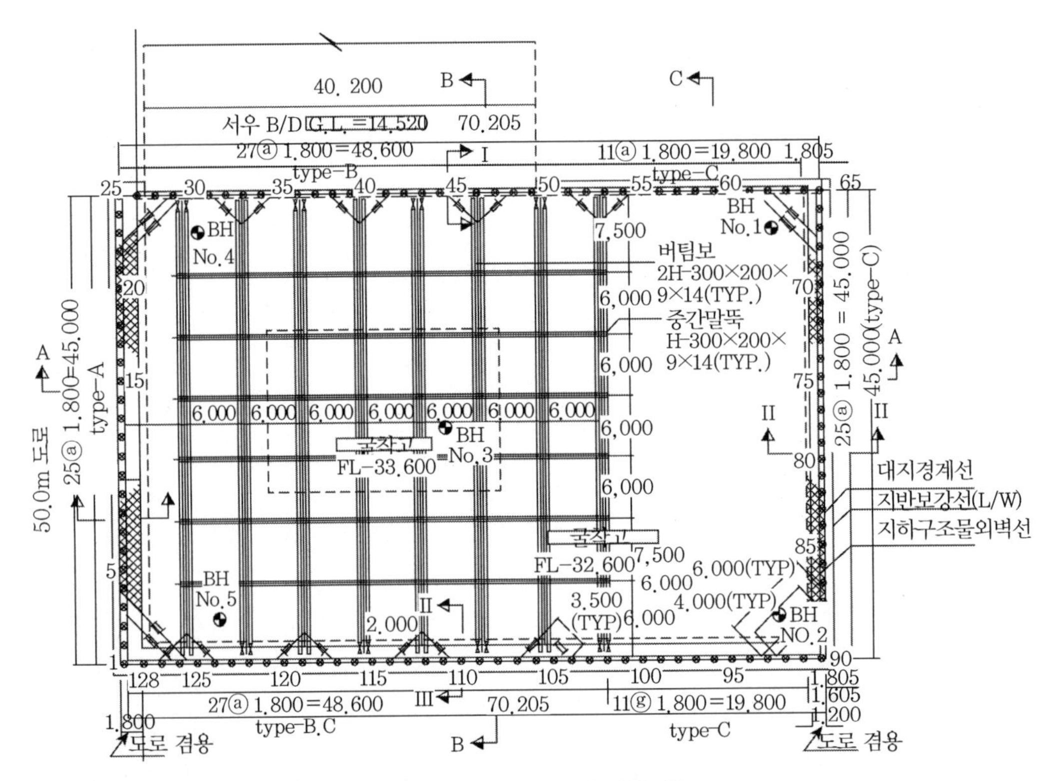

그림 2.1 가설흙막이벽 평면도(5)

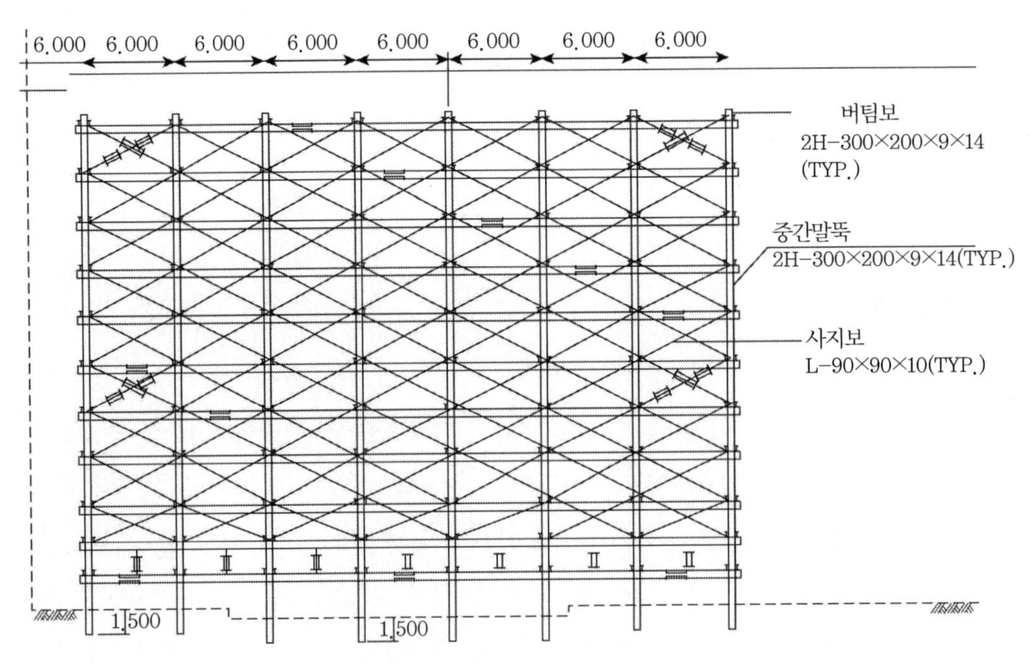

그림 2.2 가설흙막이벽 지지공의 단면도(5)

지하굴착 흙막이공으로는 그림 2.1에서 단면 I 및 단면 III에 해당하는 type B 구간에는 버팀보에 의한 버팀보지지 흙막이벽으로 계획되어 있으며, 기타 동측, 서측 및 잔여 구간인 type A, type B 및 type C 구간에는 어스앵커에 의한 tieback 흙막이벽으로 설계되어 있다.

흙막이벽은 그림 2.3에서 보는 바와 같이 단면 I~III에서는 엄지말뚝(H형강-300×200×6×14)을 1.8m 간격으로 설치하고 이 흙막이벽을 주로 3m 간격으로 버팀보(2H-300×200×9×14)와 어스앵커를 설치하여 지지하도록 하였다.(4)

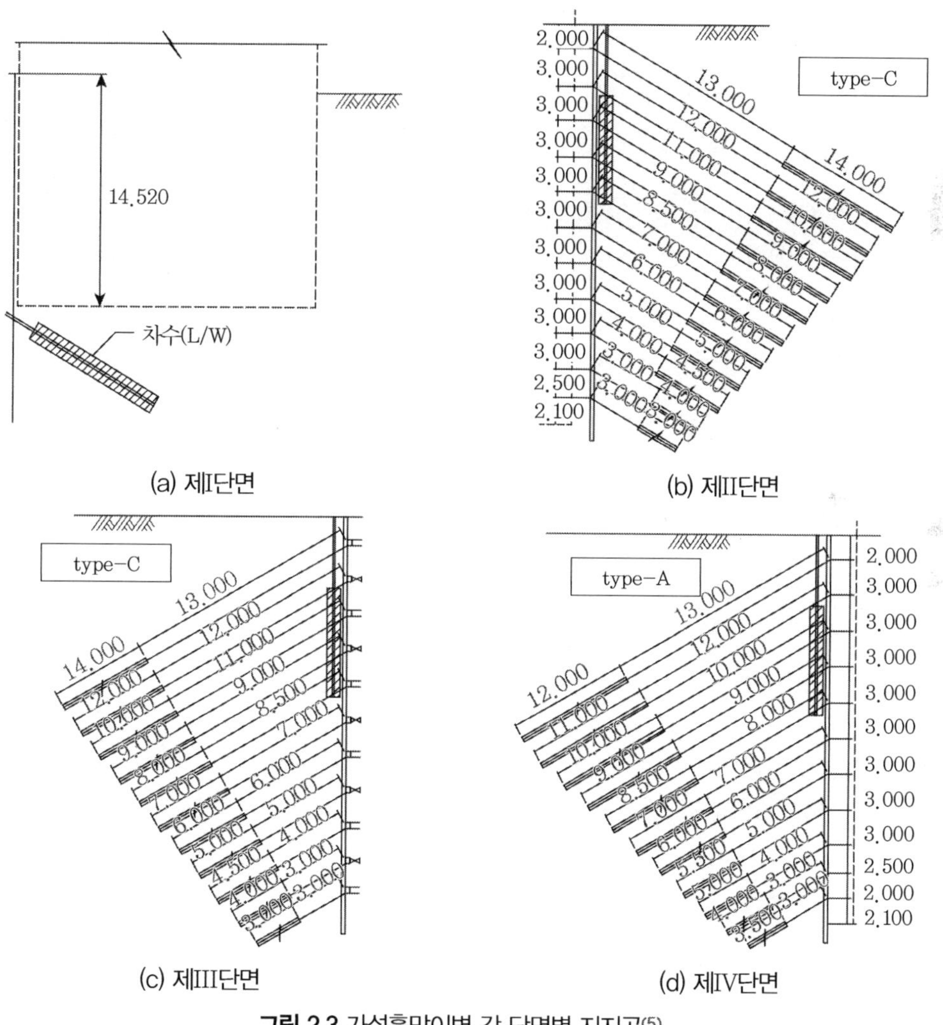

(a) 제I단면

(b) 제II단면

(c) 제III단면

(d) 제IV단면

그림 2.3 가설흙막이벽 각 단면별 지지공(5)

2.1.3 지반 현황

유니온빌딩 신축부지에 대한 지반조사는 1988년 7월에 동원토질에 의한 5개공의 시추로 시행되었다.[5] 시추공의 위치는 그림 2.1에 표시된 바와 같이 본 현장 부지의 네 모서리에서 4개공과 부지 중앙의 1개 공이다.

부지 내의 토층은 매립토인 표토, 퇴적토, 풍화토, 풍화암 및 연암으로 이루어져 있다.[5] 표토층은 부지 정지 작업 시 매립성토된 토층으로서 자갈, 모래 및 실트로 구성되어 있으며, 두께는 1.2~5.2m로 불규칙하고, 이 층의 표준관입시험의 *N*치는 7~8인 비교적 느슨한 상태의 토층이다.

퇴적층은 황갈색의 모래 섞인 실트로서 약 1.3m 두께로 부지 내에 BH-1 부근에만 존재한다. 이 토층의 *N*치는 16으로서 비교적 견고하다.

풍화토는 풍화에 의해서 모암의 조직과 구조는 파괴되어 모래질 실트 또는 실트질 모래로서 두께 7.6~14.5m로 분포되어 있으며 *N*치는 18~49 정도로 조밀하다. 그리고 풍화암은 15.5~21.8m 두께로 *N*치가 50보다 큰 대단히 단단한 토층으로 기반 연암층 위에 놓여 있다.

연암층은 편암 및 편마암으로서 단단한 암반층이다. 균열이 심하여 코어 채취가 어려운 상태다. 그리고 지반조사 당시의 지하수위는 지표면으로부터 1.7~11.8m 깊이에 위치하였다. 부지 내 5개 시추공 조사에 의한 토층 분포는 전 부지에 걸쳐서 큰 변화가 없이 비교적 균일하다.

2.2 계산서 검토

2.2.1 인접 서우빌딩의 하중

유니온센터 오피스텔 신축부지의 북쪽에 인접한 서우빌딩은 지하 3층과 지상 15층 그리고 펜트하우스 지붕으로 되어 있는 건물로서 하중계산을 위한 구분은 기초부, 지하층, 일반층 및 P.R층으로 구분하여 다음과 같이 산정하였다.

(1) 지반에 미치는 하중

① P.R.층 부분: 1층×0.96t/m^2 = 0.96t/m^2

② 지붕 부분: 1층×1.01t/m^2 = 1.01t/m^2

③ 일반층 구분: 15층×1.38t/m^2 = 20.70t/m^2

④ 지하층 구분: 3층×1.80t/m^2 = 5.40t/m^2

⑤ 기초 구분: 1층×0.30t/m^2 = 0.30t/m^2

⑥ 합계: 28.37t/m^2 → 28.4t/m^2

2.2.2 지반의 토질정수

토층 분포는 지표면으로부터 매립층, 풍화잔류토층 및 풍화암층으로 연결되며 굴착깊이 부분의 대부분은 풍화잔류토 내지 풍화암층으로서 이들은 편암 및 편마암이 풍화대로서 부서지면 실트 섞인 모래(SM)로 분류되는 것이 일반적이므로 일단 사질토로 보고 토질정수를 추정하였다.

여러 가지 참고자료를 근거로 하여 간접적인 방법으로 토질정수를 추정한 결과는 표 2.1과 같다. 이 표에서 보는 바와 같이 본 검토에서 추정한 토질정수는 기존의 설계에서 채택된 토질정수와는 약간의 차이를 보이고 있다.[1,6]

기존의 설계에서는 흙의 단위중량은 다소 적고 전단저항각은 풍화암에 대해서는 크게 추정되었으므로 토압산정이 실제보다 작아지는 결과가 될 수 있다. 따라서 본 검토에서는 토질정수를 표 2.1에서 추정한 값을 채택하여 토압산정을 하고자 한다.

표 2.1 토질정수의 비교

구분	단위중량(t/m^3)		전단저항각 ϕ(°)		비고
토층	당초	본 검토	당초	본 검토	
매립토(0~5m)	1.70	1.80	25	28	토층 구분은 당초와 약간 차이가 있다.
풍화잔류토 (5~15m)	1.80	1.90	35	36	
풍화암(15m 이하 굴착깊이)	1.90	2.00	45	41	
연암	2.10	-	50	-	

2.2.3 버팀보지지 흙막이공의 구조계산서 검토

(1) 설계조건

버팀보지지 흙막이벽의 설치는 기존 설계의 type B로서 문제가 되는 구간은 서우빌딩과 인접한 북쪽이다(그림 2.1의 단면 I 참조). 본 검토에서 나타난 설계조건의 설정에서 문제되는 사항은 토질정수의 과다 추정(제2.2.2절에서 기술)과 인접 서우빌딩 하중의 과소 산정이다.

(2) 토압산정식

토층에 대한 특성은 사질토로 보고 토압은 Peck 방법인 $P = 0.65K_a\gamma H$식을 사용하였다.[9,10]

여기서, P = 토압(t/m²)

K_a = 주동토압계수

γ = 흙의 단위중량(t/m³)

H = 굴착깊이(m)

기존 설계에서는 다음과 같이 토압을 산정하였는데, 이때 굴착깊이 H는 각 층에서 전부 고려되어야 하고, 다만 단위중량과 전단저항각은 지층평균치를 적용하는 것이 옳고 건물이 인접해 있을 때는 토압계수를 정지상태로 보아야 한다. 또한 상재하중에 의한 측압 분포는 0.65를 곱하지 않는 것이 일반적이다.

① 기존의 토압산정식

$$P_1 = 0.65K_{a_1}(\gamma_1 H_1 + q)$$

$$P_2 = 0.65K_{a_2}(\gamma_1 H_1 + \gamma_2 H_2 + q)$$

$$P_3 = 0.65K_{a_3}(\gamma_1 H_1 + \gamma_2 H_2 + \gamma_3 H_3 + q)$$

따라서 이 경우에 토압산정은 다음과 같은 식으로 계산하는 것이 타당하다. 이때 토압계수 K의 적용은 중요한 구조물이 인접되어 있어 일체의 변형이 허용되지 않을 때는 정지토압을 적용하고 인접 정도에 따라 주동토압계수와 정지토압계수를 합하여 50% 값을 적용할 수도 있다.[11]

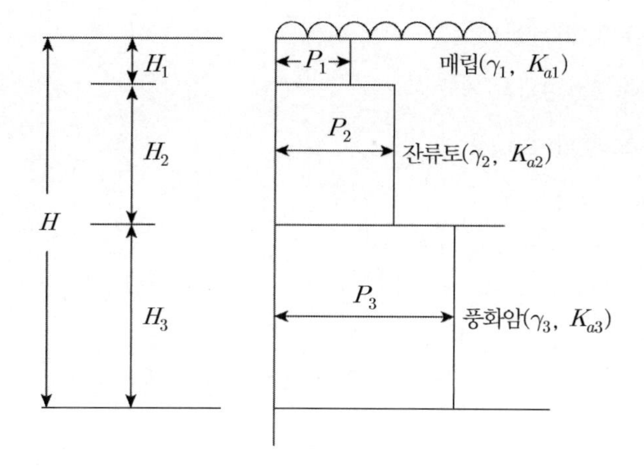

② Peck 방법

$$\bar{\gamma}=\frac{\gamma_1 H_1+\gamma_2 H_2+\gamma_3 H_3}{H}$$

$$\bar{\phi}=\frac{\phi_1 H_1+\phi_2 H_2+\phi_3 H_3}{H}$$

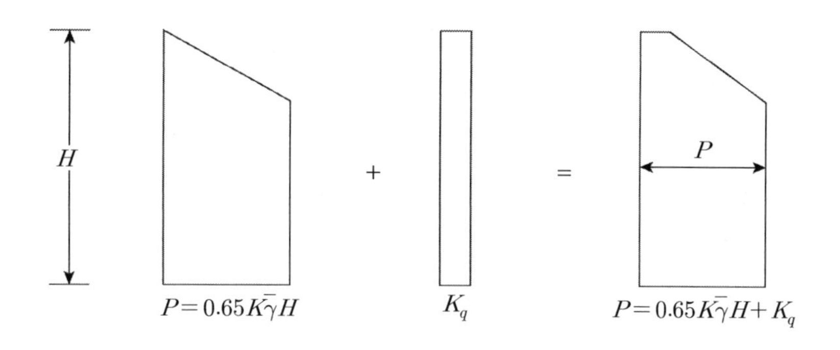

(3) 단면 I의 검토(기존 설계 type-B 중 서우빌딩쪽)

제안된 설계조건과 토압 산정방법에 따라 기존 설계의 각 부재에 대한 단면 검토를 한 결과 다음 내용과 같이 버팀보받침 부재를 제외한 나머지 부재는 모두 불안전한 상태로 나타났다.

① 사용재료

가. 엄지말뚝: H-300×200×9×14 @ 1.8m

나. 버팀보: 2H-300×200×9×14

다. 띠장: 2H-300×200×9×14

라. 모받침: H-300×200×9×14

마. 흙막이판: 150×90×1,750

② 엄지말뚝

가. 최대휨모멘트에 대한 소요단면계수: 2,356.6cm^3〉 893.0cm^3

나. 최대전단응력: 1,641.4kg/cm^2〉1,200kg/cm^2

다. 휨모멘트와 전단력에 대해 모두 불안전

③ 버팀보

설계축력에 대한 휨응력도: 1,606.5kg/cm^2〉11,559.5kg/cm^2(허용응력도 불안전)

④ 버팀보 띠장

가. 최대휨모멘트에 대한 소요단면계수: 4,188.5cm^3〉1,760.0cm^3

나. 최대전단응력: 1,517.5kg/cm^2〉1,200kg/cm^2

다. 휨모멘트와 전단력에 대해 모두 불안전

⑤ 버팀보 모받침

설계축력에 대한 휨응력도: 1,325.3kg/cm^2〈1,514.6kg/cm^2(허용휨응력도 안전)

⑥ 흙막이판

소요두께(11.5cm)〉사용흙막이판 두께(9.0cm) 불안전

(4) 단면 III의 검토(기존 설계 type-B의 남쪽)

위의 (3)항 단면 I의 대응쪽 단면으로서 버팀보받침을 제외한 엄지말뚝, 버팀보, 버팀보 띠장, 흙막이판 부재가 모두 불안전한 상태로 계산되었다.

2.2.4 어스앵커 흙막이공의 구조계산검토

(1) 설계조건

인접하여 상재하중으로 작용될 구조물은 없고 단지 건설자재와 장비의 하중을 고려하여 상재하중은 $1.5t/m^2$으로 하고 제2.2.2절에서 추정한 토질정수에 따라 토압을 산정하였다.

(2) 토압 산정

Peck 방법을 적용하되 제2.2.3절의 (2)항에서 제시한 식에 토압계수는 주동토압(K_a)의 값을 채택하였다.

(3) 단면 II 및 단면 IV의 검토(기존 설계의 type A 및 type C)

제안된 설계조건과 토압산정방법에 따라 기존 설계 어스앵커 흙막이공의 주요 부재에 대한 단면 검토한 결과 ,다음 내용과 같이 띠장을 제외한 나머지 부재는 모두 불안전한 상태로 나타났다. 또한 앵커 몸체의 자유장이 짧아 소요의 인장력을 기대할 수 없다.

① 사용재료

가. 엄지말뚝: H-300×200×9×14

나. 앵커 케이블: PC Cable ϕ8mm×10EA

다. 띠장: 2H-300×200×9×14

라. 흙막이판: 150×90×1,750

② 엄지말뚝

가. 최대휨모멘트에 대한 소요단면계수: $912.6cm^3 > 893.0cm^3$

나. 최대전단응력: $1,268.2kg/cm^2 > 1,200kg/cm^2$

다. 휨모멘트와 전단력에 대해 모두 불안전

③ 앵커 케이블

최대응력(앵커 No.4): 71.5t/EA〉46.7t/EA 불안전

④ **띠장**

가. 최대휨모멘트에 대한 소요단면계수: 443.5cm^3〈893.0cm^3

나. 최대전단응력: 780.3kg/cm^2〈1,200kg/cm^2 안전

⑤ **흙막이판**

소요두께(11.6cm)〉사용흙막이판 두께(9.0cm) 불안전

2.2.5 주변지반침하 및 차수 검토

(1) 주변지반침하 영향

굴착위치의 평면도와 굴착단면도는 그림 2.4에서 보는 바와 같다. 평면도에서 보는 바와 같이 이 지역의 주변지반은 4개 구간으로 구분할 수 있다.

우선 엄지말뚝과 버팀보로 지지된 흙막이 구간은 단면 I과 단면 III 구간이다. 이 중 단면 I 구간에는 서우빌딩이 존재하고 있으며, 단면 III 구간은 기존건물들이 존재하지 않는 구간이다.

한편 어스앵커로 지지된 흙막이벽 구간은 단면 II와 단면 IV의 구간이다. 이 구간에는 기존건물이 인접하여 있지 않고 도로에 접하여 있다. 따라서 단면 II 구간과 단면 IV 구간의 주위 지반침하 영향은 동일하다고 본다.

본 굴착 위치 주위 지반의 침하영향은 기존건물이 존재하는 단면 I 구역과 나머지 구역(단면 II~단면 IV 구역)으로 구분하여 검토한다.

① **단면 I 구역**

기존 서우빌딩이 굴착면에서 1.35m 떨어진 위치에 존재하고 있으며, 이 빌딩의 기초는 그림 2.4(b)에서 보는 바와 같이 지표면 아래 14.5m인 위치에 37.1m 폭의 전면기초 형태로 설치되어 있다. 서우빌딩의 기초가 위치한 지층은 풍화암층으로 서우빌딩의 하중($q=28.4t/m^2$)을 풍화암과 동일한 단위중량($\gamma=2.0t/m^2$)을 가지는 지층으로 환산하여 환산높이 Δh를 구하면 14.2m가 된다.

$$\Delta h = q/\gamma = 28.4/2 = 14.2\text{m}$$

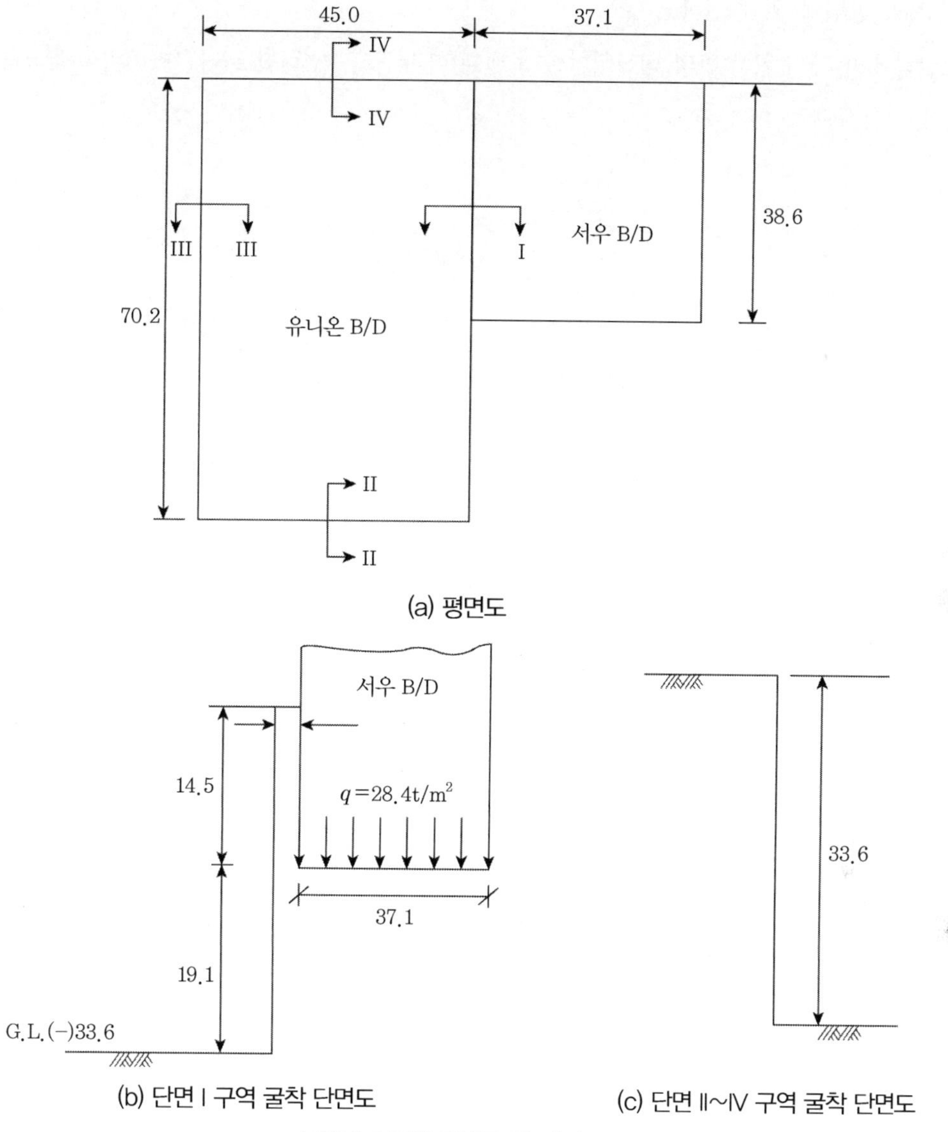

그림 2.4 굴착 평면도 및 단면도

따라서 단면 I 구역의 가상굴착깊이 H는 아래 계산에 의거하여 33.3m로 한다.

$$H = \Delta h + h_1 = 14.2 + 19.1 = 33.3\text{m}$$

단, 이 경우 서우빌딩 기초의 침하량은 가상지표면의 침하량과 동일하게 취하기로 한다.

가. Peck 방법에 의한 침하량(9,10)

굴착에 따라 주위 지반의 침하영향을 토질에 따라 구분·정리한 Peck(1969)의 그래프는 그림 2.5와 같다.(9,10)

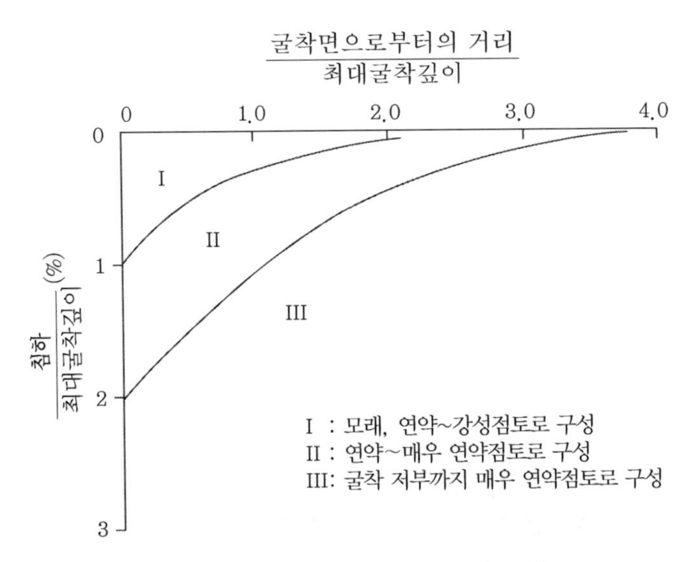

그림 2.5 굴착에 따른 주위 지반침하도(Peck)(9,10)

단면 I 구역은 최대굴착깊이 H가 33.3m인 풍화암층이므로 그림 2.5의 그래프를 이용하기는 무리이나 모래층에 해당하는 Case I 곡선으로부터 구한 침하량의 50%만을 취하는 것이 좋다.(7)

이 그래프를 사용하여 구한 주위 지반침하 상태를 굴착 벽면에서 50m의 수평거리 범위까지 조사해보면 다음과 같다.

수평거리 X(m)	0	1.35	5	10	15	20	25	32	38	50
침하량(cm)	16.7	14.5	12.1	10.5	8.5	7.3	5.7	4.8	3.2	2.7

나. Fry et al. 그래프 방법(6-8)

Fry et al.(1983)은 굴착공사에 따른 지표면 침하 영향을 토질에 따라 그림 2.6과 같이 제시하였다.(7) 이 그래프는 Peck의 그래프에 비하여 토질조건이 좀 더 자세히 구분되어 있다.

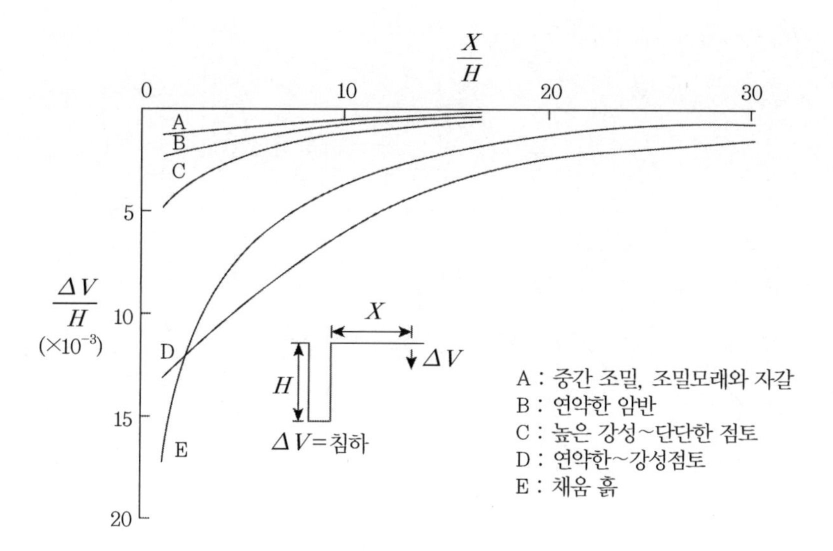

그림 2.6 Fry et al. 그래프

단면 I 구역은 풍화암으로 구성되어 있으므로 그림 2.6의 B 곡선을 이용하고, 최대굴착깊이는 33.3m로 하여 지반침하를 구하면 다음과 같다.

수평거리 X(m)	0	1.35	5	10	15	20	25	32	38	50
침하량(cm)	9.3	8.2	7.0	5.6	4.6	3.9	3.3	2.3	1.6	1.0

다. Fry et al. 탄성해

Fry et al.(1983)은 완전탄성 포화지반에 대한 Kyrou의 유한요소 해석 결과를 정리하여 간편식을 정리한 바 있다. 이 식에 의하면 지표면침하량은 다음과 같이 제시하였다.(6-8)

$$\delta_v = \frac{\gamma H^2}{E}(C_3 K_0 + C_4)$$

여기서, δ_v = 연직변위

C_3, C_4 = 상수(그림 2.7 이용)

E = 지반의 탄성계수

H = 굴착깊이

K_o = 흙의 정지토압계수

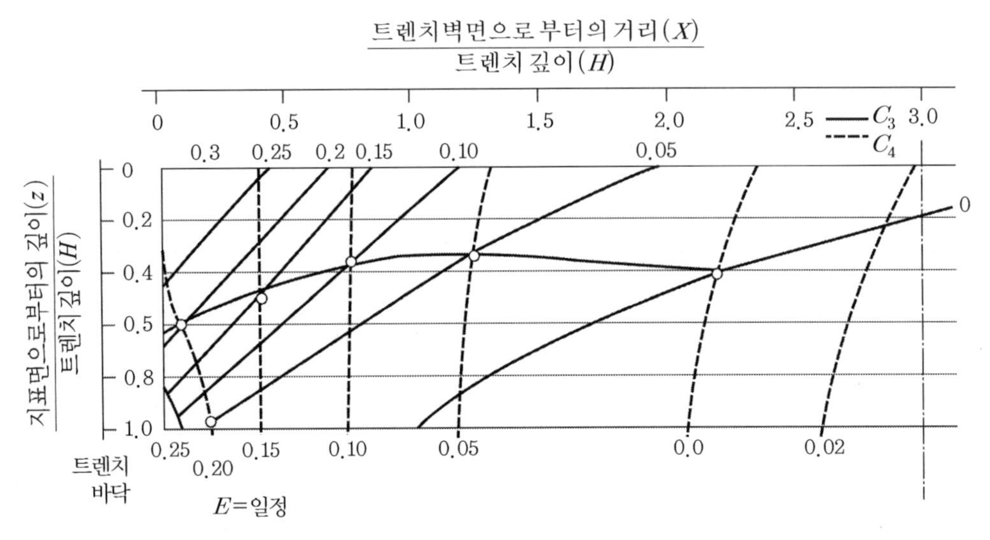

그림 2.7 Fry et al.식 상수 C_3 및 C_4

단면 I 구역에서 사용된 토질정수는 다음과 같다.

$E = 1 \times 10^4 \mathrm{t/m^2}$

$\phi = 41°$

$\gamma = 2.0 \mathrm{t/m^3}$

$H = 33.3\mathrm{m}$

$K_o = 1 - \sin\phi' = 1 - \sin 41° = 0.344$

이와 같은 조건에 대한 침하량 계산 결과는 다음과 같다.

수평거리 X(m)	0	1.35	5	10	15	20	25	32	38	50
침하량(cm)	9.3	-	8.0	7.3	6.4	5.6	4.5	3.5	2.7	2.1

② 단면 II~IV 구역

이 구역의 굴착단면은 그림 2.3(c)와 같다. 즉, 인근구조물의 영향이 비교적 적으며 굴착깊이는 33.6m에 이르고 있다. 이 구역의 토층은 단면 I 구역과 다르지 않다. 굴착깊이 33.6m도 단면 I 구역의 환산굴착깊이 33.3m와 거의 비슷한 관계로 이 구역의 지표면침하량은 단면 I 구역의 환산굴착깊이에 대한 가상지표면의 침하량과 동일하게 보아도 무방할 것이다.

(2) 차수검토

지반굴착에 따른 지하수위 저하의 영향에 의한 피해를 방지하기 위하여 제출된 설계서에는 그림 2.8에서 보는 바와 같이 서우빌딩 등 기초하부에 물유리계(*L*/ *W*)의 차수벽을 설치할 계획으로 되어 있다.

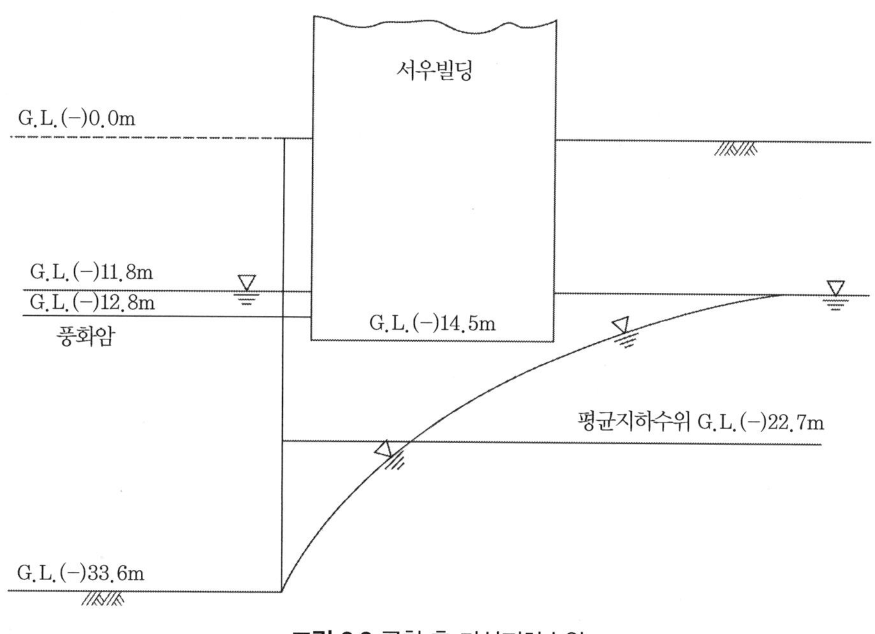

그림 2.8 굴착 후 가상지하수위

서우빌딩 기초하부에 *L*/ *W* 차수벽 설치의 양해를 얻어 낼 수 있는 경우라도 지층이 풍화암인 것을 감안하면 어느 정도의 차수효과를 기대할 수 있으나 환산차수의 효과를 얻기는 어려울 것이다.

따라서 단면 I 구역의 차수효과가 얻어지지 못한 경우에 대한 검토가 필요하다. 그림 2.8에서 보는 바와 같이 굴착전의 지하수위는 풍화암과 서우빌딩 기초면보다 약간 높은 -11.8m에 존재하고 있다.

굴착으로 인하여 지하수위가 그림 2.8과 같이 변한 경우 지하수 감소에 의한 서우빌딩 아래 지반의 침하량을 계산해보면 다음과 같다.

우선 풍화암층의 초기간극비 e_0와 압축지수 C_c를 각각 0.25와 0.018로 가정한다. 굴착 전의 지하수위가 그림 2.8에서와 같이 평균지하수위 -22.7m(=(11.8+33.6)/2)까지 낮아진 경우, -11.8m와 -22.7m 사이의 지하수위 감소는 결국 이 지층에 지층 증가의 효과를 가져올 것이다. 이 증가한 지층 ΔP는 다음과 같다.

$$\Delta P = (22.7 + 11.8) \times \gamma_w = 10.9\text{t/m}^2$$

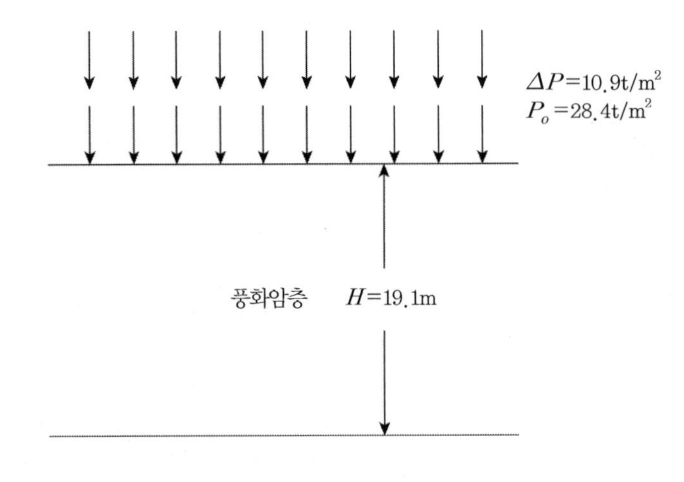

따라서 침하량 ΔH는 다음과 같다.

$$\Delta H = \frac{C_c H}{1+e_0} \log \frac{P_0 + \Delta P}{P_0}$$

$$= \frac{0.018}{1+0.25} \times 19.1 \times \log \frac{28.4 + 10.9}{28.4}$$

$$= 0.039\text{m} = 3.9\text{cm}$$

여기서 초기하중 P_o는 서우빌딩의 건물하중으로 하였다.

(3) 침하영향 분석

앞에서 계산된 두 침하량, 즉 굴착으로 인한 지반침하량과 지하수위 저하로 인한 지반침하량을 합하여 정리하면 그림 2.9와 같다. 지하굴착에 따른 침하량 계산방법에 따라 침하량에 약간의 차이가 있으므로 이들 값의 평균치를 그림 중에 표시하고 평균치로 침하영향을 분석해보기로 한다. 이 그림에 의하면 굴착 흙막이벽면에 가까울수록 침하량이 크므로 부등침하가 심하게 됨을 예측할 수 있다.

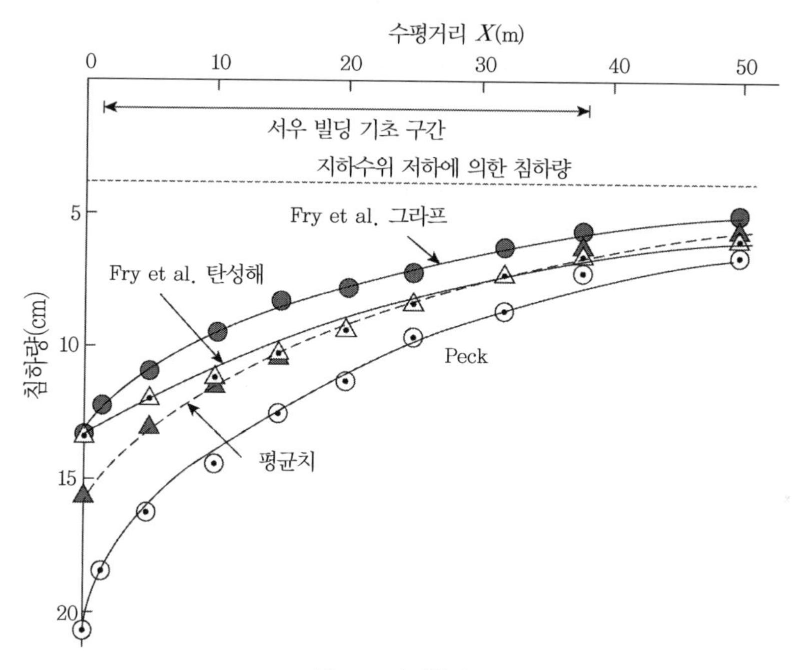

그림 2.9 지반침하량

각종 구조물의 최대허용침하량을 규정한 표 2.2에 의거하변 부등침하의 가능성이 있는 뼈대구조의 최대허용침하량은 5~10cm로 되어 있다.

최대허용침하량을 이들 범위의 평균치인 7.5cm로 하면 그림 2.9에서 보는 바와 같이 굴착 흙막이벽면에서 32m의 수평거리까지의 침하량은 허용치를 넘고 있음을 알 수 있다.

표 2.2 여러 가지 구조물의 최대허용침하량

침하형태	구조물의 종류	최대침하량
전체 이하	배수시설	15.0~30.0cm
	출입구	30.0~60.0cm
	부등침하의 가능성	
	석구 및 벽돌 구조	2.5~5.0cm
	뼈대 구조	5.0~10.0cm
	굴뚝, 사이로, 매트	7.5~30.3cm
전도	탑, 굴뚝	0.004S
	물품 적재	0.01S
	크레인 레일	0.003S
부등침하	빌딩의 벽돌벽체	0.0005~0.002S
	철근콘크리트 뼈대구조	0.003S
	강뼈대구조(연속)	0.002S
	강뼈대구조(단순)	0.005S

즉, 주변 건물에 영향을 과다하게 미치게 하여 바람직하지 못하다. 따라서 32m 이내의 구역에 건물이 존재할 경우는 대책이 강구되어야 한다. 한편 부등침하에 대한 영향을 검토해보면 다음과 같다.

서우빌딩의 기둥 간격은 대략 4~5.7m 간격으로 배치되어 있으므로 그림 2.9의 침하곡선으로부터 5m 간격의 부등침하 각변위(=부등침하량/기둥간격)을 조사해보면 그림 2.10과 같다. 부등침하 각변위의 경향도 평균치를 사용하여 검토하기로 한다.

이 결과에 의하면 서우빌딩이 존재하는 구간에서는 부등침하 각변위가 1/150에서 1/900까지 분포되어 있음을 알 수 있다.

부등침하의 허용치를 정리한 그림 2.11에 의하면 균열을 허용할 수 없는 빌딩에 대한 안전한계를 1/500으로 볼 수 있을 것이다. 이 기준에 의거하면 굴착면에서 22m 이내의 건물은 1/500가 변위의 한계를 넘고 있어 역시 주변건물에 영향을 과다하게 미치게 되어 바람직하지 못하다. 따라서 22m 이내의 건물이 존재할 경우는 각별한 대책이 마련되어야 한다.

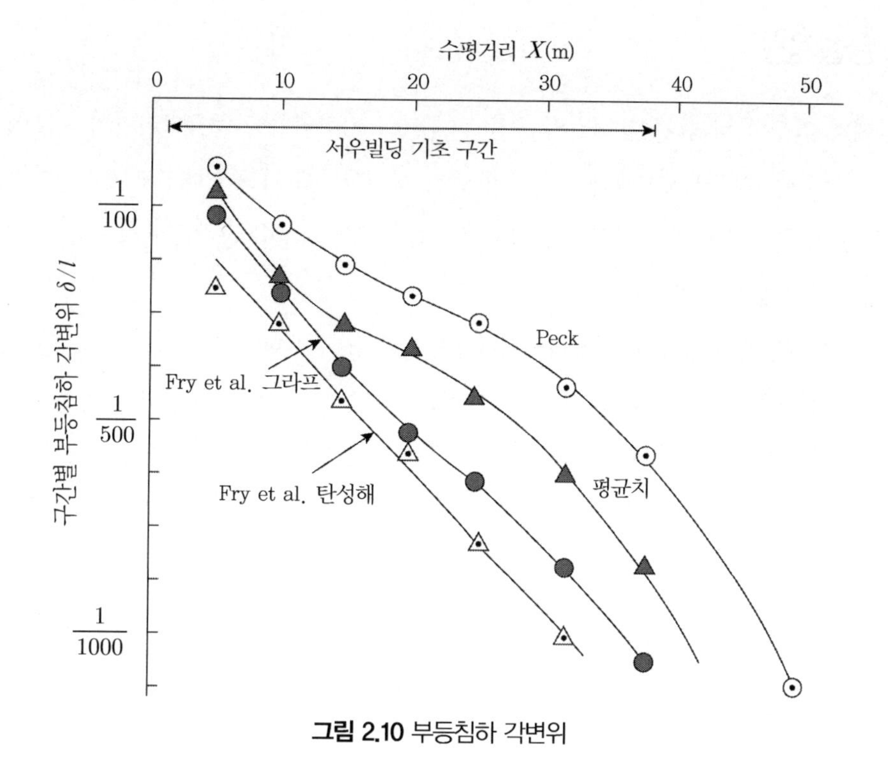

그림 2.10 부등침하 각변위

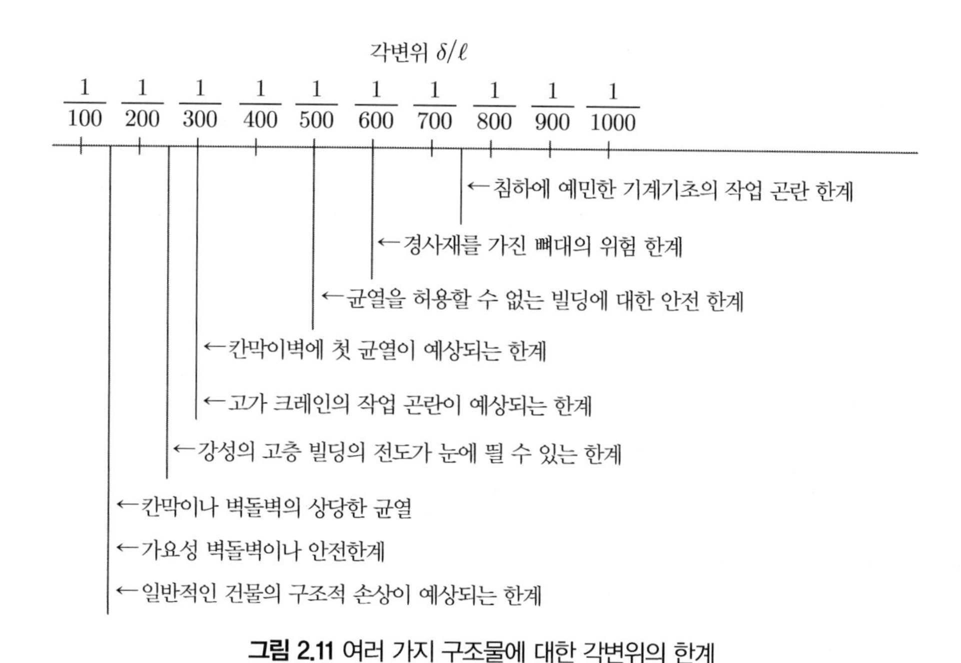

그림 2.11 여러 가지 구조물에 대한 각변위의 한계

2.3 보완설계안

전장에서 검토한 바와 같이 제출된 기존 설계서의 지하굴착 가설흙막이벽의 구조에는 불안전하고 또한 주위 지반침하의 과다로 인하여 인접 서우빌딩에 피해가 예상되므로 보완설계가 요망된다. 특히 고층건물이 있는 북쪽의 흙막이벽에 대해서는 강성이 큰 지중연속벽(slurry diaphram wall)공법으로 변경할 것을 제안한다.

그림 2.12 보완설계안 평면도에 나타난 바와 같이 동서 방향으로 대략 폭 25m와 20m로 두 개 부분으로 나누어 서우빌딩과 멀리 떨어진 남쪽 부분부터 1차로 굴착한다. 서우빌딩 인접부는 미리 지중연속벽을 설치해야 한다. 서우빌딩 인접부는 2차로 시공하되 1차 굴착부분에 대한 지하구조물 공사의 옹벽과 가설 흙막이벽 사이의 공간을 확실하게 되메우기한 다음에 시작해야 한다.

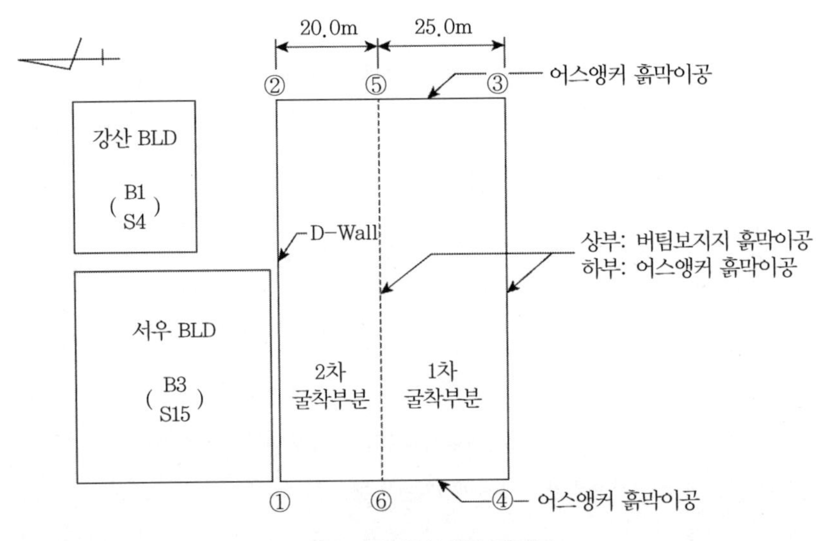

그림 2.12 보완설계안 평면도

2차 굴착공사에 대한 흙막이벽 지지구조로는 슬래브(역타) 공법과 버팀보지지공법이 고려될 수 있으므로 이들에 대해서 검토하고자 한다.

2.3.1 흙막이 벽체

(1) 엄지말뚝과 목재 흙막이판

가시설 흙막이벽으로 흔히 사용되는 방법으로서 엄지말뚝으로 H형강을 일정 간격으로 설치하고 그 사이를 목제 흙막이판을 끼워 흙막이벽체가 되도록 한 것이다. 여기서는 그림 2.1의 가설흙막이 평면도에서 단면 I을 제외한 전 구간과 그림 2.12 보완설계안 평면도의 동서방향의 ⑤~⑥구간에 대한 1차 시공 시에 이 벽체로 하여 검토하였다. 참고문헌[(4)]의 구조계산 예에서는 엄지말뚝은 H-300×200×6×14를 사용하였고 목제 흙막이판의 소요 두께는 11.6cm로 계산되었다.

(2) 지중연속벽

소요폭을 슬러리 트렌치(slurry trench)한 후 강성이 큰 철근콘크리트 벽체를 타설하는 공법으로 지하구조물의 영구옹벽으로 사용되는 장점과 탈수 방지 및 배면 지반침하 방지에 효과적으로 현재까지 개발된 지하굴착 흙막이벽공법 중에서 가장 앞선 공법이다. 그림 2.1의 가설흙막이 평면도에서 단면 I 구간 전부를 이 벽체로 계획한다. 참고문헌[(4)]의 구조계산 요약에서 나타난 벽체제원은 철근콘크리트벽체의 두께가 80cm이며 굴토 바닥 이하의 근입장은 2m다.

2.3.2 버팀기구

일반적으로 사용되는 버팀기구는 버팀보지지, 타이백(어스앵커) 및 역타 슬래브다. 본 지하굴착에서 구간별로 적용할 수 있는 버팀기구에 대해 설명하면 다음과 같다.

(1) 버팀보지지

굴착지반 내부에 설치되는 버팀보로서 주로 H-형강이 사용되는데, 본 지하굴착 흙막이벽 구간 중에는 1차 굴착부분 일부와 2차 굴착부분의 남북방향에 대한 흙막이벽 지지구조로서 검토하였다.

이 지지구조는 그림 2.12의 ③~④구간 흙막이벽과 ⑤~⑥구간 흙막이벽을 지지하는 구조로서 부분적으로 가용할 수 있다. 그러나 ①~②구간 지하연속벽과 ⑤~⑥구간의 지하구조물 벽체 사이의 지하구조로서 검토한 바, 굴착 상부 지하 5층(설치지점 -17.55m)까지는 안전 측이나 그 이하에서는 불안전하다. 여기서 버팀보의 간격을 줄여서 안전한 지지구조로 만들 경우에는 굴착

장비의 운행에 어려움이 있다. 또 먼저 시공된 1차 시공 구간의 건물벽체의 지지대에도 문제가 발생하므로 현실적으로 2차 굴착 구간에는 이 지지구조의 사용이 불가하다.

(2) 타이벡(tieback, 어스앵커)

현재 흙막이벽버팀기구로 가장 많이 사용되고 있는 것으로 장래의 건축공사에도 매우 유리한 공법이나 제한 사항으로서 굴착부지 밖의 지하 부분을 천공하고 이용해야 한다는 것이다. 본 굴착부지의 4개 면 중에서 1개 면(북쪽 서우빌딩)을 제외하면 모두가 부지 밖의 도로거나 공지이므로 이 공법의 적용이 고려될 수 있다.

그러나 이 공법에서 가장 중요한 것은 배면지반의 지층에 대한 정확한 조사와 분석이 필수적이고 또한 주위 지반침하에 대한 대책이 선행되어야 한다. 그림 2.12의 단면 I과 II 및 IV에서 채택될 수 있는 어스앵커 설계한다.

총 굴착깊이가 33.6m이고 어스앵커의 설치간격을 1.8m로 할 때 소요단수는 13개며, 이때 어스앵커 케이블의 소요길이는 상부로부터 27m에서 12m까지로 계산되었다. 이 깊이는 개략적으로 검토된 것이므로 전문기술자에 의한 상세설계에서 조절되어야 한다.

(3) 역타 슬래브(top-down slab)

본 굴착공사에서 가장 문제가 되고 있는 서우빌딩 측, 즉 그림 2.12 보완설계안 평면도에 나타난 ①~②구간에 대한 문제를 해결하기 위하여 흙막이벽은 슬러리 지중연속벽을 지표면에서부터 시공하고 굴착은 1차와 2차로 나누어 시행한다. 2차 굴착부분에 대한 지지구조로 그림 2.12의 ①~②구간과 ⑤~⑥구간 사이를 버팀보지지로 검토하였으나 굴착하부에서 문제가 있으므로 역타 슬래브 공법으로 계획하였다.

2.3.3 주위 지반침하

보완설계안 중 지하연속벽 설치 구간인 단면 I 구간(서우빌딩 측) 이외의 단면 구간에 대한 침하량은 제2.2.5절에서 검토된 바와 같이 그림 2.13과 동일하다. 이 구역에는 고층건물이 존재하지 않고 도로나 공지에 접하여 있으므로 시공 중 다소의 지반침하에 대한 주의를 요하면 될 것으로 생각된다.

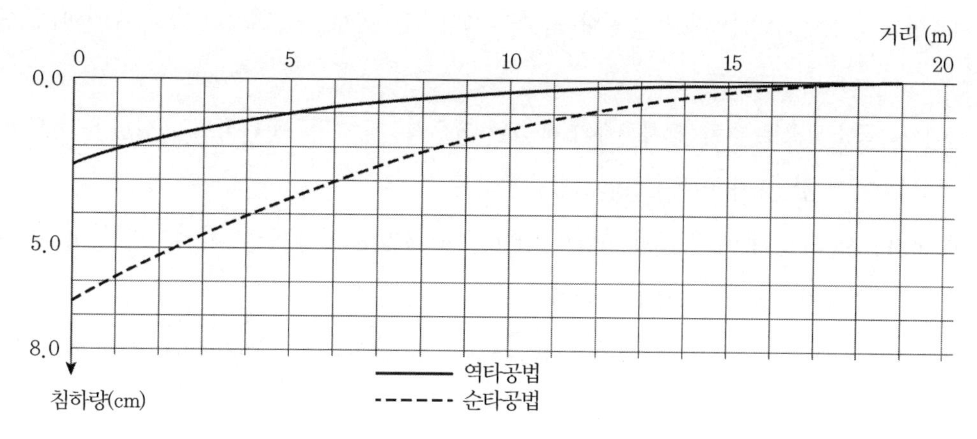

그림 2.13 지중연속벽 설치 구간 주위 지반침하 곡선

지중연속벽이 설치되는 단면 I 구간의 침하에 대해 검토하면 다음과 같다. 우선 지하수위 영향에 대하여서는 지중연속벽 설치로 인하여 지하수위 변동을 억제시켜야 하므로 지하수위가 변동하지 않도록 각별히 유의 시공할 것을 조건으로 하므로 지하수위의 영향은 고려하지 않기로 한다. 지중연속벽을 버팀보에 의하여 지지시키는 방법(순타공법)와 역타 슬래브로 지지시키는 방법의 두 가지 방법에 대하여 검토해보기로 한다.

지중연속벽 설치 시 주위 지반침하는 Caspe(1956)(7)의 방법에 의하여 계산될 수 있다. 지중연속벽의 변위 및 이로 인한 주위 지반의 침하 추정과정은 참고문헌(4)에 상세히 설명되어 있다. 이 두 가지 지지구조에 대한 주위 지반침하량을 정리해보면 그림 2.13과 같다.

즉, 역타공법은 순타공법에 비하여 지반침하량이 훨씬 적게 발생하며 허용침하량 이내가 됨을 알 수 있다. 한편 부등침하 각변위에 대해서는 버팀보지지 경우, 부등침하 각변위의 허용치인 1/500을 넘게 되나 역타공법의 경우는 이 허용치 이내가 되므로 안전하다.

2.3.4 시공상의 유의사항

지층에 대한 토질정수는 시추조사의 토성 및 *N*치에 의해 간접적인 방법으로 추정된 것이므로 실제 굴착공사 시 나타나는 토질상태를 비교·분석하고 실내토질시험 등의 방법으로 실제와 부합되도록 조정해야 한다.

지하굴착공사에서 주위 지반침하의 대부분은 엄지말뚝에 의해 지지되는 흙막이벽의 변위와 흙막이판(나무널판)의 설치 시 뒤채움 시공 불량에 의한 배면토의 이동에 의한 것으로서 굴착

시 버팀버 또는 어스앵커를 제때 설치하는 것과 흙막이판 뒤채움을 철저히 하는 것이 매우 중요하다.

굴착 시 국소적으로 다량의 지하수가 배출된 경우에는 공사를 중단하고 적합한 공법으로 지수시켜 배수에 의한 토사 이동을 방지해야 한다.

본 굴착공사 기간 중에 장마와 호우에 대비하여 흙막이벽 배면은 시멘트 또는 아스팔트로 포장하고 배수로를 개설하여 지표수를 유도해야 한다.

엄지말뚝 또는 슬러리 지중연속벽은 선천공(pre-drill)에 의해 확실한 깊이까지 관입되도록 시공관리를 철저히 해야 한다.

굴착이 시작되어 지하구조물이 완성되기까지 흙막이공의 변위와 인근 건물 및 주위 지반의 침하량을 측정하기 위한 계측장치(경사계, 토압계, 버팀보의 압력계 등)를 중요 지점에 수 개소 설치해야 하고, 이들 측정치를 설계치와 비교·분석함으로써 안전한 시공을 유도해야 한다.

서우빌딩 쪽의 슬러리 지중연속벽 트렌치 굴착 시 굴착장비의 진동으로 인한 인접건물에 피해를 막기 위하여 조심스럽게 관찰하면서 시공해야 한다.

• 참고문헌 •

(1) 건설부(1986), 구조물기초설계기준해설, pp.459-475.

(2) 대한컨설턴트, 유니온빌딩 신축공사 흙막이공 설계도.

(3) 대한컨설턴트, 유니온센터 B/D, 신축부지흙막이공 설계 구조계산서.

(4) 강병희 · 홍원표 · 최정범(1989), '유니온센터 오피스텔 신축공사 지하굴착에 따른 인접건물의 안전성 검토 연구 보고서', 대한토목학회.

(5) 동원토질(1988), 원효빌딩(유니온빌딩) 신축부지 지반조사보고서.

(6) Bowles, J.E.(1982), *Foundation Analysis and Design*, 3rd Ed, McGraw Hill, p.816.

(7) Caspe, M.S.(1966), "Surface settelment adjacent to braced open cuts", JSMFD, ASCE, Vol.92, SM4, pp.51-58.

(8) NAVFAC(1971), Soil Mechanics, Foundation and Earth Structures, DM-7.

(9) Peck, R.B.(1969), "Deep excavation and tunneloling in soft ground", 7th ICSMFE, Mexico, State-of-the-Art,Volume, pp.225-290.

(10) Terzaghi, K. & Peck, R.B.(1968), *Soil Mechanics in Engineering*, Practices, 2nd Ed, p.729.

(11) 日本土質工學會(1975), 土留め構造物の設計法, p.358.

Chapter

03

한국노인복지보건의료센터 신축공사장

Chapter 03 한국노인복지보건의료센터 신축공사장

3.1 서론

3.1.1 과업의 목적

서울특별시 영등포구 영등포동 7가 94의 17호 지상에 신축 중인 한국노인복지보건의료센터 공사장 배면의 간이 콘크리트포장 도로가 1990년 7월 11일 오전 5시경에 파손됨과 동시에 이 도로 밑에 매설됨 도시가스관과 상하수도관이 터져 가스와 물이 누출된 사고가 발생하였는데, 본 과업은 이 사고의 원인을 규명하는 데 그 목적이 있다.[1]

3.1.2 과업의 범위

본 사고의 원인을 밝히기 위해서는 흙막이 공사 지체의 안정성 검토와 호우 시 공사장 인접 지하매설관의 거동을 검토해야 한다. 이를 위하여 토질역학 및 기초공학이론과 경험을 토대로 현상을 파악하고 공학적 판단을 내릴 수 있도록 다음 사항을 과업 범위로 하였다.

(1) 현장조사
(2) 기존자료 검토 분석(설계도서, 지반조사 보고서, 공사기록 등)
(3) 포장도로 하부의 흙입자 이동 경로 추정
(4) 지하수위 영향 검토

(5) 종합의견 및 결론

3.2 현장조사

3.2.1 공사개요

(1) 위치: 서울시 영등포구 영등포동 7가 94-17(한강성심병원 옆)(그림 3.1 주위 현황도 참조)

(2) 공사명: 한국노인복지보건의료센터 신축공사

(3) 지반굴토공사 감리회사: (주)○○컨설턴트(시공회사: (주)○○개발 (주)○○지질)

(4) 건축구조물 및 규모: 독립기초의 철근콘크리트조인 지하 3층, 지상 10층(병실 168배드)

(5) 공사면적: 대지면적 391평, 건축면적 190평, 연건축면적 2,755평

(6) 공사기간: 1990.01.25.~1990.12.25.

(7) 기초흙막이벽: 지중연속벽(두께 $t=600$mm)(그림 3.2 파손된 도로와 매설물 및 흙막이벽 단면도 참조)

(8) 흙막이벽 지지방법: H-빔에 의한 버팀보 이용(그림 3.2 파손된 도로와 매설물 및 흙막이벽 단면도 참조)

(9) 지하굴착면적: 47.7×21.6m = 1,023.84m^2

(10) 굴착깊이: $H=14.4\sim16.1$m(그림 3.3: 하자 위치 및 지장물 개략도 참조)

3.2.2 지반조사 결과

본 공사구역의 지반조사 결과 지표로부터 약 0.3~0.8m 두께는 매립토(콘크리트와 잡석), 매립토 아래 두께 약 10.5~10.8m는 점성분이 전혀 없는 깨끗한 중세립의 사질토, 사질토 아래 두께 약 8.0~8.6m는 모래 섞인 자갈 및 잡석인 사력층, 사력층 아래 두께 약 0.7~1.8m의 풍화암, 풍화암 아래 경암의 순으로 분포되어 있다.

한편 사고 당시의 굴토깊이는 지표면으로부터 -10m 정도였고, 그래서 그 당시의 토층은 중세립의 사질토인데, 이 지반의 N치는 모두 10 이하인 상대밀도가 낮은 느슨한 상태다. 지하수위는 지표면으로부터 약 -9.0m 부근이다.

3.2.3 현장 개황

현장지역의 전면은 폭 2.0m의 버드나무 길이며 후면은 기존 성심병원이다. 본 현장을 전면에서 바라볼 때 좌측은 8.0m의 아스팔트 포장도로고 우측은 4.0m의 강성포장인 간이 콘크리트 포장도로다(그림 3.1 참조)

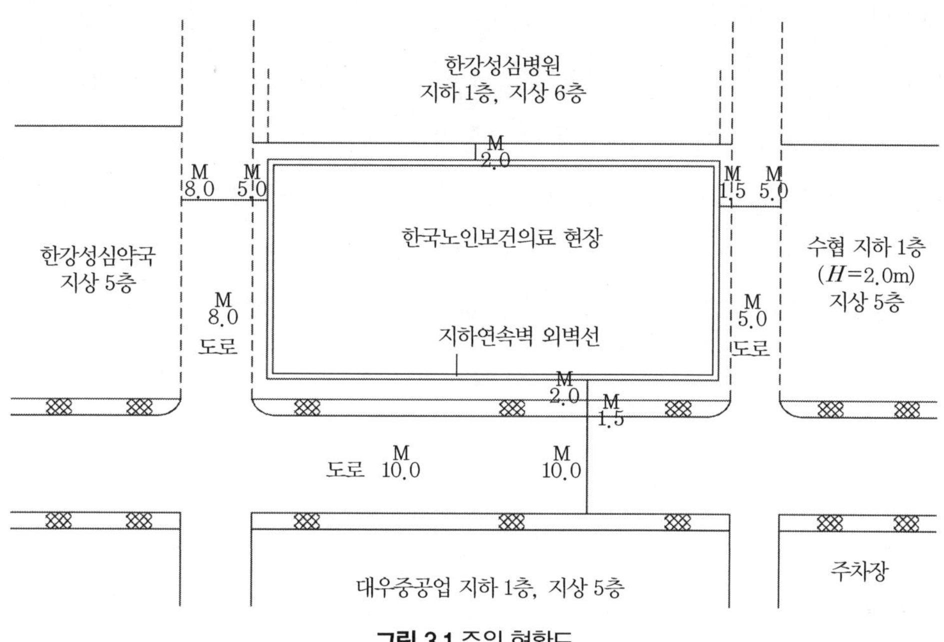

그림 3.1 주위 현황도

본 현장의 지층은 상부의 토사층과 사력층이 지표면으로부터 두께가 -19.5~-10.8m며, 이어서 재래식 흙막이벽(엄지말뚝+흙막이판)공법을 채용할 경우 흙막이벽 뒤채움이나 H-말뚝의 설치, 철거, 강성 부족 및 배수에 따른 흙입자 이동 등으로 필연적인 배면지반의 변형이 발생할 수 있다.

이와 같은 배면지반의 변형을 최소화하기 위하여 본 공사에 채택된 지중연속 철근콘크리트 벽체공법은 최신 기초굴토공법으로서, 흙막이벽으로 이용함과 동시에 구조물의 강성이 큰 영구외벽으로 사용할 수 있을 뿐만 아니라 차수도 완벽하여 현재로서는 기초굴토공법 중 가장 확실하고 안정된 공법이라 할 수 있다.

최근 국내에서도 이 공법을 많은 현장에서 사용하고 있어 점진적으로 그 기술이 축적되고 있는 실정이다. 본 현장에서는 지표면으로부터 -9.0m 근방에서 패널과 패널 사이에 약간의 틈이 있어 소량의 토사가 새어 나온 사실이 있다.

한편 지중연속벽의 근입심도는 풍화암층 하부로 1m 이상 근입이 되도록 지표면 아래 -20.5m로 하였으며, 흙막이벽 지지구조도 하자 요인이 가장 적고 강성이 큰 H-빔에 의한 버팀보공법으로 채택되었다. 본 현장의 사고 이후에도 흙막이 구조체에는 전혀 이상이 생기지 않았으며 변형도 일어나지 않았다.

3.2.4 인접구조물 현황

사고지점인 수협건물을 포함한 본 현장과 인접된 모든 건물(한강성심약국, 한강성심병원, 대우중공업; 그림 3.1 참조)은 미세한 침하도 발생하지 않아 전혀 피해가 없었다.

한편 4m 간이 콘크리트포장 아래, 즉 사고지점인 흙막이벽체 배면의 매설물 상태는 4m 도로의 깊이 방향으로 도시가스관(150mm 철관), 상수도관(50mm PVC관), 상수도관(100mm 주철관) 이외에도 기능을 상실한 하수도관 일부(600mm 흄관)가 있었으며 흙막이벽체 모서리에

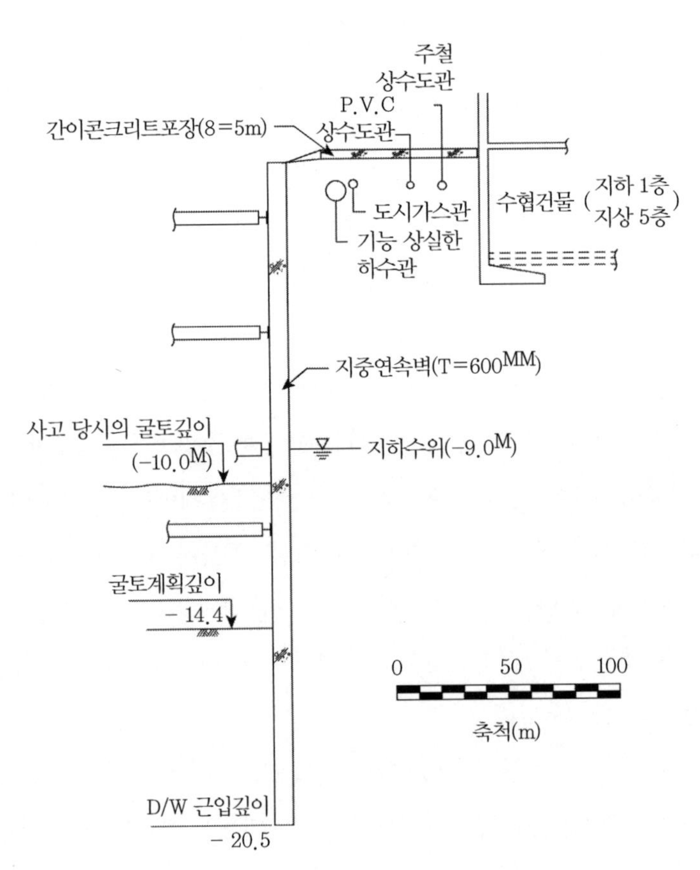

그림 3.2 파손된 도로와 매설물 및 흙막이벽 단면도

인접하여 20m 버드나무길 길이방향으로 하수도관(600mm 흄관) 맨홀이 있었다. 그림 3.2는 파손된 도로의 매설물 및 흙막이벽 단면도이며 그림 3.3은 사고지역의 하자 위치 및 지장물 개략도이다.

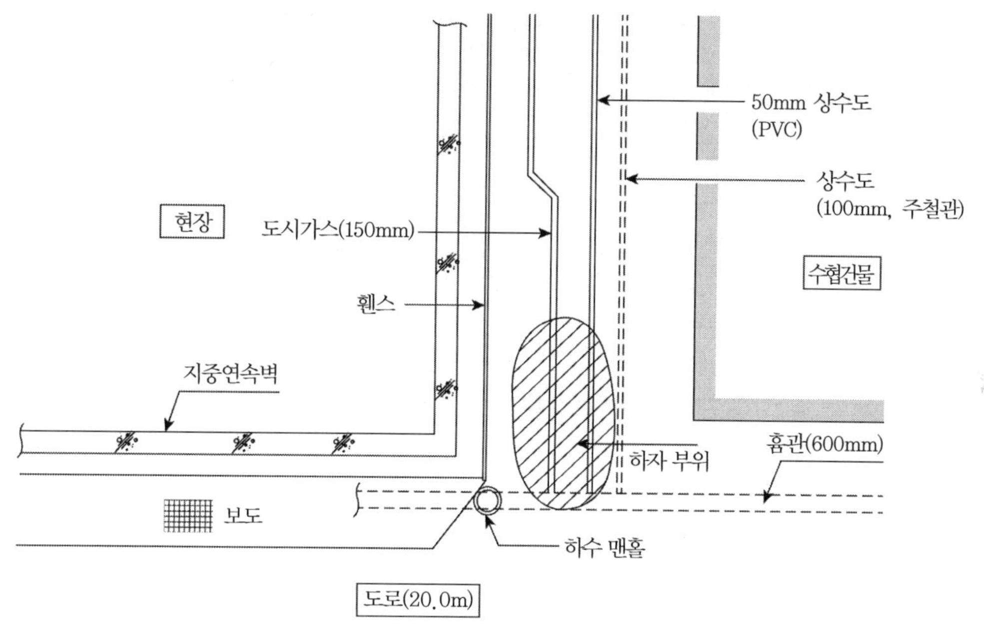

그림 3.3 하자 위치 및 지장물 개략도

3.2.5 사고경위

금년은 예년과 달리 긴 장마와 폭우가 계속되는 상황에서 1990년 7월 11일 오전 5시경 간이 콘크리트 포장도로가 파손됨에 따라 PVC 상수도관과 도시가스관이 파손되어 유체 누출 사고가 발생하였다.

3.2.6 사고복구 현황

4m 콘크리트 포장도로 아래 매설물 중 기능을 상실한 하수도관(600mm 흄관)은 제거하고 가스 및 상수도관에 대해서는 서울도시가스, 소방서, 결찰서, 구청 수도과 담당 직원들의 안전관리 점검하에 완전히 복구되었고 흙의 되메움도 양질의 재료를 사용하여 잘 다진 상태에서 콘크리트포장을 하여 현재는 깨끗이 마무리된 상태다.

한편 지표면으로부터 -9.0m 근방의 패널과 패널 사이의 틈은 배면에 그라우팅을 실시하고 흙막이 전면에서 보강 콘크리트를 타설함으로써 보강조치가 완전하게 되었으며 현재 건축공사 공정에는 아무런 지장 없이 지하 3층 바닥 콘크리트 타설작업이 진행 중에 있었다.

3.3 사고 원인 분석

3.3.1 기상조건

금년은 평년에 보기 드물게 장마가 일찍 시작되었으며 장마전선이 장기간 한반도에 정체하므로 인하여 다량의 호우가 발생하였다. 금년도 1월부터 8월까지의 누적강우량은 그림 3.4에서 보는 바와 같이 1,641mm로 이는 50년 만에 처음으로 발생한 이상 강우기록이다. 이와 같이 하계 집중호우의 요인으로는 대체로 우리나라의 강한 기압골의 형성, 남서풍에 의하여 유입되는 난기류와 강우전선을 활성화시키는 한기류의 존재, 지형적인 영향, 기압골의 정체 등을 들 수 있다.

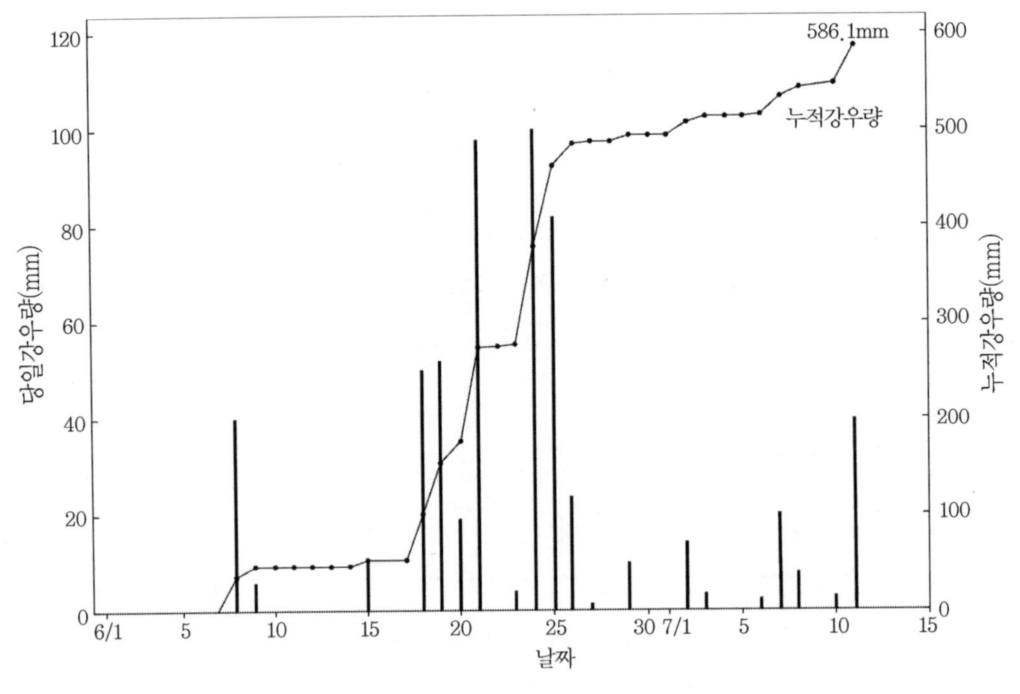

그림 3.4 사고 당일강우량과 누적강우량

강우기록을 이용하여 6월 1일부터 사고일까지 41일간의 당일강우량과 누적강우량을 정리하면 그림 3.4와 같다. 이 기간 동안의 누적강우량은 그림 3.4에 표시되어 있는 바와 같이 586.1mm나 된다. 우리나라의 연평균 강우량은 1,100~1,400mm인 점을 감안하면 이 기간 동안의 강우량이 연평균 강우량의 40~50%에 해당하는 막대한 양이다. 즉, 1년 강우량의 약 반이 이 기간 동안에 발생하였다. 당일강우량이 약 40mm 이상의 경우도 7일이나 되며 100mm에 달한 경우도 2일이나 발생하였다. 특히 6월 18일부터 6월 27일까지의 10일간에는 430mm 정도의 막대한 강우가 집중되었음을 알 수 있다. 이와 같은 강우량의 급증 경향은 6월 말과 7월 초에 약간 완만해졌으나 사고가 발생하기 수 일 전부터 다시 증가 추세가 현저해지고 있었음을 알 수 있다. 특히 사고 당일의 강우량은 40mm에 달하여 사고 당일의 강우량이 비교적 많았음을 알 수 있다.

누적강우량이 급증한 6월 18일부터 6월 27일 사이의 시간강우강도도 대단히 큼을 알 수 있다. 즉, 이 기간 중 20mm/hr 이상의 시간강우강도를 기록한 횟수도 4회에 이르고 있다. 특히 6월 21일 오전 2시부터 6시까지는 높은 강우강도를 지속하였으며, 6월 24일 오전 4시부터 8시까지도 역시 높은 강우강도가 지속되었다.

통상적으로 우리나라에서는 시간강우강도가 10mm/hr로 4시간 이상 지속할 경우 산사태가 발생할 가능성이 높은 것으로 알려져 있는 점을 감안하면 이 기간 동안의 강우강도는 매우 높은 것으로 판단된다. 이와 같은 높은 강우강도가 장시간 지속되면 우수배수는 지표흐름(overand flow), 집수거흐름(gutter flow) 및 하수관거흐름의 세 가지 기능 모두 초과하게 될 수도 있다. 이 경우 하수관에 유입된 우수는 집수거 등으로 역류하거나 하수관 사이의 결함 등에서 누수가 발생하기도 한다. 이 경우 유출된 우수는 다소의 수두를 가지로 있어 압력수로 작용할 수도 있어 주변지반을 교란시킬 수 있다.

사고가 발생한 7월 11일 오전 5시 이전을 상세히 조사해보면 전일(7월 10일) 23시부터 비가 내리기 시작하여 7월 11일 오전 2시에는 시간강우강도가 최대치에 도달하였다. 이때의 강우강도가 12.3mm/hr로 크게 발생하였다. 결국 6월 하순의 막대한 강우로 인하여 지반이 많은 영향을 받은 상태에서 미처 회복할 여유가 없이 7월 11일에 발생한 높은 강우강도는 지반의 안정성에 결정적인 영향을 미쳤다고 추측된다.

3.3.2 지중연속벽의 안정성 검토

본 공사에 채택된 흙막이공법은 연속 철근콘크리트 벽체를 지중에 먼저 설치한 후 이 벽체는 흙막이벽으로 이용하여 굴착을 실시하며 구조물 축조 시에는 이벽을 구조물의 외벽으로 사용할 수 있도록 하는 지중연속벽공법이다. 따라서 이 공법에서 사용되는 흙막이벽체는 통상적인 가설 구조물로서의 흙막이벽 역할뿐만 아니라 영구구조물로서의 역할을 할 수 있고 차수효과도 양호하므로 최근에 많이 사용되는 공법이다. 영구구조물은 벽체로 활용되기 위해서는 벽체 자체의 강성이 높게 요구된다. 따라서 종래 많이 사용되는 재래식 흙막이벽(엄지말뚝과 흙막이판을 사용한 흙막이벽)과는 달리 공사 주변에 미치는 영향을 극소화시킬 수 있는 장점을 지니고 있다. 즉, 벽체의 강성이 크므로 벽체의 변형량이 거의 무시할 수 있을 정도여서 흙막이벽 배면지반이 변형을 극소화시킬 수 있다. 이와 같은 공법은 최근의 시공기술의 발달로 인하여 좋은 시공실적을 많이 올려가고 있는 중이다. 특히 본 공사지역과 같이 모래 및 모래자갈층 지반 속의 지하 굴착공사에서는 대단히 유익한 공법으로 여겨지고 있다.

본 공사지역에 설치된 지중연속벽은 두께 600mm 깊이 20.5m로 굴착지역경계부에 사각형으로 축조되어 있고 14.4m까지 연직굴착하여 지하 3층 구조물로 시공한다. 따라서 근입심이 풍화암층 하부로 1m 이상 근입되도록 되어 있어 흙막이벽을 영구구조물로 사용할 경우에 대비하여 연직 지지력도 충분히 얻을 수 있게 되었다. 굴착 시 흙막이벽의 지지구조는 H-형강에 의한 버팀보공법으로 시공되어 있다. 본 지중연속벽 및 지지공의 구조해석에는 부족한 점이 없는 것으로 생각된다.

본 연구진이 현장조사를 실시하였을 때 계획굴착을 완료하고 지하 3층 바닥 콘크리트 공사가 진행 중이었다. 또한 사고 직후 지중연속벽 배면에 그라우팅을 실시하고 흙막이벽 전면 하부에 보강콘크리트를 타설하여 놓은 상태였다.

사고 발생 위치 부근 지중연속벽에는 'ㄱ'자 패널과 '−'자 패널의 시공조인트가 존재하고 있다. 지중연속벽의 경우 패널과 패널의 시공 조인트 사이가 다른 부분에 비하여 취약점이 될 수 있다. 그러나 본 현장의 이 시공조인트의 관찰로부터 사고의 결정적인 원인을 찾을 수는 없었다.

굴착된 내측에서 흙막이벽면의 상태를 조사하여본 결과 흙막이 벽면에는 인장균열이 발생한 흔적을 찾을 수 없었으며 버팀보에도 좌굴 혹은 이탈 등의 영향을 받은 흔적이 보이지 않았다.

또한 이 흙막이벽의 벽면에는 토사의 배출 흔적이 지중연속벽 상부에서부터 관찰될 수 있었다. 상부에서부터 배출 흔적이 관찰되는 점으로 미루어 흙막이벽 배면에 흙탕물이 지표로부터 흙막이벽 내면을 타고 굴착지 내부로 유입된 것으로 생각된다.

제출된 기록 및 현장에서의 당시 상황 청취를 종합해보면 사고 당시 굴착심도는 -10.0m로 지하수위(-9.0m)보다 약간 낮은 정도였다(그림 3.2 참조). 따라서 지하수위의 유출로 인한 지반 변형의 가능성은 희박하였던 것으로 추측된다.

흙막이벽의 변형에 의하여 배면 지반이 변형하였다고 판단할 수 있는 점을 발견할 수 없었으며 배면 지표 부위에서의 사고에도 불구하고 지중연속벽 및 그 지지구조의 안정성은 충분히 확보된 상태로 굴착이 완료되었다고 판단된다.

3.3.3 지하매설물

본 공사구역 배면의 4m 도로 하부의 지하매설물은 그림 3.3 및 표 3.1에 표시되어 있는 바와 같이 도시가스관(150mm 철관), 상수도관(50mm PVC관 및 100mm 주철관)이 4m 도로 종방향으로 설치되어 있으며, 기능을 상실한 하수도관(600mm 흄관) 일부가 역시 도로 종방향으로 설치되어 있음이 보수공사를 위한 굴착 시 나타났다(그림 3.3 참조). 또한 이 4m 도로와 교차하는 20m 도로(버드나뭇길)에 600mm 흄관을 사용한 하수도관이 설치되어 있으며 흙막이벽 모서리에 인접하여 하수도 맨홀 1개 등이 설치되어 있다. 이들 매설물의 상대적 깊이는 그림 3.2에 도시되어 있는 바와 같다.

표 3.1 지하매설물

지하매설물	4m 도로	20m 도로(버드나뭇길)
하수도관	600mm 흄관(기능상실)	600mm 흄관(맨홀 포함)
상수도관	50mm PVC관	
	100mm 주철관	
도시가스관	150mm 철관	

(1) 하수도관

하수도관은 4m 도로와 버드나뭇길 도로 모두에 설치되어 있으나 4m 도로에 설치된 하수도관은 기능을 상실한 채 지중에 밀폐되어 있지 않은 상태로 매설되어 있었다.

우선 버드나뭇길에 설치된 하수도관은 평상시 하수도의 역할을 하다가 우수의 배출구로서도 기능을 발휘한다. 그러나 강우강도가 심할 경우 하수도관의 용량이 초과되어 역류현상이나 낡은 하수도관의 취약부로부터 누수현상이 발생할 수 있다. 이 경우 하수도관 주변의 지반을 교란시킬 수 있으며 물의 영향을 받은 토사의 일부를 이동시킬 수 있게 되고 지반을 느슨하게 한다.

4m 도로에 설치된 기능을 상실한 하수도관은 물의 이동이 발생하거나 관이 흙으로 매꿔질 때 지반을 느슨하게 하여 지반의 연직변형(침하)을 유발할 수 있다.

(2) 상수도관

PVC 상수도관이나 주철상수도관은 압력수가 통과하므로 지지하고 있던 지반에 변형이 발생면 연결부위나 분기점 등이 취약점이 되어 누수현상이 발생할 수 있다. 이렇게 될 경우 토사의 이동은 더욱 가속되어 지반의 변형이 일층 빨라지게 되고 지반의 공동형상이 발달한다. 이 상태가 더욱 심하여져서 상부 콘크리트 포장의 지지상태가 점점 더 불량해져서 교통하중 등의 충격에 의하여 포장이 파손될 경우 상수도관이 파손될 수 있다. 이 경우 압력수의 분출이 극심하다.

(3) 도시가스관

도시가스관도 지지해주고 있던 지반의 토사유실로 공동이 발생한 상태에서 상부 교통하중 등에 의하여 상부 콘크리트 포장이 깨지면서 도시가스관이 파손될 수 있다.

3.4 토사 유실 원인 분석

4m 도로 하부의 매설물 중 도시가스관과 PVC 상수도관이 파손된 것은 이들 매설관을 지지하고 있던 지반의 토사가 여러 가지 원인에 의하여 유실되었기 때문으로 추측된다. 이 지반의 토사가 유실된 경로를 추측하면 다음과 같다.

(1) 우수배출량이 일시에 과다하여 하수도관에서 역류에 의한 용출 및 누수현상이 발생할 때 주변 토사가 함께 맨홀 등을 통하여 유실되었다.
(2) 노후 하수도관에서 누수된 물이 이동 도중 주변토사를 느슨하게 하고 기능을 상실한 하수도관으로 이 토사가 유입되었다.
(3) 이와 같은 원인으로 지반이 이완된 상태에서 도로의 상재하중(포장하중 등)으로 PVC 상수도관의 연결부가 파손되어 누수되기 시작하면서 흙막이벽의 패널 시공 조인트 부분으로 일부의 토사가 유실되었다. 이 경우 상수도관은 수협건물 측에 설치되어 있으므로 흙막이벽에

서의 거리가 멀어 유로가 약 4m 이상으로 길다. 따라서 물이 이동하는 과정에서 지반 내에 필터기능 및 인터록킹 현상이 생겨 미소한 양의 토사이동이 멈추고 맑은 물이 흘렀을 것이다.

(4) PVC 상수도관과 도시가스관이 파열된 후는 막대한 압력에 의하여 주변의 흙이 사방으로 분산·유실되었다. 최종적으로 토사 유실 범위는 그림 3.3의 개략도에 표시된 바와 같이 폭 3m, 길이 6m 정도였다.

3.5 종합 의견

이상과 같이 항목별로 검토하여본 결과 본 사고는 굴착공사에 의하여 직접적으로 유발된 사고로 보기는 어려울 것으로 판단된다.

본 사고가 발생하기까지의 과정은 다음과 같이 추측되는 바다.

(1) 6월 18일부터 27일의 10일간 내린 우수로 인하여 흙막이벽에 인접한 하수도관(버드나룻길)에서 누수 용출된 물이 주변 지반의 토사를 일부 유실시키고 지반을 교란시켜 지반의 상태가 불량해지고 있었다.

(2) 지반의 교란이 회복되기도 전에 사고 발생 3시간 전인 7월 11일 오전 2시의 비교적 큰 강우강도로 인하여 하수도관에서 재차 누수 용출 현상이 발생하여 지반의 공동현상이 진행되었다.

(3) PVC 상수도관이 지지지반의 토사 유실 내지 지반이 연약화된 상태에서 상부하중에 의해 연결부 등의 취약부에 압력수의 누수가 일부 발생하여 지반의 공동현상이 계속 촉진되었다.

(4) 지반 속의 공동현상이 심한 상태에서 도로교통하중의 충격에 의해 콘크리트 포장이 파손되었으며, 이때 PVC 상수도관과 도시가스관이 파손되었다.

(5) 상수도관과 도시가스관의 파손으로 분출되는 압력수와 압력가스로 주변 지반이 사방으로 분산·유출되었다.

3.6 결 론

한국노인복지보건의료센터 신축공사에 관한 현장조사, 설계도서 및 토질조사자료, 사고 당시의 정황 청취 및 자료 검토에 파손 원인에 대해서 다음과 같은 결론에 의해 이 공사장 배면도로 및 매설물을 얻었다.

(1) 흙막이공 자체의 안정성에 대해서는 공법의 선정, 설계 및 시공 등에 본질적인 결함은 없는 것으로 판단된다. 지중연속벽 시공 조인트에 약간의 누수현상이 보고되었으나 누수 지점이 지표면에서 상당히 깊게 위치하고, 토사유실량이 미소하였다. 누수량이 폭우 전후에 큰 차이가 없었고, 깨끗한 물이 나왔다는 사실을 감안하면 이 누수현상이 사고의 직접적인 원인이 되었다고 생각하기 어렵다. 또한 시공조인트 보강공사를 완료한 현재에는 흙막이공은 이상이 없는 상태에 있다.

(2) 인접건물의 균열, 침하 및 융기 기울어짐 등은 민원으로 보고된 바가 없고, 현장 조사 시에도 발견할 수 없었다. 이러한 사실은 이번 사고가 사공 전반에 걸친 결함이 아니라 상부에 제한된 국지적 파손임을 나타내는 간접적 증거가 된다고 판단된다.

(3) 본 사고는 다음과 같은 과정을 거쳐 발생한 것으로 판단된다.

① 강도가 큰 집중호우에 의한 노후 하수관에서의 누수 및 용수가 발생한다.

② 연약해진 주변토사가 맨홀과 기능을 상실한 하수관으로 유실된다.

③ 매설관 지지지반 토사유실에 의한 상수도관 연결부의 손상으로 인해 누수가 발생한다.

④ 상수도관에서 누수된 압력수에 의한 지반공동현상이 진행된다.

⑤ 간이 콘크리트 포장의 자중 및 도로교통하중 등에 의한 포장체의 함몰에 따른 상수도관 및 도시가스관이 파손된다.

⑥ 압력유체의 분출에 의한 도시가스와 상하수도수 누출 및 보다 큰 규모의 도로 파손이 발생한다.

• 참고문헌 •

(1) 백영식 · 홍원표 · 채영수(1990), '한국노인복지보건의료센터 신축공사장 배면도로 및 매설물 파손에 대한 연구보고서', 대한토질공학회.

Chapter

04

일산전철 장항정차장 구간의 굴토공사

일산전철 장항정차장 구간의 굴토공사

4.1 서론

4.1.1 과업 목적

본 과업은 경기도 고양시 소재 일산전철 장항정차장 구간의 지반굴토 공사 시 발생한 굴토지반 저면의 보일링(boiling)과 일부 주변지반 붕괴의 원인을 규명하고 금후 소정의 깊이까지 안전하게 굴토작업을 실시하기 위한 대책공법을 제시하는 데 그 목적이 있다.[4]

4.1.2 공사 개요

본 공사는 일산지구 주민의 교통문제를 해결할 목적으로 건설되는 수색~일산 간 복선 지하전철 신설 노선 중 장항정차장(13K 423.5에서 13K628.50까지 205m 구간) 건설을 위한 지반굴토공사다. 지반굴토의 규모는 폭이 22.1m(일반 구간)와 25.7m(확폭 구간)로 중앙 구간은 폭이 확대되었으며(그림 4.1 참조), 굴착깊이는 16.44~16.64m(일반 구간)와 15.46~15.66m(확폭 구간)다(그림 4.2 및 4.3 참조).[2,3]

흙막이 구조물은 H-말뚝과 나무널판을 사용한 엄지말뚝 흙막이벽과 상부 버팀보 및 하부 앵커로 지지되는 지지구조로 구성되는 엄지말뚝굴착공법으로 축조된다.[11] 엄지말뚝은 풍화암이나 연암 속에 2.0m 깊이까지 근입시키는 것으로 설계되어 있다. 지지구조로는 일반 구간에서는 6단의 버팀보와 4단의 앵커를 적용하고 확폭 구간에서는 8단의 버팀보와 4단의 앵커를 적용하도록 하고(그림 4.2 및 그림 4.3 참조) 치환 구간에서는 8단의 버팀보와 5단의 앵커를 적용하도록 한다(그림 4.5 참조).

이들 버팀보와 앵커의 설치 간격은 표 4.1과 같다.(8,9)

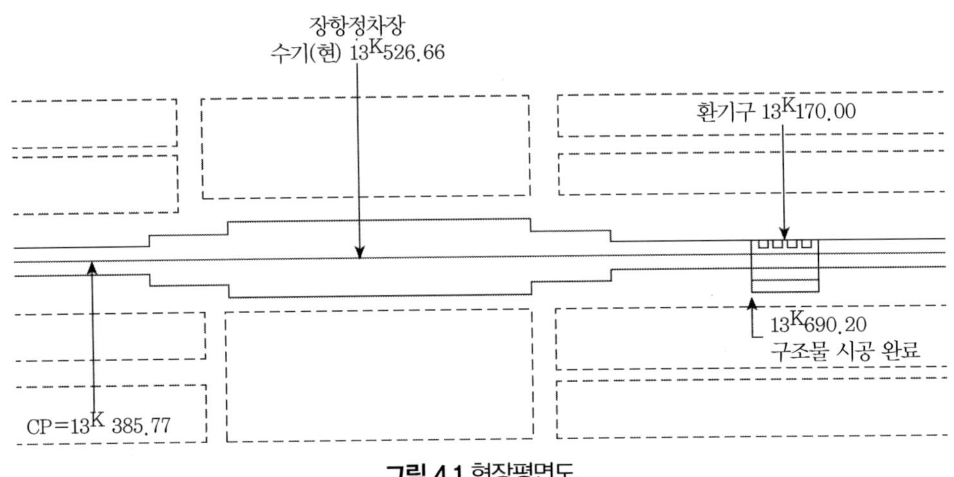

그림 4.1 현장평면도

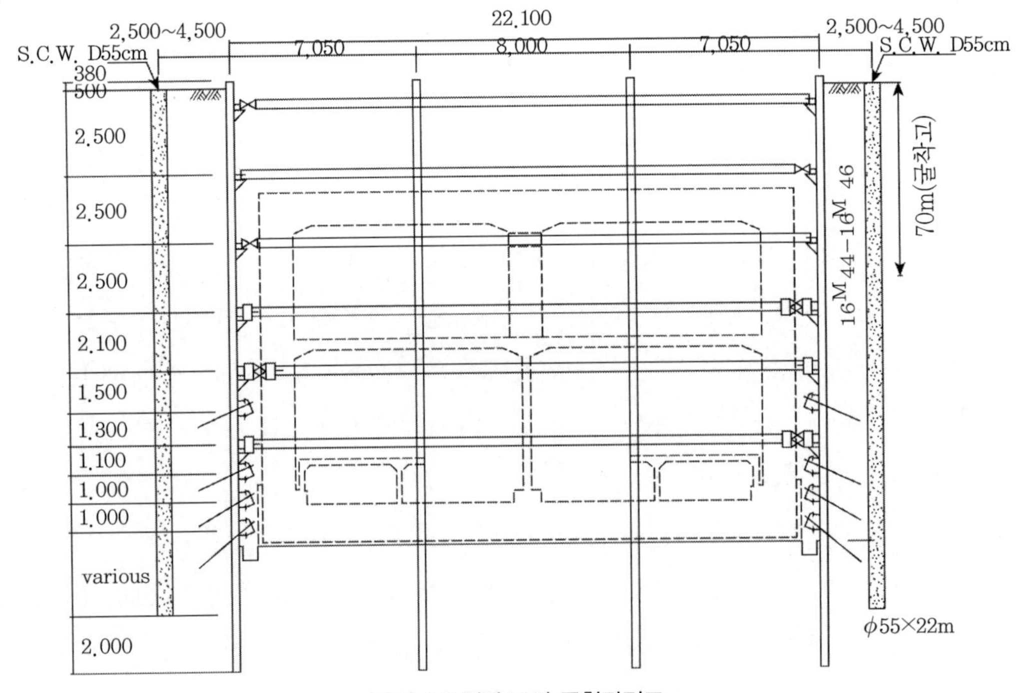

그림 4.2 일반 구간 굴착단면도

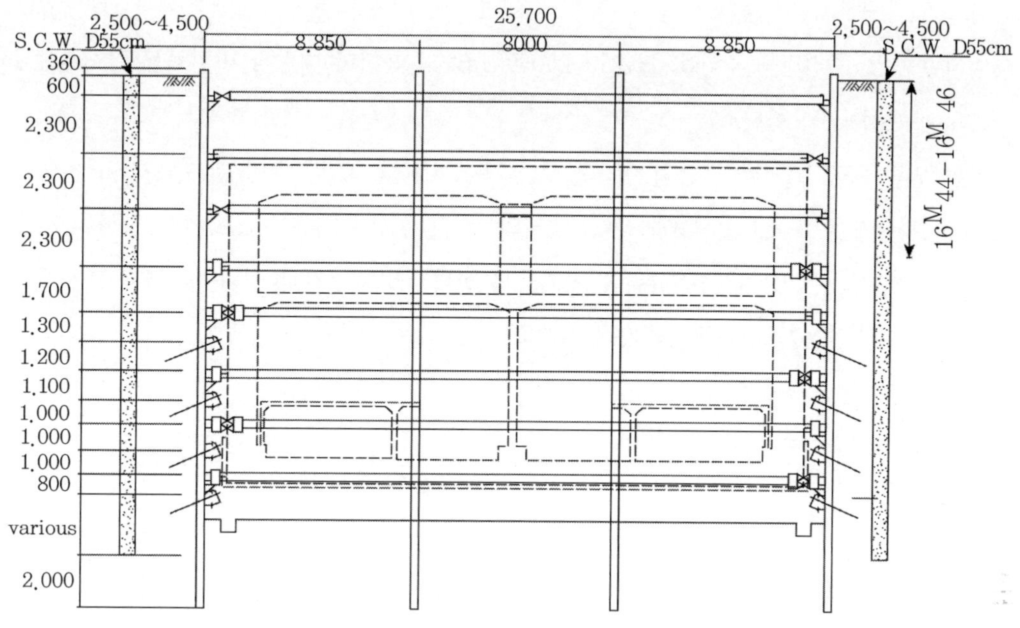

그림 4.3 확폭 구간 굴착단면도

표 4.1 정차장 구간에서의 각 단 버팀보와 앵커의 설치간격(m)[8,9]

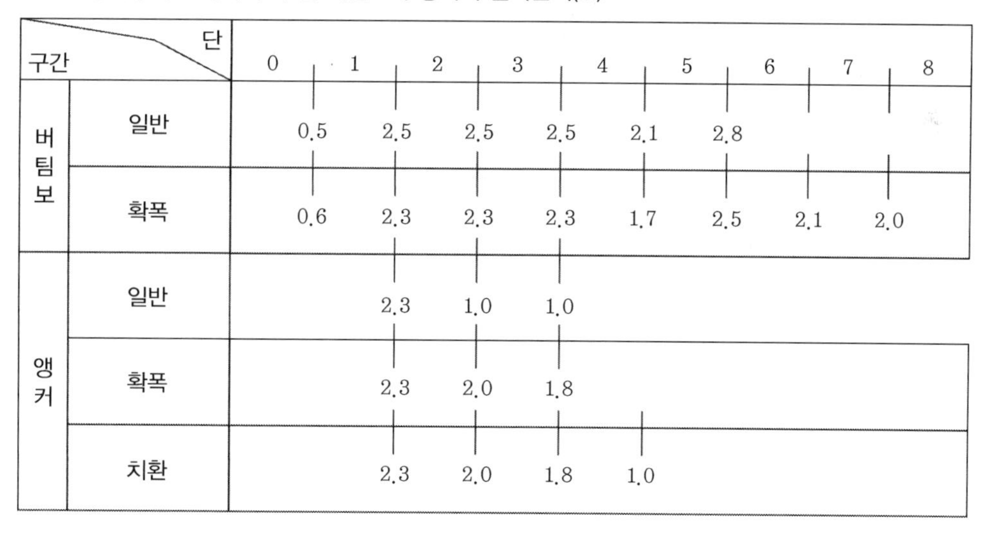

구간 \ 단		0–1	1–2	2–3	3–4	4–5	5–6	6–7	7–8
버팀보	일반	0.5	2.5	2.5	2.5	2.1	2.8		
	확폭	0.6	2.3	2.3	2.3	1.7	2.5	2.1	2.0
앵커	일반		2.3	1.0	1.0				
	확폭		2.3	2.0	1.8				
	치환		2.3	2.0	1.8	1.0			

버팀보의 좌굴을 방지하기 위하여 굴토 구간 내에 두 개의 중간말뚝을 설치하도록 계획되어 있다. 중간말뚝은 4.0m 간격으로 설치하며 중간말뚝의 열과 열 사이 간격은 8.0m로 되어 있다. 또한 이들 중간말뚝열과 흙막이벽 엄지말뚝 사이 간격은 7.05m(일반 구간)와 8.85m(확폭 구간)

로 되어 있다.(2,3)

엄지말뚝 및 중간말뚝 강재로 H-250×250×9×14를 사용하며 띠장과 버팀보용 강재로는 H-298×299×9×14를 사용한다.

한편 일반 구간과 치환 구간의 어스앵커는 그림 4.4 및 4.5와 같이 설치하며 이들 앵커의 자유장과 정착장은 표 4.2 및 4.3과 같다. 앵커의 사용강선으로는 ϕ12.7mm PC 강선을 7~8개 사용하며 1개당 11.22t의 유효긴장력을 가지도록 한다. 일반 구간과 치환 구간의 각단 앵커의 PC 강선의 수와 유효긴장력은 표 4.4와 같다.

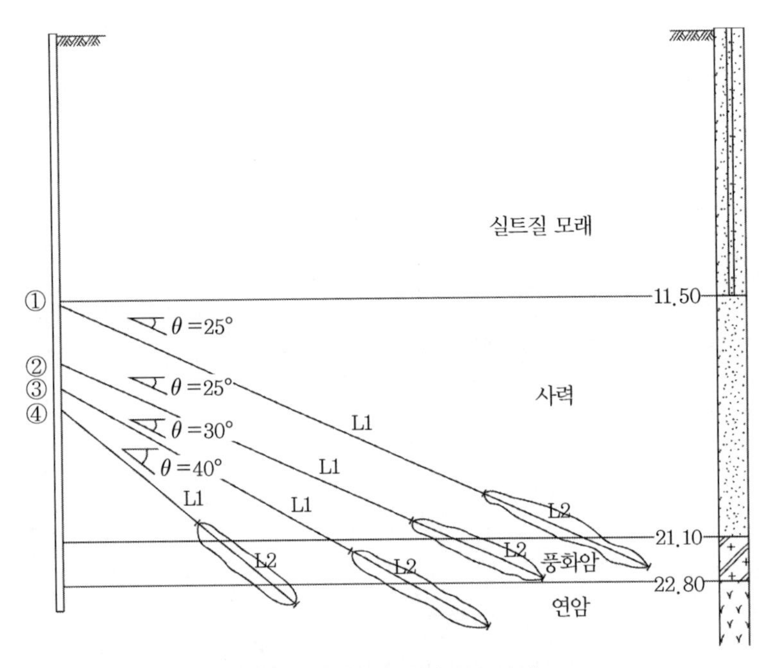

그림 4.4 앵커 설치도(일반 구간)

표 4.2 앵커길이(일반 구간) (단위: m)

위치	천공장			지질별		
	자유장 L1	정착장 L2	계	토사	풍화암	연암
1단	19.00	4.50	23.50	17.40	0	6.10
2단	14.00	5.00	19.00	11.90	0	7.10
3단	9.00	5.50	14.50	7.20	0	7.30
4단	4.00	5.50	9.50	2.40	0	7.10
5단	8.00	5.00	13.00	0.30	0	12.70

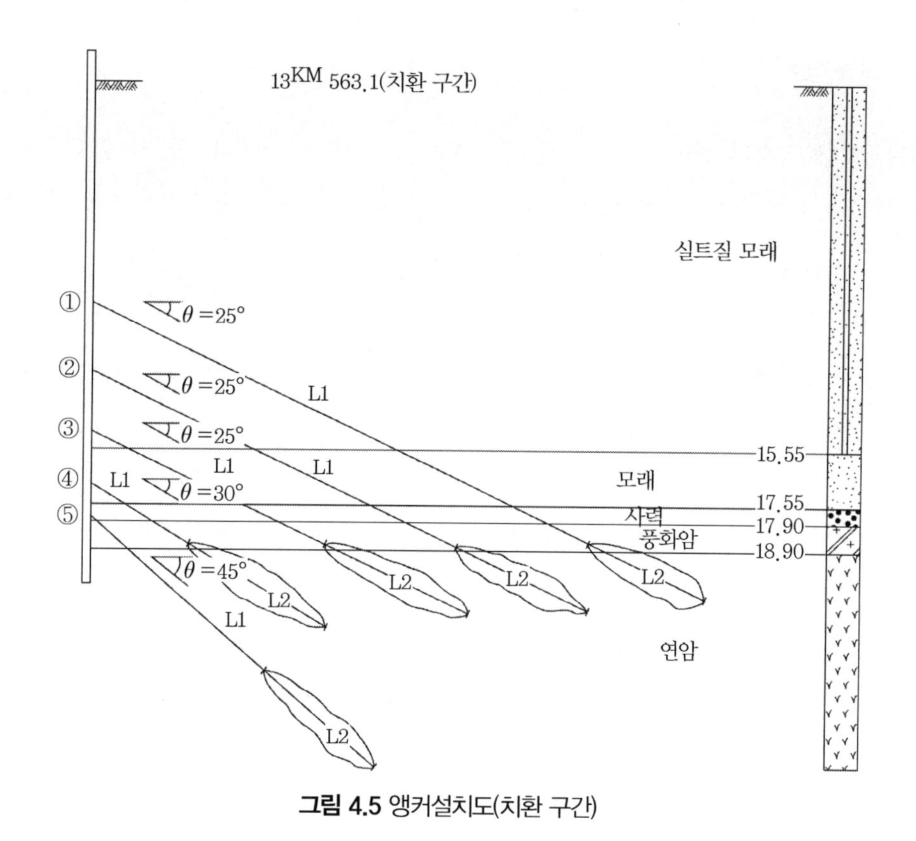

그림 4.5 앵커설치도(치환 구간)

표 4.3 앵커길이(치환 구간)

(단위: m)

	천공장			지질별		
	자유장 L1	정착장 L2	계	토사	풍화암	연암
1단	18.00	7.00	25.00	22.30	2.70	0
2단	15.00	5.50	20.50	16.90	3.60	0
3단	13.00	6.00	19.00	12.30	3.40	3.30
4단	7.00	5.00	12.00	8.25	2.65	1.10

표 4.4 각단 앵커의 PC 강선수와 유효긴장력

구간	일반 구간				치환 구간				
앵커단	1	2	3	4	1	2	3	4	5
PC강선수(본)	8	8	8	7	7	8	9	9	8
유효긴장력(t)	89.76	89.76	89.76	78.54	78.54	89.76	100.98	100.98	89.76

4.2 현장 상황

현장답사에 의하면 장항정차장 구간은 6~7m를 굴착한 단계에서 공사가 중지된 상태였다. 본 정차장 구간 우측(13^K 690.20 이후)의 본선 구간은 지하철 구조물공이 완료되었고, 좌측(13^K 403 이전)의 본선 구간은 아직 공사가 시작되지 않은 상태였다. 또한 본 공사 구간의 주변은 주택이나 건물이 없는 평지였다.(2,3)

굴착공사 구간에는 엄지말뚝공법에 의한 H-말뚝과 나무널판을 사용한 흙막이벽이 일반 구간에서는 22.1m 폭으로 확폭 구간에서는 25.7m 폭으로 설치되어 있고 버팀보는 2~3단이 설치되어 있었다. 이 버팀보의 좌굴을 방지할 목적으로 사용된 2열의 중간말뚝도 설치되어 있었다. 이 흙막이벽의 근입깊이가 얼마인지 현장에서는 알 수 없었으나 설계도상으로는 풍화암 아래 2m 깊이까지 설치하는 것으로 되어 있었다.(11)

본 현장은 지반조사 결과 지하수위가 G.L.(-)1.0~-4.0m로 매우 높게 나타나서 굴착 시 문제가 발생할 것이 예측되었다. 굴착 도중 엄지말뚝 흙막이벽 배면에 S.G.R. 차수용 그라우팅을 2열 설치하고 굴토작업을 실시하였으나 4m 굴착 시까지 차수효과를 얻을 수 없었다(그림 4.6 참조).(6)

다시 흙막이벽 외측부에서 2.5~3.5m 떨어진 위치에 지하수의 차수목적으로 직경 55cm의

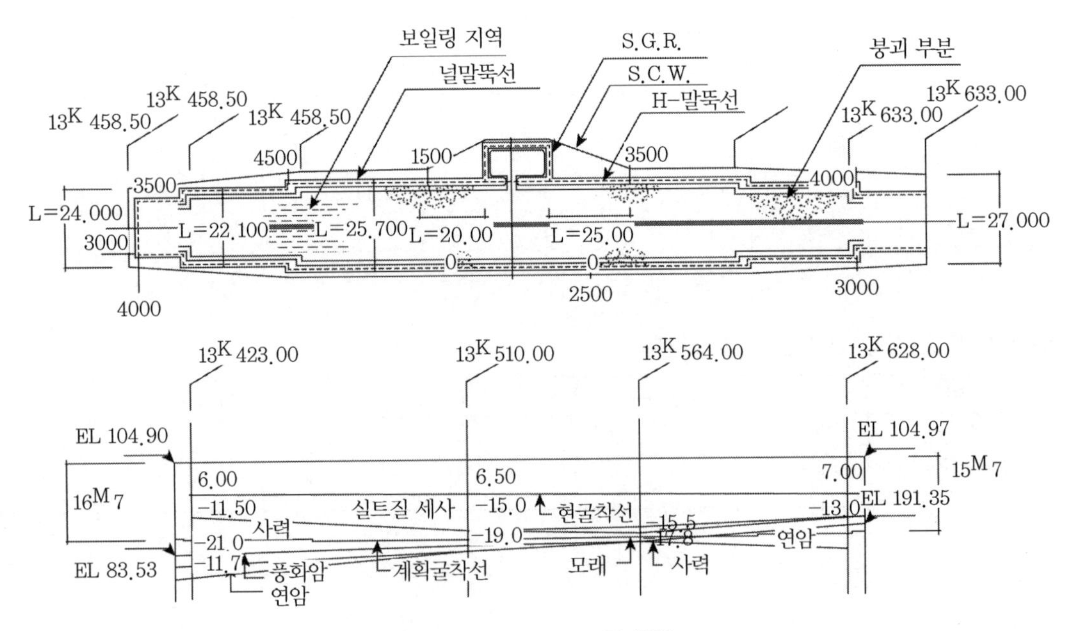

그림 4.6 장항정차장 굴착 현황도

S.C.W.(soil cement wall)의 차수벽을 중첩 시공하였다(그림 4.6 참조). 또한 그림 4.6에서 보는 바와 같이 굴토작업 시 토사가 붕괴되어 널말뚝(sheet pile)도 일부 설치하였으나 현재는 이들이 제거된 상태다.

S.C.W. 시공 후 굴착을 계속하여 6~7m 깊이로 지반굴착을 실시한 결과 그림 4.6에 표시된 부분에 보일링 현상에 의하여 세립의 토립자가 지하수와 함께 분출되어 분화구 모양의 구멍이 많이 발생하여 공사를 더 이상 진행할 수 없어 중단하였다(사진 4.1 참조).

사진 4.1 굴착지반 보일링

굴착 바닥의 토질은 암회색의 실트질 세립모래로 보일링 현상에 의하여 지하수가 계속 분출되고 있었으며 분출된 지하수는 펌프로 계속 배수시키고 있었다. 또한 그림 4.6에 표시된 붕괴부분은 흙막이벽 배면의 토사가 굴착부 내로 유출되어 5개소 정도에서 토사붕괴가 발생하였다. 토사유출이 발생한 지역에는 흙막이벽의 나무 널판이 무너진 곳도 보였다(사진 4.2 참조).

사진 4.2 흙막이벽 배면지반의 함몰

1991년 6월 8일부터 시작된 본 현장의 공종별 일정표를 정리하면 표 4.5와 같다. 즉, 1991년 6월 8일부터 11월 12일 사이에 엄지말뚝 설치작업이 이루어졌다. 엄지말뚝은 천공과 항타에 의하여 시공되었다.

표 4.5 일산 전철 5공구 장항정차장 구간 공종별 일정표

기간 / 공종	1991							1992				
	6	7	8	9	10	11	12	1	2	3	4	5
H-말뚝 천공 및 항타	6.8					11.12						
S.G.R.			8.9				12.6					
굴착				9.26	2m	3m	4m 12.2		5m 2.12	7m 3.10		
S.C.W.							12.18		2.16			
펌핑						11.15				3.10		

이 기간 중에 흙막이벽의 차수를 목적으로 엄지말뚝 배면에 8월 9일부터 12월 6일 사이에 S.G.R. 그라우팅을 실시하였다. 이 사이에 9월 26일부터 지반 굴착작업이 병행되었다. 지반굴토작업은 S.G.R. 그라우팅이 끝나기 전에 4m 정도 깊이까지 실시되었다. 이 시점에서 지반굴토작업은 굴착저면의 보일링으로 인하여 계속 진행할 수 없었다.

지반차수 효과를 증대시키기 위하여 1991년 12월 16일부터 1992년 3월 10일까지 7m 깊이(일부 구간에서는 6m 깊이)까지 굴착하였으나 역시 S.C.W.의 차수효과가 없어 지반굴토작업을 중단하였다. 굴착 구간 내 유입되는 지하수를 배수시키기 위하여 1994년 11월 15일부터 펌핑작업을 시작하여 1992년 3월10일 지반굴토작업이 중지될 때까지도 계속되었다.

이미 제4.2절에서 밝힌 바와 같이 현 상태에 이르기까지 실시되었던 지반차수공법인 S.G.R. 및 S.C.W. 공법의 효과 및 지반변화를 확인하기 위하여 1992년 3월 31일부터 4월 18일까지 7개소에서 추가 지반조사 및 현장투수시험을 실시하였다.

굴토공사가 -3m에 이르렀을 때부터 지하수 양수를 실시하여 -7m에 이른 현재까지 양수를 하고 있으나 굴토지반 저면의 지하수위는 -7m를 유지하고 있다.

흙막이벽으로부터 7m 떨어진 곳에서 지하수위를 1992년 4월 18일에 검토한 결과 -4m를 유지하고 있어 약 3m 정도 지하수위가 하강하여 있는 상태를 파악하였다.

지반강도정수를 나타내는 표준관입시험의 N값은 굴토공사 전보다 다소 증가하여 현재의 지반강도인 ϕ 및 c는 지하수위 하강 전보다 다소 증가하였을 것으로 사료된다.

특기할 만한 사항은 굴착깊이 -7m에서 1.5개월 정도 계속 양수하고 있으나 굴착저면에서 계속 보일링 현상이 발생하고 있다. 또한 보일링 현상은 옆으로 이동하여 새롭게 발생하므로 유로가 대수층과 연결되어 있는 것으로 생각된다.

본 지역은 현장수계에 의해 퇴적된 충적층으로 지표면은 얇은 매립토와 점성토를 제외하고는 점성질 실트, 실트질 모래, 모래, 자갈 및 전석층으로 구성되어 있다. 특히 모래와 자갈층은 한강수계와 대수층을 형성하고 있어 지하수위가 대체적으로 높아 지표면으로부터 1~2m 아래에 존재하고 있다.

정차장 구간에 해당하는 투수계수 자료로는 1990년 10월에 조사를 실시한 한 곳뿐이므로 정차장 전체 구간의 투수성을 대표하기에는 미흡하여 1990년 10월에 조사를 실시한 전 위치의 결과를 요약하여 굴착 전의 대표 투수계수로 정했다.

1992년 4월 추가로 실시한 투수계수를 현재의 투수계수와 비교·분석함으로써 투수계수의

변화상태 및 S.G.R. 및 S.C.W. 공법이 지반 투수계수에 미친 영향을 분석했다.(11)

실트질 모래, 모래 및 자갈층을 깊이별로 분포 상태로 표 4.6, 4.7을 통해서 비교해보았다.(11) 실트질 모래층에서의 투수계수는 5.76×10^{-4}cm/sec에서 1.871×10^{-4}cm/sec로 감소했고, 모래 및 자갈층에서의 투수계수는 6.16×10^{-3}cm/sec에서 5.137×10^{-4}cm/sec로 약간씩 감소했다.

이는 S.G.R. 공법에 의하여 흙의 투수성이 저하되기는 하였으나 저감효과가 그다지 크지 않았음을 증명해주고 있다.

표 4.6 굴토공사 전 실시한 투수시험 결과

	투수계수(cm/sec)	
	범위	평균
점토질 실트	2.32×10^{-6}~1.26×10^{-6}	6.56×10^{-6}
실트질 모래	1.13×10^{-4}~4.09×10^{-3}	5.76×10^{-4}
모래질 자갈·자갈	3.23×10^{-3}~8.12×10^{-3}	6.16×10^{-3}
풍화토	9.58×10^{-5}~6.92×10^{-4}	2.55×10^{-4}
풍화암	5.8×10^{-5}~2.2×10^{-4}	1.19×10^{-4}

표 4.7 추가 실시한 투수시험 결과

토층깊이(m)	토질분류	투수계수(cm/sec)	
		측정값	평균값
1~10	실트질 모래	2.348×10^{-4}	1.871×10^{-4}
		1.298×10^{-4}	
		1.718×10^{-4}	
		2.12×10^{-4}	
10~15	모래 및 자갈	1.553×10^{-4}	5.137×10^{-4}
		5.574×10^{-4}	
		4.912×10^{-4}	
		3.17×10^{-4}	
		1.23×10^{-4}	
		3.312×10^{-4}	
15~20	자갈 및 전석	1.861×10^{-4}	8.205×10^{-4}
		2.271×10^{-4}	
		6.016×10^{-4}	
		1.118×10^{-4}	
		7.809×10^{-4}	
		2.009×10^{-4}	

4.3 안정성 분석

4.3.1 굴착저면의 안정성 분석

구조물 기초나 지하구조물 설치를 위한 굴착작업은 굴착면 내외의 변화나 지하수위의 변화가 발생하여 변형이 생기기 쉽고, 특히 굴착저면의 안정을 저해하는 여러 가지 현상이 생긴다. 일반적인 사례로서는 연약한 점성토 지반이나 지하수위가 비교적 얕고 느슨한 사질토 지반에서의 굴착 작업 시 자주 발생하는 굴착저면의 히빙 현상이나 보일링 현상(파이핑 현상) 등을 들 수 있다.[13] 이와 같은 현상이 발생하면 흙막이구조물의 안정이 저해되어 굴착 주변부의 지반침하나 파괴가 생기며, 나아가서는 흙막이구조물의 변형 내지는 버팀보 등 흙막이구조물의 세부설계에 앞서 굴착저면의 안정에 대한 충분한 검토가 이루어져야 한다. 만약에 과다한 변형이나 파괴 위험이 예상되는 경우에는 이에 대한 대책이 미리 강구되어야 한다.

본 장항정차장 공사에서 차후 굴착은 지하수 유출에 대한 보강공법(차수공법 또는 지하수위 저하공법 등)이 철저히 시공된 후에 진행될 것이고 또한 차후 굴착에 관련된 지반은 N값이 비교적 큰 지층으로 구성되어 있으므로 본 검토에서는 현 굴착단계 상황을 대상으로 집중적인 분석이 이루어졌다.

(1) 히빙 등에 대한 안정성 검토

안정수(stability number)란 점성토지반의 굴착 시 굴착저면의 안정정도나 토압의 변화 등을 판별함으로써 손쉽게 굴착의 난이도를 판별할 수 있도록 Peck이 제안한 개념이다.[15] 이에 따르면 안정수는 굴착저면의 파괴에 관련된 안정수의 굴착 시 토압 변화 등을 판별하기 위한 안정수로 구분할 수 있으며, 이들 관계식을 각각 정리하면 다음과 같다.

$$N_b = \frac{\gamma H}{S_{ub}} \tag{4.1}$$

$$N_s = \frac{\gamma H}{S_u} \tag{4.2}$$

여기서, N_b = 저부파괴 또는 히빙 발생에 관련된 안정수

N_s = 굴착 시 토압 변화에 관련된 안정수

γ = 흙의 단위중량

H = 굴착 깊이

S_{ub} = 굴착저면 아래쪽 흙의 비배수전단강도

S_u = 측면에서 굴착저면 사이에 존재하는 흙의 비배수전단강도

① 저부파괴 또는 히빙 발생에 관련된 안정검토

현 굴착단계에서의 저부지반은 N값이 11 정도인 실트질 세사로 구성되어 있으며, 이 흙의 비배수전단강도 S_{ub}를 Terzaghi-Peck의 경험식을 토대로 추정하면 다음과 같다.[15]

$$S_{ub} = \frac{q_u}{2} = \frac{(N/8.2)}{2} = \frac{11}{16.4} = 0.671\text{kg/cm}^2 = 6.71\text{t/m}^2$$

$$N_b = \frac{\gamma H}{S_{ub}} = \frac{1.8 \times 6.0}{6.71} = 1.61 < 3.14 \text{ (안정)}$$

표 4.8 굴착깊이의 한계 판정기준[15]

안정수(N_b)	판정기준
N_b<3.14	굴착저면 상향의 변위는 거의 탄성적이고, 그 양도 매우 적다.
N_b=3.14	탄성영역이 굴착저면에서부터 와해되기 시작한다.
3.14<N_b<5.14	굴착저면의 부풀어 오름이 현저해진다.
N_b=5.14	힘의 평형이 깨지고 응력이 극한에 달해서 굴착저면은 저면파괴 또는 히빙에 의해 계속적으로 파괴된다.

② 굴착 시 토압 변화에 관련된 안정검토

현 굴착단계에서 측벽 지반은 점토질 세사로 구성되어 있으며 N값은 8 정도다. 이 흙의 비배수전단강도 S_u를 Terzaghi-Peck의 경험식을 토대로 추정하면 다음과 같다.[15]

$$S_u = \frac{q_u}{2} = \frac{(N/8.2)}{2} = \frac{8}{16.4} = 0.488\text{kg/cm}^2 = 4.88\text{t/m}^2$$

$$N_s = \frac{\gamma H}{S} = \frac{1.8 \times 6.0}{4.88} = 2.21 < 4 \text{ (안정)}$$

표 4.9 굴착에 따른 지반의 전단강도 저하와 토압의 증대[15]

안정수(N_s)	판정기준
N_s<4	N_s<4가 되면 Terzaghi-Peck(1967)이 제안한 토압계수 $K_s = 1 - m4S_u/\gamma H$ 음수가 되어 이론상의 토압이 $0.2\gamma H - 0.4\gamma H$ 정도의 크기로 작용한다.
N_s =4~6	탄성적인 성질이 탁월한 지반이 점차 소성영역으로 이행하는 중이다.
N_s =6~8	소성영역이 굴착저면에 달하는 소성평형상태가 된다. 또한 지반 변위가 소성적으로 되고 지표면 침하가 커진다.

(2) 보일링에 대한 안정성 검토

장항정차장 구간은 지표면 아래쪽 0.9~1.2m 정도 지점에 지하수위가 존재하고 있었으며, 특히 13K493 부근은 두께 8m 정도의 사력층이 존재하고 있어 차수에 어려움이 예상된다. 차수공법으로 기 시공된 S.G.R. 및 S.C.W.의 효과가 불충분하여 결과적으로 굴착배면과 굴착저면의 수두 차이에 의한 상향 침투수압 때문에 보일링 현상이 발생했을 것으로 판단된다.[4]

$$F_s = \frac{W'}{U} = \frac{\gamma'}{i_{sv}\gamma_w} \tag{4.3}$$

SEEP 프로그램을 사용하여 침투해석을 실시하였다(참고문헌[4] 참조).[4,13] 이들 계산 결과를 검토할 때 13K493 부근에서 보일링에 대해 불안정한 상태로 나타나고 있으며, 이와 같은 결과는 현장답사를 통해 확인된 상황(사진 4.1 참조)과 일치하고 있다.

4.3.2 S.G.R. 공법의 차수성 검토

(1) S.G.R. 공법의 채택 현황[7,16]

제4.2절에서 이미 설명한 바와 같이 정차장 구간의 굴토공사를 위하여 채택한 H-말뚝과 나무널판을 사용하는 엄지말뚝 흙막이공법으로는 현 지반과 같이 지하수위가 높은 곳에서는 지반굴착 시공이 대단히 어렵다.

이에 차수성 보조공법으로 S.G.R. 공법이 병용되었으며 완전차수를 위하여 2열식 S.G.R. 공법을 채택했다. 제1열은 현탁액으로 지표면에서부터 풍화암까지 처리했고 제2열은 용액으로 지표면으로부터 7.5m 이하부터 풍화암까지 처리했다.

(2) S.G.R. 공법의 적용성과 효과

S.G.R. 공법은 그라우트재를 정성적 및 정량적으로 획일화시켜 지반개량의 목적에 맞도록 겔타임(gel time)을 조정하면서 지반에 복합주입시킨다. 이때 주입압력을 저압으로 하여 지반의 간극을 그라우트재재로 고결시켜 맥상으로 지반의 역학적 특성을 개량하는 공법이다.

S.G.R.의 개량 공법의 지반개량 효과를 높이기 위해서는 다음과 같다.

① 현탁액에서 용액까지의 다양한 주입제를 선택한다.

② 순결에서 완결의 겔타임을 조정한다.

③ 저압으로 조정한다.

④ 복합주입 비율로 조정한다.

따라서 S.G.R. 공법의 적용을 위해선 대상 지반의 정밀한 지반조사가 사전에 실시되어 개량의 목적에 맞는 그라우트재 선정이 대단히 중요하다.

한국 S.G.R. 공법 협회에서 발표한 자료[7]에 의하면 통상 0.8mm 이상의 입경을 갖는 모래로, 투수계수가 10^{-3}cm/sec 이상일 경우에는 포트랜드 시멘트 밀크(portland cement milk)의 그라우트가 가능하나 입경이 이보다 작든지 투수계수가 작은 경우에는 불가능하며 주입압력을 올릴 경우 투수성은 더욱 악화된다고 했다.

본 정차장 구간의 지층구성 및 투수계수는 제4.2절의 표 4.6, 4.7에서 확인할 수 있으며, 특히 입도 분포는 제공자료[5]의 한국철도협력회 지반조사자료[8,9]로부터 분석하면 80% 이상의 통과 입경이 0.1mm 이하다. 따라서 본 지역에서 S.G.R. 공법을 채택함으로써 충분한 차수효과를 얻기에는 부족하였던 것으로 판단된다.[4,5]

이의 증명은 S.G.R. 공법을 처리한 후 4m 굴착 시 흙막이벽 배면이 붕괴된 사실과 1992년 4월에 흙막이벽 배면에서 실시한 현장투수시험 결과에서 잘 나타나 있다.

표 4.10은 1990년 10월 조사 시와 1992년 4월 조사 시의 평균투수계수를 비교한 표다. 지하수위가 높고 투수계수가 낮은 실트질 모래층이 두껍기 때문에 본 지역의 굴토공사에서 S.G.R.의 차수효과를 얻기에 어렵게 되었다.

표 4.10 실트질 모래층의 부수계수 비교표

	1990년 10월 조사 시	1992년 4월 조사 시
평균투수계수(cm/sec)	5.76×10^{-4}	1.871×10^{-4}

4.3.3 S.C.W. 공법의 차수성 검토

(1) S.C.W. 공법 채택 현황

제4.2절에서 설명한 것처럼 정차장 굴토공사를 위해 흙막이공법으로 엄지말뚝공법과 S.G.R. 공법을 병용하였으나 4m 굴착 시 흙막이벽 뒷부분에서 토사유출 및 붕괴로 S.G.R.의 차수효과를 얻기가 어려웠다.

이에 다시 흙막이벽 외측부에서 2.5~3.5m 떨어진 위치에 지하수의 차수목적으로 직경 55cm 되는 S.C.W. 차수벽을 중첩 시공했다. S.C.W. 차수벽 시공은 1994년 12월 18일부터 1992년 2월 16일까지 실시되었으며 시공성을 높이기 위해 3축 오거(auger) 장비가 동원되었다.

(2) S.C.W. 공법의 적용성

S.C.W.는 일축 또는 특수다축 오거로 지반을 교란시키면서 천공하고, 오거 선단에서 시멘트 밀크(cement milk)를 분출시키면서 원지반과 혼합교반시켜 소일시멘트 벽(soil cement wall)을 형성한다. 지반특성에 따라 1축 또는 2, 3, 4, 5, 6축 오거시공을 하여 특별한 경우엔 케이싱(casing)을 병행하여 시공한다.

S.C.W. 공법은 사용 목적에 따라 그림 4.7에서 보는 바와 같이 강성구조벽, 차수벽 및 구조물의 기초말뚝 등으로 이용된다.

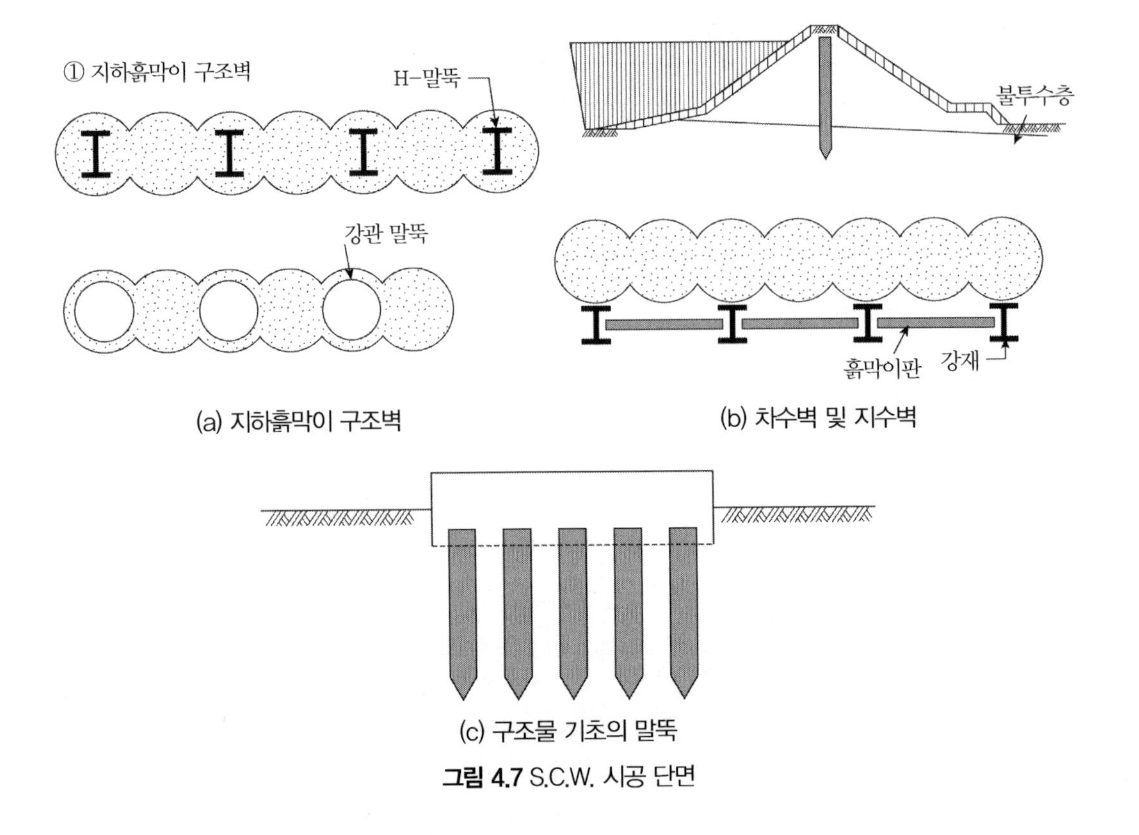

(a) 지하흙막이 구조벽

(b) 차수벽 및 지수벽

(c) 구조물 기초의 말뚝

그림 4.7 S.C.W. 시공 단면

(3) S.C.W. 공법의 차수효과

일반적으로 S.C.W. 벽체의 차수효과를 얻기 위해선 다음 사항들을 만족해야 한다.

① 불투수층의 근입성

② 벽체의 연결성

③ 벽체의 연직성

④ 벽체의 강성

위의 효과를 확인하기 위해서 ○○기업주식회사에서는 1992년 4월에 현장투수시험과 S.C.W. 벽체 내의 NX 보일링을 실시하였다.

S.C.W. 벽체 내의 보일링은 S.C.W. 자체의 투수성을 얻기 위한 공내 투수시험과 S.C.W. 벽체 형성 길이 학인용 시험공이다. 이 시험으로부터 다음 사항을 검토하였다.

① 불투수층의 근입성

S.C.W.의 직경이 55cm이므로 직경의 중심에서 NX Rotary 보일링을 실시하여 S.C.W.의 형성 심도를 확인했다. 깊은 심도에서의 S.C.W. 벽체의 연결성과 보일링의 수직성에 대한 신빙성은 증명할 수 없기 때문에 상대적인 깊이 측정만을 그림 4.8과 같이 확인했다.

그림 4.8로부터 S.C.W. 공법으로는 깊은 자갈층을 관통하여 차수효과를 기대하기에는 불충분했음을 확인했다.

S.C.W. 시공 시 자갈층까지 관입이 가능하였으나 자갈층의 교반이 불충분하여 차수효과가 불충분하였던 것으로 생각된다.

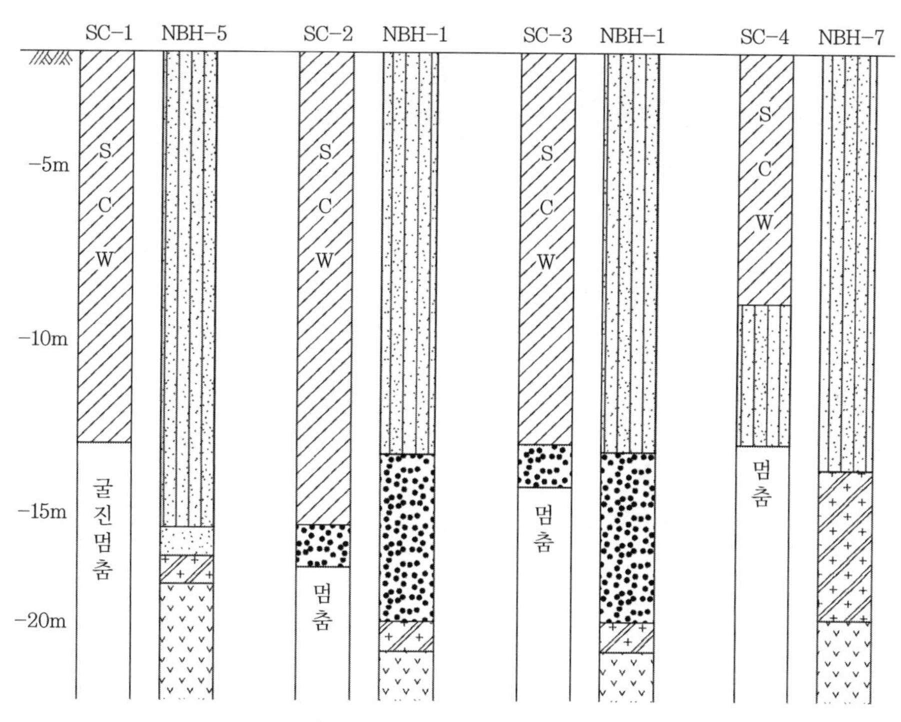

그림 4.8 S.C.W. 심도 확인 주상도

② S.C.W. 벽체의 강성

S.C.W. 벽체가 차수성을 유지하기 위해선 지반변위에 따른 휨모멘트를 벽체가 견뎌주어야 균열이 발생하지 않으므로 그에 따른 강성을 가져야 한다.

이의 확인을 위하여 S.C.W. 양생기간을 달리한 시료를 두 차례 채취하여 압축강도시험을 실시하였다.

강도 측정을 위한 S.C.W. 시료는 1차에는 13K420 지점에서 4개를 채취했으며 2차에서는 현장투수시험이 실시된 부근에서 6개를 채취하였다. 채취된 시료는 현장의 철도청 실험실에서 압축강도시험이 실시되었다. 그 결과는 표 4.11과 같다.

S.C.W. 압축강도시험을 위한 시료를 깊이별로 채취하지 못하고 대체로 지표로부터 2~4m 아래서 채취하였기 때문에 표 4.11의 강도는 실트질 모래의 S.C.W. 벽체에 대한 압축강도로 판단해야 한다. 이 값은 문헌이나 공법추천서가 제공하는 표 4.12와 비교할 때 부족하게 나타난다.

표 4.11 SCE 시료의 강도시험 결과

	시료번호	시료크기(cm)	시료면적(cm^2)	파괴하중(kg)	강도(kg/cm^2)
13K 420 1992.04.08. 실시	1	ϕ9.8×20	75.43	320	4.2
	2	ϕ9.8×20		1,100	14.6
	3	ϕ9.8×20		500	6.6
	4	ϕ9.8×20		920	11.9
	Ave.				9.3
1992.04.23. 실시	1	ϕ9.82×20	75.75	400	5.3
	2	ϕ12.77×20	128.0	940	7.3
	3	ϕ9.82×20	75.74	580	7.7
	4	ϕ9.86×20	76.36	940	12.3
	5	ϕ9.71×20	74.05	520	7.0
	6	ϕ9.88×20	76.67	1,580	20.6
	Ave.				10.0
	Ave.				9.65

표 4.12 토질에 따른 S.C.W.의 일반적인 압축강도

토질의 종류	압축강도(kg/cm^2)
점성토	7~20
사질토	20~80
사력토	60~120

S.C.W. 구체의 보일링으로 채취된 코어를 검토한 결과 소일시멘트(soil cement)의 구근 형성은 대체적으로 균일하게 되었음을 확인했다.

③ S.C.W. 구체의 투수성

S.C.W. 구체의 투수성을 확인하기 위하여 SC-1, SC-2, SC-3, SC-4 네 곳에서 S.C.W. 구체 내에 NX 보일링을 실시한 후 공내에서 패커 시험(packer test)을 시도했으나 패커에 압력이 걸리지 않았다.

이는 S.C.W. 구체의 강도가 약하여 패커에 압력을 걸었을 때 균열이 발생하였거나 S.C.W. 시공 시 토질의 교반상태가 나빠 이미 균열이 있었거나 보일링 시 굴진면이 매끈하지 못했을 것이다. 편법으로 주수시험을 실시하여 표 4.13과 같은 투수계수를 얻었으나 현장지반의 투수계수와 크게 차이가 나지 않은 것으로 판단할 때 S.C.W. 자체의 투수성 감소효과도 크지 않았음을 확인했다.

표 4.13 S.C.W. 구체의 투수시험 성과표

공번	지하심도(m)	투수계수(cm/sec)	비고
SC-1	2~5	1.262×10^{-5}	
SC-2	2~5	1.653×10^{-5}	
	5~8	3.952×10^{-5}	
SC-3	2~5	6.408×10^{-5}	
	5~8	1.755×10^{-4}	
	8~11	5.640×10^{-4}	
SC-4	2~5	2.431×10^{-4}	
	5~8	1.053×10^{-4}	
	8~11	1.137×10^{-3}	9m 이하는 모래층

④ S.C.W.의 차수성

S.C.W. 벽체의 투수계수가 대체로 10^{-5}cm/sec를 유지할 수 있다는 전제조건하에서 S.C.W.의 차수성을 확인하였다.

이를 위해서 S.C.W. 벽체 공내의 투수시험과 공내 보일링 및 시료의 압축강도시험을 실시하여 S.C.W. 벽체의 차수효과를 검토하였다.

가. 불투수층의 근입성

깊은 곳에 자갈층이 두껍게 존재하여 자갈층의 관입은 가능하였으나 자갈과의 혼합교반이 불가능해서 S.C.W.의 차수성을 기대할 수 없었다.

나. 벽체의 연결성 및 연직성

S.C.W.용 오거가 두꺼운 자갈층과 침투수압이 있는 곳에서는 지표면에서 유지하는 연결성과 연직성을 그림 4.9에서 보는 바와 같이 자갈층을 통과하여 불투수층까지 계속할 수 없어 차수성을 기대하기 어렵다.

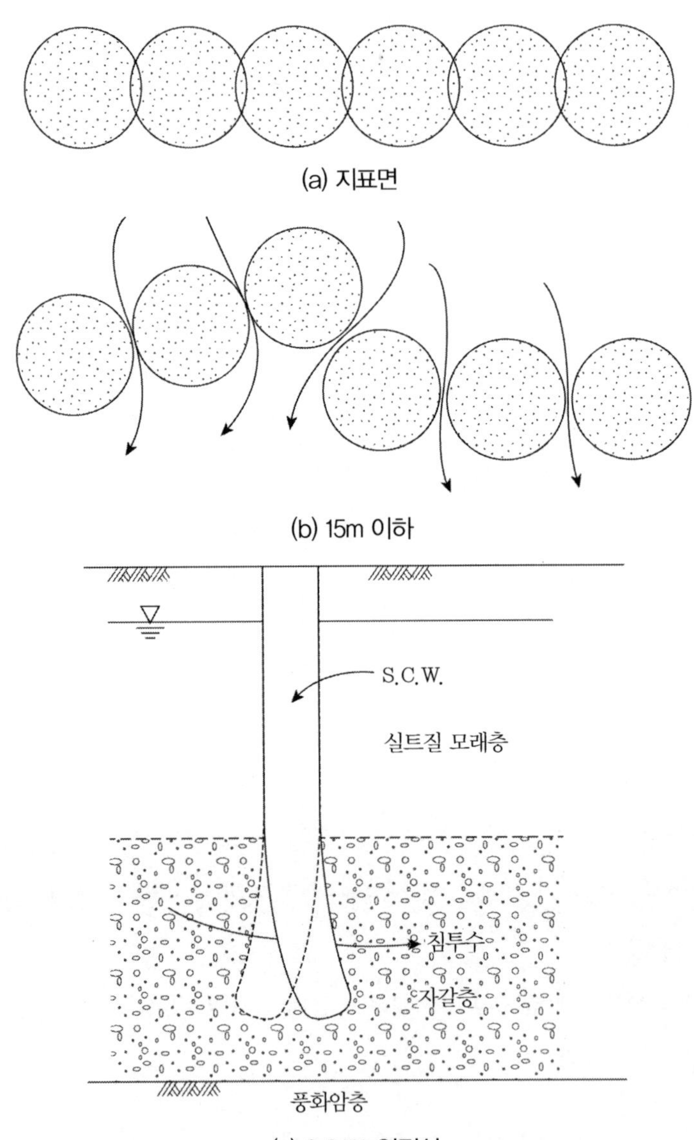

그림 4.9 S.C.W. 벽체의 연결성과 연직성

다. 벽체의 강성

실트질 모래층에서 형성된 S.C.W.의 압축강도가 문헌 및 시공 시 추천 압축강도의 1/2 정도밖에 안 되어 굴토 시공 시 발생할 수 있는 지반변위가 S.C.W. 벽체에 균열을 발생시킬 수 있으므로 보강 없는 S.C.W. 벽체의 완전한 차수성은 기대할 수 없다.

4.4 대책공법

4.4.1 기본보강 사항

본 정차장 구역은 한강수계에 연결되어 있는 충적층이다. 상부는 평균 14m 두께의 실트질 모래층이 퇴적되어 있고 하부는 평균 6m의 모래 및 자갈층이 퇴적되어 지층을 이루고 있다.

지하수가 한강수계와 연결되어 대수층을 이루고 있기 때문에 지하수위가 대단히 높아 지표로부터 1~2m 아래에 존재하고 있다. 이러한 상태의 지반에서 굴토공사를 실시하기 위해서는 지하수관리가 대단히 중요하다.

본 정차장 구간의 굴토공사를 위해서 ○○기업주식회사에서는 흙막이공법으로 엄지말뚝공법과 병행하여 S.G.R. 공법 및 S.C.W. 공법을 차수공법으로 실시하였다.[1]

S.G.R. 공법은 투수계수가 1.87×10^{-4}cm/sec되는 실트질 모래층이 두껍게 존재하고 있어 차수효과를 얻지 못했고, S.C.W.는 자갈층의 교반이 불가능했고, 연결성 및 연직성을 유지하지 못해 차수효과를 얻지 못했다. 차후 안전한 굴토공사를 수행하기 위해선 지하수 관리를 철저히 해야 한다.

지하수관리 방법으로는 일반적으로 지하수위를 저하시켜 굴착 대상 지반을 안정시키면서 굴토하는 지하수위저하(dewatering)공법과 미리 굴착 대상 지반으로 침투되는 물을 차단시키고 굴토공사를 하는 차수(water cut off)공법을 적용할 수 있다.

4.4.2 지하수위저하공법

(1) 공법의 적용성

일반적으로 지하수위가 저하되면 흙의 간극수가 감소하여 흙이 건조해지고, 유효응력이 증가해서 침하량이 미리 발생하므로 지반의 강도가 증가한다.

또한 침윤선이 강하하여 침투수압 및 측압이 감소하는 효과를 얻는다. 이러한 효과를 얻기 위하여 지하수위저하공법은 주로 웰포인트(well point) 공법과 딥웰(deep well) 공법을 적용할 수 있다.

본 지역은 굴토작업으로 인해 수위 차가 16m 정도 되므로 well point 공법을 적용할 시에는 3단의 펌핑 단계를 거쳐야 하므로 시공상 문제가 있다.

정차장 구간의 굴토심도와 수위차를 고려해볼 때 deep well 공법의 사용이 well point 공법보다 본 지역에 더 적합함을 알 수 있다. 표 4.14는 well point 공법과 deep well 공법 사용 시의 적용한계를 비교한 표다.

표 4.14 well point 및 deep well 공법 적용한계

		적용투수계수(cm/sec)	양수원리	수위저하량
well point	소구경 다수정	$1 \times 10^{-4} \sim 5 \times 10^{-2}$	진공 펌프로 흡상	6~7m 수두차 가능
deep well	대구경 소수정	5×10^{-2} 이상	양수 펌프로 압상	펌프 능력에 따라 10m 이상 가능

(2) 지하수위 저하 영향권 검토

정차장 구간의 굴토공사를 위하여 deep well 공법을 채택할 경우 지하수위 저하에 따른 주변 지반의 영향권을 검토해야 한다. 영향권을 검토하는 방법에는 여러 가지 학설이 있다.

현재 절대적인 방법은 없으나 일반적으로 Jacob의 정수위 측정식으로부터 유도된 식을 사용하거나 Sichart의 경험식을 사용하는데, Jacob식은 펌핑 유량에 따른 변수(C_s)를 가정하기 위한 시험을 해야 하므로 통상 Sichart의 경험식을 사용한다.(14)

Sichart식은 건설부제정 '구조물기초 설계기준해설'(12)에서도 추천하는 식이므로 본 검토에서도 Sichart식을 사용했다.

$$R_0 = 3{,}000(H-h)\sqrt{K} \tag{4.1}$$

여기서, R_0 = 지하수 저하에 따른 영향권 반경(m)

$H-h$ = 수위 저하량(m)

k = 투수계수(cm/sec)

식 (4.1)을 이용하여 굴착깊이에 따른 영향권 반경을 산출하면 표 4.15와 같고 이 식에 적용된 투수계수로는 표 4.15와 같이 각 층의 평균투수계수를 사용하였다.

표 4.15 층별 평균투수계수

지층	평균투수계수(m/sec)
실트질 모래	1.87×10^{-6}
모래 및 자갈	8.205×10^{-6}

그림 4.10은 지하수위 저하 시 영향권을 도시한 그림이다. 표 4.16에서 보는 바와 같이 13m 이상 지하수위가 저하하면 주변 100m 정도 떨어진 지역에서 건설 중인 아파트 단지 내에 지하수위 저하의 영향을 끼칠 수 있다.

따라서 deep well 공법 적용 시 인근 아파트 건설현장이 영향권을 벗어 날 수 있는 특별한 차수공법이 강구되어야 한다.

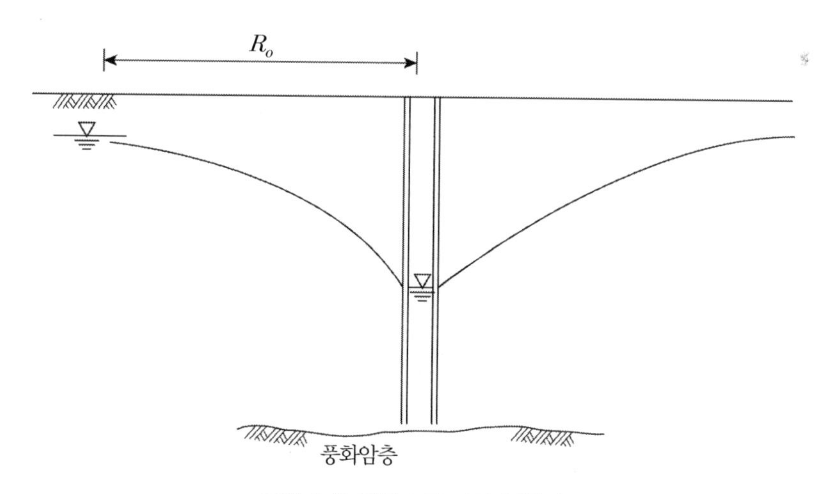

그림 4.10 지하수위 저하 영향권

표 4.16 굴착깊이에 따른 지하수위 영향반경

지하수위고(m)	수위저하량($H-h$)(m)	영향반경(R_0)(m)
-5	4	34
-9	8	69
-13	12	103
-17	16	138

4.4.3 차수공법

차수공법에는 일반적으로 그라우팅 공법과 차수벽공법이 이용되고 있다. 이미 정차장 굴토공사에 그라우팅 공법으로는 S.G.R. 공법을 적용하였고, 차수벽 공법으로는 S.C.W. 공법을 적용하였으나 충분한 차수효과를 얻지 못했다. 따라서 차후 안전한 굴토공사를 진행하기 위해서는 각각 다른 공법아 적용되어야 한다. 이에 따라 다음의 공법을 추천할 수 있다.

우선 그라우팅 공법으로는 고압분사 그라우팅 공법을 적용하여 흙막이벽 뒷부분의 지반을 보강함과 동시에 차수성을 얻도록 해야 한다.

한편 차수벽 공법으로는 대상 지층을 확인할 수 있는 지중연속벽(slurry wall, diaphram wall)을 적용하여 두꺼운 자갈층을 뚫고 불투수층에 설치하여 차수성을 얻도록 해야 한다.[1]

본 현장에는 풍화암과 연암의 RQD가 매우 낮으므로 이들 두 공법 사용 시 연암층의 일부 두께도 차수가 되도록 특별한 대책을 마련해주어야 한다.

(1) 고압분사 그라우팅 공법

본 정차장 구역의 토층과 같이 실트질 모래층이 두껍고 모래 및 자갈층 또한 두꺼워 대수층을 이루고 있는 곳에서는 고압분사 그라우팅 공법을 적용하여 차수성을 높여야 한다.

고압분사 그라우팅 공법을 고압수 분사체와 공기 분사체 그리고 초고압 경화 분사체와 공기 분사체를 다중관 로드의 선단에 장착하여 연약지반에 삽입한 후 모니터로 합류시키는 방식으로 분사하면서 회전·인발함으로써 지중에 대구경의 원주형 개량체를 형성하는 지반처리공법이다. 지반처리공법 중 그라우팅 공법의 궁극적인 목적은 다음과 같다.

① 구조물의 안전성

② 시공의 안전성

이를 위한 지반특성개량 내용은 다음과 같다.

① 강도의 증대: 지반의 지지력 향상, 사면의 안전성 향상, 토압경감, 히빙 방지 등을 위한 전단강도 증대
② 침하량 감소
③ 투수성 감소: 용수량의 저감, 수압저하, 퀵샌드(quick sand) 및 보일링 방지를 위한 지반 내 차수성 증대
④ 동적 특성 개량

본 지역의 고압분사그라우팅 공법은 다음의 조건을 만족시켜야 한다.

① 실트질 모래층과 모래 및 자갈층의 간극은 물론 풍화암층의 균열을 막아 차수성을 높여야 한다.
② 두꺼운 자갈층 및 암반층을 굴진할 수 있는 추진력을 가져야 한다.
③ 토질 성분에 맞게 분사압력을 저압에서 초고압까지 조절할 수 있어야 한다.

또한 시공에서는 흙막이벽에 가능한 접근시켜 흙막이벽 뒷면의 지반을 보강할 뿐만 아니라 엄지말뚝의 강성도 보강하도록 해야 한다.

(2) 차수벽공법

차수벽공법은 지중에 강성이 큰 지중벽을 조성하여 차수하는 공법으로 S.C.W. 공법과 지하연속벽 공법이 있다.[1] S.C.W. 공법은 이미 사용해보았으나 두꺼운 자갈층에서의 지반교란이 불가능해 차수벽 조성에 실패했다.

만약 본 현장의 현재와 같이 6~7m의 굴착이 실시된 상태가 아니고 흙막이벽을 설치하고 지반굴토 작업이 처음부터 실시되는 경우라면 본 정차장 구역과 같이 자갈층이 두꺼운 곳에서는 자갈층을 확실히 걷어낼 수 있는 지하연속벽 공법이 적합하다. 그러나 현재는 엄지말뚝이 설치되어 있고 6~7m의 굴착이 이미 실시되었기 때문에 지하수가 유동할 우려가 있으므로 이에 대한 대책이 마련되어야 한다.

지하연속벽 공법은 비중이 높은 안정액을 굴착과 더불어 굴착 공에 주입시켜 수압을 안정시킨다. 또한 목표지층까지를 확인 굴착하면서 벽체를 형성하여 완전 차수를 도모한다.

만약 본 지역에서 지하연속벽을 적용할 경우에는 흙막이벽체와 멀리 떨어져 설치하는 방법과 흙막이벽체에 근접하여 설치하는 방법이 있다. 원거리 설치 방법을 채택할 경우는 지하연속벽 내에 보강철근을 넣지 않고 콘크리트 벽체만을 자중에 설치하여 차수하는 공법이나 지중변위에 의한 휨모멘트를 받을 경우 완전차수를 보증할 수 없다.

근접설치 지하연속벽을 채택할 경우에는 흙막이벽의 지중변위를 지하연속벽에서도 견디어야 하므로 휨모멘트에 견딜 수 있도록 철근망을 넣어 보강하므로 차수성을 높인다. 지하연속벽 공법의 시공성에서는 다음 사항을 고려해야 한다.

① 깊은 굴착능력이 있는 굴착장비
② 슬라임(slime)의 완전 제거
③ 안정액 농도 조정
④ 벽체의 연결성
⑤ 벽체의 연직성
⑥ 슬러리(slurry)의 후처리

특히 굴착바닥에서 쌓일 수 있는 슬라임 처리와 풍화암 및 일부 연암의 균열에 의한 차수를 위해선 최종 굴착 바닥에서 고압 그라우팅 공법을 적용하여 완전 차수성을 도모한다.

4.5 종합 의견

4.5.1 기존차수효과

본 현장에서 발생한 보일링과 붕괴의 사고는 높은 지하수를 차수시키지 못한 것이 원인이라고 할 수 있다. 본 지역의 지층은 세립모래와 사력의 충적층이 예정 굴착심도보다 깊게 존재하고 있어 지하수를 완전 차단시키지 못할 경우 굴착 시 흙막이벽 전후면의 높은 지하수두차로 인하여 굴착저면에서는 보일링이 발생하였고, 흙막이벽이 차수벽이 되지 못하므로 측벽으로부터 지하수 유출 시 토사유출이 동반 진행되어 부분적 붕괴사고가 발생하였다.[10]

흙막이벽의 차수성을 보완하기 위하여 엄지말뚝 흙막이벽 배면에 실시한 2열의 S.G.R. 그라우팅에서는 충분한 차수효과를 얻을 수 없었다. 따라서 4m 깊이까지의 굴착공사 시 발생한 붕괴는 S.G.R.의 차수효과가 불충분하였기 때문으로 생각된다.

한편 굴착 도중에 차수목적으로 추가 실시된 S.C.W.의 차수벽은 다음 사항 때문에 문제점이 있어 이 공법의 선정으로 차수의 목적을 충분히 달성할 수 없었다.

(1) S.C.W.의 근입깊이 부족

S.C.W.가 사력으로 이루어진 대수층을 관통하여 완벽하게 설치되지 못하였기 때문에 사력층을 통한 지하수의 통과를 차단하지 못했다.

(2) S.C.W.의 연결성 불량

55cm 직경의 원형 S.C.W.를 중첩시켜 벽체를 형성하는데, 본 지역에서는 연결성과 수직성이 불량하여 S.C.W. 사이에 틈이 생겨 차수의 기능을 발휘하지 못하였다.

(3) 지하수 이동 지반 내 시공

4m 굴착으로 이미 흙막이벽 전 후면에 지하수위 차가 발생하여 지하수가 굴착 구간 내로 유입되고 있었으므로 약액의 고결 효과가 감소되었다.

(4) S.C.W.의 강성 부족

본 지역의 S.C.W.에 균열이 발생하여 S.C.W.의 강성이 충분히 확보되지 못하였다.

4.5.2 흙막이공의 보강 및 유의사항

앞에서 상세히 기술된 흙막이 구조계산 검토 결과[2,3]를 분석할 때 기 설계된 엄지말뚝의 단면은 휨모멘트 또는 전단력에 대해 저항이 부족한 것으로 판단된다. 또한 버팀보의 단면 및 흙막이판의 두께도 불안정한 상태인 것으로 판단되는 등 전반적으로 문제점이 다분히 예상된다.[6,11]

현 굴착단계에서의 흙막이벽과 지지공의 구조안정성에 대한 검토를 통해 기 설치된 엄지말뚝의 단면선택에 문제가 있는 것으로 분석되었다. 그러나 현재까지 붕괴가 일어나지 않고 단지 심한 변형 및 주변 지반의 침하가 발생한 정도에서 안정이 유지되고 있는 이유는 시험 등을 통해 명확히 확인된 사실은 없으나 기 시공된 S.G.R. 및 S.C.W.의 지반보강 효과(즉, 토압 감소효과)가 일부 발휘되고 또한 현재 지하수위가 지표면 아래 4m 지점까지로 저하된 사실 등에 영향이 있는 것으로 판단된다. 그러나 차후 굴착단계에서도 기존 설치 흙막이구조가 충분한 안정상태를 지속적으로 유지하기 위해서는 이미 설치된 띠장 사이에 띠장을 추가적으로 설치하고 또한 기 설치된 버팀보의 양단에 모받침(angle brace)을 설치하는 등 철저한 보강대책이 요구된다.

또한 차후의 굴착단계에 대해서는 앞에서 분석된 흙막이구조 자체의 문제점 외에도 기 설계된 일부 앵커의 정착부분이 연암층까지 도달하지 않은 문제점(일반 구간의 경우), 앵커 정착장의 길이 부족 및 본수 부족 등의 문제점을 감안 할 때 결국 차후의 굴착에 앞서 흙막이구조물 설계의 철저한 보완 및 검토 또는 전면적인 재설계가 반드시 요구된다.

앵커를 사용할 경우 천공작업에 따른 지하수 유출의 문제점 등을 감안할 때 앵커보다는 버팀보를 사용하는 흙막이벽 지지공법을 추천한다. 차후 굴착에 앞서 지하수 유출에 대한 보강대책(차수공법 또는 지하수위 저하공법 등)이 마련될 경우 보완설계 또는 재설계에 이 효과를 고려하여 토압산정이 이루어져야 한다.

끝으로 단지 참고적인 목적으로 앵커지지 대신에 버팀보지지를 사용할 경우 최하단 버팀보 구간의 시공 유효공간의 확보 여부를 개략적으로 판단하기 위해 예상되는 버팀보의 연직방향 간격 및 단면에 대한 근사적인 추정 결과를 정리해야 한다. 그러나 보완설계 또는 재설계가 실시될 경우에는 이에 대한 세밀한 추가 검토를 실시해야 한다.

4.5.3 보강공법

제4.4절에서 상술한 바와 같이 차후굴토를 위한 차수공법으로는 고압분사 그라우팅 공법과 지하연속벽 공법 중 한 가지 방법을 채택할 수 있다. 각 공법 자체는 우수하므로 충분히 시공성, 경제성을 분석하여 결정해야 한다.

그러나 고압분사 그라우팅 공법의 제한사항은 확실한 불투수층까지의 그라우팅효과 확인이 다소 불확실하다. 또한 지하연속벽의 제한사항은 슬라임의 완전한 제거 및 연직성 확인이 굴착 전에는 다소 어렵기 때문에 공법 결정에 앞서 시험시공을 하여 확인하는 방법도 강구해야 한다.

또한 deep well 공법에 의한 지하수강하공법을 채택할 경우는 주변 건설현장이 영향권에 들어오게 되므로 이에 대한 대책을 미리 마련해야 한다.

• 참고문헌 •

(1) 백태일, 건설문화사 'Slurry-Diaphragm Wall 공법'.

(2) (주)○○기업, 일산선 수색~일산 복선전철 제5공구 노반시설 공사 지질조사보고서.

(3) (주)○○기업, 일산선 수색~일산 복선전철 제5공구 설계도.

(4) 홍원표 · 임수빈 · 김홍택(1992), '일산전철 장항정차장 구간의 굴토공사에 따른 안정성 검토연구보고서', 대한토목학회.

(5) 大韓土質工學會(1986), ' 건설부제정 구조물 기초설계기준해설'.

(6) 천일기술단(1981), *SUNEX-Elasto-Plastic Analysis of Stepwise Under-ground Excavation.*

(7) 한국 SGR 공법협회(1984), 'SGR 공법 기술자료'.

(8) (財)한국철고기술협력회, 일산선 수색~일산 복선전철건설 실지설계기타 지반조사보고서.

(9) (財)한국철도기술협력회, 일산선 수색~일산 복선전철건설 가시설검토계산서.

(10) 홍원표 · 김학문(1991), '흙막이구조물(1)', 대한지반공학회, 제7권, 제3호, pp.73-92.

(11) Borin, D.L., *WALLAP-Anchored and Cantilevered Retaining Wall Analysis Program User's Manual,* Version 3.

(12) Das, B.M.(1990), *Principles of Foundations Engineering*, 2nd Ed., PWS-KENT,

(13) Kai Sin Wong and Duncan, J.M.(1985), *SEEP-A Computer Program for Seepage Analysis of Saturated Free Surface or Confined Steady Flow*, Virginia Tech.,

(14) Powers, J. Patrick(1981), *Construction Dewatering*, John Wiley & Sons, Inc.

(15) Terzaghi, K. and Peck, R.B.(1967), *Soil Mechanics in Engineering Practice*, 2nd Ed, John Wiley and Sons, Inc.

(16) 日本土質工學會, '藥液注入工法の調査◦設計から施工まで', 現場技術者のための土と基礎 シリ-ズ9.

Chapter

05

청담동 지하굴착공사

청담동 지하굴착공사

5.1 서론

5.1.1 연구목적 및 범위

서울특별시 강남구 청담동 121-47, 48 및 49번지 건물축조 공사를 위하여 지하굴착 공사 중 일부 구간에서 흙막이벽 변위가 과다하게 발생하고 인접지반이 침하되어 되메우기를 하고 흙막이벽을 보강하여 재굴착을 한 후 지하실 외벽공사를 일부 시공한 상태다.

본 연구는 흙막이벽 변위와 지반침하의 원인을 분석하고 그 대책을 제안하는 데 목적이 있으며 다음 사항을 연구 범위로 한다.[16]

(1) 현장조사 및 자료 검토

① 흙막이벽 및 지반의 변위와 인접건축물의 균열 현황 조사

② 공사기록(양수, 흙막이구조물 설치공 및 굴착공 등) 조사 및 설계도서 검토

③ 시공기록 사진 조사

(2) 변위 원인 분석 및 대책수립[1,2,5,7]

① 흙막이벽 및 지반변위 원인 분석

② 건축물 균열 원인에 대한 검토

③ 대책공법 검토

5.1.2 연구기간

본 연구는 다음 기간 중에 수행된다.

① 현장조사: 1991.09.19.~1991.10.05.

② 공사기록 조사: 1991.10.01.~1991.10.09.

③ 현장 토질조사 및 실내시험: 1991.10.01.~1991.10.09.

④ 변위원인 분석: 1991.10.07.~1991.10.13.

⑤ 대책검토 및 보고서 작성: 1991.10.11.~1991.10.15.

5.1.3 굴착공사 개요 및 현황

설계 시에는 그림 5.1과 같이 굴착공사가 계획되었다. 그러나 시공기록사진 및 인접건물 주민들이 촬영한 사진, 공사일지와 시공자가 작성한 개략도, 시공흔적 및 인접 주민들의 진술 등을 바탕으로 실제로 시공된 가설 흙막이벽 설치도를 작성하면 그림 5.2와 같다.

C.I.P(cast in place) 말뚝 공사는 1991년 6월 26일에 완료하였으며, C.I.P 두부를 연결하는 캡 콘크리트 공사는 6월 27일에 완료하였다.

굴착작업은 8월 7일에 시작하여 청담동 121-50번지(현진연립, 이하 50번지라 칭함)에서 청담동 121-56번지 방향으로 지보 없이 깊이 약 2~3m를 굴착하였다. 50번지에 인접된 흙막이벽의 변위는 8월 7일 밤부터 8월 8일 아침 사이에 C.I.P 두부 및 캡콘크리트에 최대 약 45cm의 횡방향 변위가 발생하였으며 인접지반이 최대 약 25cm 정도 침하되었다.[11-15]

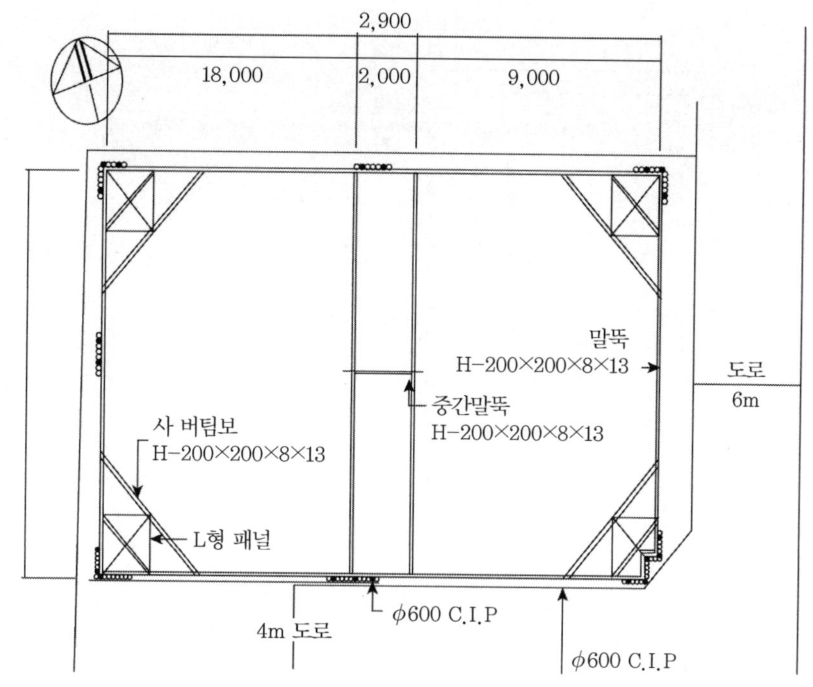

(a) 흙막이공사 평면도

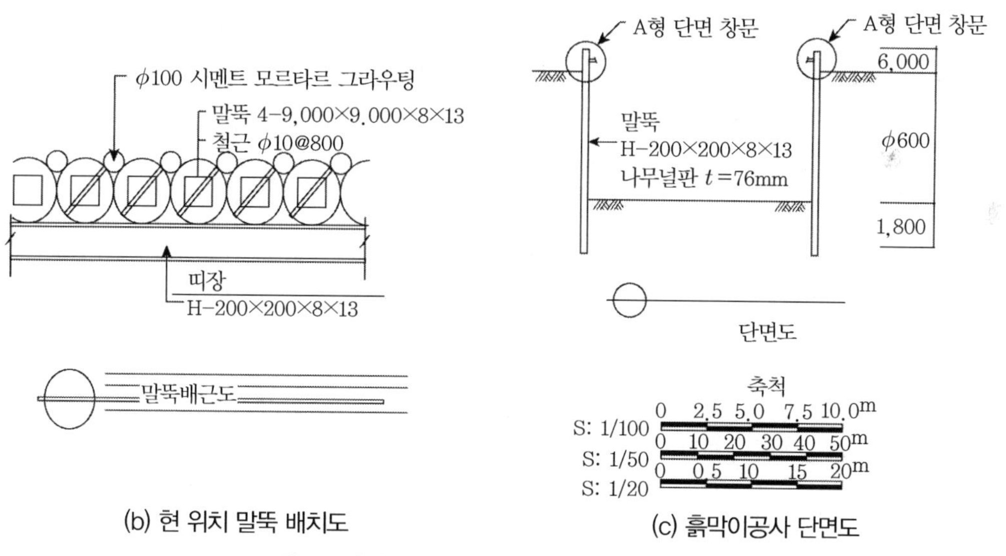

(b) 현 위치 말뚝 배치도

(c) 흙막이공사 단면도

그림 5.1 설계 시 계획된 흙막이벽 설치공사 계획도

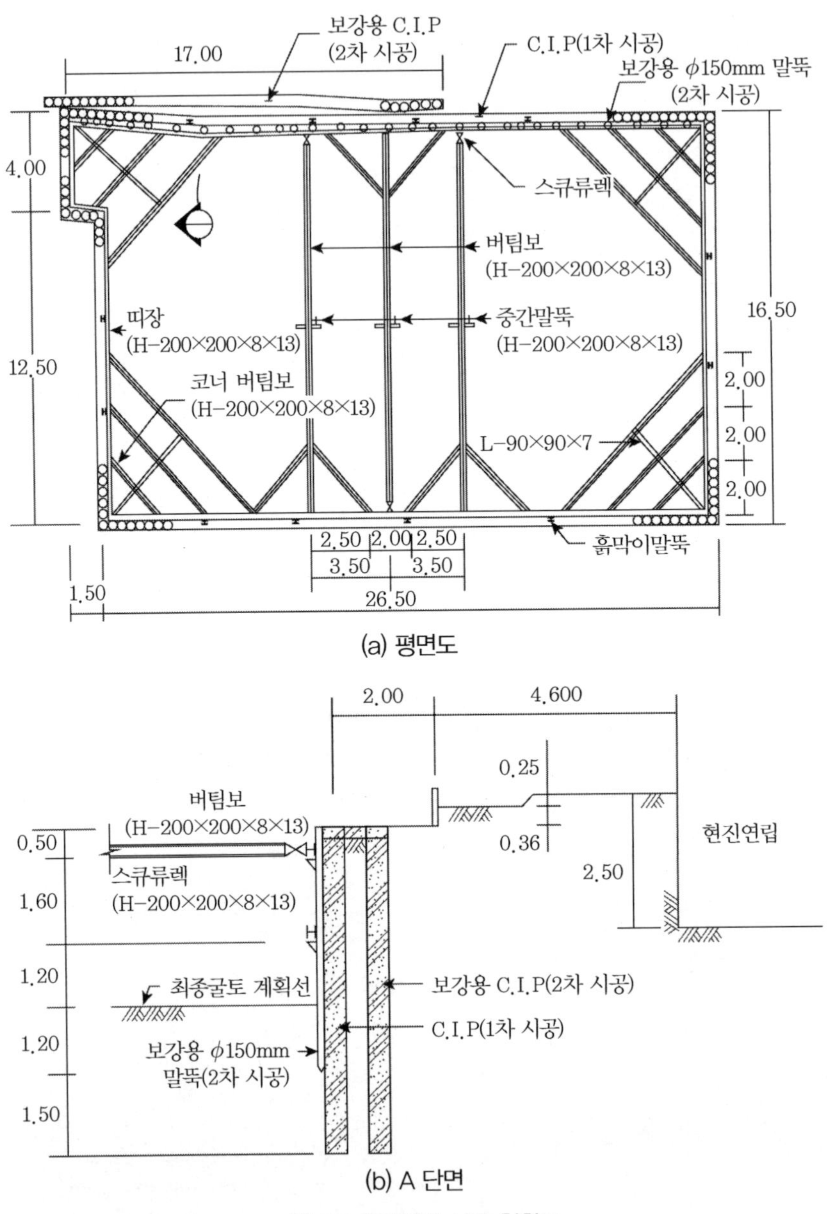

(a) 평면도

(b) A 단면

그림 5.2 흙막이면 시공 현황도

흙막이벽 및 인접지반의 변위가 발생한 후에 변위가 발생한 구간의 굴토된 부분을 되메우기 하고, 기 설치된 C.I.P 후면에 보강용 C.I.P를 50번지 측 단부에서 부터 약 7.7m까지 설치하였다(8월 20일 완료).

기 설치된 C.I.P 전면에 직경 150mm의 보간용 말뚝을 50번지 및 56번지 측에 인접된 구간 전체에 설치하였다. 그림 5.3과 5.4는 버팀보와 코너 버팀보를 설치한 시공사진이다. 변위가 발생한 구간의 재굴착 및 56번지 측의 굴토는 그림 5.5에서 보는 바와 같이 약 1.5~2m까지 굴착을 한 후 지보공을 설치하여 공사를 시행하였다.

그림 5.3 3줄로 설치된 버팀보

그림 5.4 상하단에 설치된 코너 버팀보

그림 5.5 변위가 발생한 구간의 재굴착 및 56번지 측 굴토 시의 지보공

8월 29일~9월 2일 사이에 바닥 콘크리트 공사를 시행한 후 9월 12일경에 그림 5.6과 같이 지하실 외벽(옹벽) 콘크리트를 타설한 후 공사가 중단된 상태다.

변위 원인은 흙막이벽체에 대한 하자, 지지구조의 부실, 설계가정조건의 오인 또는 불가항력의 지반조건이나 천재지변 등 여러 가지가 있을 수 있고 또 이들이 복합되어 원인으로 작용될 수도 있다. 따라서 정확한 원인 규명을 위해서는 공사기록과 현장을 정밀하게 조사해야 하는데,

현재는 지하실 외벽이 설치되어 있고 지보공이 철거되어 일부 흔적만 남아 있어 현 단계에서 원인규명을 위한 정밀조사는 불가능하다.

여기에서 기술된 사항은 전술한 바와 같이 시공 기록사진 및 인접주민들이 촬영한 사진, 공사일지와 시공자 및 인접주민들의 진술 등을 바탕으로 작성된 것으로 부분적으로 실제 상황과는 다를 수도 있다.

그림 5.6 9월 19일까지 설치된 지하실 외벽 현황

5.1.4 지반조건

(1) 지반조사

굴착공사가 시행된 지역의 지반특성을 파악하기 위하여 50번지 및 56번지 내에 각각 1개소의 시추조사와 시료채취를 하였다(그림 5.17 참조).(3,4,6,10)

지반조사는 1991년 10월1일 본 과업의 연구원이 현장을 답사하여 위치를 선정한 후 10월 2일 부터 10월 3일 사이에 현장에서 시추조사 및 시료채취를 시행하였으며, 이때 본 과업의 연구원이 이를 확인하는 방법으로 시행하였다.

시추조사는 NX(3") 구경으로 연암층 1m 이상을 굴진하는 것으로 하여 시행하였으며, 지층의 연경도(consistency) 및 상대밀도(relative density)를 확인하고 시료를 채취하기 위하여 시추조사와 병행하여 표준관입시험을 시행하였다.

지층의 변화에 대한 보다 상세한 조사를 목적으로 표준관입시험은 1m 간격으로 시행하였다. 시추조사 중 연약토층이 확인되면 얇은 관(thin walled tabe)이 부착된 수압식 시료 채취기(stationary piston sample)를 사용하여 불교란 시료를 채취하였다. 채취된 불교란 시료는 모두 3개며, 관입저항 등으로 인해 시료회수율이 약 50% 이내다. 56번지 내에서 시험굴 조사를 시행하고 블록 샘플을 채취하고자 하였으나 시료가 성형이 되지 않아서 육안관찰만이 가능하였다.

(2) 실내시험

시추조사 시에 채취된 불교란 시료 및 교란시료(표준관입시험 시 채취된 시료) 중 대표적인 시료에 대해 실내시험실에서 물성시험(physical test) 및 전단강도 파악을 위한 직접전단시험(direct shear test) 및 일축압축시험(unconfined compression test)을 시행하였다. 특히 지반의 잔류강도를 파악하기 위하여 Fell and Jeffery가 제안한 방법으로 직접전단시험기를 이용하여 전단시험을 시행하였다.(16)

(3) 토질특성

① 토질개황

지반조사 결과 밝혀진 본 지역의 지층 분포 상태는 상부로부터 매립층, 퇴적층 및 기반암의 지층의 순서를 나타낸다.

최상부에 분포하고 있는 매립층은 부지조성을 위해 퇴적토층 상부에 매립되었을 것으로 추정되고, *N*치가 3~12로 매우 느슨 내지 중간 정도의 상대밀도를 보인다. 또한 매립 시에 다짐 등의 현장관리가 없이 매립되어 매우 불규칙한 토질특성을 나타내고 있다. 50번지에서 56번지 쪽으로 갈수록 두껍게 분포하는 특성을 보이며 두께 4~6.5m로 분포되어 있다. 50번지 내에서 측정된 *N*치는 3으로 56번지에서 측정된 값보다 작으며 보다 연약(느슨)한 특성을 보여준다. 특히 50번지에서 조사된 결과는 이곳에 분포되어 있는 매립층은 비소성에 가까운 저소성(low plastic) 내지 비소성(non plastic)의 토질로 구성된 자갈 실트 섞인 모래와 점토 섞인 모래로 구성되어 있으며, 56번지에서 조사된 결과는 자갈 및 실트 섞인 모래로 비소성이다.

매립층 하부에 분포하고 있는 퇴적층은 두께 7.0~7.2m로 분포되어 있으며 50번지에서 56번지 쪽으로 갈수록 두꺼워지는 특성을 보인다. 층을 구성하는 성분은 실트 섞인 모래, 모래 섞인 점토 및 실트질 점토 등으로 다양하며 점성토(실트질 점토 및 모래질 점토)가 사질토(실트 섞인 모래 및 실트 및 모래 섞인 자갈) 사이에 분포되어 있다. 특히 50번지 내에서 퇴적토층 상부에 *N*치 5인 비교적 연약한 정도의 연경도를 갖는 세립의 모래 섞인 점토가 두께 0.6m로 분포한다.

퇴적토층 하부에 풍화잔적토(residual soil)층 또는 기반암(bed rock)층이 지표면 아래 11.0~13.5m에서 분포하고 있다. 봄 지역의 지질은 선캄브리아기의 경기편마암 복합체에 해당하는 화강암질 편마암(granitic gneiss)이 기반암을 이루고 있다.

② 토질특성

본 지역에 분포하고 있는 퇴적점성토층은 통일분류법에 의해 CL 및 CH로 분류되는 토질이며, 이 중 56번지 내에 분포하고 있는 점성토층이 고소성 및 고압축성을 보여주는 CH로 분류되는 층이다. 매립토층의 세립분 함유량(No.200체 통과량)은 약 30%다.

그림 5.7은 심도별로 *N*치를 정리(plot)한 것으로 심도가 깊어질수록 *N*치가 증가하는 경향을 보여주나 일부 자갈에 의한 영향이 있었을 가능성을 배제할 수 없다.

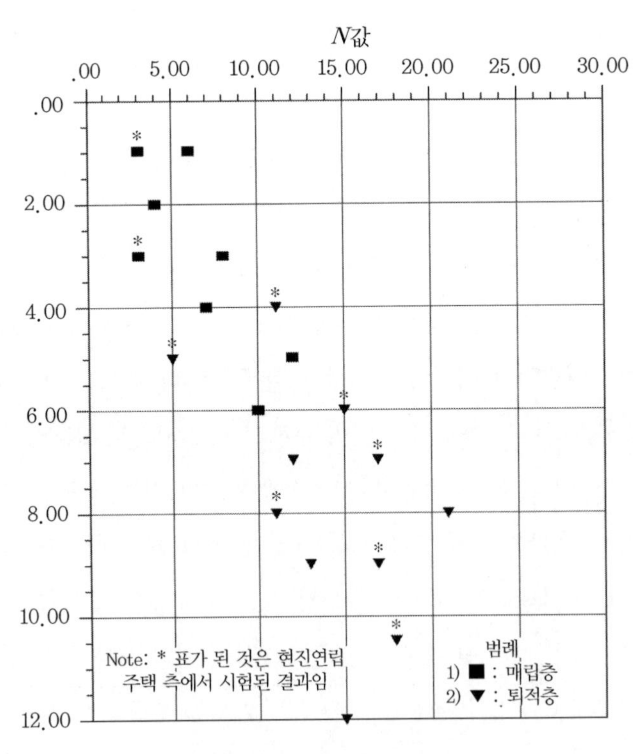

그림 5.7 심도별 *N*치의 분포

5.2 흙막이벽 변위 원인 분석

지하굴착으로 인한 흙막이벽의 변위는 굴착 후 지보재가 설치되기 전과 지보재가 설치된 후의 변위로 크게 구분할 수 있다. 본 연구검토에서는 50번지 및 56번지 각각의 단면에 하여 지보재가 설치되기 전 및 지보재가 설치된 후의 변위에 대하여 검토하였다.(8,9)

변위의 발생에 따라 부재에 응력이 발생하는 것은 필연적이다. 그러나 공사가 완료된 상태에서 응력에 대한 검토는 항복하중 이상이 재하되지 않을 경우 의미가 없으므로 응력검토는 시행되지 않았다.

5.2.1 인접건물로 인한 흙막이벽에 작용하는 하중

그림 5.8에서 보는 바와 같이 흙막이벽에 인접하여 건물이 위치하고 있으며 흙막이벽과 거리는 약 4.9~6.3m다.

Xanthakos(1979)는 본 연구검토의 경우와 같이 콘크리트 연속벽체인 지중연속벽에 인접한 건물로 인해 작용되는 횡방향력을 산정하는 방법을 그림 5.9와 같이 제안하였다.

본 검토에서는 이 방법을 적용하여 인접된 건물로 인한 흙막이벽에 작용되는 횡방향력을 산출하였다. 그러나 실제로 그 값은 극히 작았다.

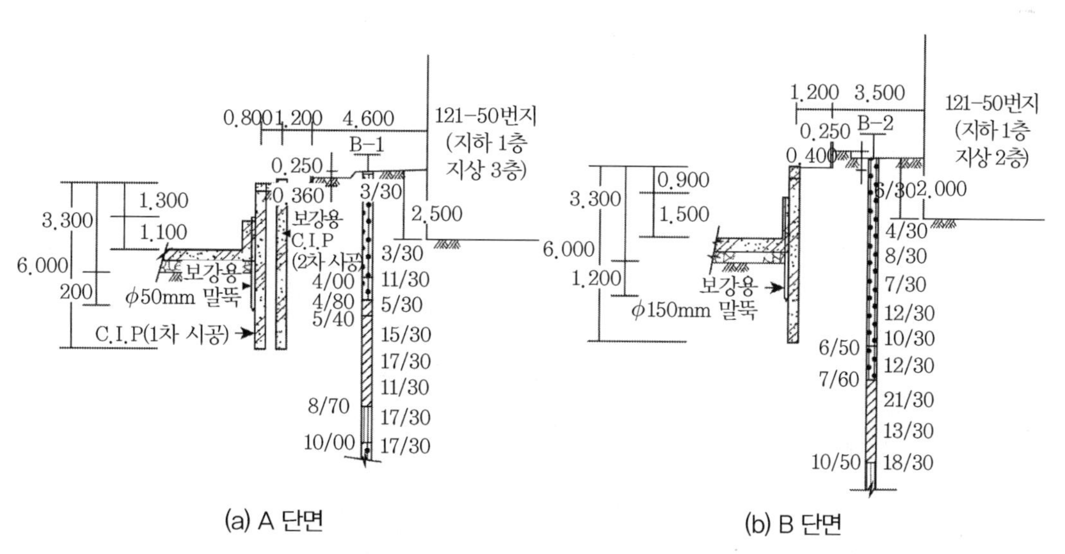

그림 5.8 인접건물로 인한 흙막이벽 작용 하중

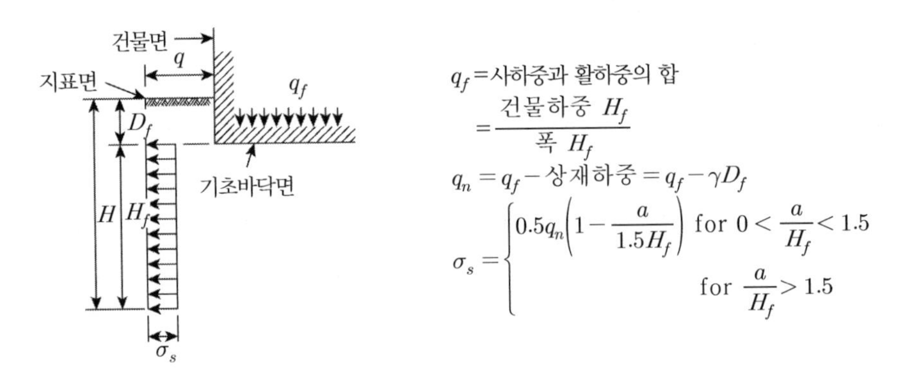

그림 5.9 건물 메트 기초에 의한 토압 분포

5.2.2 지보재 설치 전의 흙막이벽의 변위

앞에서 설명한 바와 같이 50번지에 인접한 지역에서는 지보공이 없이 약 3m를 굴착하였으며 56번지에 인접한 지역에서는 지보공이 없이 2m를 굴착하였다. 지보공이 없이 굴착하였을 때 흙막이벽의 변위는 그 존속기간이 짧으므로 벽체의 연성(flexibility)과 아칭효과(arching effect)가 고려되지 않은 상태의 토압이 작용되었을 경우에 대하여 캔틸레버식 콘크리트 널말뚝에 대한 계산방법을 적용하여 계산할 수 있다.

(1) 청담동 121-50번지의 변위

과대변위가 발생하기 전의 토압 분포도는 그림 5.10과 같으며 C.I.P의 단부가 점성토층 내에서 수동토압이 작으며 따라서 불안정하여 파괴가 발생한 것으로 판단된다. 이때 사용된 전단강

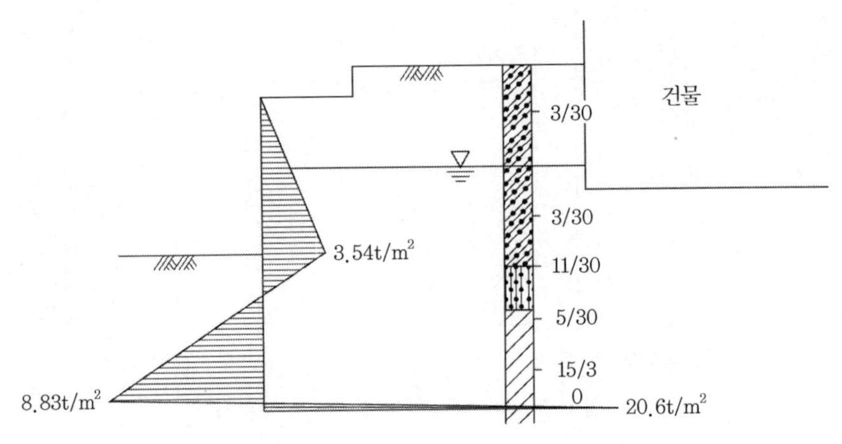

그림 5.10 청담동 121-50번지의 캔틸레버식 흙막이벽에 작용되는 토압 분포도

도는 첨두강도(peak strength)다.

(2) 청담동 121-56번지의 변위

지보공이 없이 2m 굴착 시의 토압 분포도는 그림 5.11과 같으며 C.I.P 단부가 사질토층인 매립토층 내에 위치하고, 굴착깊이가 얕아 파괴가 발생하지 않았다.

토압에 의해 C.I.P에 발생하는 변위량은 근입깊이가 2.5/β 이상일 경우는 무한 길이의 보(긴 말뚝)로서 계산하나 2.5/β가 4.9m로 근입깊이 4.0m보다 크므로 무한 길이의 보(긴 말뚝)로 해석이 불가능하다.

$$\beta = \left(\frac{K_h B}{4EI}\right)^{1/4} \tag{5.1}$$

여기서, B = 말뚝 직경(cm)

K_h = 횡방향 지반반력계수(kg/cm^3)

EI = 말뚝의 휨강성(kg · cm^2)

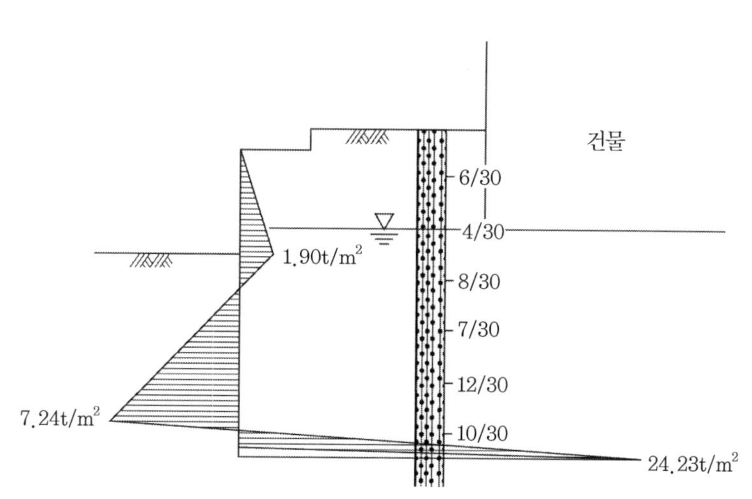

그림 5.11 청담동 121–56번지의 캔틸래버식 흙막이벽에 작용되는 토압 분포도

캔틸레버로 도출된 부분에 토압이 작용될 때 지중에 근입된 부분에 스프링 모델(spring model)로 해석하였을 때의 변위는 C.I.P 최상단에서 약 0.65cm가 발생하였다. 스프링 모델 해석

시 사용되는 횡방향 지반반력계수(K_h)를 추정하는 방법은 말뚝의 수평재하시험 결과로부터 추정하는 방법과 지반조사 결과로부터 추정하는 방법이 있으며 대표적인 추정식은 다음과 같다.

① Vesic · Francis 추정식

$$\text{Vesic: } K_H(K_h B) \fallingdotseq 0.65\left(\frac{E_s B^4}{EI}\right)\frac{E_s}{1-\nu^2}(\mathrm{kg/cm^2}) \tag{5.2}$$

여기서, B = 말뚝의 직경(cm)

E_s = 지반의 변형계수(kg/cm²)

ν = 지반의 포아송 비

EI = 말뚝의 휨강성(kg · cm²)

$$\text{Francis: } K_H(K_h B) \fallingdotseq 1.30\left(\frac{E_s B^4}{EI}\right)\frac{E_s}{1-\nu^2}(\mathrm{kg/cm^2}) \tag{5.3}$$

② 岸田 · 中井 추정식

Vesic, Francis 이론식을 수정하여 다음 식을 제안했다.

$$K_H(K_h B) \fallingdotseq 0.65\left(\frac{E_s B^4}{EI}\right)\frac{E_s}{1-\nu^2}(\mathrm{kg/cm^2}) \tag{5.4}$$

③ 福岡 · 宇都 추정식

$$Kh = 0.691\mathrm{N}^{0.406}(\mathrm{kg/cm^3}) \tag{5.5}$$

여기서, N = 표준관입시험 결과인 N치

본 검토에서는 Vesic 방법을 사용하여 K_h를 구하였다.

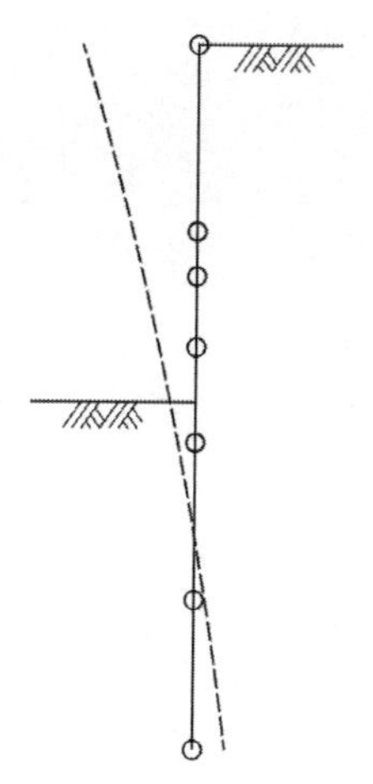

그림 5.12 소일 스프링 모델에서 구한 변위곡선

5.2.3 지보재 설치 후의 흙막이벽의 변위

지지굴착(braced excavation)의 경우 토압산정은 벽체의 연성(flexibility)과 지반아칭 효과(soil arching effect)가 고려된 Terzaghi와 Peck이 제안한 공식 등을 사용하여 토압을 계산한 후 이를 비교하여 해석했다. 이때 파괴가 발생한 구간인 50번지 측은 잔류강도(Residual인 Strength)를 적용하였으며 56번지는 첨두강도(peak strength)를 적용하여 해석하였다. 50번지 측에서 발생한 흙막이벽의 최대변위는 약 3.8mm 정도며 56번지 측에서 발생한 흙막이벽 최대변위는 약 2.52mm 정도다.

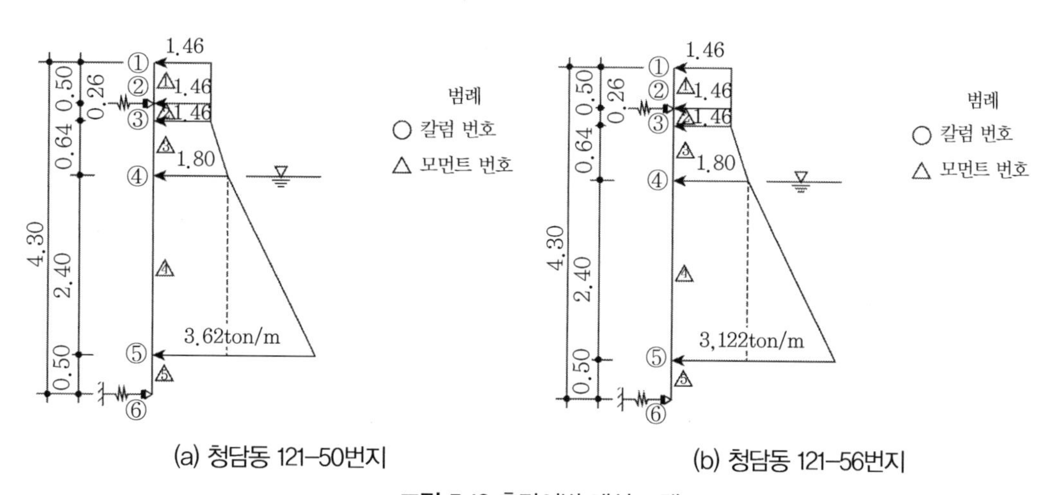

(a) 청담동 121-50번지 (b) 청담동 121-56번지

그림 5.13 흙막이벽 해석 모델

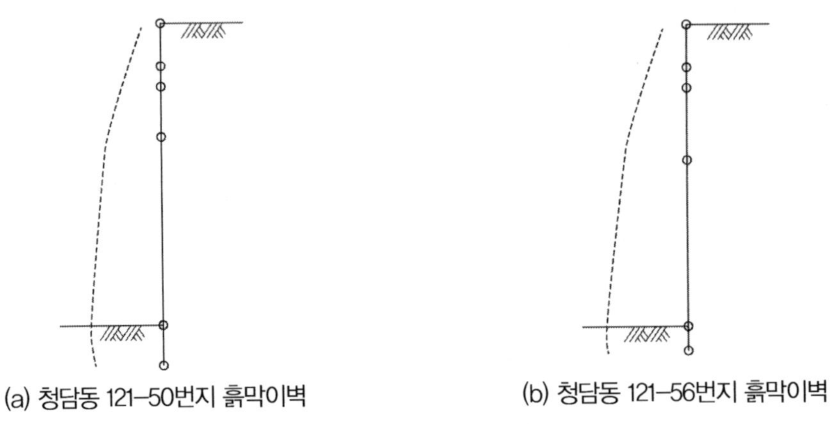

(a) 청담동 121-50번지 흙막이벽　　　(b) 청담동 121-56번지 흙막이벽

그림 5.14 흙막이벽의 변위도

5.3 굴착주위 지반침하에 대한 검토

지반굴착은 평형상태를 이루고 있는 굴착주변 지반응력의 부분적인 이완 및 지하수위의 변동에 따른 변화를 가져와 굴착면 주변에 3차원적 변위를 발생시킨다. 이러한 응력이완은 가설지보재의 시공에 따라 점차 구속되어 응력이 재배치됨에 따라 또 지하수위의 새로운 위치에 따라 새로운 평형상태에 도달하게 되는데, 이러한 응력 재배치 과정을 거치는 동안 지반변형을 포함한 여러 가지 토질공학적 문제를 수반한다. 그림 5.15는 지지굴착(braced excavation)의 경우에 발생할 수 있는 흙막이벽과 지반의 변형 패턴을 나타낸 것이다.

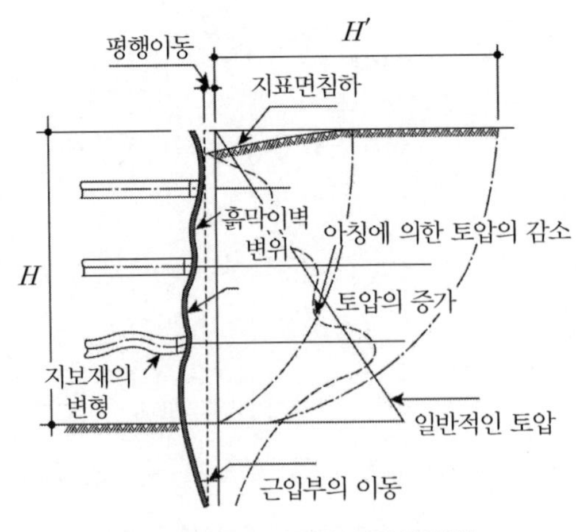

그림 5.15 흙막이벽과 지반의 변형

최근 지반굴착 시의 지반변위에 관한 연구는 경험적 또는 반경험적 방법, 이론해석, 현장계측 등의 다양한 방법으로 수행·발전되고 있으나, 아직 정확히 측정된 현장관측 자료가 충분하지 못할 뿐만 아니라 가설재의 강성, 지보재의 종류 및 설치간격, 굴착규모, 주변지반의 특성 등과 같은 지반변위의 크기 및 분석에 영향을 미치는 인자들이 다양하기 때문에 여러 변위 영향인자들과 지반변위와의 상관성을 정량적으로 평가하기가 용이하지 않다. 굴착으로 인한 인접지반 침하는 크게 흙막이벽의 변형과 지하수위 변동에 의한 유효응력의 변화의 두 가지로 구분할 수 있다.

5.3.1 흙막이벽의 변위에 의한 지반침하 검토

Peck(1969)은 굴착으로 인해 인접건물이 침하되는 것을 경험을 바탕으로 그림 5.16과 같이 무차원의 곡선으로 제안하였다.(14)

이 그림 5.16을 이용하여 검토 대상이 되는 지반의 침하량을 흙막이벽에서 떨어진 거리별로 산출하면 다음 그림 5.17과 같다.

이 방법은 초기변형과 지보가 된 후의 변형을 합성하여 나타낸 경험적인 방법이다. 따라서 공사방법에 따라 이 결과의 신뢰성에 문제가 있을 수 있다.

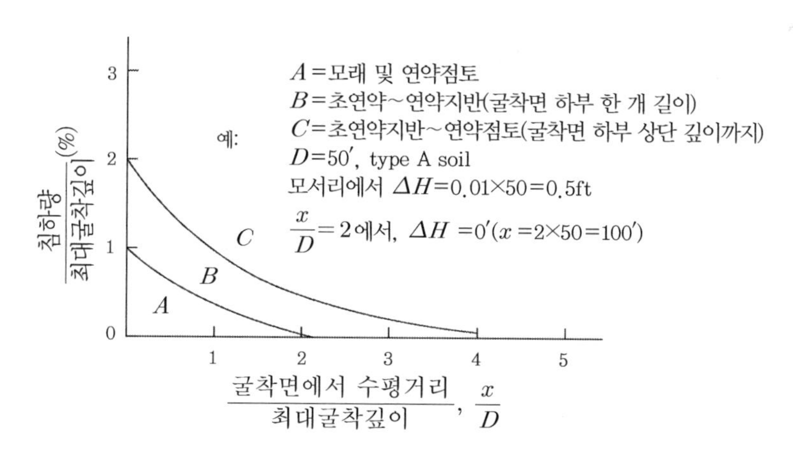

그림 5.16 지반침하 예측도(After Peck, 1969)

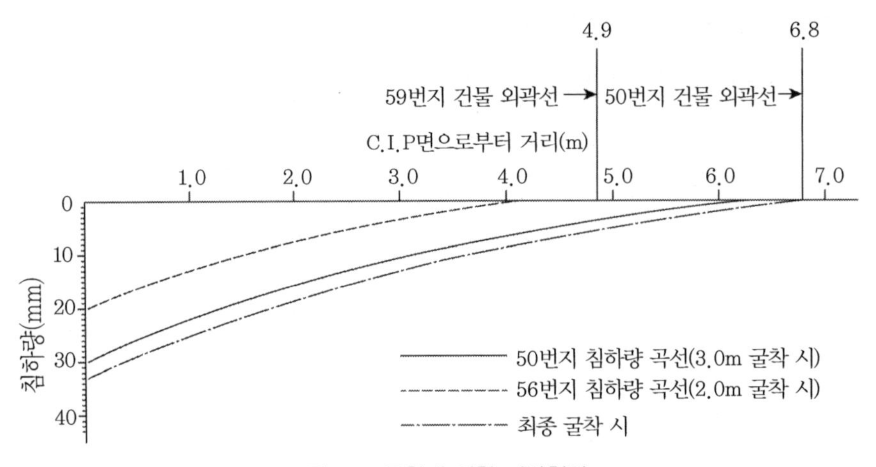

그림 5.17 굴착에 의한 지반침하

또한 Caspe(1966)는 굴착으로 인한 인접지반의 침하량이 흙막이 벽체의 변위량과 상관성이 있다고 보고 다음과 같이 굴착으로 인한 지반의 침하량을 검토하는 방법을 제안하였다.

흙막이벽 후면 지표면의 예상 침하량: $S_w = \dfrac{4\,V_s}{D}\,(cm)$ (5.6)

여기서, $D = H_w \tan\left(45 - \dfrac{\phi}{2}\right)(\mathrm{cm})$

$H_t = H_w + H_p(\mathrm{cm})$

H_w = 굴착심도(cm)

H_p = 굴착선 아래의 거리(cm)

$\phi = 0$일 때 $H_p = B$(굴착폭)

$\phi > 0$일 때 $H_p \fallingdotseq 0.5B\tan\left(45 + \dfrac{\phi}{2}\right)$

V_s = 수평변위로 인한 체적변화(cm^3)

흙막이벽에서 X만큼 떨어진 지점의 침하량: $S_i = S_w(X/D)^2(\mathrm{cm})$ (5.7)

여기서, X = D로부터 계산하고자 하는 지점까지의 수평거리(cm)

Caspe가 제안한 방법으로 굴착으로 인한 주변지반의 침하량을 산출하면 다음 그림 5.18 및 5.19와 같다. 이때 사용된 벽체의 변위량은 흙막이벽의 변위검토에서 검토된 값을 사용하였다.

Peck이 제안한 굴착으로 인한 인접지반침하량 계산법은 공사관리가 잘 이루어졌을 경우에 적용이 가능한 방법이다. 따라서 본 검토의 경우와 같을 때는 Caspe가 제안한 방법이 보다 합리적이다. 그러나 이 방법 역시 굴착된 지반에 인접된 지표면의 침하량을 예측하는 방법으로 지하실이 있는 지반에서의 적용 시에는 한계가 있다.[11-15]

그림 5.18의 50번지의 거리별 지반침하량은 지보 없이 굴착되어 파괴되었을 때 발생한 25cm의 침하량을 고려할 경우와 이를 고려하지 않았을 경우를 함께 도식화한 것으로 실제 발생한 침하량은 아칭효과 등을 감안한다면 이 두 곡선의 범위 안에 있다.

흙막이벽 파괴로 인한 흙막이벽에 바로 인접된 지반침하량 25cm를 고려하였을 때 건물 외벽선에서의 침하량은 약 2.5cm로 일반적으로 건축물에서 적용하는 허용침하량인 2.54cm(1″) 이내의 침하량이 발생하였을 것으로 예측할 수 있다. 또한 그림 5.19의 56번지에서의 거리별 지반침하량은 건물 외측선에서 약 0.18cm 발생하였을 것으로 계산되었다.

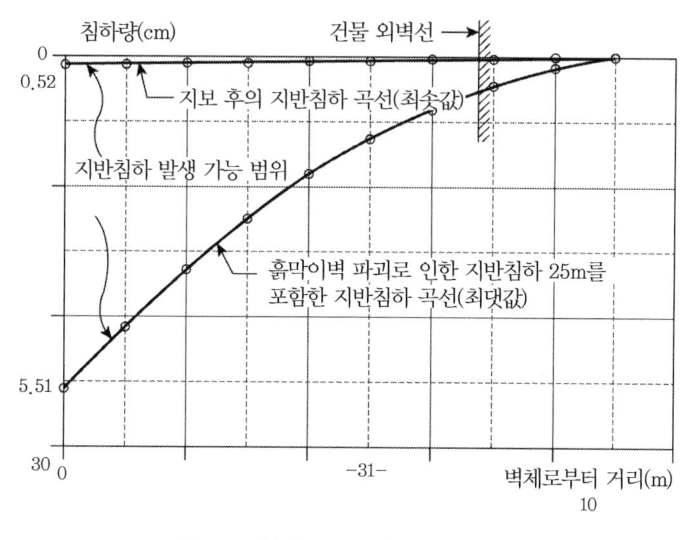

그림 5.18 청담동 50번지 예상지반침하량

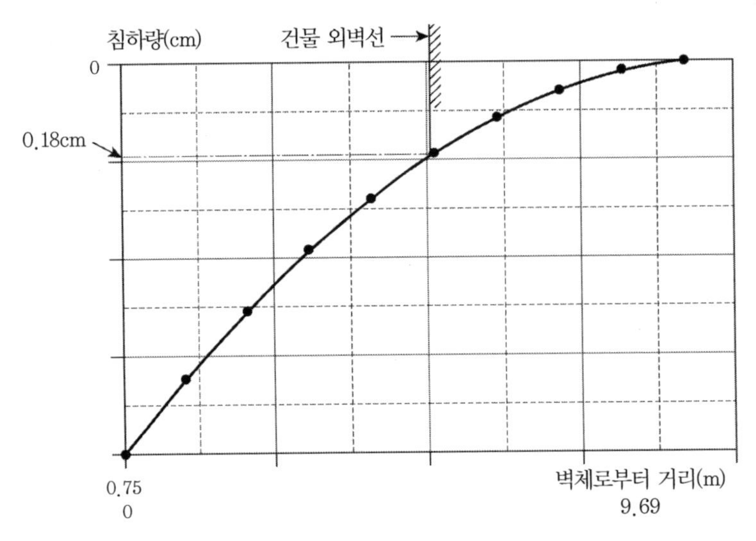

그림 5.19 청담동 56번지 예상지반침하량

5.3.2 지하수 거동에 의한 지반침하의 검토

본 검토 대상이 되는 지역의 굴착으로 인한 지하수위의 변동은 굴착공사가 완료된 상태에서 굴착공사 전의 지하수위에 대한 자료가 없어 검토가 불가능하다. 굴착공사가 완료되고 일부 옹벽이 시공된 현재 시추공 내에서 측정된 지하수위는 지표면 아래 2.0m 내외고, 이 지하수위는 굴착현장에서 양수작업을 시행하여도 크게 변화되지 않는 경향을 보인다.

또한 사진에서 본 지하수위의 색깔을 볼 때 생활오수로 인한 일정의 지하수가 공급되고 있는 것으로 판단된다. 따라서 지하수의 유출로 인한 지반침하는 크지 않을 것으로 추측할 수 있을 뿐이다. 단지 지하수 유출로 인해 세립의 모래 등이 유실될 경우 이로 인한 지반침하의 우려는 배제할 수 없다.

5.3.3 지반침하에 의한 인접건물의 안정성 검토

(1) 구조물 허용침하량

실제 구조물에서 허용침하량을 얼마로 정할 것이냐 하는 것은 그 구조물의 기능과 구조물의 축조 재료에 달려 있다. 표 5.1은 Sower(1962)가 제시한 여러 가지 구조물에 대한 허용침하량을 나타낸 것이다.

표 5.1 여러 가지 구조물의 최대허용침하량(Sowers, 1962)

침하형태	구조물의 종류	최대침하량
균등침하	배수시설	15.0~30.0cm
	출입구	30.0~60.0cm
	부등침하의 가능성	
	석축 및 벽돌 구조	2.5~5.0cm
	뼈대 구조	5.0~10.0cm
	굴뚝, 사이로, 매트	7.5~30.3cm
전도	탑, 굴뚝	0.004S
	물품적재	0.01S
	크레인 레일	0.003S
부등침하	빌딩의 벽돌 벽체	0.0005~0.002S
	철근콘크리트 뼈대 구조	0.003S
	강 뼈대 구조(연속)	0.002S
	강 뼈대 구조(단순)	0.005S

S: 기둥 사이의 간격 또는 임의의 두 점 사이의 거리

그림 5.20은 Bjerrum(1963)이 이론적인 해석과 광범위한 대규모시험을 통해 결정한 여러 가지 구조물의 각변위 한계를 제시한 것이다. 그림에서 최대기울기 δ/S은 두 인접 기둥 사이의 거리에 대한 부등침하량을 의미한다.(14-16)

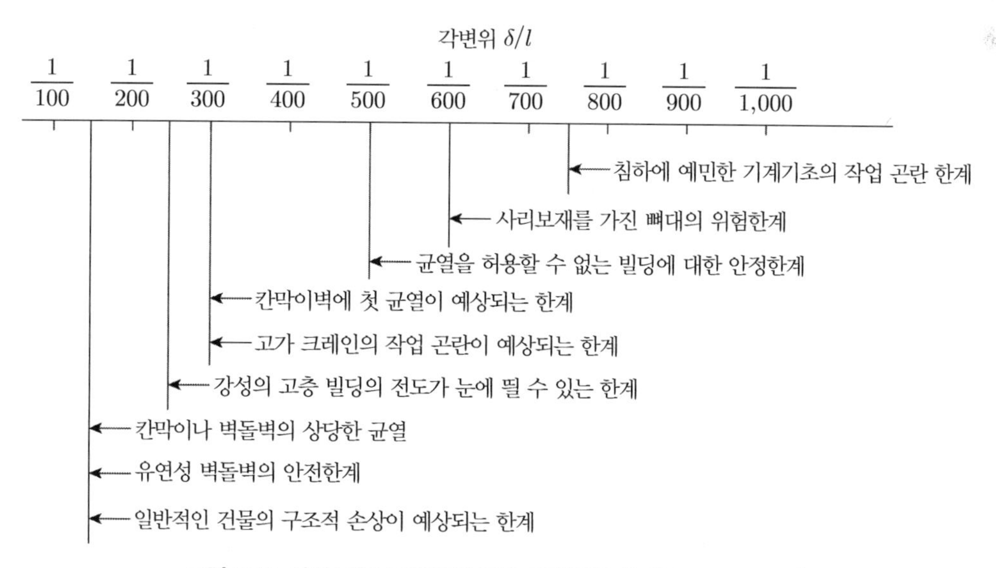

그림 5.20 여러 가지 구조물에 대한 각변위의 한계(Bjerrum, 1963)

(2) 청담동 121-50번지의 안정성 검토

건축물의 준공도서 등이 없어 기둥 등의 확인이 불가능하므로 구조물 외벽체와 출입 구간의 주 구조체에 의해 지지되어 있는 구조물로 가정할 경우 기둥 사이의 간격을 5.3m로 볼 수 있다.

① 허용부등침하량: $0.003S = 0.003 \times 530 = 1.59\text{cm}$

② 각변위($\frac{\delta}{S}$): $\frac{2.5}{530} \fallingdotseq \frac{1}{212}$

본 건물에 발생한 침하는 최댓값을 취할 경우 Sowers가 제안한 허용부등침하량 1.59cm보다 크게 계산되었으며, Bjerrum에 의한 칸막이벽에 첫 균열이 예상되는 한계를 약간 상회하고 있다. 따라서 굴착으로 인해 인접지반에 발생하는 침하량 중 최대지반침하량을 취하였을 경우에 굴착으로 인하여 건물에 균열이 발생하였을 것으로 추정할 수 있다.

그러나 이 값은 전술한 바와 같이 최대치를 취하여 실제보다 과다하게 평가하였고, 또 칸막이벽에 첫 균열이 발생하는 예상한계를 약간 상회한 것으로 건축물의 안정성에는 크게 영향을 미치지 않았을 것으로 판단할 수 있다.

(3) 청담동 121-56번지의 안정성 검토

건축물의 준공도서 등이 없어 확인이 불가능하므로 기둥 간의 거리 3.6m를 감안하면 기둥사이의 거리를 약 5.1m로 가정할 수 있다.

① 허용부등침하량: $0.003S = 0.003 \times 510 = 1.53\text{cm}$ (철근콘크리트 뼈대 구조일 경우)

$0.00125S = 0.00125 \times 510 = 0.64\text{cm}$ (조적조)

② 각변위($\frac{\delta}{S}$): Peck 방법≒1/1020

Caspe 방법≒1/2833

본 건물에 발생한 침하량은 Sowers가 재안한 허용부등침하량 0.64~1.53cm보다 작은 0.18~0.5cm로 계산되었으며, Bjerrum에 의한 균열을 허용할 수 없는 빌딩에 대한 안정한계보다 훨씬 작은 각변위가 계산되었다. 따라서 건축물의 안정성은 확보되어 있다고 볼 수 있으며 굴착으로 인해 균열이 발생하였다고 볼 수 없는 것으로 계산되었다.

일반적으로 건축물이 부등침하에 의해 기울어질 경우 균열이 하부에서 대체로 발생하며, 상부로 갈수록 응력이 분배되어 균열이 작거나 발생하지 않고 공사장에 가까운 측에서 균열이 발생한다. 50번지의 경우는 굴착공사장에 인접된 수평마루에서 균열이 많이 발생하였고 연직방향의 균열도 있어 이러한 일반적인 경향을 따르고 있다.

56번지의 경우 구조물에 발생한 균열(1층 전면의 베란다 등은 구조체가 아님)은 연구원이 2층에서 확인하였으며, 수평방향으로 발생하고 있어 이러한 일반적인 경향을 따르고 있지는 않다.

50번지에서 확인된 균열 중 일부는 페인트 바탕처리를 한 후 페인팅을 한 것과 유사하고 구별이 곤란한 흔적이 있어 굴착공사 이전에도 균열이 있었을 가능성도 있다. 또한 56번지 역시 천정에서 누수로 인한 자욱 등이 있어 굴착공사 이전에도 균열이 있었을 가능성도 있다. 콘크리트는 성형성이 우수하고 공사비도 비교적 저렴하여 일반적으로 건축구조에 널리 사용되고 있으나 재료의 특성상 균열이 잘 발생하며 또 균열에 취약하다.

콘크리트에 발생하는 균열은 크게 다음의 두 가지로 대별된다.

① 굳지 않은 콘크리트에 발생하는 균열

가. 소성수축 균열

나. 침하균열

② 굳은 콘크리트에 발생하는 균열

가. 건조수축으로 인한 균열

나. 열응력으로 인한 균열

다. 화학적 반응으로 인한 균열

라. 자연의 기상작용으로 인한 균열

마. 철근의 부식으로 인한 작용

바. 시공 불량으로 인한 균열

사. 시공 시의 초과하중(service load)으로 인한 균열

아. 설계 잘못으로 인한 균열

자. 외부작용 하중(사용하중 또는 인접 구조물의 터파기로 인한 침하 등)에 대한 균열

이렇게 발생한 균열은 그 정도에 따라 크기가 다르며 육안으로 구분이 곤란한 실금(hair crack)부터 2~3mm 균열까지 다양하게 존재할 수 있다.

제5.1.4절의 '지반조건'에서 기술한 바와 같이 50번지 및 56번지에 분포하는 토층은 연약하다. 지하실의 깊이 및 매립층의 두께 등을 감안할 때 매립층 내에 기초저면이 위치할 것으로 추정할 수 있다. 이 기초가 말뚝 등의 깊은 기초로 되어 있지 않았다고 가정한다면 50번지 및 56번지에 위치하는 건축물 자체가 부등침하가 발생하였을 가능성이 매우 크며 이에 따른 균열이 내재되어 있었을 가능성이 있다. 이 경우 지하실 공사로 배토되어 부유 기초(floating foundation)로 지반의 지지력을 확보하였으나 침하로 인한 것은 충분히 있을 수 있다.

5.4 시공관리에 대한 검토

제5.1.3절 '굴착공사 개요 및 현황'에서 기술한 바와 같이 지하실외벽(옹벽)공사가 일부 진행된 상태에서 현재 공사가 중단되어 있다. 띠장(wale) 및 버팀보(strut)가 제외되어 있고 이 옹벽이 토압을 받고 있는 상태인데, 지하주차장 격벽이 부벽의 역할을 하고 있다. 따라서 현재는 강성이 높은 철근콘크리트 벽체가 토압에 저항하고 있으므로 더 이상의 변위가 발생하지는 않을 것으로 판단할 수 있다. 그러나 지하실 외벽과 C.I.P 사이의 일부 틈새 등에서 지하수의 유출이 있어서 부정기적으로 양수를 시행하고 있다. 공사가 진행됨에 따라 이 옹벽이 완성되며 이로 인하여 인접건물에 대한 안정성은 증대될 것이다. 특히 공사를 조기에 진행시켜서 차수를 위한 작업(지하실 방수 및 C.I.P와 지하실 벽체와의 틈새처리 등)을 시행하는 것이 지하수 유출로 인한 위해를 방지할 수 있다.[10]

본 공사와 같이 비교적 얕은 깊이의 지하실 설치를 위한 공사는 현재 국내에서 사용되고 있는 대부분의 본 공사의 경우처럼 소요 굴토깊이까지 굴착을 한 후에 지보를 하고 있는 실정이다.

그러나 앞서 된 검토된 바와 같이 초기 지보가 인접지반의 침하에 지배적인 요소로 작용되므로 향후 이러한 공사에서는 56번지 측에 시공된 것과 같이 지보가 가능한 깊이까지 일부 굴착 후 즉시 지보를 해야 한다.

56번지 측의 지보공사도 보다 얕은 굴착(즉, 0.7~1.0m 정도)을 한 후 시행하는 것이 바람직하였다.

소규모의 공사에서 토질조사를 시행하지 않고 건축물을 축조하는 것이 거의 관례가 된 것이 현실이지만 지반조사를 한 후에 공시를 하는 것이 바람직하다. 특히 본 지역과 같이 한강 등의 강 또는 하천과 인접되어 있거나 기타 지형학적인 특성상 연약지반이 예상되는 지역에서는 반드시 지반조사를 시행하여 공사관리를 해야 한다. 또 건설인이 매립공사를 할 때 관리를 철저히 하지 않아서 50번지 및 56번지 내의 토층과 같이 느슨한 연약지반을 조성하는 우를 범하는 일이 없어야 한다.

5.5 대책 검토

이상의 검토 결과에서 발생한 문제성인 균열 및 지하수 유출문제와 신축건물의 지하실공사에 대한 대책은 다음과 같다.

5.5.1 균열보수대책

50번지 및 56번지 내의 건축물 등에 발생한 균열이 굴착공사로 인한 것이든 연약지반에 축조된 것으로 기인된 것이든 정신적인 불안감을 줄 수 있으므로 조기에 보수해야 한다.

균열의 보수는 다음 방법으로 할 수 있다.

(1) 배내력(排耐力) 조적벽체에 균열이 있는 경우에는 균열 부위를 V컷(폭 1cm×깊이 1cm 크기 정도)하고 저점도 에폭시 수지를 주입하고 마감 페인팅을 한다.
(2) 내부 접합부에 균열이 있을 경우 균열내부를 쪼아내고 여기에 고강도 무수지 콘크리트 또는 에폭시 수지 등으로 충진하고 마감한다.
(3) 외부 슬래브 바닥(또는 pavement), 외부벽체 사이의 접합부와 같이 우수의 영향으로 누수의 염려가 있는 부위는 플래싱(flashing) 처리하고 누수가 있는 부위는 완전 방수가 되도록 재방수 공사를 하는 것이 바람직하다.
(4) 내력벽 또는 슬래브, 빔, 기둥 등 구조체 부위에 균열이 있을 경우는 V컷을 좀 더 크게(5×

5cm 정도) 하고 고강도 무수축 콘크리트를 충진해야 한다. 단량체(monomer system)를 콘크리트에 주입하면 중합이 되어 콘크리트 내부 간극을 채워 강도를 증가시키는 방법인 폴리머(polymer) 침투법 등을 사용할 수 있을 것이다.

(5) 건축물 등의 구조물과 인접지반 또는 포장체와 사이에 발생한 균열 등의 이격부분은 시멘트 페이스트(cement paste) 등으로 충진하여 우수 등이 유입되지 않도록 해야 한다. 또 50번지에 발생·침하된 지반은 지하수 공사가 완료되면 원위치까지 다짐을 하여 흙을 채운 후 콘크리트 포장을 해야 할 것이다.

(6) 붕괴된 담장 및 붕괴직전의 담장은 전술한 바와 같이 지반을 복원한 후 재 축조해야 하며, 기타 담장 부위의 소규모 균열은 무수측 시멘트 모르타르 또는 무수축 시멘트 페이스트로 충진시켜야 한다.

균열의 보수는 균열의 원인을 정확히 판단하여 그에 적절한 보수절차를 세움으로써 성공적으로 수행될 수 있다. 현재까지 검토된 바에 의하면 56번지의 주 구조물체인 조적벽의 균열이 심각한 것은 아니다. 그러나 이 검토는 지반공학적 측면에서 시행된 것이므로 보다 확실한 안정성이 필요하다면 건축구조물에 대한 전문가의 검토를 받아볼 필요가 있다.

5.5.2 지하수 유출에 대한 대책

C.I.P 사이의 틈새 및 C.I.P 하부를 통하여 유출되는 지하수는 지하실이 완공되고 방수공사를 철저히 하면 문제될 것은 없다. 그러나 지하실이 장기간 시공되지 못할 경우에는 C.I.P 사이에 약 40cm 간격의 그라우팅을 시행해야 한다. 이 그라우팅을 실시하면 아울러 지반보강의 효과도 기대할 수 있다. 특히 50번지 측의 흙박이벽 후면은 변위로 인하여 지반 내에 큰 간극이 존재할 수도 있으므로 반드시 40cm 이내의 간격으로 그라우팅을 해야 할 것이다. 본 지역은 그라우팅이 불량한 토질이므로 그라우팅 관리 시에 이를 유의해야 하며, 그라우팅 효과를 높이기 위해 고압분사식 그라우팅 공법이나 이와 유사한 공법을 사용하면 인접건물에 피해를 줄 우려가 있다. 건축물에 인접하여 연속적으로 C.I.P 공사를 시행하는 것도 보강책의 한 방법이 될 수 있다. 이때 C.I.P는 1m 정도 터파기를 한 후 하부 기반암층 상단까지 시행하고 C.I.P 두부를 캡콘크리트로 연결시켜주면 보다 효과적이다. 또 C.I.P와 지하실 외벽과의 틈새는 빈배합 콘크리트 등으로 채워주어야 한다.

이러한 공사를 진행하는 데 인접건물 소유주는 굴착공사로 인한 하자보수 공사 개념 이전에 건물의 안정성을 증대시키기 위한 공사인 점을 유의하여 최대한 빨리 공사가 진행될 수 있도록 협조하여 보다 높은 안정성을 확보하도록 해야 한다.

5.5.3 신축건물의 지하실에 대한 대책

지하실이 설치되는 지역의 토질이 연약한 점에 유의하여 캔틸레버식으로 처리되어 있는 구간은 건축물의 기능을 저하시키지 않도록 하여 슬래브 또는 빔 등으로 수평력에 저항할 수 있는 구조체를 신설해주는 데 대한 검토가 필요하다. 또 기초지반이 연약하여 건물 축조 후에 부등침하로 인하여 구조체에 균열이 발생할 우려가 있으므로 수평재의 보강에 대한 배려가 필요하다.

5.6 결론 및 건의

청담동 지하굴착공사 중에 발생된 변위에 대하여 현장조사와 관련 자료조사 및 분석을 시행하고 그 결과 다음과 같은 결론을 얻었다.

(1) 지반조사 결과 지하굴착공사가 시행된 토층은 느슨한 매립토층으로 연약한 토층이다. 또 본층의 하부에는 연약 내지 중간 정도의 연경도 또는 상대밀도를 갖는 퇴적토층이 분포하고 있다.

(2) 50번지에 발생한 흙막이벽의 변위 및 지반침하는 흙막이벽의 파괴로 인한 것이며 이 파괴는 지보 없이 과대한 굴착을 하였기 때문이다.

(3) 특히 50번지 측에 설치된 C.I.P의 하단부는 퇴적 점성토층 내에 위치하여 수동저항력이 작고, 지보공이 없이 3m를 굴착하여 변위(즉, 파괴)가 발생하였다. 56번지 측은 C.I.P 하단부가 사질토층인 매립토층 내에 있었으며 지보공이 없이 굴착된 깊이가 2m 이내여서 변위가 작았다.

(4) 흙막이벽의 변위에 대한 분석을 시행한 결과 지보재가 설치된 후의 변위는 미소하며 대부분의 변위는 지보 없이 초기에 굴착하였을 때 발생하였다.

(5) 50번지 건물에 발생한 균열은 지하굴착공사로 기인되는 것이나 건물의 안정성은 문제가 없

다. 그러나 이 균열은 굴착으로 인한 침하(흙막이벽 변위로 인한 침하 및 지하수의 변동으로 인한 침하)와 굴토공사와 무관한 콘크리트의 건조수축 및 온도응력, 연약한 기초지반 등이 복합적 원인으로 작용되었을 것이다.

(6) 56번지 건물에 흙막이벽의 변위로 발생한 지반침하량은 0.18~0.5cm로 Sowers 및 Bjerrum 등이 제안한 허용침하량보다 작게 계산되었다. 따라서 건물의 안정성은 문제가 없다. 이 건물에 발생한 균열은 콘크리트 건조수축 및 온도응력과 연약한 기초지반 등이 복합적 원인으로 작용되어 굴착공사 전에 발생하였을 가능성이 크며 굴착으로 인해 발생한 아주 작은 양의 지반침하량도 복합적 요인으로 작용되었을 가능성을 배제할 수는 없다.

(7) 건물 등에 발생한 균열 및 지하수 유출 등에 대한 대책공법을 제시하였으며 특히 대책공사가 조기에 재개될수록 건물의 안정성이 증대된다.

(8) 향후 이와 유사한 공사를 관리하는 데 필요한 중요 사항을 위에서 제안하였다.

• 참고문헌 •

(1) Bowles, J. E.(1988), Foundation Analysis and Design, Mc Graw-Hill co., New York.

(2) Teng, W.C.(1962), Foundation Design, Prentice Hell, Inc., Englewood Cliff, New Jersey.

(3) 임병조(1989), 기초공학, 야정문화사.

(4) 김팔규 외 9인(1986), 최신 토질역학 상론, 학연사.

(5) Das. Braja M.(1983), Advanced Soil Mechanics, Hemisphere Publishing Corporation, Washington.

(6) 김상규 외 1인(1983), 토질역학, 동명사

(7) Lambe, T.W. and Whitman, R.V.(1969), Soil Mechanics, John Wiley and Sons, New York.

(8) NAVFAC(1982), Design Manual 7.1-Soil Mechanics, NAVFAC DM-7.1, U.S. Department of Navy, Washington D.C.

(9) NAVFAC(1982), Design Manual 7.2 Foundations and Earth Structures, NAVFAC DM-7.2, U.S.Department of Navy, Washington D.C.

(10) 이민우 외 1인 (1991) 번역, 토해 토목건축가설구조물의 해설, 명문사.

(11) Leonards, G.A.(1962), Foundation Engineering, McGraw-Hill Co., New York.

(12) Bowles, J.E.(1979), Physical and Geotechnical Properties of Soils, McGraw-Hill Co., New york.

(13) Holtz, Rovert D. and Kovacs, William D.(1981), An Introduction to Geotechnical Engineering, Prentice-Hall, Inc., New Jersey.

(14) Tschebotarioff Gregory P.(1973), Foundations, Retaining and Earth Structres, McGraw-Hill Kogakusa, Ltd., Tokyo.

(15) Fumio, C.(1985), 지반반력 계수에 대하여, 일본종합토목 연구소.

(16) 홍원표 · 이송 · 김영남(1991), '청담동 지하굴착공사 하자보수방안검토 연구용역보고서', 대한토목학회.

Chapter

06

(주)마리오 구로공장 지하굴착

Chapter 06 (주)마리오 구로공장 지하굴착

6.1 공사 개요

6.1.1 공사명 및 위치[1]

(1) 공사명: (주)마리오 구로공장 신축굴토공사

(2) 공사장 위치: 서울특별시 금천구 가산동 60-22, 60-55

(3) 대지면적: 8,967.0m^2(2,712.51평)

(4) 지역 지구: 준공업지역, 공항고도지구

(5) 건물규모: 지하 1층, 지상 8층

(6) 구조: 철근콘크리트 및 철골조

6.1.2 흙막이 공법 및 사용재료

(1) 흙막이공법: H-말뚝+흙막이판으로 구성

(2) 굴착깊이: G.L.(-)6m

(3) 사용재료

① 엄지말뚝: H-300×200×9×14(C.T.C 1m)

② 버팀보강재: H-300×300×10×15

③ 버팀보지지보강재: H-300×200×9×14

④ 중간말뚝: H-300×200×9×14

⑤ 띠장: H-300×300×10×15

⑥ 앵글: L-90×90×10

⑦ 흙막이판(생송재): $t = 8.0$cm

⑧ 잭(jack): crew jack(50ton)

6.1.3 흙막이 계획서

(1) 주변 현황

본 신축건물의 행정구역상 위치는 서울특별시 금천구 가산동 60-22, 60-55번지 일대로서 본 현장의 주변 현황은 다음과 같다.[1]

① 지표고: 표고 차가 거의 없이 평탄하게 지표면이 형성되어 있다.

② 전면: 대지경계선과 인접하여 보도를 포함한 30m 도로가 위치하고 있다.

③ 후면: 부지 내로서 주차장 신설이 계획되어 있다.

④ 좌측면: 굴토라인으로부터 8m 정도 이격되어 인접지경계선이 위치하고 있다.

⑤ 우측면: 대지경계선과 인접하여 보도를 포함한 20m 도로가 위치하고 있다

(2) 굴착심도 및 규모

지하굴착심도는 G.L.(+)0.0m를 기준으로 G.L.(-)6m까지 굴토하는 것으로 계획되어 있으며, 신축건물의 규모는 지하 1층, 지상 8층이다.

(3) 지층 현황

본 현장의 지층 구성상태는 지표면으로부터 매립층, 퇴적토층(점토질 실트, 자갈질 모래, 모래질 자갈), 풍화토층, 풍화암층의 순으로 분포하고 있으며, 굴토가 이루어지는 지층은 매립층과 퇴적토층이다. 지하수위는 G.L.(+)0.m를 기준으로 G.L.(-)5~16m 지점에서 출현하는 것으로 확인되었다.

(4) 시가지 굴착공사 시 공법 선정

① 개요

시가지에서 굴착공사(건축 지하구조물 기초를 위한 공사, 전력구, 도시가스관, 하수도, 통신구 등)의 특징은 부지가 협소하고 기존의 구조물이 상존하고 있는 등 매우 어려운 제약조건에서 행해진다는 점이다. 굴착공사의 설계, 시공 시 공법 선정을 위한 기본원칙은 다음 세 가지로 요약할 수 있다.

가. 안전한 공사: 붕괴, 파손, 과다한 변형 등의 방지

나. 경제적인 공사: 공사비의 저렴화, 공기의 단축

다. 주변 공해가 없는 공사: 소음, 진동, 분진, 주변침하, 지하수위 저하 등 위와 같은 기본원칙의 적용은 가장 근본적인 사항으로 이를 준수하는 데는 공사 현장 주변 여건에 대한 정확한 파악이 필요하다. 특히 현장의 여건에 대한 기초조사는 공법 선정 시 매우 충실하게 진행되어야 하는데, 이는 안전시공뿐만 아니라 경제적인 공사를 수행할 상황을 예측하여 적용한다면 보다 합리적인 공법 선정이 될 수 있다.

② 지하 가설구조물의 공법 선정 기본요령

지하가설구조물의 형식 선정 방법은 아래 서술한 항목에 대해 조사 검토하고 그 결과를 근거로 해서 형식을 선정하는 것이 바람직하다.

가. 명확한 설계 목적

가설구조물을 본 공사에 비해 경시되는 경향이 종종 있다. 그러나 가설구조물도 설계목적상 더없이 중요한 역할을 한다는 점을 인식하고 조사계획부터 본래 공사 시 어떤 형태로 적용될 것인지를 검토하여 명확히 할 필요가 있다.

나. 지형에 관한 검토

가설구조물의 설계, 시공 시 건물이 인접한 장소나 기복이 심해 고저차가 큰 지역 등에서는 신중한 검토가 필요하며 주요사항을 열거하면 다음과 같다.

- 지형 판단: 설계, 공사 착수 전에 지형을 충분히 파악하고 시공 중 지형에 어떤 영향을 미칠 것인가를 사전에 충분히 검토해야 한다.
- 현장 주변 구조물: 현장에 구조물이 인접한 경우 위치, 기초구조, 건축한계, 지하매설물의 종류와 사용 재료 등을 철저히 조사한다.
- 지형 고저차: 지형의 고저차가 심한 경우는 설계, 시공 시 충분히 검토하여 안전상의 문제점을 사전 점검해야 한다.
- 자재 및 장비 운반로: 원활한 현장 시공을 위해 도로 폭, 도로 곡선 부 상태, 교통량, 교량의 재하하중, 통행 규제의 유무 등을 조사할 필요가 있다.

다. 지질 및 토질에 관한 검토

가설구조물 설계 시 필요한 지질 및 토질에 관한 조사는 필연적이며, 흙막이벽 배면 지층의 역학적 성질, 지하수 위치, 용수량 등이 설계 및 시공 시에 상당히 중요한 요인이 된다. 지질 및 토질조사의 필요한 항목은 다음과 같다.

- 지질조사
- 실내시험
- 지하수위
- 굴착하는 흙의 특성

라. 주변 구조물에 관한 검토

주변 구조물의 조사 검토 시 대상이 되는 구조물은 시공 중 또는 시공 후에 문제가 발생하지 않도록 대처해야 함은 물론이고 기존 구조물이 어떻게 설계·시공되었고 현재 어떤 상태인가를 조사하는 것과 가설 흙막이 공사가 기존 구조물에 어떤 영향을 주는가에 대하여 고려할 필요가 있다. 주변 구조물에 관한 검토사항은 다음과 같다.

- 기초의 근입깊이
- 기초형식
- 가설구조물과 기존 구조물의 이격거리

• 하중의 상호 영향
• 가설구조물의 안전상 영향을 미치는 범위의 지반의 특성
• 굴토공사 시 지하수위 저하에 의한 주변 지반의 압밀침하 정도

마. 시공환경에 관한 검토

가설구조물의 설계, 시공에 관한 조사, 검토 중에서 시공환경의 항목은 다음과 같으며, 가장 중요한 것 중의 하나다. 이는 안전시공을 확보하는 데 가장 큰 요소로 작용한다.

• 지하매설물: 가설구조물의 설계·시공 중 지하매설물(가스관, 수도관, 전선관, box 등)의 위치, 규모, 구조 및 노후도를 조사하고 그 결과를 매설물의 소유자 및 관계기관과 충분히 협의한 후 확인해둘 필요가 있다.
• 소음, 진동 등의 규제로 인한 시공조건 조사: 도심지나 인가에 근접한 지역에서 터파기 공사의 경우 소음 규제는 물론이고 진동(특히 암발과 및 브레이커 사용할 때에)에 관한 저진동 공법을 검토하여 대책을 강구해둘 필요가 있다. 다만 본 현장에 대하여서는 브레이커나 발파에 의한 작업은 없을 것으로 판단되어 이에 대한 사항은 고려하지 않았다

바. 공정에 관한 검토

토목시공 중 공정관리는 원가, 품질, 안전성 등에 있어서 매우 중요한 일이다. 공정의 올바른 계획이 공사의 성패를 좌우할 수 있다.

③ 조사 및 시험

흙막이구조물의 시공은 명확한 설계조건 및 정확한 시공조건을 설정할 필요가 있다. 또 설계 시 가정된 조건이 실제와 일치되는가의 여부를 확인하기 위함과 정확한 조건을 찾아내기 위해 조사 및 시험이 행해져야 한다.

굴토공사를 계획하는 경우 우선 어떤 방법으로 굴착할 것인가와 어떤 흙막이구조물을 시공할 것인가를 결정해야 하고 이를 조사 단계에서 보면 예비조사와 본 조사 두 가지 단계를 대응시켜야 한다. 이들을 통한 설계조건, 시공조건에서 시공 시의 관리와 그 후의 관리방법과 계측항목이 결정된다.

6.2 예상 발생 문제점 및 대책 수립

6.2.1 예상 발생 문제점 일반사항

(1) 굴착에 따른 인접 지반의 침하

굴착공사로 인하여 인접지반의 침하가 발생할 수 있는 일반적인 요인으로는 다음 사항을 열거할 수 있다.

① 주위매설물의 매립상태가 불완전한 경우 말뚝 관입 시 천공작업의 진동으로 인한 압축침하
② 엄지말뚝 및 흙막이판으로 지지되는 흙막이벽의 변위에 따른 배면토의 이동으로 인한 침하
③ 지하수 유출 시 토사가 함께 배수되어 발생하는 침하
④ 배수에 의한 점성토의 압밀침하
⑤ 2차적인 원인으로서 위에 열거한 1차적인 원인에 의해 발생한 침하로 인해 인접된 상하수도 관거의 파손으로 인해서 일시적으로 많은 물이 유출되어 토사가 대량 유출됨으로써 발생하는 함몰침하

이상의 원인 중 배면토의 이동에 인한 침하와 배수에 의한 압밀침하 등은 주로 설계 시 고려되는 사항으로서 본 굴착지반의 경우 매립층, 퇴적토층(점토질 실트층, 자갈 섞인 모래층, 모래 섞인 자갈층), 풍화토층, 풍화암층의 순으로 분포되어 있으며, 굴착이 매립층 및 퇴적토층까지 실시되고, 지하수위가 G.L.(-)5.5~16.0m 위치에서 출현하는 것으로 나타났다. 본 현장의 굴착심도는 G.L.(-)6.81m이며 주변 현황은 이면은 도로고, 나머지 면은 부지 내로 위치하고 있다.

한편 침하에 따른 인접 구조물의 피해는 표 6.1과 같이 추정할 수 있다. 그림 6.1은 침하량을 각변위로 도시하였을 경우 여러 가지 구조물에 대한 각변위의 한계를 도시한 그림이다.

표 6.1 여러 가지 구조물의 최대허용침하량

침하상태	구조물의 종류	최대침하량
전체 이하	배수시설	15.0~30.0cm
	출입구	30.0~60.0cm
	부등침하의 가능성	
	석축 및 벽돌 구조	2.5~5.0cm
	뼈대 구조	5.0~10.0cm
	굴뚝, 사이로, 매트	7.5~30.3cm
전도	탑, 굴뚝	0.004S
	물품 적재	0.01S
	크레인 레일	0.003S
부등침하	빌딩의 벽돌 벽체	0.0005~0.002S
	철근콘크리트 뼈대 구조	0.003S
	강 뼈대 구조(연속)	0.002S
	강 뼈대 구조(단순)	0.005S

S: 기둥 사이의 간격 또는 임의의 두 점 사이의 거리

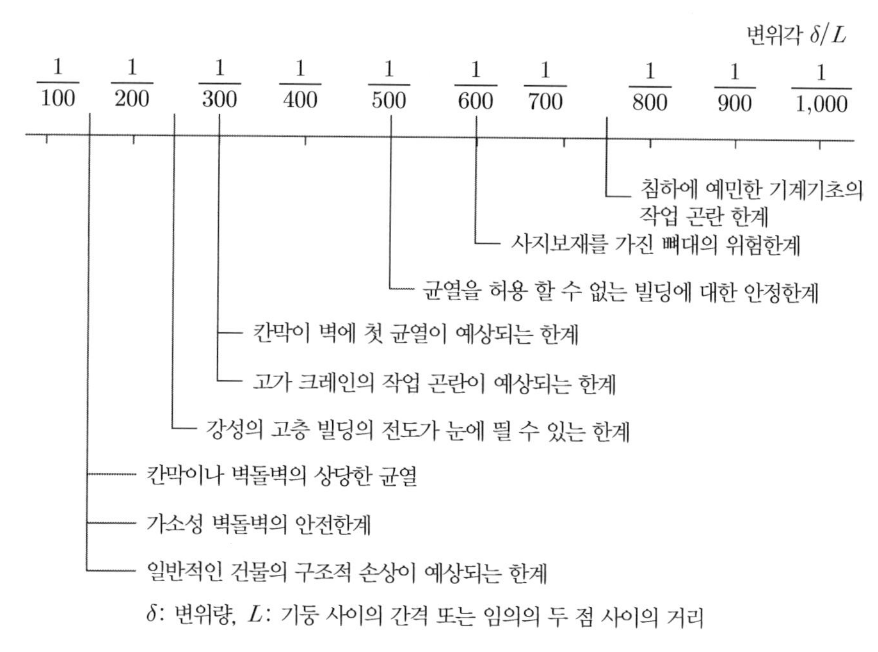

δ: 변위량, L: 기둥 사이의 간격 또는 임의의 두 점 사이의 거리

그림 6.1 여러 가지 구조물에 대한 각변위의 한계

(2) 굴착 시 소음, 진동의 허용기준

본 현장 여건상 굴토작업 시 발생하는 소음·진동이 발생할 수 있으므로 주변건물이나 인접지하매설물 등에 예상치 못한 손상을 입히거나 인근주민에게 불안감을 주지 않도록 전 시공과정을 통하여 전문적인 지식을 근거로 정확하게 측정하여 작업에 따른 시공피해가 허용치 이내가 되도록 세심한 관심과 노력이 요구된다.

도심지 굴토작업에 따른 소음 및 진동기준들을 알아보고 그 대책들을 마련해보면 표 6.2 및 6.3과 같다.

표 6.2 생활소음 규제기준의 범위 (단위: dB(A))

<table>
<tr><th>대상 지역</th><th colspan="2">시간별
대상 지역</th><th>조석
(05:00~08:00)
(18:00~22:00)</th><th>주간
(08:00~18:00)</th><th>심야
(22:00~05:00)</th></tr>
<tr><td rowspan="4">주거지역, 녹지지역 취락지역 중 주거지역, 관광휴양지역, 자연환경 보존지역, 학교, 병원의 부지 경계선으로부터 50m 내 지역</td><td rowspan="2">확성기에 의한 소음</td><td>옥외 설치</td><td>70 이하</td><td>80 이하</td><td>60 이하</td></tr>
<tr><td>옥내에서 옥외로 방사되는 경우</td><td>50 이하</td><td>55 이하</td><td>45 이하</td></tr>
<tr><td colspan="2">공장 및 사업장의 소음</td><td>50 이하</td><td>55 이하</td><td>45 이하</td></tr>
<tr><td colspan="2">공사장의 소음</td><td>65 이하</td><td>70 이하</td><td>55 이하</td></tr>
<tr><td rowspan="4">상업지역, 준공업지역, 일반 공업지역, 취락지역 중 주거지구 외의 지구</td><td rowspan="2">확성기에 의한 소음</td><td>옥외 설치</td><td>70 이하</td><td>80 이하</td><td>60 이하</td></tr>
<tr><td>옥내에서 옥외로 방사되는 경우</td><td>60 이하</td><td>65 이하</td><td>55 이하</td></tr>
<tr><td colspan="2">공장 및 상업장의 소음</td><td>60 이하</td><td>65 이하</td><td>55 이하</td></tr>
<tr><td colspan="2">공사장의 소음</td><td>75 이하</td><td>75 이하</td><td>55 이하</td></tr>
</table>

1) 대상 지역의 구분은 국토관리 이용법에 의하며, 도시지역은 도시계획법에 의한다.
2) 공사장 소음의 규제 기준은 주간의 경우 소음 발생의 시간이 1일 2시간 미만일 때는 +10dB, 2시간 이상, 4시간 이하일 때는 +5dB를 보정한 값으로 한다. 이 기준에 의하면 주간(8:00~18:00)까지는 70dB 이하, 조석(05:00~08:00, 18:00~22:00)은 65dB 이하 그리고 심야공사 시는 55dB 이하의 소음만 허용된다.

표 6.3 특정건설 작업의 소음 레벨

작업 구분	작업기계명	소음 레벨		
		1m	10m	30m
말뚝박기 기계 말뚝뽑기 기계 및 천공기를 사용하는 타설작업	디젤 파일 해머	105~130	92~112	88~98
	바이브로	95~105	84~91	74~80
	스팀해머, 에어헤머	100~130	97~108	85~97
	파일 에스트랙터		94~96	84~90
	어스드릴	83~97	77~84	67~77
	어스오거	68~82	57~70	50~60
	베노트 보일링머신	85~97	79~82	66~70
리벳 박기 작업	리베링 머신	110~127	85~98	74~86
	임펙트 렌치	112	84	71
착암기를 사용하는 작업	콘크리트 브레이커 싱글드릴 핸드해머, 잭 해머 크롤러 브레이크	94~119	80~90	74~80
	콘크리트 카터		82~90	76~81
굴착정리사업	불도우저, 타이어도우저	83	76	64
	파워, 쇼벨, 백호	80~85	72~76	63~65
	드레그 크레인, 드게르 스크레이퍼	83	77~84	72~73
	크람쉘	83	78~85	65~75
공기압축기를 사용하는 작업	공기 압축기	100~110	74~92	67~87
다짐작업	로드로울러, 탬핑로울러, 타이어로울러, 진동 롤러, 진동콤펙트, 임팩트롤러		68~72	60~64
	램머, 탬퍼	88	74~78	65~59
콘크리트 아스팔트 혼합 및 주입작업	콘크리트 플랜트	100~105	83 - 90	74~88
전동공구를 사용하여 베껴내기작업 및 콘크리트 마무리작업	아스팔트 플랜트	100~107	86~90	80~81
	콘크리트 믹서차	83	77~86	68~75
	그라인더	104~110	83~87	63~75
	피크해머		78~90	72~82
파쇄작업	쇠공		84~86	69~72
	철골타격	95	90~93	82~86
	화약		90~103	90~97

6.2.2 지하수 유출에 대한 대책

본 부지의 지하수위는 지질조사보고서에 의하면 G.L.=0.0을 기준으로 G.L.(-)5.5~16.0m 지점에서 출현하는데, 해당위치는 퇴적토층에서 발견되는 것으로 조사되었다.

본 굴착공사가 G.L.(-)6.81m까지 계획되어 굴착 시 지하수 누수에 따른 문제는 발생하지 않을 것이다. 다만 실시공에 앞서 시험터파기를 실시하고 지하수위가 지반조사 시와 상이하게 나타날 경우에는 감리자와 협의하여 별도의 차수공법 선정 등의 여부를 결정해야 한다.

6.2.3 인접구조물에 대한 보강대책

본 굴착지반에 인접해서 전면으로 30m 도로가 인접하여 있으며, 후면은 부지 내다. 또한 좌우측으로는 각각 인접대지와 20m 도로가 위치하고 있는 상태에 있다. 따라서 굴착지반의 주변여건과 지층구성상태 및 굴착심도가 깊지 않은 점등을 고려하여 'H-말뚝+흙막이판' 공법을 적용하였다. 다만 도로가 인접한 구간에 대해서는 지장물조사를 사전에 철저히 수행하여 이격거리, 설치심도 등을 정확히 확인한 후 본격적인 공사에 임하도록 한다. 또한 착공 시 현장조사를 철저히 하여 설계 시와 다른 하중조건이 조사될 경우 별도의 보강을 실시하도록 한다.

6.2.4 공사 진행에 대한 유의사항

굴착공사와 관련된 인근지반의 침하를 극소화하기 위해서는 다음 사항을 유의해야 한다.

(1) 현장책임자는 본 흙막이벽 설계도와 인접대지 경계선 및 본 건물의 지하 외벽선, 지반고 등을 검측하여 각종 차수 및 지반보강을 위한 경우와 엄지말뚝 삽입을 위한 천공 시 중심선 및 천공깊이를 확인한 후 시공해야 한다.

(2) 본 굴착공사 기간 중에 장마 또는 호우를 만날 것에 대비하여 흙막이벽 배면은 시멘트 또는 아스팔트로 포장하거나 배수로를 만들어야 한다.

(3) 버팀보 설치 이전에 다음 단계의 굴착을 무리하게 진행하는 것은 인접지반의 침하는 물론 흙막이구조물의 안전에도 문제가 발생할 수 있으므로 공기단축을 위한 과굴착은 피해야 한다.

(4) 굴착은 현장여건을 고려하여 실시하되 굴토 및 사토 계획 등에 대하여 사전에 감리자와 협의하여 시공에 임하도록 한다.

(5) 굴착 시는 설계도 및 시방서에 규정한 제 규정을 엄수해야 하며, 특히 인접한 건물의 실제 지하실 깊이를 그 구간의 굴착 전에 필히 확인한 후 적합성 여부를 검토 후 시공하여 기존 건축물의 기능에 문제가 발생하지 않도록 해야 한다.

6.3 특별시방서

6.3.1 흙막이 공사

(1) 줄파기

① 지반보강을 위한 천공 및 H-말뚝 설치를 위한 천공위치에 대해서는 지하매설물 유무를 필히 확인하고 만약 지하매설물이 있을 때는 관계기관과 협의 후 그 시설과 기능에 손상이 없도록 보호공을 설치한다.

② 공사 구역 내에서는 보행자의 안전과 통제가 가능하도록 가설울타리를 설치한다.

(2) H-말뚝 설치

① H-말뚝은 KS SS 400(JIS SS400, ASTM A36)을 사용한다.

② 설계도서상의 말뚝간격과 근입깊이는 필히 준수하고 일직선으로 설치되도록 하고 말뚝은 수직으로 유지되어야 한다. 특히 본 현장은 대부분의 구간이 지하층 외벽이 합벽으로 시공되므로 지하층 외벽과 H-말뚝 전면의 여유폭이 10cm 이내로 시공되어야 한다.

③ H-말뚝을 이음하여 사용할 때는 이음의 위치가 동일 높이에서 시공되지 않도록 하며, 이음은 맞댄 용접으로 하여 말뚝 본래의 강도가 확보되도록 한다.

(3) 굴착

① 시공 계획

가. 수급인은 시공에 앞서 설계도서 검토, 시공방법 및 현장의 각종 상황(흙막이 말뚝, 지반, 노면교통, 매설물, 연도 건조물 등)을 충분히 조사한 후 착공해야 한다.

나. 시공에서 지반 매설물, 연도건조물, 기타의 사유로 흙막이공, 비계, 동바리공 등에 대하여 많은 변경이 필요할 때는 감독원의 지시를 받아야 한다.

다. 수급인은 매설물 및 가공물을 확인하여 그의 방호, 이설 등의 계획을 세워 감독원의 지시를 받아야 한다.

라. 차도굴착은 원칙으로 가로수, 전주, 가공물 등을 이설 후에 시작해야 한다.

마. 차도굴착은 굴착 후 노면에 공사 중 대수의 원인이 되지 않도록 기준 노면의 경사에 맞추

어 시공하며 유지 보수 해야 한다.

바. 굴착시공 시에는 배면지반의 거동, 인접지반의 유동상태를 수시로 관찰하여 이상 징후 발견 시에는 즉시 작업을 중단하고 안전에 대한 제반검토를 시행한 후 작업에 착수해야 한다.

② 굴착공사

가. 공사 전에 시공계획서를 작성하여 감독원에게 제출해야 하며, 시공계획서에는 굴착방법, 지층의 변동 위치, 용수처리방법, 사용기계(굴착용기기, 토사용 호퍼 등의 기기 수량 등), 비계, 동바리, 기계의 배치, 공정, 대여품 예정 사용수량 등을 기재해야 한다.

나. 굴착 중에는 상시 흙막이벽 내외를 순시하며 흙막이공, 비계 및 동바리공, 굴착면, 노면 등에 이상이 발견되었을 때는 조속히 그에 대한 보강을 해야 하며 동시에 감독원에게 보고해야 한다.

다. 비탈굴착의 높이, 구배는 필요에 따라 비탈면 보호, 흙막이공 등을 행해야 한다. 특히 단계별 굴착 시 흙막이벽체로부터 최소한 5m 이상의 소단을 확보한 후 사면을 형성하도록 해야 한다.

라. 특히 흙막이공의 배면으로 부터의 용수, 말뚝 외의 하수도, 상수도관 등으로 부터의 침투, 노면에서 우수의 침투를 발견하였을 경우에는 조속히 그의 방호조치를 해야 한다.

마. 매설물 부근은 그 매설물을 손상시키지 않도록 굴착할 것이며, 매설물의 보호가 완료될 때까지 해당 구간의 하부는 굴착해서는 안 된다.

바. 매설물 위치도는 시공 중 참고로 하고, 굴착이 시작되기 전에 사전에 확인하고 굴착 도중에도 특별히 유의하며, 그 위치를 재확인해야 한다.

사. 굴착은 띠장 설치 위치에서 0.5m의 작업공간을 주어 단수별로 굴착하고 전 면적을 일시에 하지 말고, 각 단계별로 굴착한 후 각 부분별로 굴착 즉시 띠장을 설치하도록 한다. 굴착 도중 흙막이벽의 이상 변형이나 주위 지반의 침하 등 사고가 우려될 경우에는 즉시 굴착 및 양수 등 작업을 중단하고 감독원에게 통보하여 적절한 조치를 받는다.

③ 굴착토사 운반

가. 굴착토사는 감독원이 지정한 장소로 운반해야 한다.

나. 토사의 적재장소에는 전담직원을 배치하며, 상시적재와 주위의 정리 등에 유의해야 한다.

다. 운반차는 토사의 노출, 비산 등이 되지 않도록 특별한 장치를 할 것이며, 만약 산란되었을 때는 청소해야 한다.

라. 수급인은 운반 관리자를 정하여 차량의 정비정검, 반토경로, 운전사의 취사 상황 등을 파악하여 운반차량의 관리에 책임을 질 수 있도록 해야 한다.

마. 반출토의 운반경로, 운반장소, 운반수량 등은 감독에게 수시 또는 요구가 있을 경우에 제출 보고해야 한다.

바. 운반토를 가적할 경우에는 그의 장소, 방법, 방호시설 등에 대하여 감독원에게 보고한 후 시행해야 한다.

(4) 버팀보의 설치

① 버팀보는 H-300×300×10×15 KS SS 400(JIS SS400, ASTM A36) 강재를 사용한다.

② 버팀보는 터파기가 계획깊이에 도달하면 신속히 설치하여 탄성변형 및 지반변형을 최소화해야 한다.

③ 터파기는 현장 내부로부터 실시하되 흙막이벽체 및 인접건물에 위해가 발생하지 않도록 수동영역을 확보한 후 시공해야 한다.

④ 버팀보 단부에는 리브판(rib plate)으로 보강하고 띠장 및 중간말뚝에 볼트로 연결시키도록 한다.

⑤ 경사 버팀보의 잭이 없는 부재에서는 기계장치를 이용하여 밀착시킨 후 볼팅(bolting)이나 용접으로 연결해야 한다.

⑤ 버팀보를 이어서 사용할 경우에는 도면에 의하여 이음시공한다.

(5) 띠장

① 띠장은 H-300×300×10×15 KS SS 400(JIS SS400, ASTM A.36)을 사용한다.

② 띠장은 버팀보 설치 시 수평, 연직의 이동이 없도록 H-말뚝에 고정시켜야 하며, 이음부의 연결을 말뚝과의 간격이 있을 경우는 필히 콘크리트 등의 간격재로서 간격을 밀실히 채워 띠장의 하중이 각 말뚝에 균등하게 분배·전달되도록 시공해야 한다.

③ H-강재를 이음하여 사용할 때는 이음의 위치가 동일 높이에서 시공되지 않도록 하며,

이음은 full strength butt welding 및 고장력 볼팅은 도면에 의거 이음시공하여 말뚝 본래의 강도가 확보되도록 한다.

(6) 용접 및 절단

① 일반 사항

가. 용접방법은 아아크 용접으로 하고, 시공방법은 수동용접, 반자동용접, 자동용접으로 한다.

나. 용접의 순서는 시공 전에 감독관의 승인을 받아야 한다.

다. 용접은 정확히, 신중히 하고, 용접에 의한 잔류응력, 변형 등은 되도록 적게 해야 한다.

라. 용접봉은 피복한 것이 벗겨지거나, 벌어지거나, 더러워지거나, 습기를 먹는 등 용접에 유해로운 결함이 있는 것은 사용해서는 안 된다.

마. 직류 아아크 용접기를 사용할 때는 극성에 관하여 감독관의 승인을 받아야 한다.

바. 용접기, 전선 등에 의한 감전사고를 방지하도록 주의해야 한다.

사. 교류 아아크 용접기는 소요규격에 적합한 전격방지장치를 부설하지 않으면 안 된다.

아. 용접이음은 용접부의 구조, 판, 두께 및 용접방법 등에 따라 신중하게 선정해야 한다.

② 용접조건

가. 비 또는 눈이 내리는 곳이나 강한 바람이 부는 곳에서 용접을 해서는 안 된다. 그러나 날씨 영향을 받지 않도록 충분한 보호장치를 하였을 경우에는 감독관의 승인을 받아서 용접할 수 있다.

나. 기온이 35℃ 이상 또는 5℃ 이하일 때는 용접을 해서는 안 된다. 기온이 -15℃ 이상일 경우 용접봉선에서 10cm 이내의 모재 부분을 80℃ 이상으로 예열하면 감독관의 승인을 받아 용접할 수 있다. 고장력강의 용접 시에는 예열 및 후열에 대하여 감독관의 승인을 얻어 신중하게 해야 한다. 또 기온이 35℃ 이상일 경우에는 용접공이 고온에 의한 악영향을 받지 않도록 조치를 취하면 용접할 수가 있다.

③ 용접준비

가. 용접하는 부재의 표면은 용접하기 전에 깨끗이 해야 한다. 특히 용접면 및 그 인접부분은 물, 녹, 도료, 슬래그 및 먼지 등이 균열의 원인이 되므로 잘 제거해야 한다.

나. 용접할 때는 적당한 조립표, 도구, 가붙임 등으로 재편 상호의 위치를 정확하게 유지해야 한다. 이때 재편에 지나친 구속을 주는 것은 피해야 한다.

다. 맞이음용접은 열림 끝의 밑간격을 정확하게 유지하도록 주의하고, 현저한 오차가 없도록 해야 한다.

라. 겹이음용접은 부재의 밀착에 주의하고, 심한 틈이 생기지 않도록 해야 한다.

마. 조립도구를 부재에 용접할 때는 용접부분을 될 수 있는 데로 적게 하고, 제거 시에는 이것을 떼어낸 뒤 평활하게 마무리해야 한다.

바. 열린 끝은 설계도에 나타낸 형상대로 정확히 가공하고, 그 면은 될 수 있는 대로 평활하게 해야 한다.

사. 열린 끝의 가공은 수동가스 절단 후 그라인더 등에 의한 다듬기를 하거나 자동가스 절단에 의한 것으로 한다.

아. 가붙임은 될 수 있으면 최소한도로 줄이고, 본 용접의 일부가 되는 가붙임은 특히 결함이 없는 용접이라야 한다. 균열이 간 가붙임 부분에 본 용접을 할 때는 밑까지 떼어낸 뒤 용접해야 한다.

④ 용접작업

가. 용접은 원칙으로 아래로 향하는 자세로 해야 한다. 아래를 향한 이외의 자세로 할 때는 감독관의 승인을 받아야 한다.

나. 다층용접은 각 층에 잘 녹아 들어가도록 완전히 하고, 균열, 슬래그가 말려 들어가는 등의 결함이 생기지 않도록 특히 주의해야 한다.

다. 쇠붙이를 대는 모서리에서 끝나는 겉이음용접은 모서리를 돌아서 연속하여 용접해야 한다.

라. 각 층의 표면은 다음 층을 시공하기 전에 슬래그 등을 깨끗이 제거해야 한다.

마. 용접할 때는 잘 녹아들어 가도록 용접전류 및 용접속도를 조정하고, 결함이 없도록 용접해야 한다. 용접 개시점에 녹아들어가는 것이 부족하거나, 슬래그가 말려들어 가거나, 크레터(crater)의 고르지 않는 형상과 균열에는 특히 주의해야 한다.

바. 용접부에 균열, 기포, 슬래그, 말려들어가기, 오버랩(over lap), 언더커트(under cut), 부정한 파면 및 크레이터, 목두께 및 치수의 과부족 등의 해로운 결함이 생겼을 때는 다시 손질해야 한다.

사. 용착금속에 균열이 생겼을 때는 용착금속을 전 길이에 걸쳐 모재가 상하지 않도록 조심스럽게 깎아내서 다시 용접해야 한다.

아. 용접에 의하여 현저한 변형이 생길 경우 감리자의 지시에 따라서 다시 교정해야 한다.

자. 기타 사항은 도로교 표준시방서의 용접시공규정에 따라야 한다.

(7) 흙막이판의 설치

① 흙막이판은 생송재를 사용해야 한다. 이때 흙막이판의 규격은 설계도의 규격 이상으로 설치한다. 본 현장에 사용되는 것으로 설계된 목재는 생송재로서 공인된 시험기관에서 실시된 시험성적서를 포함하는 규정된 강도 이상인 목재만 사용해야 한다.

② 흙막이판은 굴착의 진행에 따라 즉각적으로 끼우고 배면과의 틈에는 시멘트를 혼합한 흙을 충분히 다져 채워야 한다.

③ 흙막이판과 강말뚝의 플랜지 간에는 전면에 폭이 넓은 나무판을 견고히 끼어야 한다. 만약 굴착면의 간격이 많을 때는 나무판을 두텁게 하거나 흙막이판을 중복하여 끼워야 한다.

④ 토사 유출의 염려가 있는 장소는 적절한 방호조치를 해야 한다.

⑤ 용수가 심하여 흙막이판 공법이 위험할 때는 타공법을 감독원의 승인을 받아 행해야 한다.

(8) 되메우기

① 시공일반

가. 도로의 되메우기 시공은 필요에 따라 감독의 입회하에 시공해야 한다.

나. 건축 외면과 흙막이판 간의 간격이 30m 이하일 때는 그 측부에는 모르터로 충진하되 30cm 이상일 때는 모래 또는 양질의 토사로 되메우기를 해야 한다.

② 시공

가. 건축물 측부의 되메우기는 방수층을 손상하지 않도록 양질의 토사로 되메우기해야 하며, 층상마다 잘 다져지도록 하며, 만약 다지기가 곤란할 때는 모래로 충진하고 물다지기를 해야 한다.

나. 건축물상부의 되메우기는 측부 되메우기를 완료하고 감독관의 검사를 받은 다음 균등하

게 펴 고르고 전압기로 다져야 한다. 만약에 전압이 곤란한 부분에는 물다지기 등 다른 공법을 써야 한다.

다. 매설물, 비계, 동바리 부근은 그것에 편압, 충격 등을 주지 않도록 토사를 반입하며, 시공해야 한다.

라. 매설물 상부의 되메우기는 매설물에 손상을 주지 않도록 운반차로부터 직접 투입하여 시공해서는 안 된다.

마. 되메우기는 양질의 토사로 각 층마다 충분히 다져가며 시공하되 만약 다지기가 곤란한 경우에는 모래를 충진하여 물다지기를 실시하고 가능한 한 지하구조물 공사 후 신속히 실시한다.

바. 되메우기 재료와 시기, 방법 등의 구체적인 사항은 굴착공사 완료 직전에 감독에게 통보하여 적절한 조치를 받는다.

사. 되메우기를 할 때의 전압에서 구축물의 응력도에 안전한 시공방법을 택하여 한다.

③ 측부충진 모르터

가. 모르터의 충진은 (중상), (상상)의 축조가 시행된 후 즉시 시작해야 한다.

나. 모르터의 표준배합은 다음 표와 같다.

모르터 1m^{3}당 중량 (단위: kg)

시멘트	벤토나이트 (200매쉬)	후라이 엣쉬	모래	물
45	45	40	1570	350

다. 모르터는 지하수로 인하여 유실되지 않도록 구축배면에 완전히 충진해야 한다.

라. 모르터 충진은 작업구획 완료 때마다 감독이 입회하여 확인을 받는다.

마. 매일 작업 종료 후 재료의 사용량 충진량을 확인한 일보를 작성 다음 날까지 감독에게 제출해야 한다. 또한 공사 완료 후 재료의 전사용량, 충진실적서를 감독에게 제출해야 한다.

6.3.2 매설물 보호

(1) 일반사항

① 매설물 보호 및 복구는 감독(또는 발주자)의 책임하에 시공할 것이며, 필요에 따라 관리자의 입회를 받아야 한다.

② 현장에는 전담요원을 두고 관리자의 지시사항을 준수할 것이며 항상 점검, 보수를 해야 한다. 특히 관류의 이음, 곡관, 분기관, 단관부, 개쇄부 및 맨홀의 부속품, 발브, 갱내외의 이동부 등의 약점개소는 중점적으로 점검하고 보호공의 보수, 보강에 유의해야 한다.

③ 만일 매설물에 이상이 발생하였을 때는 즉시 관리자에게 연락하고 조속히 보수하거나 관리자가 시공하는 수리에 적극 협력해야 한다.

④ 특히 본 현장에 인접하여 위치한 도시가스관, 상수도관, 하수도관 등의 사고에서 2차 재해의 우려가 있을 때는 시공자는 조속히 교통의 차단, 통행자, 연도 주거자의 대피 유도, 부근의 화기엄금 등 필요한 조치를 강구함과 동시에 감독(또는 발주자)과 관리자, 경찰서, 소방서 등의 관계자에게 연락해야 한다.

(2) 매설물의 보호

① 시공일반

가. 매설물 보호는 굴착에 선행하여 시행해야 한다.

나. 각종 하재, 하수재는 균등히 하중이 걸리도록 조치해야 한다.

② 수도관

관의 곡절부, 분기부, 단관부, 기타 특수부분 및 관리자가 특별히 지시한 직관부의 이음은 이동 또는 탈락방지공 등의 보강으로 시공해야 하며 특별한 것에 대해서는 감독자의 지시를 받아야 한다.

③ 하수도관

관로 및 맨홀이 누수될 우려가 있는 부분은 굴착에 선행하여 보강 조치해야 한다.

④ **전신, 전화 관로**

맨홀의 처리는 원칙적으로 관리자가 시공하거나, 특히 감독자 또는 관리자가 지시하는 관로 및 맨홀의 보호는 시공자가 시공해야 한다.

⑤ **전력선의 관로**

가. 콘크리트 관로는 하자가 생기지 않도록 보호하며 손상이 생긴 장소는 관리자의 지시를 받아 수리해야 한다.

나. 맨홀의 처리는 관리자의 지시를 받을 것이며, 맨홀 내 및 관구의 케이블을 보호해야 하며 케이블에 손상을 주지 않도록 시공해야 한다.

6.3.3 피해예방 및 안전대책

당초의 흙막이구조물 설계도는 제공된 지질조사 보고서에 나타난 토층의 특성을 근거로 작성되었으므로 실제 시공 중 토층구성이 지질조사 보고서 내용과 다르거나 지반침하 등에 관한 실측 결과에 따라서는 피해 예방을 위하여 설계변경이 이루어져야 한다. 또한 시공 중에 나타난 자료로 판단할 때 피해 방지를 위하여 설계변경이 필요한 경우 감리자는 시공자에게 설계 변경, 피해 예방 및 각종 피해복구에 대한 건의를 할 수 있으며, 이때 시공자는 이 문제를 감독(발주자)과 협의하여 적절한 조치를 취해야 한다.

이상의 피해예방을 위하여 시방서에 명시된 사항은 피해를 최대한 예방하기 위한 기술적인 원칙에 불과하므로 시공자는 이 조항에 대한 충실한 이행은 물론이고 현장에서의 안전사고, 피해의 예방과 이를 위한 실측(흙막이구조물의 변형, 지반침하 등의 주기적인 측정)에 최선을 다하고 필요에 따라서는 감독(발주자)의 협조와 감리자의 자문을 요청하여 안전한 공사가 되도록 해야 한다.

또한 본 공사 착공에 앞서 현장 주변의 건물 및 공공시설물에 대한 민원 발생 시 안전진단을 실시하여 민원과의 마찰을 최소화할 수 있도록 조치한다. 특히 시공 전 인접시설물에 대한 비디오 촬영을 정밀히 실시하여 착공 후 일어날 수 있는 변화에 대비한다.

• 참고문헌 •

(1) 홍원표 · 김중철 · 송영석 · 신승진(2000), '(주)마리오 구로공장 신축굴토공사에 대한 흙막이 설계보고서', 중앙대학교.

Chapter

07

울산 WAL*MART 신축공사현장 지하굴착 방안

Chapter 07

울산 WAL*MART 신축공사현장 지하굴착 방안

7.1 서론

최근 우리나라에서는 고도의 산업발전과 도심지의 인구집중에 따른 용지면적의 부족 및 지가상승으로 인하여 지하공간의 활용이 점차 증대되고 있다. 특히 도심지에서는 용지의 효율적인 이용을 위하여 터널, 지하철 및 지하주차장 등의 대규모 지하구조물을 축조하기 위한 대심도 지하굴착공사가 증가하는 추세에 있다.(9)

도심지에서 굴착공사가 주변구조물과 지하매설물에 근접해서 실시되는 경우 흙막이벽의 변형이 크게 되며, 지반의 강도가 저하되어 굴착지반의 안정성에 문제가 발생한다. 그리고 주변지반에도 상당힌 영향을 미치게 되어 시공 중에 배면지반의 변형(침하), 인접구조물의 균열이나 붕괴사고가 종종 발생한다.(2,7-10) 이러한 사고는 재산상에 막대한 피해를 가져옴은 물론이고 심한 경우에는 인명피해가 발생하는 대형 사고로 나타나기도 한다.

지하굴착공사를 실시할 때 주변지반의 토사 외 지하수의 유입을 방지하고 인접구조물을 보호하기 위하여 가설흙막이구조물이 설치된다. 종래의 흙막이벽체는 엄지말뚝과 나무널판을 사용하는 연성벽체가 주로 이용되었으며, 흙막이벽체 지지 시스템은 버팀보공법과 어스앵커 공법이 이용되고 있다. 그러나 이러한 흙막이구조물은 굴착과정에서 지반변형이 크게 발생하고 차수성이 좋지 않아 지반붕괴사고를 초래하고 많은 인명피해와 경제적인 손실을 가져올 수도 있다. 이러한 폐단을 방지하기 위하여 최근에는 주열식 흙막이벽과 지하연속벽같이 비교적 강성이 큰 벽체를 사용하고 있다.(5,9) 이러한 공법의 사용으로 지반변형 및 차수성이 부분적으로는 개선되었으나 안전한 공법으로는 아직 인식되지 못하고 있는 실정이다. 따라서 지반변형을 최소화할 수 있는 보다 안전한 굴착공법이 필요하게 되어 근접시공 시의 굴착공법으로 역타공법이 많이 이용되고 있다.

본 연구에서는 울산광역시 중구 학성동에 위치한 울산 WAL*MART 신축공사현장에 대하여 주변상황을 포함한 제반여건을 고려한 안전하고 신속하며 경제적인 지하굴착 방안을 연구하고자 한다.(5) 그리고 기 시공된 PRD 말뚝기초에 대해 보다 경제적이고 합리적인 보강 방안을 제안하고자 한다.(6)

7.1.1 연구 목적

본 연구의 대상 현장은 ○○산업주식회사가 시공할 예정인 울산광역시 중구 학성동 349-15번지에 위치한 울산 WAL*MART 신축공사 지하굴착현장이다. 원 설계에서는 지하굴착 시 주변지반과 인접구조물의 안정성을 고려하여 역타공법을 실시할 예정이었다.(4) 그러나 일반적인 역타공법으로 시공할 경우 공사기간이 길고 공사비가 많이 소요되므로 새로운 굴착공법 혹은 보완방법의 제안이 요구되고 있다.

또한 굴착공법을 개착식 굴착 공법으로 변경할 경우 현장주변의 주민 민원이 발생할 수 있고 굴토심의를 다시 받아야 하므로 경제적·시간적인 손실을 받는다. 따라서 본 연구에서는 기존의 굴착공법인 역타공법을 유지하면서 공사기간을 단축하고 공사비를 절약할 수 있는 보완방법을 연구 제안하고자 한다.(5)

그리고 제안된 굴착 방안에 의해 시공되는 동안 각종 계측장비를 설치하여 흙막이벽, 슬래브, 굴척배면지반 및 주변구조물의 변형상태를 면밀히 관찰한다. 이를 통하여 지하굴착공사가 안전하고 원활하게 진행될 수 있도록 한다.

한편 본 건축물의 구조 설계변경에 의해 기 시공된 PRD 말뚝기초가 새로운 추가 구조물하중을 지지하지 못하는 것으로 생각되어 기존의 PRD 말뚝기초를 보강하기 위하여 PHC 말뚝의 추가시공에 의하여 기초의 지지력을 증가시킬 것으로 계획되어 있다.(6) 그러나 기초보강을 위해 계획된 PHC 말뚝의 물량이 과다하고 시공이 번거로운 것으로 판단되므로 PHC 말뚝기초의 보강 방안보다 합리적인 보강 방안도 연구·제안하고자 한다.(5)

7.1.2 연구 내용 및 범위

울산 WAL*MART 신축공사현장의 지하굴착공사 시 안전하고 신속하며 경제적인 굴착 방안을 연구하고 기 시공된 PRD 말뚝기초의 합리적인 보강 방안을 연구하기 위하여 다음과 같은 범위 내의 과업을 수행하고자 한다.

먼저 울산 WAL*MART 신축공사 현장을 방문하여 현장상황과 주변상황을 조사하고, 본 현장에 대한 설계도서, 지반조사보고서 등을 검토한다. 그리고 기존 지하굴착 방안인 역타공법에 대한 재료와 건물의 기초말뚝용 PRD 말뚝에 대한 자료를 조사한다. 이상의 자료를 토대로 본 현장에 알맞은 지하굴착 방안과 기초보강 방안을 연구한다. 제안된 지하굴착 방안과 기초보강 방안의 안전정을 검토하기 위하여 현제 범용적으로 사용되고 있는 해석 프로그램을 이용하여 수치해석을 실시한다.[15] 마지막으로 제안된 굴착 방안에 의해 시공되는 흙막이구조물 및 주변지반의 변형상태를 관찰하기 위하여 합리적인 현장계측 방안을 마련한다.

본 연구의 내용 및 범위를 요약·정리하면 다음과 같다.

(1) 현장답사
(2) 기존 설계도서 검토
(3) 지반조사보고서 검토
(4) 지하연속벽의 구조계산서 및 시공자료 검토
(5) 합리적인 지하굴착 방안 연구
(6) 기초지지력 보강 방안 연구
(7) 최종보고서 작성

7.1.3 연구 수행 방법

본 연구의 수행방법은 의뢰자로부터 울산 WAL*MART 신축공사와 관련된 구조계산서, 토목계산서, 공사용 도면(토목), 공사용 도면(건축), PRD 말뚝 시공심도 조사보고서 및 현재까지의 지반조사보고서 등의 관련 자료[1,4,10]를 제공받아 이들 자료에 의거하여 합리적인 지하굴착 방안을 연구·제안한다.

지하굴착 방안은 굴착단계에 따라 안정성 및 시공성을 고려하여 공사기간과 공사비를 절약하기 위한 방법을 제안한다.

이와 같이 제안된 지하굴착 방안과 기초보강 방안에 대한 합리성과 안정성을 확인하기 위하여 수치해석을 실시하며, 수치해석에 적용된 물성치는 이전에 조사된 지반조사보고서를 토대로 산정한다. 그리고 현장계측 시스템의 설치 방안을 제시하고 이들 계측시스템을 통하여 얻어지는 각종 계측 결과를 검토·분석하여 시공 도중 흙막이 구조물, 주변지반 및 인접 구조물의 안정 여부를 확인한다.

한편 본 연구의 과업수행은 표 7.1에 제시된 순서에 의거하여 진행될 계획이다.

표 7.1 연구 수행 계획[5]

	1주	2주	3주	4주	5주	6주	7주
현장답사	━						
기존 설계도서 검토	━	━					
지반조사보고서 검토		━	━				
기존 지하굴착공법 검토			━	━			
합리적인 지하굴착 방안 연구				━	━	━	
합리적인 기초보강 방안 연구				━	━	━	
최종보고서 작성						━	━

7.2 현장 상황

7.2.1 현장 개요

본 연구 대상 현장은 울산광역시 중구 학성동에 위치한 울산 WAL*MART 신축공사현장으로 위치는 그림 7.1에 표시한 바와 같다. 현재 신축공사현장에는 지하굴착 흙막이 벽체로서 지중연속벽체와 건물의 기초로서 PRD 말뚝이 시공되어 있는 상태다.

그림 7.1 현장 위치도

본 현장의 평면도는 그림 7.2와 같으며, 대지면적은 134.4×54.7m다. 본 현장의 동쪽에는 폭 20m 도로가 있으며, 도로 건너편에는 규모가 큰 건물들이 위치하고 있다. 서쪽에도 20m 도로가 있으며, 이 도로 건너편에는 주차장이 위치해 있다. 남쪽에는 폭 20m 도로가 있으며, 5층 건물들이 위치해 있다. 그러나 북쪽에는 폭 12m 도로가 있으며, 2층 이하의 작은 건물들이 위치해 있다. 특히 이들 건물은 대부분의 사력층이나 매립층 위에 있는 직접기초 위에 설치되어 있는 것으로 생각된다.

본 현장의 구조물은 당초에 지하 2층, 지상 4층으로 시공될 예정이었으나, 건축설계 변경으로 인하여 지하 4층, 지상 6층으로 시공될 예정이다. 구조물의 지상층 면적은 철골구조로 10.2×7.8m, 10.2×8.6m(span×bay grid)며, 1층과 지하층은 철근콘크리트 구조 및 철골 철근콘크리트 구조로 되어 있다.

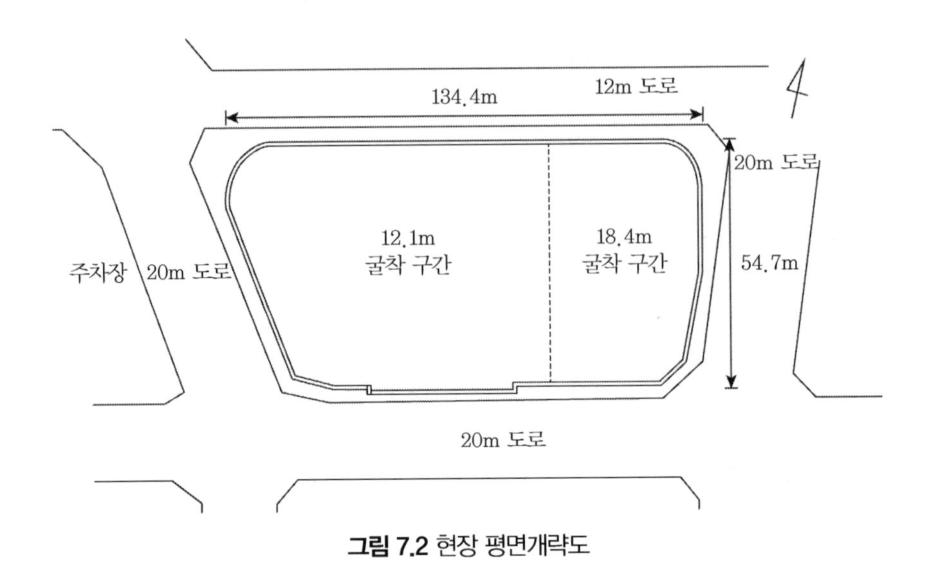

그림 7.2 현장 평면개략도

7.2.2 주변 여건 및 시공 상황

본 현장은 현재 두께가 80cm인 지중연속벽이 현장둘레에 설치되어 있으며, 건물의 기초로서 PRD 말뚝이 시공되어 있는 상태다. 지중연속벽의 시공깊이는 18.7~31.9m며, PRD 말뚝의 시공깊이는 17.0~35.0m다. 지하굴착은 지하 2층까지 시공되는 부분과 지하 4층까지 시공되는 부분으로 나뉘어 있으며, 지하굴착깊이는 각각 12.1m와 18.4m이고, 굴착공법은 역타공법으로 실시될 예정이다. 그리고 건물의 기초인 PRD 말뚝은 건축설계 변경 전에 시공된 것으로 건축설계 변경 후의 구조물 하중을 지지할 수 있는 지지력이 부족한 것으로 되어 있다.

본 현장의 지하굴착 방안을 연구하는 데 고려해야 할 주변 및 시공 상황을 정리하면 다음과 같다. 먼저 지하굴착공사의 기간이 짧기 때문에 일반적인 역타공법을 적용하기가 공기상으로 어렵다. 그러므로 공사기간을 단축할 수 있는 새로운 지하굴착 방안이나 보완 방안이 마련되어야 한다. 또한 지하굴착 방안 마련 시 경제성과 안정성도 고려되어야 한다.

특히 본 현장의 북쪽에는 12m 도로 건너에 2층 이하의 건물들이 위치해 있다. 이 건물들은 이전 공사 시 민원이 발생한 사례가 있는 것으로 조사되었다. 그리고 이 건물들은 15~20년 이상 되었으며, 건물의 기초는 부실하게 시공되었거나 기초가 거의 없는 것으로 조사되었다. 본공사 착공 시에도 민원이 발생할 소지가 있으므로 이를 고려한 지하굴착 방안이 마련되어야 한다. 그러므로 지하굴착 공법을 개착식 굴착 공법으로 적용할 수가 없을 것으로 판단된다. 개착식 굴착 공법으로 시공할 경우 굴토심의를 다시 받아야 하므로 시간적으로 곤란한 문제가 발생한다. 그리고 주변도로는 교통이 혼잡하여 공사를 위한 각종 장비가 출입하는 데 문제가 발생할 수 있으며 이를 고려한 토공반출계획을 마련해야 한다.

7.2.3 지반특성

(1) 지형 및 지질

① 지형

본 현장은 행정구역상 울산광역시 중구 학성동에 위치하며 지리좌표상 동경 129°21′ 북위 35°33′에 해당한다. 본 현장의 주변지형은 울산광역시를 양분하여 동서방향으로 사행하는 태화강 하류와 울산만의 경계부에 형성된 하구성 퇴적지층이다. 본 지역은 원래 저습지 및 자연제방을 따라 농경지 및 수로가 형성되었던 곳으로, 현재는 택지부지가 조성되고 있다. 본 현장 주변으로는 뚜렷한 산계의 발달은 없으며 작은 실개천들이 태화강 및 울산만에 유입되고 있다.

② 지질

본 조사지역의 지질은 중생대 백악기 말 경상계 하양층군에 속하는 적색 또는 녹회색 이암 및 사암으로 구성되어 있다. 그리고 울산층 퇴적암을 기반암으로 하며 그 상부에 동해만의 융기 이전에 천해성 퇴적층을 형성하였던 제4기 플라이스토세의 사질층과 태화강을 흐르는 유수에 의해 운반·퇴적된 하상퇴적층이 두껍게 발달하고 있다.

(2) 지층구성 및 특성

본 현장에 대한 지반조사는 총 3회에 걸쳐서 실시되었다. 1차 지반조사는 1996년 9월, 2차 지반조사는 1997년 3월에 실시되었으며 3차 지반조사는 1997년 4월에 실시되었다. 1차 지반조사 시에는 9공의 보일링 조사와 암석압축강도시험을 실시하였으며, 2차 지반조사 시에는 3공의 보일링 조사와 수압시험을 실시하였다. 그리고 3차 지반조사 시에는 6공의 보일링 조사와 암석압축강도시험을 시험을 실시하였다.

위의 모든 자료를 정리하면 표 7.2와 같이 나타낼 수 있으며, 3차례의 지반조사를 걸쳐 실시된 보일링 위치를 한 곳에 도시하면 그림 7.3과 같이 나타낼 수 있다. 지층은 상부로부터 매립충적층, 풍화암층 및 연암층으로 구분할 수 있다. 매립충적층은 다시 상부로부터 매립층, 점토층 및 모래자갈층으로 구분할 수 있다.

표 7.2 현재까지의 지반조사

구분	1차 지반조사	2차 지반조사	3차 지반조사
조사 일자	1996.09.	1997.03.	1997.04.
보일링공 수	9공	3공	6공

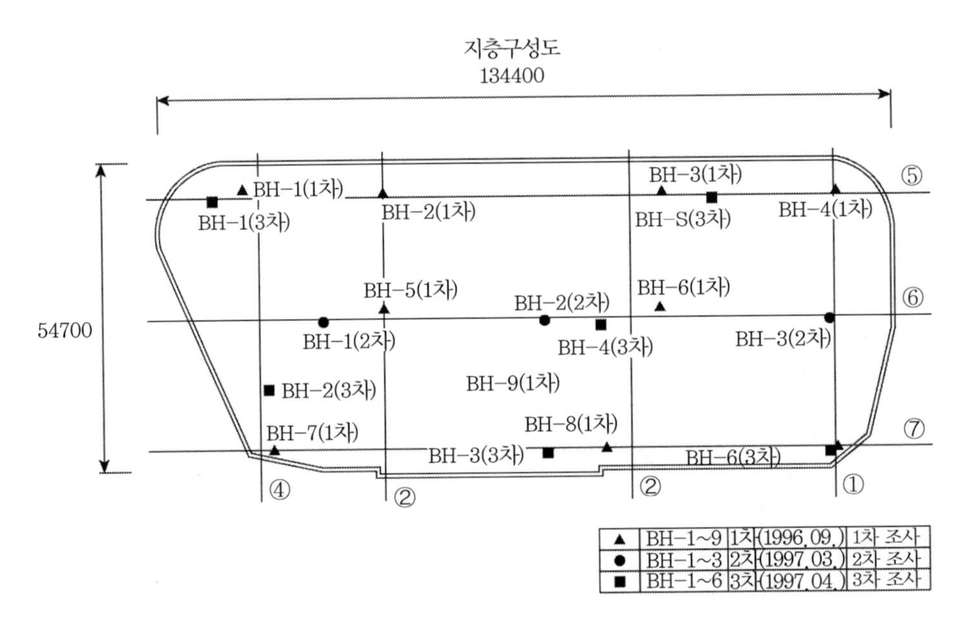

그림 7.3 지반조사 위치

① 매립충적층

매립충적층은 앞에서 언급한 바와 같이 매립층, 점토층 및 모래자갈층으로 구성되어 있으며, 지표면으로부터 최대 G.L.(-)15.5 ~ 19.5m 깊이까지 분포한다. 매립층은 지표면으로부터 G.L.(-) 3 ~ 4.5m의 깊이까지 존재하고, 매립층 아래의 점토층은 G.L.(-)6.3 ~ 10.1m 깊이까지 존재하며, 모래자갈층은 G.L.(-)14.7 ~ 19.5m 깊이까지 존재하는 것으로 조사되었다.

현재 지표면을 형성하고 있는 매립층은 실트 및 자갈 섞인 모래층으로 구성되어 있으며, 국부적으로 전석코어가 나타나고 있다. 표준관입시험에 의한 N치는 11 ~ 16회고, 중간 조밀한 상대밀도를 가지고 있으며, 3 ~ 4.5m의 층후를 보이고 있다.

매립층 아래는 인근 지역으로부터 퇴적물이 운반되어 형성된 하상 퇴적토층으로 상부 점토층과 하부 모래자갈층이 존재하고 있으며, 12.1~16.1m의 두께로 분포한다. 점성토층의 경우 표준관입시험에 의한 *N*치는 6~8회로 중간 정도의 연경도를 가지고 있다. 그리고 모래 자갈층의 경우 표준관입시험에 의한 *N*치는 50/16회 이상으로 매우 조밀한 상대밀도를 가지고 있으며, 자갈의 입경은 3~64mm 정도다.

② 풍화암

풍화암층은 기반암이 오랜 기간 풍화작용을 받아 형성된 지층으로서 풍화 정도는 매우 심한 상태로 암반으로서의 특성은 상실되었으며 부분적으로 암편을 함유하고 있다. 그리고 기반암의 조직과 구조를 가지고 있으며, 하부로 굴진할수록 매우 치밀 견고하고 점차적으로 기반암으로 변해가는 형태이다. 암색은 주로 회갈색 또는 적색이며 이는 기반암의 색에 따라 다른 것을 나타낸다. 층의 두께는 0.5~2.2m로 분포하고 있으며, 표준관입시험에 의한 *N*치는 50/7회 이상의 매우 조밀한 상대밀도를 가지고 있다.

③ 연암

경상남북도 일원에서 넓게 분포하고 있는 신라층군으로 절리 및 균열이 발달한 퇴적암이다. 주 구성은 회색사암 및 적색 셰일층이 반복 출현하며 간혹 역암이 협재되는 특성을 보인다. 상부 파쇄대층이 발달하였고 매우 깊은 심도까지 분포되어 있는 곳도 있어 코어링 작업이 곤란하였다.

7.3 흙막이굴착공법의 선정

7.3.1 기존 흙막이 굴착공법 검토

(1) 역타공법

도심지에서 굴착부지에 근접하여 건물, 지하철 등이 위치하여 있을 경우, 주변 건물의 침하, 변형, 전도 등의 위해요인이 예상된다. 이러한 위해 요인들을 미연에 방지하고 안전한 지하굴착공사를 수행하기 위하여 최근에 역타공법이 많이 사용되고 있다(그림 7.4 참조).

역타공법은 지반변형을 최소화할 수 있는 보다 안전한 굴착공법으로 도심지의 근접시공 시 많이 이용되고 있다. 본 공법은 지표면으로부터 슬래브를 시공하고 지하로 굴착하므로 역타공법이라고 하며, 각 층의 슬래브가 버팀기구의 역할을 수행한다. 또한 이 공법은 지하구조물의 설치와 동시에 지하 외벽과 건물지하층 기둥을 기초로 지상구조물을 설치할 수 있어 지하층 공사와 동시에 지상층 공사도 완료할 수 있는 특수한 공법이다.

이 공법은 외벽을 설치하고 버팀보를 설치하면서 건물의 기초바닥까지 굴착한 다음에 건물 지하층을 시공하는 개착식 굴착 공법과는 달리 굴착공사를 실시하기 전에 지하층 벽체와 건물지하층 기둥을 지표면에서 미리 설치하고, 1층 바닥 슬래브를 설치한 후 지하 1층 바닥까지 굴착한 다음 건물 슬래브를 설치하는 공정을 반복하면서 기초부까지의 지하구조물을 완성해가는 공법이다. 이와 같이 설명한 역타공법의 시공순서는 그림 7.4와 같이 나타낼 수 있다.

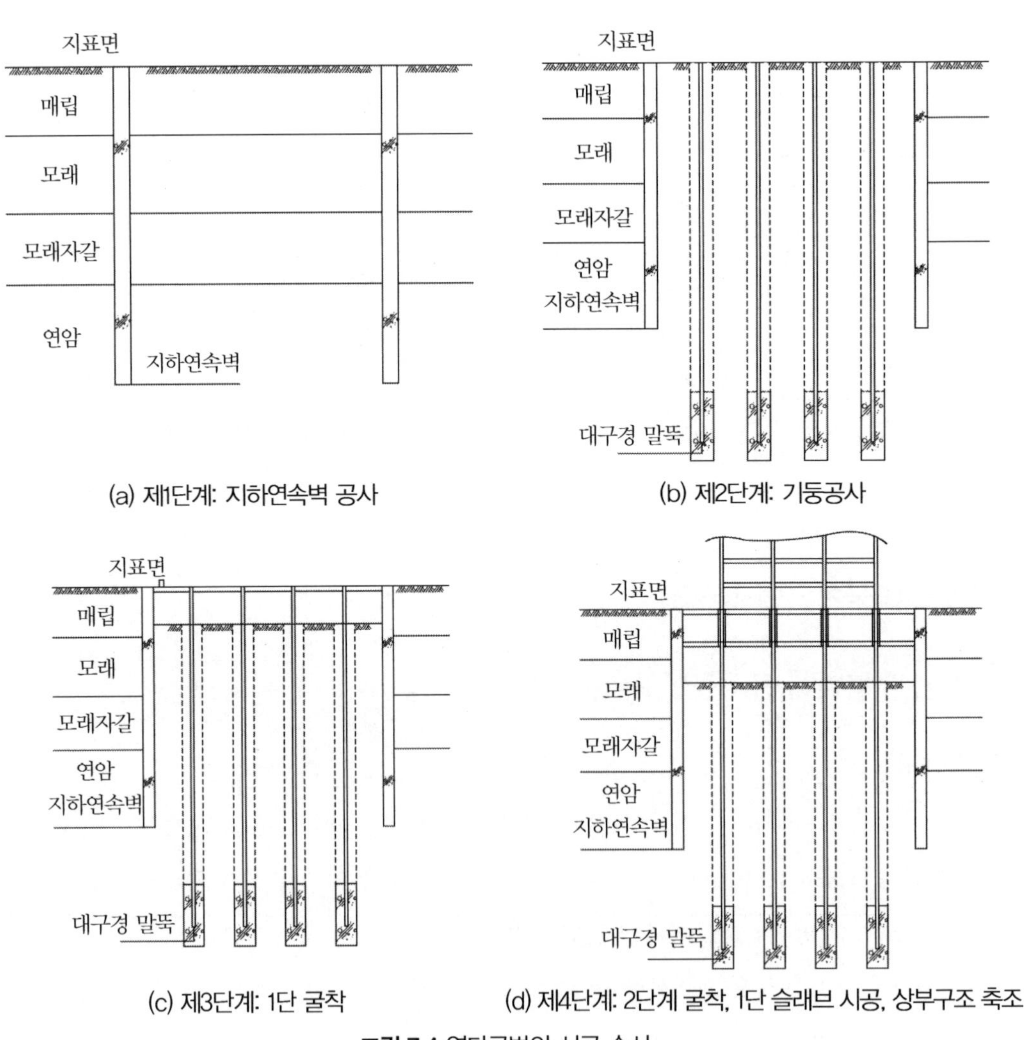

그림 7.4 역타공법의 시공 순서

(2) 기존 굴착공법의 문제점

본 현장에서는 현재 두께가 80cm인 지중연속벽이 공사현장 둘레에 설치되어 있으며, 건물의 기초로서 PRD 말뚝이 시공되어 있는 상태다.[13] 이는 앞에서 설명한 바와 같이 지하굴착공법으로 역타공법을 적용하기 위한 선행작업이다. 그러나 지하굴착공법으로 역타공법을 적용할 경우에는 상부 슬래브를 시공한 후 토공을 진행해야 하므로 시공이 곤란하고 공사기간도 상당히 길어진다.

그림 7.5는 기존의 굴착공법 적용 시 개구부의 위치도를 나타낸 것이다. 이 그림을 살펴보면 12.1m 깊이 굴착 구간과 18.4m 깊이 굴착 구간에 토사를 반출하기 위해서 가로 10.2m, 세로 7.8m의 개구부를 각각 1개씩 설치하는 것으로 계획되어 있다. 이와 같이 계획된 개구부를 통하여 토공을 진행하게 되면 대규모의 토공량을 단지 2개의 개구부를 통하여 배출시켜야 하기 때문에 공사기간이 상당히 길어질 것으로 예상된다. 그리고 이 경우 굴착기계는 크램셜을 이용해야 하므로 공사기간과 비용도 많이 소요될 것으로 판단된다.

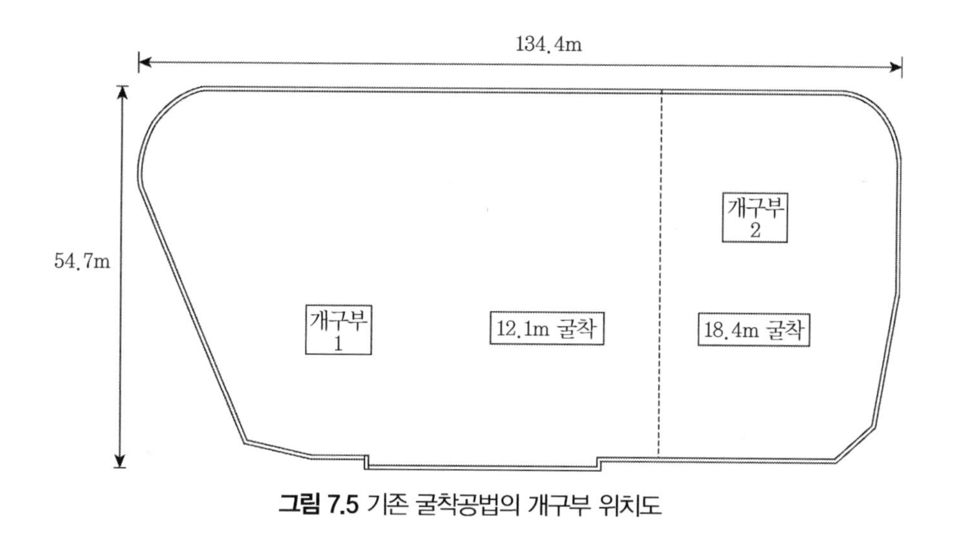

그림 7.5 기존 굴착공법의 개구부 위치도

그러나 본 현장의 여건상 토공을 위한 공사 기간은 120일로 계획되어 있어서 기존의 크램셜을 이용한 굴착방법과 2개의 개구부를 통한 토사 반출을 실시할 경우 계획공기 내 지하굴착공사를 완료하기가 어렵다고 판단된다. 따라서 예상된 공기 내에 지하굴착공사를 완료할 수 있는 새로운 지하굴착 방안이 요구된다.

7.3.2 굴착공법 선정 시 고려사항

본 현장의 주변 여건과 시공 상황으로 보아 지하층 공사를 위한 지하굴착공법을 선정할 경우 고려해야 할 사항은 다음과 같다.

(1) 공사기간을 단축시켜야 한다.
(2) 공사로 인한 주변 주민의 민원이 야기되지 않아야 한다.
(3) 굴착공법의 전면적인 변경으로 굴토재심의를 받게 되어서는 공기를 맞출 수 없다.
(4) 굴착공법의 변경으로 공사비를 과다하게 증가시킬 수 없다.
(5) 시공 시 구조물의 안정성이 확보되어야 한다.

이들 각 항에 대하여 자세히 설명하면 다음과 같다.

(1) 공사 기간의 단축

기존 역타공법을 적용할 경우 공사기간이 길어진다. 그러나 공사기간을 단축하기 위하여 지하굴착을 개착식 굴착 공법으로 적용하고, 지중연속벽을 버팀보로 지지할 경우 버팀보로 사용될 H-말뚝의 소요량이 매우 크므로, 비경제적인 시공이 예상된다. 따라서 역타공법을 유지하면서 토공 작업시간을 단축시킬 수 있는 굴착 방안이 마련되어야 한다.

(2) 공사 현장 주변 주민 민원

공사기간 단축을 위하여 앞에서 언급한 지하굴착공법을 개착식 굴착 공법으로 적용할 경우 주변지역 주민의 민원으로 공사가 원만하게 진행되지 못할 것으로 예상되므로, 역타공법을 그대로 유지한다. 그리고 굴착공사 시 소음, 진동 및 분진 등으로 인하여 주변 지역에 나쁜 영향이 미칠 수 있으므로 시공 시 이에 대한 시공관리가 철저히 이루어져야 한다.

(3) 굴토 재심의가 불필요한 공법의 선정

본 현장의 굴토심의는 이미 역타공법으로 허가를 받은 상태다. 그러나 지하굴착공법으로 역타공법을 적용하지 않고 개착식 굴착 공법 등의 다른 공법을 적용하여 시공할 경우 굴토 재심의를 신청해야 한다. 이렇게 되면 굴토 재심의를 받는 기간 동안 굴착공사는 지연이 되고 이로 인하여 시간적, 경재적인 손실이 불가피하다. 따라서 굴토 재심의가 불필요한 공법, 즉 역타공법을 유지할 수 있는 지하굴착 방안이 요구된다.

(4) 경제적인 시공

기존의 일반적인 역타공법을 적용하는 경우보다 토사반출을 신속하게 진행할 수 있는 방법을 간구하여 공사기간을 보다 단축하고 경재적인 지하굴착 방안을 마련해야 한다.

(5) 시공 시 구조물의 안정성

지하굴착공사를 실시할 경우 가장 중요한 것은 굴착단계에 따른 흙막이구조물과 인접구조물에 대한 안정성이다. 따라서 본 현장의 지하굴착공사에서도 공사기간의 단축, 경제성 및 시공성을 고려함과 동시에 구조물의 안정성이 우선되어야 한다.

7.3.3 새로운 굴착 방안 제안

기존의 지하굴착공법인 역타공법을 유지하면서 공사기간의 단축, 공사현장주변 주민의 민원발생 여지 제거, 굴토재심의가 불필요한 공법 선정, 경제적인 시공 그리고 시공 시 구조물의 안정성을 고려할 수 있는 합리적인 지하굴착 방안을 제안하고자 한다.

새로운 흙막이굴착공법은 기존의 역타공법을 그대로 유지하면서 토사반출을 빠르게 진행하기 위하여 개구부를 확대하고 트럭의 출입을 위한 경사부를 조성하는 공법으로 한다. 이 경사부를 통하여 백호우와 트럭이 굴착지의 내부로 직접 들어가서 작업을 진행할 수 있으며 이렇게 될 경우 굴착기간은 상당히 단축할 수 있을 것이다.

그리고 기존 설계에서는 지하 2층부(G.L.(-)12.1m)와 지하 4층부(G.L.(-)18.4m) 사이의 흙막이벽은 엄지말뚝과 흙막이판을 이용하는 것으로 되어 있고, 이 흙막이벽을 1단 앵커로 지지되는 것으로 되어 있다. 그러나 이 부분을 앵커지지 흙막이벽 대신에 경사면을 두어 흙막이벽을 설치하지 않는 것으로 제안하였다. 이렇게 시공할 경우 시간과 비용 측면에서 매우 절약할 수 있다. 즉, 새로운 흙막이굴착 방안의 주요사항은 다음과 같다.

① 개구부를 확대한다.

② 경사면을 설치 굴착운반장비의 출입이 용이하게 한다.

③ 지하 2층부와 4층부의 경계부에 흙막이벽을 없애고 경사면 굴착을 실시한다.

(1) 시공 과정

제안된 지하굴착 방안을 시공단계별로 설명하기 위하여 본 현장을 3개의 구역으로 분류하였다. 그림 7.6은 3개 구역으로 분류한 현장의 평면도로서 각각 구역 1, 구역 2 및 구역 3으로 구분하여 도시한 도면이다.

이 그림을 살펴보면 구역 1이 면적이 가장 크며, 구역 2의 면적이 가장 적다. 구역 2는 토공 반출을 위한 개구부로서 트럭, 백호우, 도저 및 각종 굴착운반장비의 출입을 위하여 굴착공사의 초반에는 철골구조만으로 시공하고 굴착공사의 최종단계에서 슬래브를 시공하는 것으로 한다.

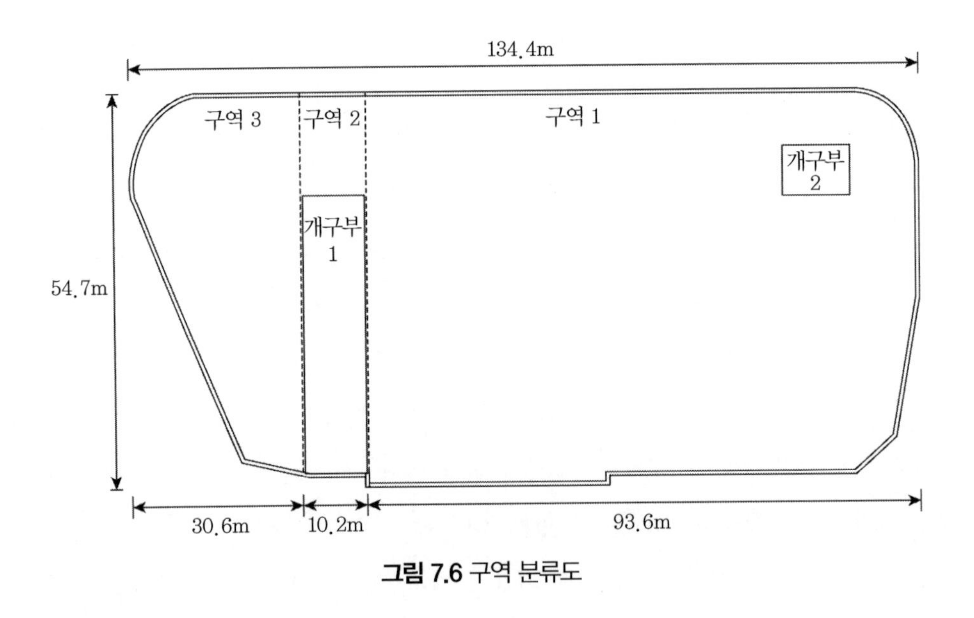

그림 7.6 구역 분류도

지하굴착 및 지하층 공사는 총 8단계로 나누어 시공하는 것으로 제안하였다. 구역 1과 구역 3에서는 슬래브를 먼저 시공하고, 구역 2에서는 철골구조(필요시 주행, 메인거더(main girder)와 보콘크리트 타설도 무방)만 먼저 시공한 후 지하굴착 및 지하구조물 시공이 완료된 이후에 슬래브를 설치하는 것으로 한다. 그리고 굴착 시 항상 법면을 두어 안정성을 확보하며, 지하 4층 시공 구간(18.4m 굴착 구간)을 먼저 시공할 수 있도록 굴착단계를 결정한다.

각각의 구역에 따른 시공과정을 말뚝보강 및 굴착단계에 따라 표 7.3과 같이 정리하였다. 이 표를 보면 각각의 구역별로 시공공정을 토공, 철골설치 및 슬래브 타설의 세 가지 과정으로 나누며, 시공과정은 말뚝재하시험, 말뚝보강 그리고 지하굴착공사의 순서로 시공하는 것으로 계획한다. 그리고 말뚝재하시험과 말뚝보강은 전 구역에서 동시에 실시하며, 지하굴착공사는 각 단계별로 서로 다른 공정으로 실시하는 것으로 한다.

표 7.3 구역별 시공 과정

구분 \ 구역		말뚝재하 시험	말뚝 보강	지하굴착공사 B4/B3							
				1단계	2단계	3단계	4단계	5단계	6단계	7단계	8단계
1	토공	실시	실시	0.5m	6.5m	12.6m	18.4m	-	되메움	-	-
	철골 설치			F1	B1	B2 (42.6m)	-	B4/B3	-	B2 (30.6m)	-
	슬래브 타설			F1	B1	B2 (42.6m)	-	B4/B3	-	B2 (30.6m)	-
2	토공	실시	실시	0.5m	6.5m	12.6m	-	-	-	-	-
	철골 설치			F1	B1	-	B2 (16.4m)	-	-	B2 (41.0m)	B1/F1 (26.1m)
	슬래브 타설			-	-	-	B2 (16.4m)	B1/F1 (14.9m)	-	B2 (41.0m)	B1/F1 (26.1m)
3	토공	실시	실시	0.5m	6.5m	-	-	-	12.6m	-	
	철골 설치			F1	B1	-	-	-	-	B2	-
	슬래브 타설			F1	B1	-	-	-	-	B2	-

(2) 단계별 굴착 방안

굴착평면도상의 종방향 단면과 횡방향 단면에 대한 단계별 굴착 방안과 구역에 따른 단계별 굴착 방안을 설명하기 위하여 본 현장을 4개의 단면으로 구분하였으며, 이를 현장 평면도상에 도시하면 그림 7.7과 같다.

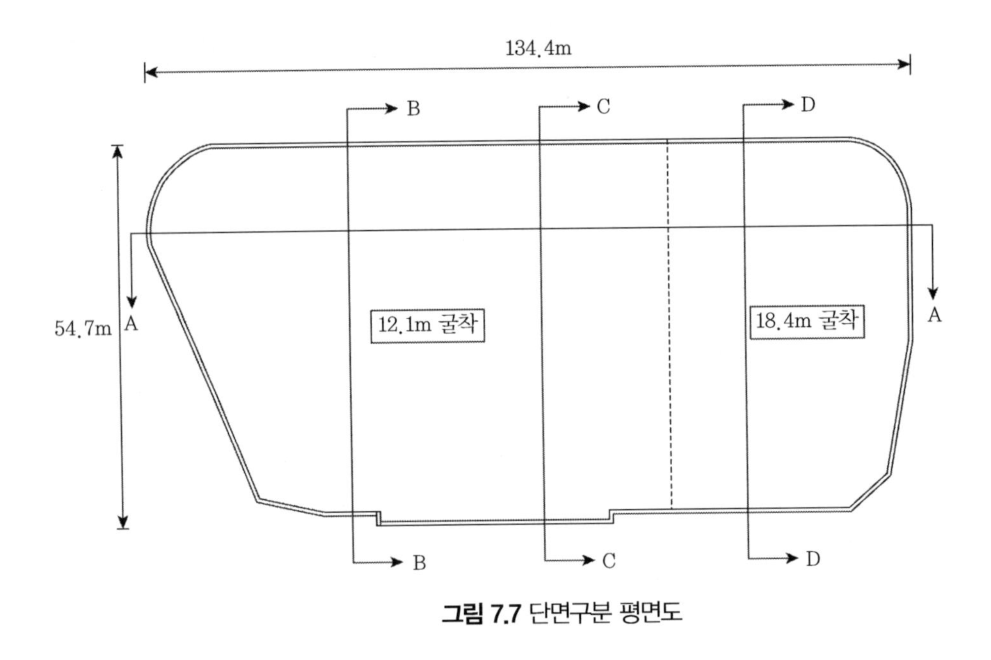

그림 7.7 단면구분 평면도

이 그림을 살펴보면 A-A 단면의 경우 본 현장의 단계별 지하굴착순서를 횡방향 단면으로 전체적인 지하굴착단계를 도시하기 위하여 구분한 것이고, B-B 단면의 경우는 구역 2 부분으로 토사반출 사면부의 굴착단계별 종방향 단면을 도시하기 위하여 구분한 것이다.

그리고 C-C 단면과 D-D 단면의 경우는 구역 1 부분으로 각각 12.1m와 18.4m 굴착 구간에서 굴착단계별 종방향 단면을 도시하기 위하여 구분한 것이다.

① A-A **단면**

A-A 단면에서 지하굴착단계를 8단계로 나눌 경우 먼저 그림 7.8은 제1단계에서 제4단계까지의 단계별 지하굴착순서를 도시한 그림이다. 즉, 제4단계까지의 지하굴착시공과정은 그림 7.8과 같으며 이를 자세히 설명하면 다음과 같다(그림 7.6에 도시된 구역을 참조할 것).

가. 제1단계: 지하 0.5m 굴착, 구역 1과 구역 3에 F1 슬래브 시공 및 구역 2에 상부 골조(메인거더 포함) 시공

나. 제2단계: 지하 6.5m 굴착, 구역 1과 구역 3에 B1 슬래브 시공 및 구역 2에 골조 시공

다. 제3단계: 지하 12.6m 굴착 및 구역 1에 B2 슬래브 시공

라. 제4단계: 지하 18.4m 굴착

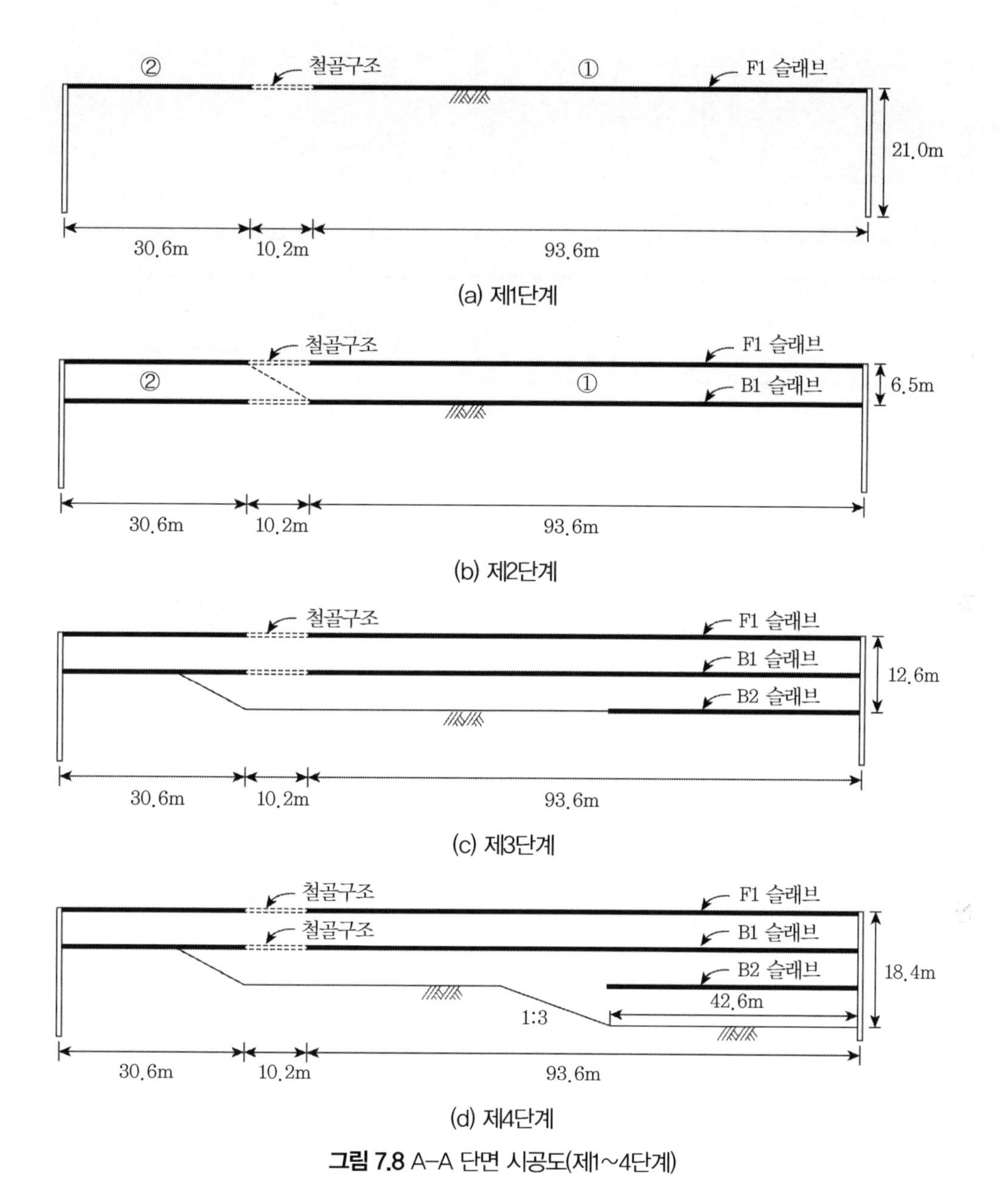

그림 7.8 A–A 단면 시공도(제1~4단계)

한편 그림 7.9는 A-A 단면에 대하여 제5단계에서 제8단계까지의 단계별 지하굴착순서를 도시한 그림이다. 이들 단계에서는 그림 7.9에 도시한 바와 같이 다음과 같은 순서로 시공한다.

가. 제5단계: B4 슬래브와 B3 슬래브 시공

나. 제6단계: 배면 뒤채움(콘크리트, 토사: 다짐 필요)

다. 제7단계: 구역 3 지하 12.1m 굴착 및 구역 2과 구역 3의 B2 슬래브 시공

라. 제8단계: 구역 2의 B1 슬래브와 F1 슬래브 시공

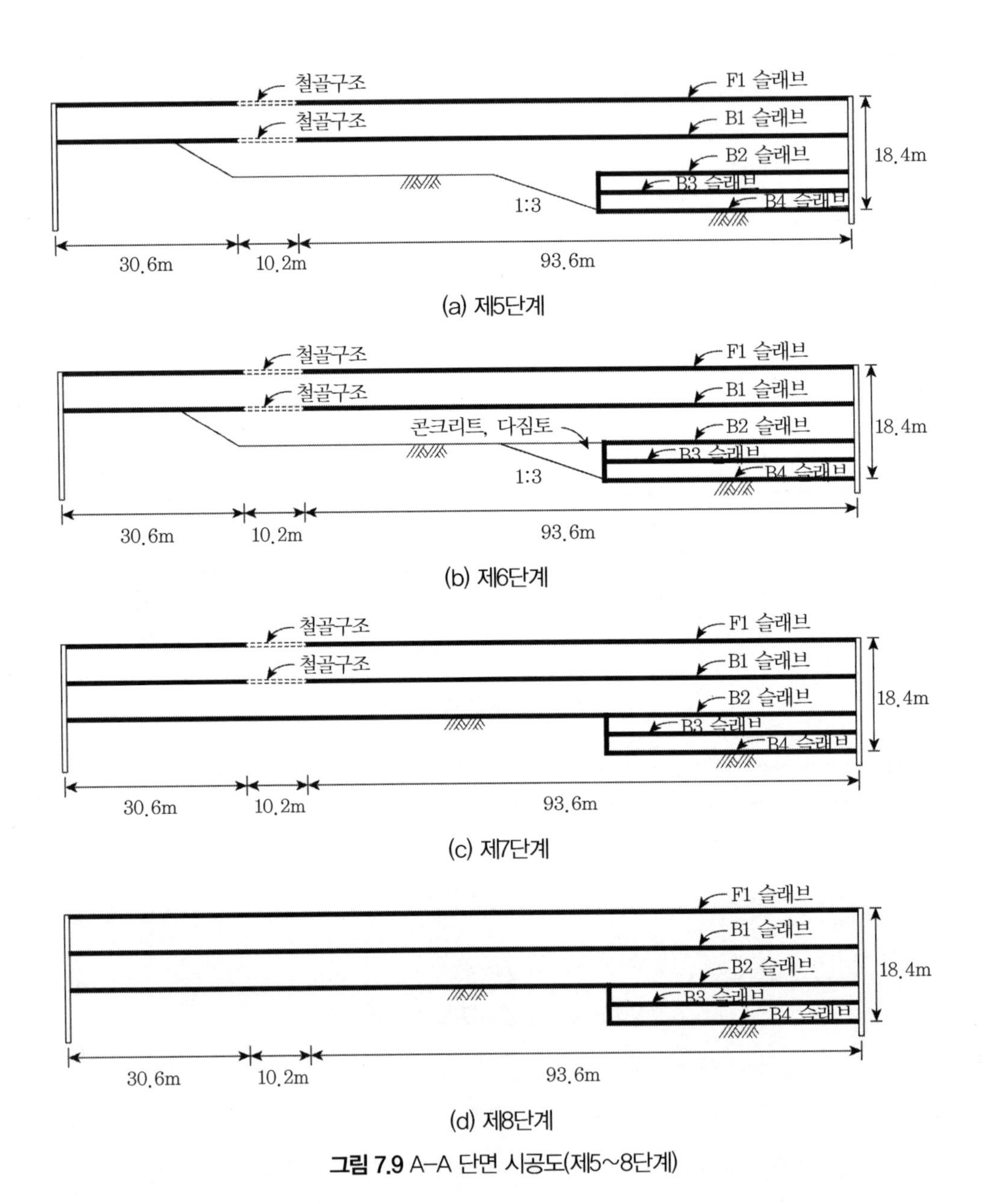

그림 7.9 A-A 단면 시공도(제5~8단계)

② B-B 단면

그림 7.7의 B-B 단면에서 토사반출 사면부의 굴착단계별 종방향 단면을 도시하면 그림 7.10

과 같다. 즉, B-B 단면에서 각 단계별 지하굴착순서는 그림 7.10과 같다.

그림 7.10과 같이 B-B 단면에서 지하굴착 시공과정을 8단계로 나누어 각 단계별로 설명하면 다음과 같다.

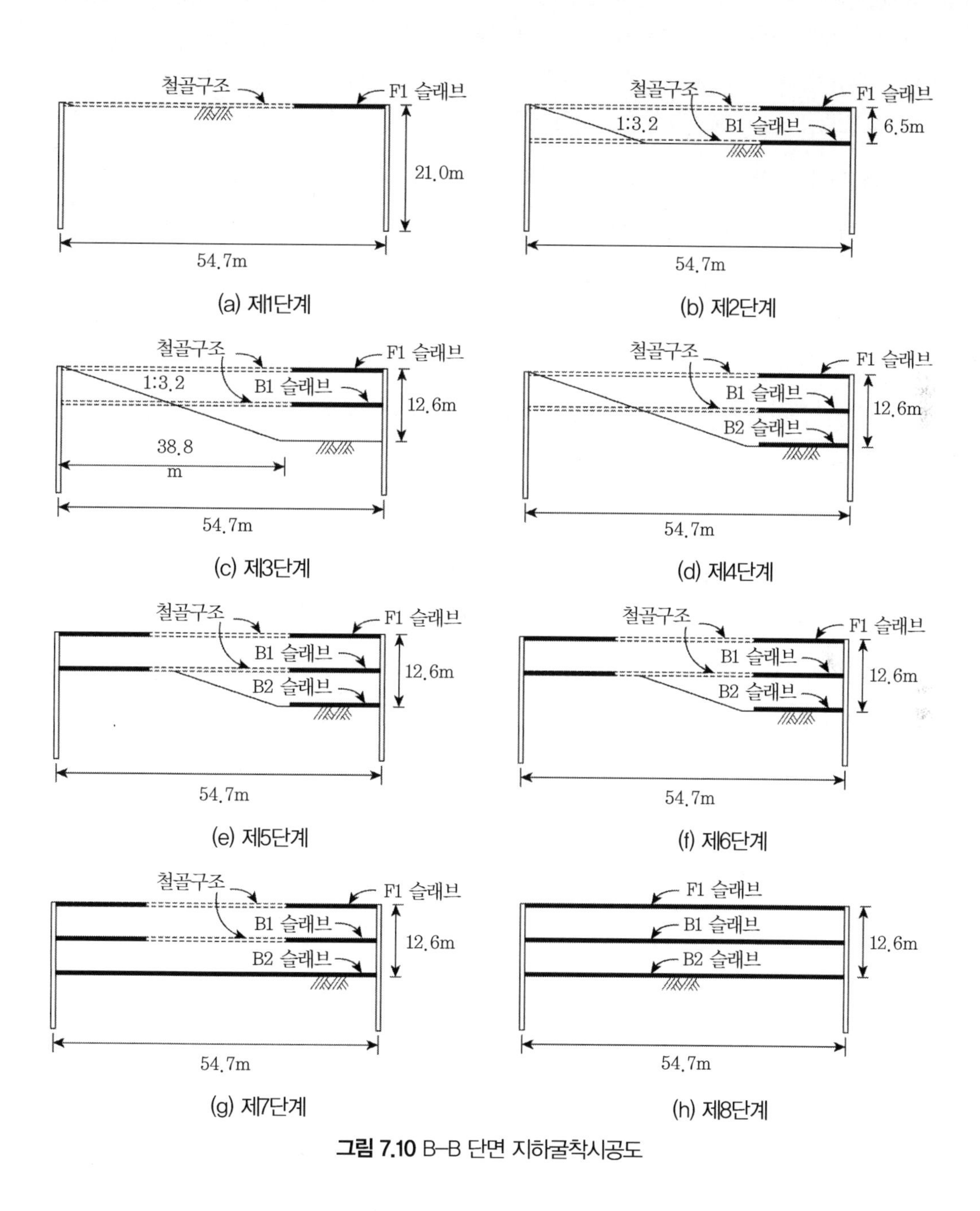

그림 7.10 B–B 단면 지하굴착시공도

가. 제1단계: 지하 0.5m 굴착, 구역 1과 구역 3에 F1 슬래브 시공 및 구역 2에 상부 골조(메인 거더 포함) 시공

나. 제2단계: 지하 6.5m 굴착, 구역 1과 구역 3에 B1 슬래브 시공 및 구역 2에 골조 시공

라. 제3단계: 지하 12.6m 굴착, 구역 1에 B2 슬래브 시공

마. 제4단계: 지하 18.4m 굴착

바. 제5단계: B4 슬래브와 B3 슬래브 시공

사. 제6단계: 배면 뒤채움(콘크리트, 토사: 다짐 필요)

아. 제7단계: 구역 3 지하 12.1m 굴착 및 구역 2와 구역 3의 B2 슬래브 시공

자. 제8단계: 구역 2의 B1 슬래브와 F1 슬래브 시공

③ C-C **단면**

그림 7.11의 C-C 단면은 12.1m 굴착 구간에서 굴착단계별 종방향 형상을 도시하기 위하여 구분한 단면이다. 즉, C-C 단면에 대한 각 단계별 지하굴착작업 순서는 그림 7.11과 같다.

가. 제1단계: 지하 0.5m 굴착, 구역 1과 구역 3에 F1슬래브 시공 및 구역 2에 상부 골조(메인 거더 포함) 시공

나. 제2단계: 지하 6.5m 굴착, 구역 1과 구역 3에 B1 슬래브 시공 및 구역 2에 골조 시공

다. 제3단계: 지하 12.6m 굴착 및 구역 1에 B2 슬래브 시공

라. 제4단계: 지하 18.4m 굴착

마. 제5단계: B4 슬래브와 B3 슬래브 시공

바. 제6단계: 배면 뒤채움(콘크리트, 토사: 다짐 필요)

사. 제7단계: 구역 3 지하 12.1m 굴착 및 구역 2와 구역 3의 B2 슬래브 시공

아. 제8단계: 구역 2의 B1 슬래브 시공

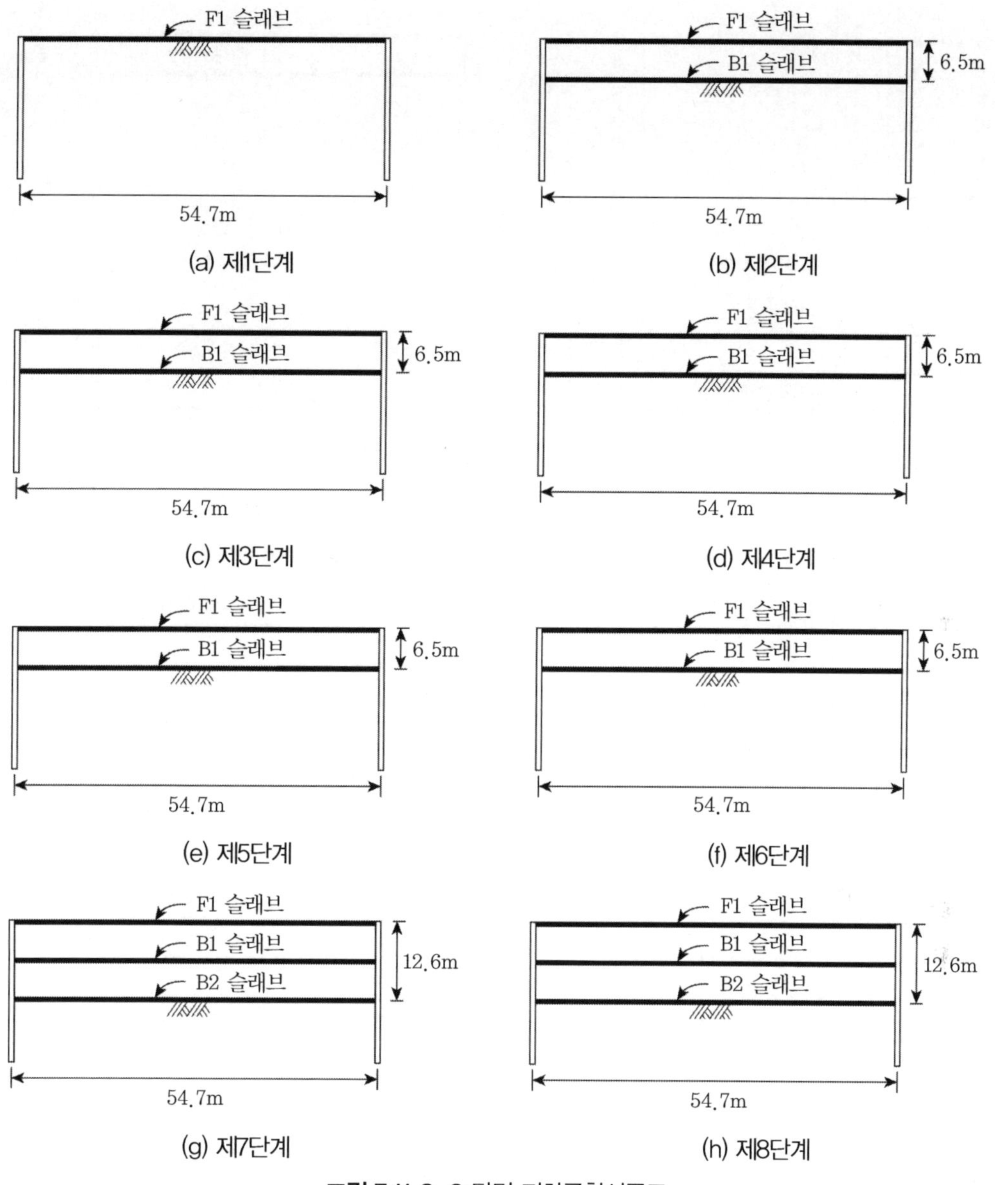

그림 7.11 C–C 단면 지하굴착시공도

④ D-D 단면

그림 7.12의 D-D 단면은 18.4m 굴착 구간에서 굴착단계별 종방향 단면을 도시하기 위하여 구분한 단면이다. D-D 단면에 대한 각 단계별 지하굴착작업 순서는 그림 7.12와 같다.

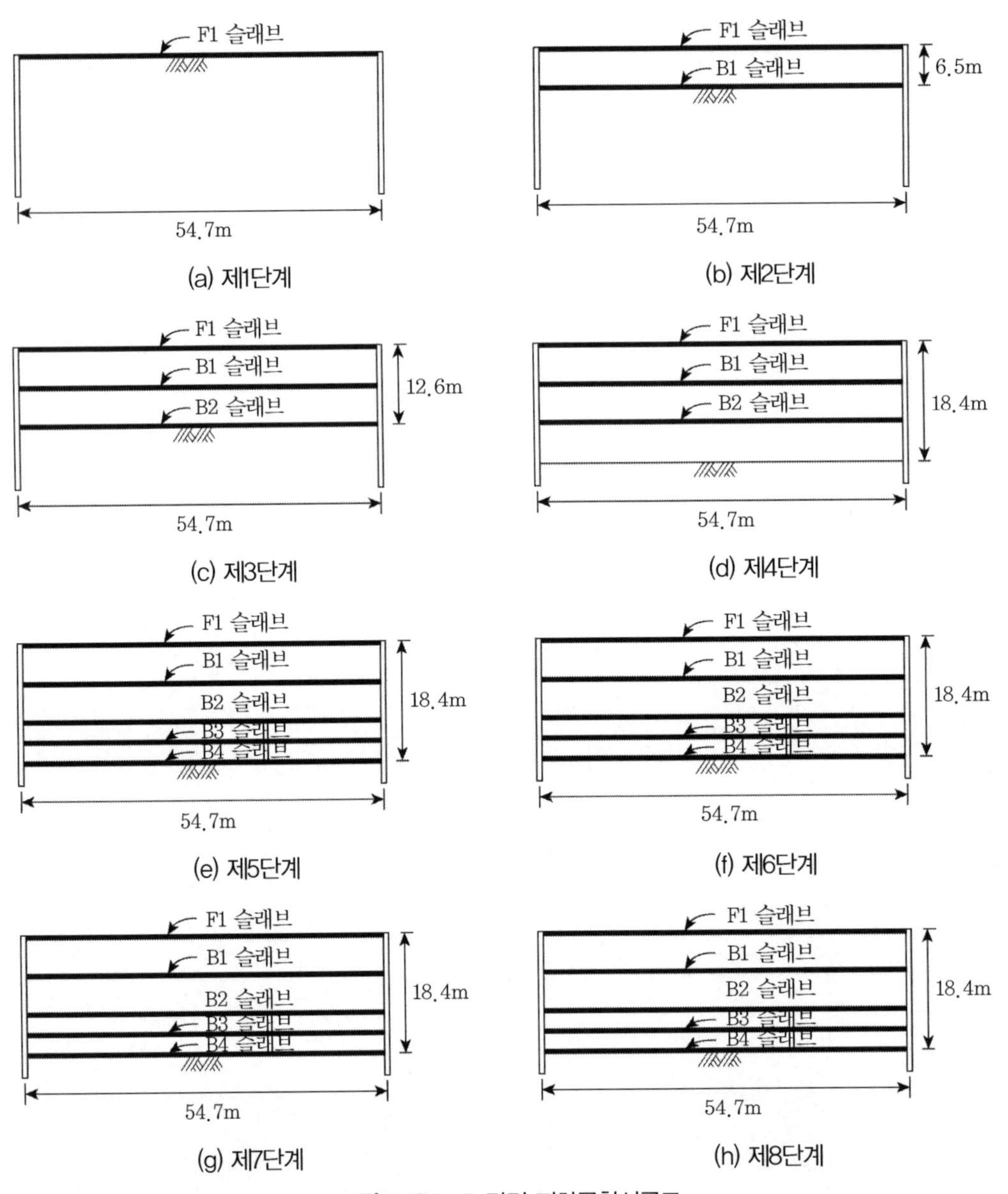

그림 7.12 D–D 단면 지하굴착시공도

가. 제1단계: 지하 0.5m 굴착, 구역 1과 구역 3에 F1 슬래브 시공 및 구역 2에 상부 골조(메인거더 포함) 시공

나. 제2단계: 지하 6.5m 굴착, 구역 1과 구역 3에 B1 슬래브 시공 및 구역 2에 골조 시공

다. 제3단계: 지하 12.6m 굴착 및 구역 1에 B2 슬래브 시공

라. 제4단계: 지하 18.4m 굴착

마. 제5단계: B4 슬래브와 B3 슬래브 시공

바. 제6단계: 배면 뒤채움(콘크리트, 토사: 다짐 필요)

사. 제7단계: 구역 3 지하 12.1m 굴착 및 구역 2와 구역 3의 B2 슬래브 시공

아. 제8단계: 구역 2의 B1 슬래브와 F1 슬래브 시공

(3) 토사반출

역타공법은 슬래브를 먼저 시공하고 굴착을 실시하기 때문에 시간이 많이 소요되므로, 토사반출계획을 세워 굴착시간을 단축시키고자 한다. 토사반출을 신속하게 하기 위하여 구역 2의 개구부를 만들며, 이 개구부를 통하여 굴착 및 운반 장비의 출입이 가능하도록 한다. 구역 2의 개구부는 12.1m 굴착 구간에 위치하며, 현장의 교통 및 시공여건을 고려하여 위치를 선정한다.

그림 7.13은 토사반출계획을 도시한 것으로 구역 2에 트럭의 출입이 가능하도록 1:3 이상의 기울기로 경사면을 조성하였다. 이 그림을 살펴보면 백호우를 이용하여 내부에서 굴착된 흙을 모두 구역 2의 경사면 끝단으로 이동시키고 트럭은 사면부를 통하여 이곳에 이동된 흙을 계속해서 밖으로 배출한다. 이러한 공정으로 토사를 반출하게 되면 크램셜을 이용하는 기존의 방법보다 공기와 비용이 절약될 수 있다.

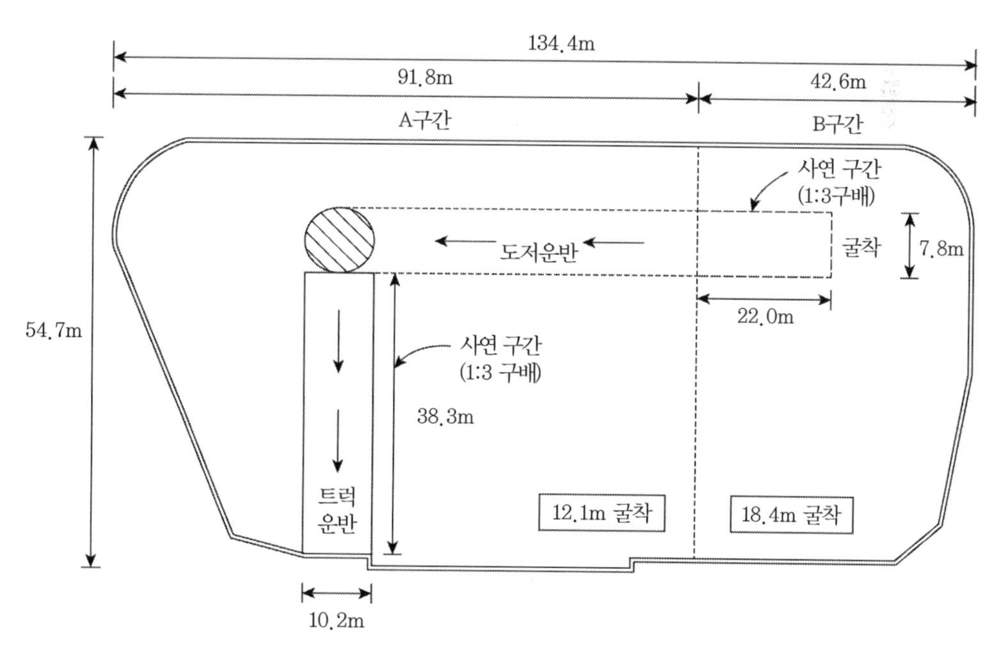

그림 7.13 토사반출 계획도

7.4 기초말뚝(PRD 말뚝)의 보강 방안

7.4.1 기존 PRD 말뚝의 허용지지력

기존 PRD 말뚝의 허용지지력의 계산은 Canadian Foundation Engineering Manual[12]에서 제안한 식을 이용하여 계산하였다(동우건축 토목계산서[4] 참조). 그리고 PRD 말뚝의 지름과 암반 내 근입장에 따라 type A, B, C로 나누어 구분하여 계산하였다. PRD 말뚝의 직경이 1.0m이고, 암반 내 근입장이 700cm인 경우 type A고 PRD 말뚝의 직경이 1.0m고, 암반 내 직경이 600cm인 경우 type B며 PRD 말뚝의 직경이 0.6m고, 암반 내 근입장이 400cm인 경우 type C다.

PRD 말뚝의 허용지지력을 구하는 공식은 식 (7.1)과 같다.

$$Q_a = A_p \times q_{pa} + A_s \times q_{fa} \tag{7.1}$$

여기서, A_p = 말뚝선단의 단면적

A_s = 암반근입부 주면면적

q_{pa} = 말뚝의 단위면적당 허용선단지지력

q_{fa} = 말뚝의 단위면적당 허용마찰지지력

암반에 근입된 말뚝의 단위면적당 허용선단자자력은 식 (7.2)와 같다.

$$q_{pa} = q_u K_{sp} d \tag{7.2}$$

암반에 근입된 말뚝의 단위면적당 허용주면저항력은 식 (7.3)과 같다.

$$q_{fa} = 0.03 \times q_u \tag{7.3}$$

여기서, $K_{sp} = \dfrac{3 + \dfrac{s_d}{D}}{10\sqrt{1 + 300\dfrac{t_d}{s_d}}}$, 무차원 지지저항력 계수

$d = 1 + 0.4H_s/D_s \le 3.4$, 무차원 깊이계수

q_u = 암석시편의 평균일축압축강도

s_d = 불연속면의 간격

t_d = 불연속면의 폭

D = 말뚝폭

H_s = 암반에 근입된 말뚝의 근입깊이

D_s = 말뚝근입부의 지름

(1) type A PRD 말뚝 허용지지력 계산

암반에 근입된 말뚝의 단위면적당 허용선단지지력은 식 (7.2)로부터 구한다.

$$q_{pa} = 200 \times 0.15 \times 3.4 = 102.0\text{kg/cm}^2$$

여기서, K_{sp} = 암반의 균열간격과 균열폭이 상세히 파악되지 않았으나 파쇄대의 혼재를 고려하여 0.15를 적용한다.

q_u = 현장에서 실시한 암석의 압축강도 시험치에 준하여 하계 바운더리 이하의 200.0kg/cm^{2}를 적용한다.

H_s = 700cm를 적용(암반출현심도 G.L.(-)20.0cm)한다.

암반에 근입된 말뚝의 단위면적당 허용주면저항력은 식 (7.3)으로부터 구한다.

$$q_{fa} = 0.03 \times q_u = 0.03 \times 200.0 = 6.0\text{kg/cm}^2$$

여기서, q_u = 현장에서 실시한 암석의 압축강도 시험치에 준하여 하계 바운더리 이하의 200.0kg/cm^{2}를 적용한다.

말뚝선단에서의 단면적과 말뚝주면에서의 표면적을 구하면 다음과 같다.

$$A_p = \frac{\pi}{4}D^2 = \frac{\pi}{4} \times 92^2 = 6648.0\text{cm}^3$$

$$A_s = \pi \times D \times L = \pi \times 92 \times 700.0 = 202.3 \times 10^3\text{cm}^2$$

따라서 PRD 말뚝의 허용지지력은 다음과 같다.

$$Q_a = 102.0 \times 10 \times 0.6648 + 6.0 \times 10 \times 20.2 = 1891.0\text{ton}$$

(2) type B PRD 말뚝 허용지지력 계산

암반에 근입된 말뚝의 단위면적당 허용선단지지력은 식 (7.2)로부터 구한다.

$$q_{pa} = 200 \times 0.15 \times 3.4 = 102.0\text{kg/cm}^2$$

여기서, K_{sp} = 암반의 균일간격과 균열폭이 상세히 파악되지 않았으나 파쇄대의 혼재를 고려하여 0.15를 적용한다.

q_u = 현장에서 실시한 암석의 압축강도 시험치에 준하여 하계 바운더리 이하의 200.0kg/cm²를 적용한다.

H_s = 600cm를 적용(암반출현심도 G.L.(-)20.0cm)한다.

암반에 근입된 말뚝의 단위면적당 허용주면저항력은 식 (7.3)으로부터 구한다.

$$q_{fa} = 0.03 \times q_u = 0.03 \times 200.0 = 6.0\text{kg/cm}^2$$

여기서, q_u = 현장에서 실시한 암석의 압축강도 시험치에 준하여 하계 바운더리 이하의 200.0kg/cm²를 적용한다.

말뚝선단에서의 단면적과 말뚝주면에서의 표면적을 구하면 다음과 같다.

$$A_s = \pi \times D \times L = \pi \times 92 \times 600.0 = 173 \times 10^3 \text{cm}^2$$

$$A_p = \frac{\pi}{4} D^2 = \frac{\pi}{4} \times 92^2 = 6648.0 \text{cm}^3$$

따라서 PRD 말뚝의 허용지지력은 다음과 같다.

$$Q_a = 102.0 \times 10 \times 0.6648 + 6.0 \times 10 \times 17.3 = 1716.0 \text{ton}$$

(3) type C PRD 말뚝 허용지지력 계산

암반에 근입된 말뚝의 단위면적당 허용선단지지력은 식 (7.2)로부터 구한다.

$$q_{pa} = 200 \times 0.15 \times 3.4 = 102.0 \text{kg/cm}^2$$

여기서, K_{sp} = 암반의 균일간격과 균열폭이 상세히 파악되지 않았으나 파쇄대의 혼재를 고려하여 0.15를 적용한다.

q_u = 현장에서 실시한 암석의 압축강도 시험치에 준하여 하계 바운더리 이하의 200.0kg/cm^{2}를 적용한다.

H_s = 400cm를 적용(암반출현심도 G.L.(-)20.0m)한다.

암반에 근입된 말뚝의 단위면적당 허용주면저항력은 식 (7.3)으로부터 구한다.

$$q_{fa} = 0.03 \times q_u = 0.03 \times 200.0 = 6.0 \text{kg/cm}^2$$

여기서, q_u = 현장에서 실시한 암석의 압축강도 시험치에 준하여 하계 바운더리 이하의 200.0kg/cm^{2}를 적용한다.

말뚝선단에서의 단면적과 말뚝주면에서의 표면적을 구하면 다음과 같다.

$$A_s = \pi \times D \times L = \pi \times 56 \times 400.0 = 70 \times 10^3 \mathrm{cm}^2$$

$$A_p = \frac{\pi}{4} D^2 = \frac{\pi}{4} \times 56^2 = 2463.0 \mathrm{cm}^3$$

따라서 PRD 말뚝의 허용지지력은 다음과 같다.

$$Q_a = 102.0 \times 10 \times 0.2463 + 6.0 \times 10 \times 7.0 = 671.0 \mathrm{ton}$$

이와 같이 계산된 PRD 말뚝의 허용지지력을 정리하면 표 7.4와 같이 나타낼 수 있다.

표 7.4 PRD 말뚝의 허용지지력

type	A	B	C
허용지지력(ton)	1891.0	1716.0	671.0

7.4.2 기존의 보강 방안

현재 시공되어 있는 PRD 말뚝기초는 건축설계 변경 전에 시공된 것으로 건축설계 변경 후의 구조물 하중을 지지할 수 있는 지지력이 부족한 상태다. 설계변경 전에는 지상 4층, 지하 2층으로 시공될 예정이었으나 설계변경 후 지상 8층, 지하 4층으로 수정되었다. 따라서 기 시공된 PRD 말뚝에 대한 조사를 실시하였으며(수성기술단, 2000),[(6)] 조사 결과 설계변경으로 인하여 기시공된 PRD 말뚝기초가 새로운 구조물하중을 지지하지 못하는 것으로 확인되었다. 따라서 현재 기존의 PRD 말뚝을 보강하기 위하여 PHC 말뚝을 시공하여 기초의 지지력을 증가시킬 것으로 계획되어 있다.

그림 7.14는 PHC 말뚝을 이용하여 PRD 말뚝을 보강하기 위한 계획평면도다. 이 그림을 살펴보면 보강말뚝은 굴착 구간 좌우측에 집중되어 있음을 알 수 있다. 특히 18.4m 굴착 구간의 경우 거의 말뚝전부를 보강해야 하는 것으로 나타났다.

이 그림에서 보는 바와 같이 PHC 말뚝으로 보강할 경우 말뚝의 수요가 너무 많아 비경제적인 시공이 될 것으로 판단된다. 그리고 굴착저면지반은 12.1m 굴착 구간의 경우 모래자갈층 또는 풍화암층, 18.4m 굴착 구간의 경우 연암층이므로 매우 양호한 상태다. 따라서 기존의 PRD

말뚝을 PHC 말뚝으로 보강하지 않고 후팅기초나 매트기초를 사용하는 것이 합리적이라고 판단하였다.

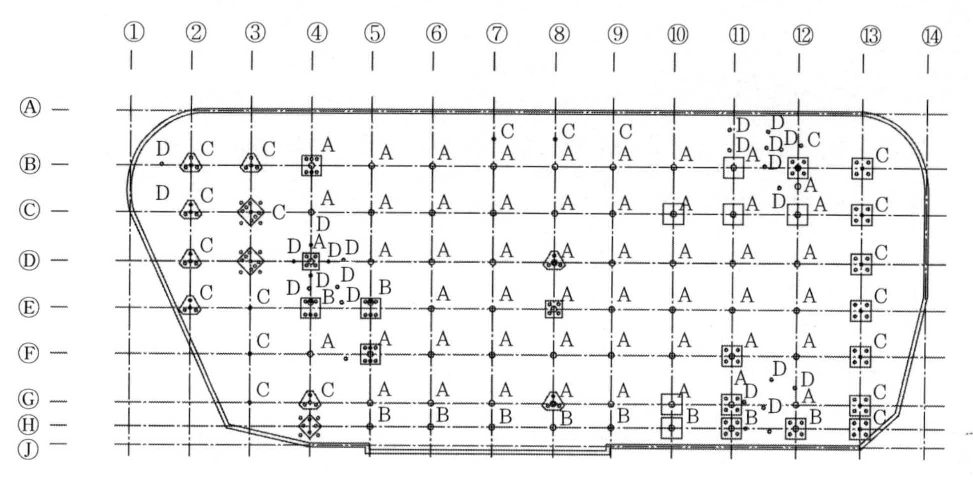

그림 7.14 기존 PRD 말뚝 보강 단면도

7.4.3 후팅기초의 검토

그림 7.14의 3/C 위치에 있는 말뚝을 대상으로 후팅기초에 대한 설계검토를 실시하였다. 본 위치에 있는 PRD 말뚝은 6개의 PHC 말뚝으로 보강되는 것으로 계획되어 있다.

PHC 말뚝의 지지력 계산은 아래와 같이 실시하였으며 선단지지력만을 고려하도록 한다. 그리고 PHC 말뚝($d=500$cm)의 허용지지력은 164ton이다.

앞에서 설명한 식 (7.1)에서 선단지지력만을 고려하므로 말뚝의 지지력공식은 식 (7.4)와 같이 된다.

$$Q_a = A_p \times q_{pa} \tag{7.4}$$

여기서, q_{pa}는 식 (7.2)로부터 구할 수 있으며, A_p는 말뚝선단의 단면적이다.

$$q_{pa} = q_u K_{sp} d = 200\text{kg/cm}^2 \times 0.15 \times 3.4 = 102\text{kg/cm}^2 = 1{,}020\text{t/m}^2$$

$$A_p = \pi/4D^2 = \pi/4 \times 50^2 = 1963\text{m}^2$$

따라서 $Q_a = A_p \times q_{pa} = 0.1963 \times 1020 = 200\mathrm{ton}$이 된다.

그러나 PHC 말뚝이 지지할 수 있는 허용지지력이 164ton밖에 안 되므로 보강 시 PHC 말뚝의 하용지지력을 160ton으로 결정한다.

(1) 도로교 표준시방서 방법[3]

우리나라 도로교 표준시방서[3]의 제4편 하부구조편 제7장 직접기초의 설계 부분을 보면 지반에 따른 지지력의 경험값들이 열거되어 있다.

표 7.5와 7.6은 도로교 표준시방서에 있는 지반최대반력을 발췌한 것이다.

표 7.5 평상시 최대지반반력의 상한값

지반	최대지반반력(t/m^2)
자갈지반	70
모래지반	40
점성토지반	20

표 7.6 암반의 최대지반반력의 상한값

암반의 종류		최대지반반력(t/m^2)		기준으로 하는 값	
		평상시	지진 시	일축압축강도(kg/cm^2)	공내수평재하시험 변형계수(kg/cm^2)
경암	균열이 작음	250	375	100 이상	5,000 이상
	균열이 많음	100	150		5,000 미만
연암, 이암		60	90	10 이상	

12.1m 굴착 구간의 경우 굴착저면지반은 모래자갈층 또는 풍화암층이므로, 기초설치위치도 이와 동일할 것이다. 따라서 기초가 설치될 지반을 모래자갈층이라고 하면 표 7.5를 이용하여 최대지반반력 $70t/m^2$을 얻을 수 있다. PHC 말뚝에 의해 보강되는 허용지지력은 960ton이므로, 본 위치에 설치될 후팅의 지지력은 960ton 이상이 되어야 한다. 후팅의 지지력에 대하여 안전율 3을 고려하여 계산하면 후팅의 면적은 $41.4m^2$ 이상이 되면 안전한 것으로 계산되었다. 따라서 6.5×6.5m 면적의 후팅을 설치하는 경우 PHC 말뚝을 6본 시공하여 보강하는 것만큼의 효과를 얻을 수 있다.

표 7.7 후팅의 형상계수(18)

형상계수	기초저면의 형상			
	연속	정사각형	직사각형	원형
α	1.0	1.3	$1+0.3B/L$	1.3
β	0.5	0.4	$0.5-0.1B/L$	0.3

(2) Terzaghi 공식

Terzaghi의 지지력 공식을 이용하여 지지력을 산정하여 후팅의 면적을 구하도록 한다. 먼저 Terzaghi의 지지력공식은 식 (7.5)와 같다.(18,19)

$$q_u = acN_c + qN_q + \beta\gamma BN_\gamma \qquad (7.5)$$

본 현장에 대하여 Terzaghi 공식을 적용할 경우 필요한 물성치는 $\phi=38°$, c=0, $\gamma_t=1.9$, $\gamma_b=1.0$, 후팅의 근입깊이 $D_f=0$으로 결정하였다. 그리고 $\phi=38°$일 때의 Terzaghi 공식의 지지력계수를 구하면 표 7.8과 같이 나타낼 수 있다.

표 7.8 Terzaghi 공식의 지지력계수(19)

마찰각	N_c	N_q	N_γ
38°	77.5	61.55	73.47

이상에서의 값을 Terzaghi 공식에 대입하여 지지력을 계산하면 $q_u=0.4\times1.0\times5\times73.47=146.9\text{t/m}^2$다.

그리고 후팅의 지지력에 대한 안전율 3을 고려하면 $q_a=48.9\text{t/m}^2$이 된다. 5×5m면적의 정사각형 후팅을 설치할 경우 지지력 $Q=48.9\times25=1{,}224.1$ton이 되며, 이는 PHC 말뚝 보강 허용지지력 960ton보다 큰 것으로 나타났다. 따라서 PHC 말뚝 6본보다 5×5m 면적의 정사각형 후팅을 사용해도 안전함을 알 수 있다.

(3) Meyerhof 공식

Meyerhof의 지지력 공식을 이용하여 지지력을 산정하여 후팅의 면적을 구하도록 한다. 먼저 Meyerhof의 지지력 공식은 식 (7.6)과 같다.[16]

$$q_u = cN_c s_c d_c + \bar{q} N_q s_q d_q + \frac{1}{2}\gamma B N_\gamma s_\gamma d_\gamma \tag{7.6}$$

본 현장에 대하여 Terzaghi 공식을 적용할 경우 필요한 물성치는 ϕ = 38°, c = 0, γ_t = 1.9, γ_b = 1.0, 후팅의 근입깊이 D_f = 0으로 결정하였다. 그리고 ϕ = 38°일 때의 Meyerhof 공식의 지지력계수를 구하면 표 7.9와 같이 나타낼 수 있다.

표 7.9 Meyerhof 공식의 지지력계수

마찰각	N_c	N_q	N_γ
38°	61.35	48.93	64.08

후팅을 정사각형으로 가정을 하고 근입깊이를 0으로 하면 다음과 같은 계수들을 구할 수 있다.

$$s_c = 1 + 0.2K_p\frac{B}{L} = 1.84 \qquad d_c = 1 + 0.2\sqrt{K_p}\frac{D}{B} = 1$$

$$s_q = 1 + 0.1K_p\frac{B}{L} = 1.42 \qquad d_q = 1 + 0.1\sqrt{K_p}\frac{D}{B} = 1$$

$$s_\gamma = 1 + 0.2K_p\frac{B}{L} = 1.84 \qquad d_c = 1 + 0.1\sqrt{K_p}\frac{D}{B} = 1$$

$$K_P = \tan^2\left(45 + \frac{\phi}{2}\right) = 4.2$$

이상에서의 값을 Meyerhof 공식에 대입하여 지지력을 계산하면 q_u = 0.5×1.0×4×64.08×1.84×1 = 235.8t/m²다.

그리고 후팅의 지지력에 대한 안전율 3을 고려하면 q_a = 78.6t/m²이 된다. 4×4m 면적의 정사각형 후팅을 설치할 경우 지지력 Q = 78.6×16 = 1,257.6ton이 되며, 이는 PHC 말뚝 보강 허용지지력 960ton보다 큰 것으로 나타났다. 따라서 PHC 말뚝 6본보다 4×4m 면적의 정사각형 후팅을 사용하여도 안전한 것으로 나타났다.

이상의 계산 결과를 정리하여 표로 나타내면 표 7.10과 같이 나타낼 수 있으며, 후팅기초를 사용할 경우에도 PHC 말뚝의 보강지지력보다 큰 값을 가지는 것으로 나타났다. 따라서 후팅기초를 이용하여 보강을 실시하는 것이 더 합리적이라 판단된다.

표 7.10 후팅의 지지력 계산 결과

종류	도로교 시방서	Terzaghi 공식	Meyerhof 공식
크기(m)	6.5×6.5	5×5	4×4
지지력(ton)	986	1,224	1,258

7.4.4 매트기초의 검토

PHC 말뚝에 대한 보강을 실시하지 않고 굴착바닥면에서 매트기초로 시공할 경우 안정성을 검토하기 위하여 SAP-2000 프로그램을 이용하여 해석을 실시하였다. 프로그램의 해석은 다음의 순서와 같이 실시하였다.

설계에 적용한 기준을 정리하면 다음과 같다.

(1) 형식: 슬래브(말뚝기초)

(2) 규모: B1 = 134.4m, B2 = 54.7m, H = 0.5m

(3) 설계기준: 철근콘크리트 단위중량: 2.5t/m^3

(4) 사용재료의 특성

① 콘크리트

가. 설계기준강도: $\sigma_{ck} = 240$kg/m^2(재령 28일 강도를 기준)

나. 탄성계수: $E_c = 15{,}000 \cdot \sqrt{\sigma_{ck}} = 232{,}000$kg/cm^2

② 철근

가. 항복점응력: $\sigma_y = 3{,}000$kg/cm^2

나. 탄성계수: $E_s = 2{,}040{,}000$kg/cm^2

다. 철근과 콘크리트의 탄성계수비: $n = E_s / E_c = 9$

(5) 적용 시방서: 도로교 표준시방서(1996.06, 건교부)[3]

7.4.5 기초보강 방안

단면가정 및 해석 모델링 과정은 참고문헌을 참조하기로 한다.[5] 앞 절에서 해석한 결과를 정리하면 표 7.11과 같다.[5]

표 7.11 기초보강 방안의 대비안[5]

방안	제1안	제2안	제3안
보강대책	PHC 말뚝기초	후팅기초	매트기초
장점	• 기성제품 사용	• 구조가 간단 • 거푸집작업 용이 • 경제적	• 부등침하 방지 • 지하수위가 높은 경우 유리 • 후팅기초에 비해 지지력 우수 • 단위면적당 작용하중 감소 • 사일로, 굴뚝기초에 이용 • 시공성 우수
단점	• 비용이 많이 듦(물량이 과다) • 시공성 불량 • 비경제적	• 각각의 후팅 사이에 부등침하 발생 우려	• 자중에 의한 침하량 증가
검토 결과	• 3/C 위치: PHC 말뚝 6본 소요	• 3/C 위치: 6.5×6.5m 면적 소요(도로교 시방서 기준)	• 전체 위치: 전면적 소요(침하/응력 검토 안정)
권장 방안			○

즉, 앞에서 해석한 기초보강 방안들의 해석 결과를 토대로 표 7.11과 같이 대비안을 작성하였다. 기존의 보강 방안인 PHC 말뚝기초를 이용할 경우 PHC 말뚝의 물량이 과다하고, 시공성이 불량하여 비경제적이다. 따라서 본 현장의 여건을 고려할 경우 기초저면지반의 상태가 양호하므로 기존의 PHC 보강말뚝보다 후팅기초나 매트기초를 사용하는 것이 합리적이라 판단된다. 그리고 후팅기초를 사용할 경우 전접지면적의 합이 구조물 전면적의 반을 넘게 되므로 매트기초를 사용하는 것이 경제적으로 유리하다.

따라서 본 현장에서는 후팅기초에 비해 지지력이 우수하고, 지하수위가 높은 경우에 유리하며, 부등침하를 방지할 수 있는 매트기초를 기초보강 방안으로 제안한다. 매트기초로 PRD 말뚝을 보강할 경우에는 펀칭전단이나 하중에 대한 구조설계를 별도로 실시하여 매트기초에 대한 상세설계가 이루어져야 한다.

7.5 현장 계측 계획

7.5.1 계측 수행 계획

(1) 과업 개요

① 공사명: 울산 WAL*MART 신축공사 중 계측관리

② 계측관리기간: 공사 개시 후 5개월

③ 공사위치: 울산광역시 중구 학성동 일대의 흙막이굴착공사 구간

④ 시행자: WAL*MART KOREA

⑤ 감리자: ○○건설(주)

⑥ 시공자: ○○산업(주)

(2) 과업범위

울산 WAL*MART 신축공사 시공 중 지하흙막이굴착공사에 따른 굴착지반의 변형 및 주변 구조물의 안정성을 사전에 예측하여 이를 시공에 반영하여 문제 발생을 최소화하고, 공사의 안정성을 확보하기 위하여 다음과 같은 과업을 수행해야 한다.

① 계측 계획의 수립

② 계측기 설치 및 계측 수행

③ 계측 결과 정리 및 분석

④ 계측 결과 보고서 작성

⑤ 계측 결과에 의한 시공관리 및 설계에 반영 제안

(3) 현장공사 개요

본 공사는 울산 WAL*MART 신축공사현장으로 공사 구간의 면적은 134.4×54.7m며, 지중연속벽체와 역타공법으로 설계되어 있다.

(4) 계측관리 수행체제

본 과업의 원활한 계측수행을 위한 흐름도는 그림 7.15와 같다.

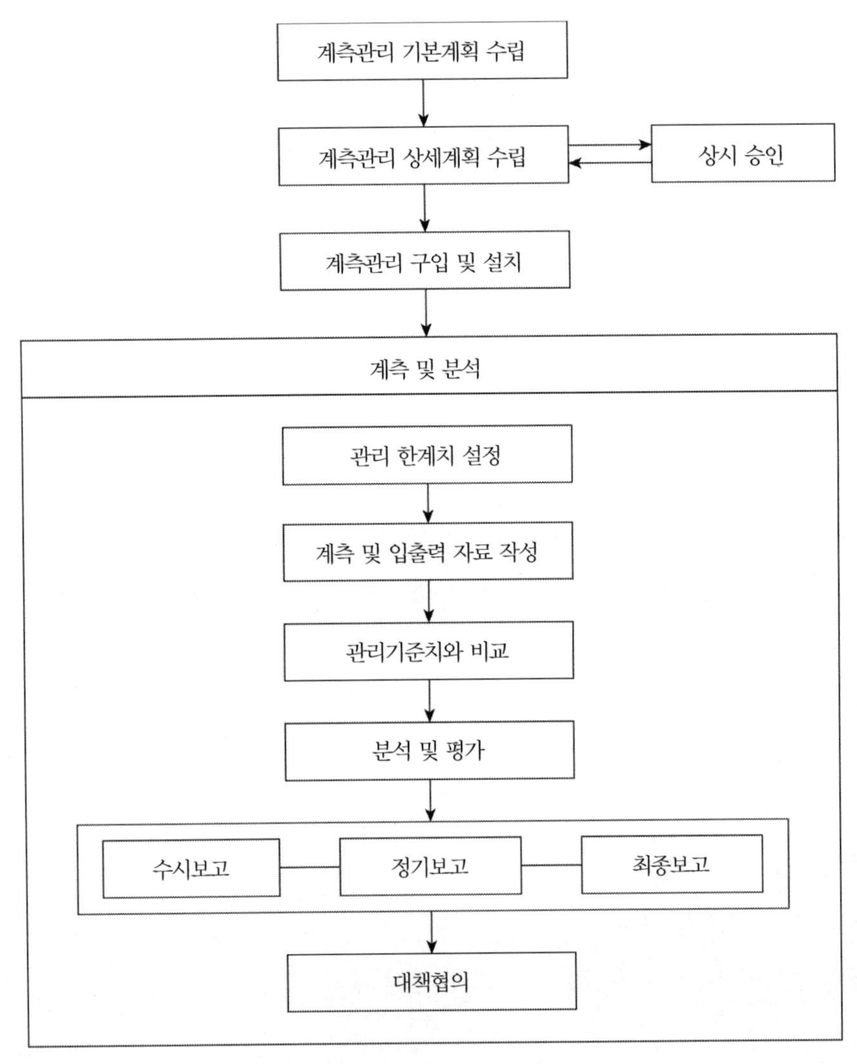

그림 7.15 계측 수행 흐름도

(5) 관리체제

울산 WAL*MART 신축공사현장 계측 시 표 7.12와 같은 현장 관리체제를 이뤄야 한다.

표 7.12 본 현장의 계측관리체계

관리체제	절대치 관리기준	계측관리체제	시공관리 및 대책
평상시	계측치 ≤제1 관리치	• 정상계측 및 보고	• 주변침하 정도 • 인접건물의 균열 정도
제1단계	제1 관리치 <계측치 ≤제2 관리치	• 보고 • 계측기기의 점검 및 재측정 • 요인 분석	• 주변침하 • 인접건물의 균열 정도 • 대책공의 검토 준비
제2단계	제2 관리치 <계측치 ≤제3 관리치	• 계측체제의 강화 →측정빈도의 증가 • 요인 분석 • 관리기준치 검토 • 해당 구간의 계측기 및 측점 추가	• 현장 상황의 점검 및 강화 • 대책공의 실시 → 건물 주변의 지반보강, 차수공법
제3단계	계측치 >제3 관리치	• 계측체제의 강화 • 요인 분석 • 관리기준치 검토 • 예측관리기법 채택 • 재설계, 대책공 실시, 확인	• 공사 중지, 현장점검 • 대책공의 실시 결과 검토 • 예측관리기법에 의한 대책 → 시공법의 변경 → 굴착깊이의 감소

1. 대책공의 실시는 계측치 발생단계가 평상시, 제1단계인 경우라도 벽체의 균열, 슬라브의 변형, 주변 건물의 균열 발생 등의 조짐 및 출현 시에 시행해야 한다.
2. 관리기준치는 설계치를 기준한다.

(6) 계측조직 운영 방안

본 현장의 원활한 계측 수행과 신속한 판단 및 보고체계가 이루어지도록 계측관리 조직의 운영 방안은 다음과 같다.

① 현장계측팀의 운영

본 현장에서는 신속하고 원활한 계측수행과 신속한 판단보고체계가 이루어지도록 현장계측팀을 운영하는 것으로 한다. 계측 목적을 달성하기 위하여 현장계측팀이 수행하는 주요 업무 내용과 업무체계는 다음과 같이 한다.

가. 계측기기 구입 및 계측 체계 구축

나. 계측기기 설치 및 관리

다. 현장 계측 수행

라. 계측 자료 정리 및 관리

마. 계측 결과 보고(정기 및 부정기)

② 기술지원팀의 운영

신속한 판단에 의해 시공 및 문제 발생 시 신속하게 대처할 수 있도록 기술지원팀을 운영하는 것으로 한다. 기술지원팀의 주요 업무는 다음과 같이 한다.

가. 계측 기본 및 초기 계측 계획 수립

나. 계측 결과의 분석 지원

다. 계측 자료의 종합 분석, 평가

(7) 보고체제

표 7.13과 같은 정기보고와 부정기보고 체제가 필요하다.

표 7.13 보고체제

구분	정기보고	부정기보고
담당	현장계측팀+기술지원팀	현장계측팀
형식	월 정기보고서	원인 분석 후 검토의견서 제출
내용	공사 진행 상황 기록, 계측 내용 요약, 비교 검토	측정치 급변동과 관련 문제점 발생 시 신속히 보고

(8) 계측 결과 정리 및 분석

현장에서 수행한 체계적인 계측데이터를 토대로 계측관리를 실시하여 정기보고서 및 이상 발생 시 원인 분석 후 검토의견서 제출을 실시하여 지반의 응력상태와 거동분석을 통한 안정성 검토를 수행해야 한다.

(9) 계측 결과 정리 및 분석

현장에서 수행한 체계적인 계측 데이터를 토대로 계측관리를 실시함은 물론 이상 발생 시 보다 면밀한 분석, 즉 지반의 응력상태와 거동분석을 통한 안정성 검토를 수행해야 한다.

계측관리를 위한 데이터 처리 및 분석 프로그램은 다음과 같이 한다.

표 7.14 계측 데이터 처리 및 분석 프로그램(11-13,14,15,17)

분야	프로그램	내용
계측 관련	GEOPLUS-I(가시설) Exel, 한글	개착 및 터널 계측용 프로그램
지반	FLAC(FDM)-2D	지반을 탄성 또는 탄소성체로 하여 굴착 및 성토에 따른 응력/변형을 계산할 수 있는 범용 해석 프로그램
	PENTAGON(FEM)	지반굴착에 따른 지반 및 구조물의 거동 분석
	STABL	수정 Bishop법에 의한 2차원 사면안정해석
	SLOPILE	사면안정해석(억지말뚝, NAIL, E/A)
	DIPS	암반사면해석
	SEEP/W	침투해석
구조	SA900	구조해석 범용 프로그램
	FRAME	2차원 평면 프라임 분석
수리	RDP	수리, 수문 해석용 프로그램

(10) 계측 시스템

계측 시스템은 크게 수동 계측, 자동 및 반자동 계측 시스템으로 구별할 수 있다. 이와 같은 계측 시스템은 계측 목적, 방식, 관리 방법, 데이터 처리속도 등을 고려해서 현장마다 달리 계획되지 않으면 안 된다. 기존의 주요구조물에 인접하여 시공하는 대형 빌딩 등은 설계 시 지반의 설계조건 및 지반물성치의 가정이 실제지반의 조건과 상이할 수 있으므로 시공을 진행하면서 계측 결과로부터 얻어지는 실측값에 근거하여 설계내용을 수정·보완하여 안전시공으로 대처해야 한다.

수동계측 구성도는 그림 7.16과 같다.

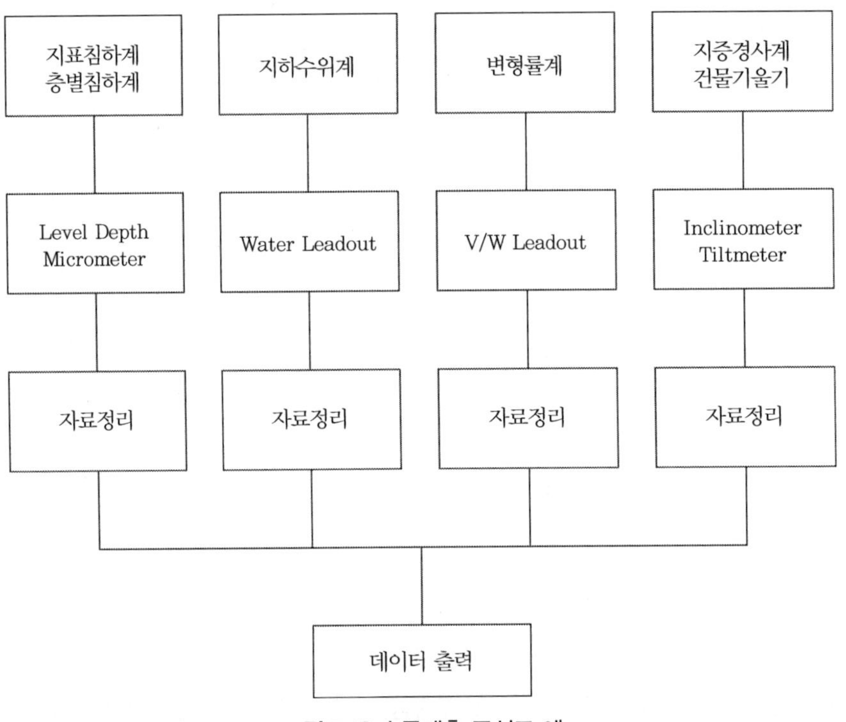

그림 7.16 수동계측 구성도 예

(11) 계측 빈도

지반의 거동은 일일 굴토량과 작업기계, 기상(우천) 등에 영향을 받으므로 데이터의 변화속도와 안정성 여부의 관련성을 충분히 고려하여 적절한 측정 빈도를 설정해야 한다. 데이터의 변화속도가 빠른 계측항목의 측정 빈도는 높이고, 반대로 장기간에 걸쳐 변화량이 미세한 계측항목은 빈도를 낮추는 게 좋으며, 안전과의 관련성이 깊은 계측항목은 빈도를 높일 필요가 있다.

각 계기별 계측빈도에 대한 기본방향을 요약, 정리하면 다음과 같다. 단, 위 사항은 본 연구를 수행한 전문가의 주문이 있을 때 측정번호를 가감할 수 있다. 표 7.15는 계측기기별 측전빈도를 정리한 표다.

표 7.15 계측기기별 측정빈도

계측항목	측정시기	측정빈도	비고
지중경사계	그라우팅 완료 굴착 진행 중 굴착 완료 후	3회/일 2회/주(*) 1회/주(*)	초기치 선정
지하수위계	설치 후 굴착 진행 중 굴착 완료 후	1회/일 1일간 2회/주(*) 1회/주(*)	초기치 선정 우천 시 추가 측정
건물 기울기	설치 후 굴착 진행 중 굴착 완료 후	1회/일 1일간 2회/주(*) 1회/주(*)	초기치 선정
지표침하계	설치 후 1일 경과 굴착 진행 중 굴착 완료 후	3회/일 2회/주(*) 1회/주(*)	초기치 선정
변형률계	설치 후 굴착 진행 중 굴착 완료 후	3회/일 2회/주(*) 1회/주(*)	초기치 선정
층별 침하계	그라우팅 완료 굴착 진행 중 굴착 완료 후	3회/일 2회/주(*) 1회/주(*)	초기치 선정

(*) 표시된 빈도는 외부하중 및 지반거동 변화 시 추가 측정을 실시하며, 공사 중단인 경우 측정빈도를 재조정해야 한다.

7.5.2 계측기 설치계획

계측기 설치계획 및 수량은 표 7.16과 같다.

7.6 결론 및 요약

울산광역시 학성동에 위치한 울산 WAL*MART 신축공사 현장의 지하굴착 시 기존의 굴착 공법인 역타공법을 유지하면서 공사기간을 단축하고 공사비를 절약할 수 있는 굴착 방안을 제안하였다. 이때 제안된 굴착 방안에 대한 굴착단계별 안정성을 검토·분석하였으며, 이를 위하여 FLAC 프로그램과 SLOPILE 프로그램을 사용하였다. 그리고 기존의 PRD 말뚝을 보강하기 위하여 PHC 말뚝을 시공하는 방법 대신에 다른 지지력 보강 방안을 검토하였으며, 제안한 방법에 대한 안정검토를 수행하였다. 마지막으로 제안된 굴착 방안에 의해 시공되는 동안 각종 계측장비를 현장에 설치하여 안전하고 원활한 지하굴착공사가 진행될 수 있도록 한다.

본 연구의 내용 및 결론사항을 정리·요약하면 다음과 같다.

표 7.16 계측기 설치계획

계측항목	계측기 기호	설치 위치	설치 내용	설계 수량	계획 수량	증감	비고
지중경사계	I	8S 18S 26S 35P 47P 56P	14.0m 20.0m 20.0m 20.0m 14.0m 14.0m	6	6	-	
지하수위계	W	8S 18S 35P 47P 56P	14.0m 20.0m 20.0m 14.0m 14.0m	6	5	-1	
건물기울기	T	60P 14S 21P 36S 43P 47P 54P 58P	인접구조물	8	8	-	도면상에 표시
지표침하계	J	7P 18S 25P 29P 35P 46S 57S	해당 위치 지표면	7	7	-	도면상에 표시
변형률계	S	8S 18S 26S 35P 45P 56P 5P 48S	F1, B1, B2 F1, B1, B2, B3, B4 F1, B1, B2 F1, B1, B2, B3, B4 F1, B1, B2 F1, B1 강재에 설치(2개소) 강재에 설치(2개소)	20	25	-5	슬라브
층별침하계	M	18S 26S 35P 56P	20, 16, 12, 8M 20, 16, 12, 8M 20, 16, 12, 8M 14, 11, 8, 5M	4	4	-	도면상에 표시
건물균열계	C	-	필요시	-	필요시	-	

본 계측계획은 현상 여건상 변경될 수 있으며, 건물기울기 및 건물균열계의 수량은 현장조건으로 인하여 추가될 수 있다.

(1) 본 현장에 대한 굴착공법 선정 시 고려한 사항은 공사기간의 단축, 공사현장 주변 주민 민원, 굴토재심의가 불필요한 공법의 선정, 경제성 그리고 시공 시 구조물의 안정 등이었다.

(2) 본 현장의 모든 조건을 고려하여 경제성, 시공성 및 안정성을 확보할 수 있는 굴착 방안을 제3.3절에 제안하였다. 이 제안된 굴착공법은 표 7.3에 정리된 바와 같이 총 8단계의 굴착 단계로 구성되어 있으며, 기존의 역타공법을 유지하면서 토공을 빠르게 진행할 수 있는 방안이다.

(3) 공사기간의 단축을 위하여 굴착면 내 굴착장비와 운반장비 출입이 가능한 경사면부를 설치하여 토사를 빠르게 굴착, 반출할 수 있는 방안을 제안하였다.

(4) 제안된 굴착공법에 대한 안정해석을 수행한 결과, 흙막이벽의 수평변위와 굴착배면지반의 침하량은 허용 범위 이내며, 모두 안전 측인 것으로 검토되었다. 그러나 해석 결과 지하 4m 부근에서 최대수평변위가 발생하는 것으로 나타났다. 따라서 공사 중 현장계측 결과로 이 부분을 주의 깊게 관찰해야 하며, 필요시 레이커를 이용한 지지공을 즉각 설치하여 수평변위를 억제해야 한다.

(5) 굴착저면에 대한 히빙량은 굴착저면지반의 종류에 따라 차이가 있으며, 동일한 굴착저면지반의 경우는 굴착깊이가 깊어짐에 따라 히빙량도 증가하는 것으로 나타났다. 본 현장의 굴착저면에서 발생하는 히빙량은 크지 않은 것으로 해석되었으나, 시공 시 이에 대하여 주의를 기울여야 한다.

(6) 굴착면 내 12.1m 굴착 구간과 18.4m 굴착 구간 사이에 기존의 앵커지지 흙막이벽 대신에 1:3 이상 기울기의 지반 경사면부를 두어 굴착하는 방안을 제안하였으며, 본 경사면에 대한 사면안정해석 결과 안정한 것으로 확인되었다.

(7) 본 현장에서는 보일링에 대하여 불안정한 것으로 검토되었으나 굴착이 진행됨에 따라 지하수위는 변화될 수 있으므로 지하수위 변화에 따른 보일링 검토가 공사 진행 과정에서 재수행되어야 한다. 만약 보일링에 대한 재검토시에도 불안정한 것으로 판단될 경우 대책 방안으로 지하연속벽의 하부에 록볼트를 설치하도록 제안한다.

(8) 본 현장의 경우 굴착저면지반에서 지지력 확보가 용이하므로 후팅기초나 매트기초를 이용하여 지지력을 확보하는 것이 보다 합리적이라고 판단된다. 본 구간에 대하여 후팅기초와 매트기초 설치시 안정성 검토를 수행한 결과 모두 안정한 것으로 검토되었다. 그러나 후팅기초를 사용할 경우 전접지면적의 합이 구조물 전면적의 반을 넘게 되므로 매트기초를 사용하는 것

이 경제적으로 유리하다. 따라서 PRD 말뚝기초의 보강 방안으로 매트기초를 제안한다. 매트기초를 선택할 경우 이에 따른 구체적 구조설계는 별도로 실시해야 한다.

(9) 지하굴착 공사 시 본 현장에 대한 현장계측계획을 수립하여 시공 도중 흙막이벽체와 주변지반의 거동을 면밀히 관찰하도록 한다. 그리고 현장계측 결과는 본 연구를 수행한 전문가의 자문을 반드시 받도록 한다.

• 참고문헌 •

(1) 고려지질주식회사(1997), 울산시 학성동 세원마트 2호점 신축부지 지질조사보고서.

(2) 김주범 · 이종규 · 김학문 · 이영남(1990), 서우빌딩 안전진단 연구검토 보고서, 대한토질공학회.

(3) 대한토목학회(1996), 도로교 표준시방서, 설계/시공 및 유지관리편.

(4) 동우건축사무소(2000), WAL*MART Supercenter, Korea, Inc. Ulsan Central, Korea 구조계산서

(5) 홍원표 · 송영석(2000), 울산 WAL*MART 신축공사현장 지하굴착방안에 대한 연구보고서, 중앙대학교.

(6) 수성기술단(2000), 울산 WAL*MART 현장 내 P.R.D-PILE의 기시공 심도 관련 조사보고서.

(7) 문태섭 · 홍원표 · 최완철 · 이광준(1994), 두원PLAZA 신축공사로 인한 인접자생위원 및 독서실의 안전진단 보고서, 대한건축학회.

(8) 백영식 · 홍원표 · 채영수(1990), 한국노인복지보건의료센터 신축공사장 배면도로 및 매설물파손에 대한 검토연구 보고서, 대한토질공학회.

(9) 홍원표 · 임수빈 · 김홍택(1992), 일산전철 장항정차장 구간의 굴토공사에 따른 안정성 검토연구 보고서, 대한토목학회.

(10) 희림엔지니어링(1997), 세원마트 울산2호점 신축공사 지반조사 보고서.

(11) Bishop, A.W.(1955), "The Use of the Slip Circle in the Stability Analysis of Slopes", Geotechnique Vol.5, pp.7-17.

(12) Canadian Geotechnical Society(1985), *Foundation Engineering Manual*, 2nd Ed.

(13) Clough, G.W. and O'Rourke, T.D.(1990), "Construction Induced Movements of insitu Walls", *Design and Performance of Earth Retaining Structures*, Geotechnical Special Publication, No.25, ASCE, pp.439-470.

(14) Fellenius, W.(1918), "Kaj-Och Jordrasen I Goteborg", Teknisk Tidsskrift, V, U, 48, pp.17-19.

(15) FLAC(1993), Fast Lagrangian Analysis of Continua Ver 3.2 Manual, Itasca Consulting group.

(16) Meyerhof, G.G.(1951), "The Ultimate Bearing Capacity of Foundations", *Geotechnique*, Vol.2.

(17) SLOPILE(2000), SLOPILE Ver 2.0 for Windows User's Guide. E&G 건설엔지니어링.

(18) Terzaghi, K. and Peck, R.B.(1968), *Soil Mechanics in Engineering Practice*, 2nd Ed.

(19) Terzaghi, K.(1943), *Teoretical Soil Mechanics*, Wiley.

Chapter

08

WAL*MART 인천 계양점 지하굴착

WAL*MART 인천 계양점 지하굴착

8.1 서론

8.1.1 연구목적

○○산업주식회사가 인천광역시 계양구 작전동에 WAL*MART 인천 계양점 신축공사현장에 대하여 흙막이공사 시 기존에 설치된 벼팀보지지흙막이벽을 시공하는 경우 굴착작업공간이 부족하여 공기가 지연되고 인접구조물의 안전성에도 문제가 발생할 것으로 예상된다.

본 연구를 수행하는 데 고려해야 할 사항들로는 굴착작업공간의 확보, 인접구조물의 안정성, 공사기간의 단축 등이 있다. 따라서 이들 사항을 모두 고려한 보다 합리적인 지하굴착 방안을 마련하고 이에 대한 안정성을 검토하는 데 본 연구의 목적이 있다.[10-13] 그리고 계측계획을 수립하고 각종 계측장비를 설치하여 흙막이벽체 및 배면지반의 변형을 면밀히 관찰하도록 한다.

8.1.2 연구내용 및 범위

WAL*MART 인천 계양점 신축공사가 실시되는 현장 내에 합리적인 지하굴착 방안을 산정하기 위하여 다음과 같은 범위에서 과업을 수행하고자 한다.[13]

먼저 신축공사현장을 방문하여 현장상황을 조사하고 본 현장에 대한 기존 설계도서와 지반조사보고서를 검토한다.[2-9] 그리고 기존의 지하굴착 및 흙막이공법에 대한 보고서를 검토하고 각종 흙막이벽, 지지방식 및 차수공법에 대한 자료를 수집·정리한다. 이를 토대로 본 현장에 가장 합리적인 흙막이공법을 제안한다. 그리고 제안된 흙막이공법과 인접구조물에 대한 안정성을 검토한다. 마지막으로 시공 시 흙막이벽체 및 인접구조물의 안정성을 확인하기 위하여 현장계측계획을 수립한다.

상기 과업목적을 달성하기 위하여 본 연구에서 검토되어야 할 사항은 다음과 같다.

(1) 현장답사
(2) 기존 설계도서 검토
(3) 지반조사보고서 검토
(4) 기존 지하굴착 및 흙막이공사 보고서 검토
(5) 새로운 흙막이굴착공법 및 인접구조물의 영향 검토
(6) 합리적인 흙막이공법 선정
(7) 최종보고서 작성

8.1.3 연구 수행 방법

본 연구를 수행하기 위하여 의뢰자로부터 제공받은 WAL*MART 인천 계양점 신축공사 지질조사보고서, 지하굴착 및 흙막이보고서, 설계도서 등을 검토하여 본 현장 여건에 보다 합리적인 흙막이공법을 제안한다.[1-9] 이전에 설계된 버팀보지지 방식의 흙막이벽은 굴착작업공간의 확보가 어렵고, 공사기간이 길며 흙막이구조물의 안정성에도 문제가 발생할 것으로 예상된다. 따라서 굴착작업공간을 확보하기 쉬우며 흙막이구조물의 안정적인 시공이 가능한 흙막이공법의 제안이 요구된다. 본 대상 현장에 가장 합리적인 흙막이 굴착공법을 제안하기 위해서는 먼저 시공현장을 방문하여 굴착 예정 구간의 주변환경상태 및 인접구조물의 유무 등을 파악해야 한다. 그리고 의뢰자로부터 제공받은 각종 관련 자료를 면밀히 검토해야 한다.

제안된 흙막이공법과 인접구조물의 안정성을 검토하기 위하여 수치해석을 수행한다. 수치해석을 위한 지반조건 및 토질정수는 의뢰자로부터 제공된 지질조사보고서를 토대로 결정한다.[1,9]

또한 현장조건과 제안된 흙막이공법을 고려하여 현장계측계획을 수립한다. 현장계측계획을 통하여 시공의 안정성을 위협하는 문제점을 발견하여 조치할 수 있도록 한다.

한편 본 연구의 과업수행은 표 8.1에 제시된 순서에 의거하여 진행될 계획이며 각각의 내용에 대하여 상세히 언급하면 다음과 같다.

(1) 현장답사: 현장답사를 통하여 현장주변 상황, 공사 현황, 인접 주변 상황, 공사 현황, 인접구조물 현황 및 인접 지중매설관 현황 등을 조사하고 확인한다. 그리고 앞으로의 연구계획에 대하여 현장책임자 등과 함께 논의한다.

(2) 기존 자료 검토: ○○산업주식회사에서 제공하는 기존의 지반조사보고서, 지하굴착 및 흙막이공사 보고서, 설계도서 등을 검토한다.

(3) 기존의 흙막이굴착공법 검토: 기존에 설계된 흙막이굴착공법에 대한 자료를 토대로 본 현장에 적용하기에 적합한지를 판단한다.

(4) 새로운 흙막이공법의 구상: 우선 여러 가지 흙막이굴착공법을 체계적으로 정리한다. 그리고 본 현장상황 및 주변여건에 적합하고 경제적인 흙막이굴착공법을 3~4가지 정도로 제안한다.

(5) 전문가의 자문: 국내의 흙막이굴착에 대한 전문가를 초청하여 본 현장에 대한 흙막이공법 선정에 대하여 토의 및 자문을 구한다.

(6) 합리적인 흙막이굴착공법의 제안: 제공된 자료 및 전문가의 자문을 토대로 본 현장에 가장 안전하고 합리적인 흙막이굴착공법을 제안한다.

(7) 제안된 흙막이굴착공법의 안정성 검토: 제안된 흙막이굴착공법을 현장에 적용할 경우 단면 및 부재력을 검토하여 안전한가를 판단한다.

(8) 현장계측계획 수립: 제안된 흙막이굴착공법 시공 시 흙막이구조물 및 인접구조물에 대한 안정성을 확인하기 위하여 현장계측을 반드시 실시해야 한다. 이를 위하여 현장계측계획을 수립한다.

(9) 보고서 작성: (1)~(9)까지의 사항을 종합하여 WAL*MART 인천 계양점 신축공사현장 흙막이굴착공법에 관한 보고서를 작성한다.

표 8.1 연구수행계획표

기간 / 내용	1주	2주	3주	4주	5주
현장답사	*				
설계도서 및 지반조사보고서 검토	*	*			
기존 흙막이굴착공법 검토		*			
합리적인 흙막이굴착공법의 안정성 검토		*	*		
제안된 흙막이굴착공법의 안정성 검토			*	*	
현장계측계획 수립				*	
최종보고서 작성				*	*

8.2 현장 상황

8.2.1 현장 개요 및 주변 여건

본 연구대상 현장은 인천광역시 계양구 작전동에 위치한 WAL*MART 인천 계양점 신축공사현장으로 위치도는 그림 8.1과 같다. 현재 본 현장의 부지조성은 완결된 상태며, 아직 지하굴착을 위한 본격적인 시공이 시작되지 않은 상태다. 본 현장에 시공될 건물의 규모는 지상 6층 지하3층으로 시공될 예정이다.

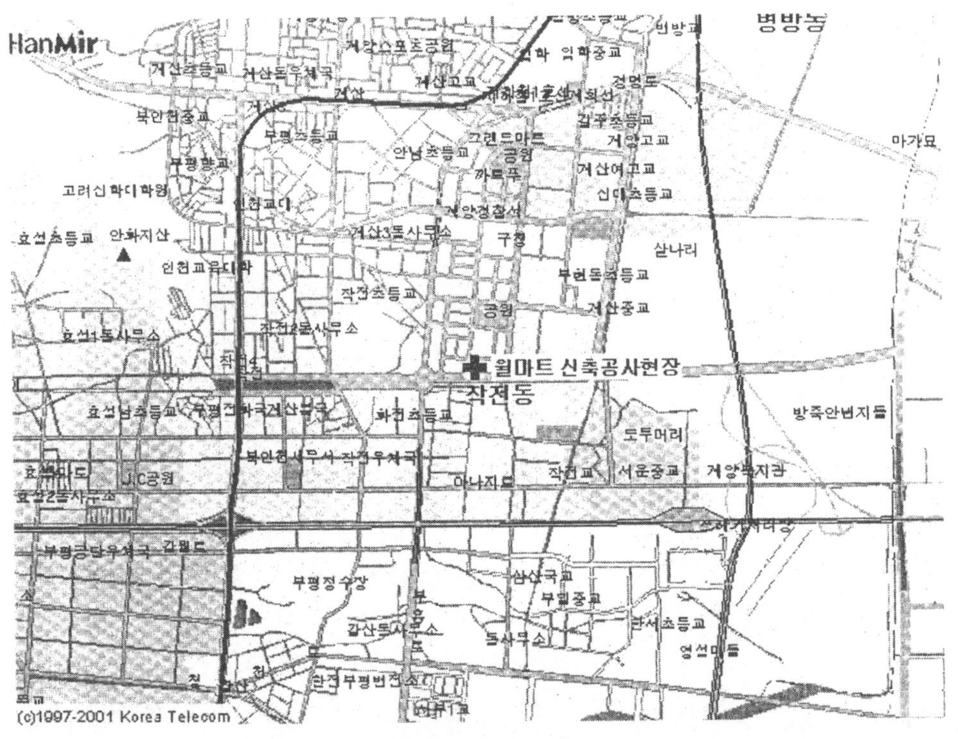

그림 8.1 현장 위치도

본 현장의 평면도는 그림 8.2와 같으며, 대지면적 119.65×54.15m로서 총 7,750.3m^{2}이다. 본 현장의 동쪽에는 바로 인접하여 남측으로 지상 6층 건물인 거송프라자가 위치하고 있으며 북측으로 나대지가 위치하고 있다. 서쪽에는 폭 20m인 도로가 위치하고 있으며 북측으로 나대지가 위치하고 있다. 서쪽에는 폭 20m인 도로가 위치하고 있으며 북쪽에는 폭 12m 도로가 위치하고 있다. 그리고 남측에는 폭이 70m인 봉화로가 위치하고 있다.

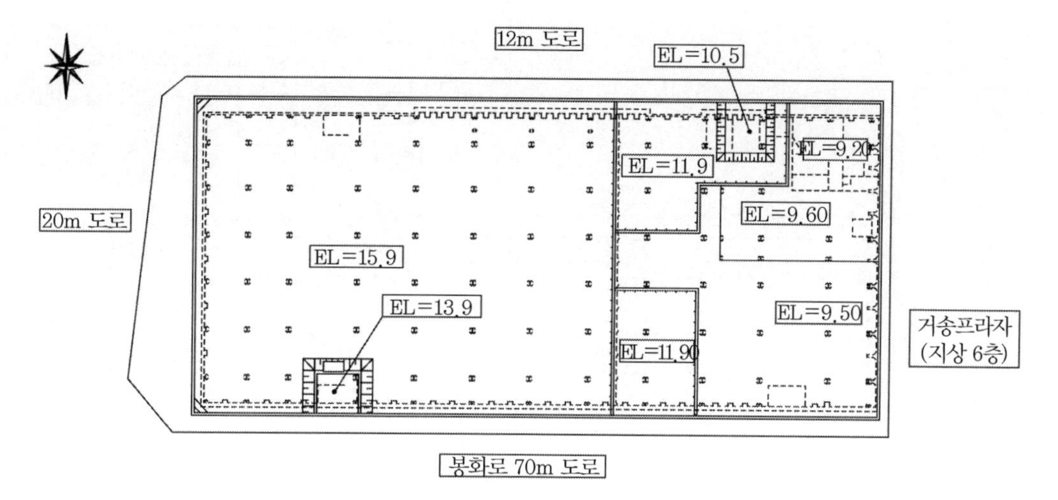

그림 8.2 현장 평면도

본 현장에 인접하여 설치되어 있는 지중매설관의 현황도는 그림 8.3과 같다. 본 현장의 동쪽에는 인접구조물인 거송프라자 후면으로 오수관, 우수관 및 통신선이 매설되어 있으며, 서쪽에는 상수관, 통신관, 전력관 및 우수관이 매설되어 있다. 그리고 북쪽에는 오수관, 전력관, 우수관, 지역난방관 및 상수관이 매설되어 있으며 남쪽에는 오수관, 상수관, 전력관, 통신관, 우수관 및 지역난방관이 매설되어 있다.

본 현장의 총 굴착면적은 총 6,478.04m^{2}며, 굴착깊이는 지표면으로부터 13.8~20.2m 깊이까지 굴착하는 것으로 되어 있다. 기존의 흙막이벽체는 C.I.P를 1열로 시공하고 차수공법으로 L/W 그라우팅을 적용하고 지지방식은 버팀보지지와 코너 버팀보지지를 병행하여 사용한다. 그러나 기존의 흙막이굴착공법의 문제점은 굴착작업 구간 내 중간말뚝과 버팀보로 인하여 굴착작업을 수월하게 하지 못하며, 굴착작업을 위한 공사기간이 길다는 것이다. 그리고 본 현장과 같은 대규모 굴착현장에서는 버팀보의 길이가 길어져 시공이 곤란하며 안정성에도 문제가 발생한다.

따라서 본 현장의 지하굴착 방안을 선정하는 데 고려해야 할 주변 및 시공여건을 정리하면 다음과 같다. 먼저 굴착공사 시 굴착작업 구간 내에 공간을 확보하는 것이다. 이를 위해서는 기존 흙막이벽 지지방식인 버팀보보다는 앵커나 쏘일네일링을 적용하는 것이 적합하다. 그리고 인접구조물 및 지중매설관에 대한 안정성이 확보되어야 한다. 특히 동쪽에는 아주 인접하여 시공되어 있는 거송프라자 건물에 대한 안정성 확보가 중요하다. 그 다음에는 공사기간이 단축되어야 한다. 즉, 공사기간을 단축시킬 수 있는 흙막이굴착공법이 선정되어야 한다. 마지막으로 안정

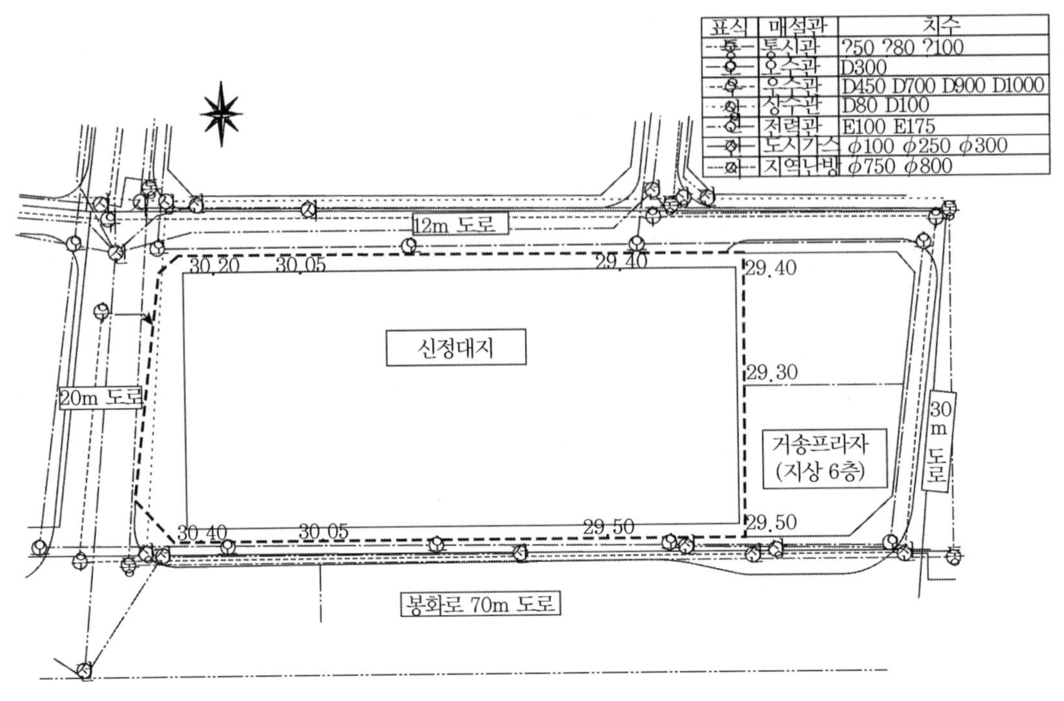

그림 8.3 지중매설관 현황도

하고 합리적인 흙막이굴착공법을 선정하는 것이다.

8.2.2 지반특성

(1) 지질개요

본 조사지역의 지질은 대부분 쥐라기의 화성암류중의 하나인 흑운모화강암으로서 인천시가지의 넓은 지역에 분포되어 있다. 흑운모화강암은 기반암인 변성암류를 관입하고 있으며, 홍색장석화강암과 화강반암은 흑운모화강암에 관입하여 접촉하고 있다. 암상은 회백색을 띠며 입자는 대부분이 중립 내지 조립질이다. 그리고 흑운모 입자의 크기는 세립질이다. 계양산의 용결응회암이 접하는 시가지 부근에서는 암상이 약간 담홍색을 띠기도 하다. 주요 구성광물로는 석영, 사장석, 정장석, 흑운모 등이며 약간의 부성분광물을 포함하고 있다.

(2) 지층구성 및 특성

본 현장에 대한 지반조사는 총 12개소의 시추지점을 선정하여 BX 또는 NX 크기의 시추코어를 이용하여 수행되었다.[1,9] 그리고 구조물의 충분한 지지지반(풍화암 5m)이 확인될 때까지 굴진하였으며, 개략적인 지반의 지지력과 지층의 분포 및 깊이를 파악하기 위하여 표준관입시험을 실시하였다.

그림 8.4는 지반조사 위치도를 나타낸 그림이다. 이 그림에서 보일링이 실시된 위치들을 선으로 연결하면 7개의 선으로 구분할 수 있다. 각 지층의 층후 및 심도는 표 8.2와 같이 정리할 수 있으며 각 지층별로 정리하면 표 8.3과 같이 나타낼 수 있다. 각 지층의 특성은 다음과 같다.

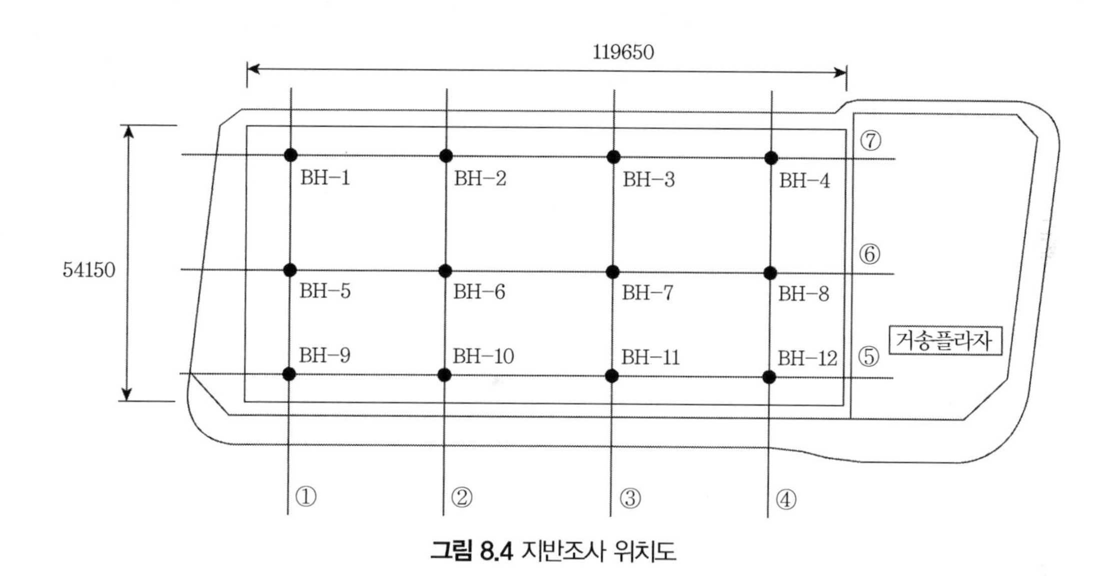

그림 8.4 지반조사 위치도

① 매립층

본 층은 조사지역의 최상부에 분포하는 지층으로서 모래 섞인 점토로 매립되어져 있다. 두께는 0.3~0.4m 정도며 색깔은 갈색을 나타내고 있다.

② 붕적층

본 층은 과거 산사태의 영향을 받아 형성된 지층으로 무기질 점토로 구성되어 있고, 암편 및 모래성분이 함유되어 있기도 하며, 두께는 3.2~4.8m 정도다. 표준관입시험에 의한 N치는 6회/30~50/2cm로서 보통 견고 내지 매우 조밀한 상태의 상대밀도를 보이고 있다. N치가 50회 이상 과대하게 나오는 것은 지층 내 함유된 자갈의 영향으로 판단된다. 그리고 대체로 갈색을 나타내고 있다.

표 8.2 지층조사 결과[1]

구분 시추공	매립층(m)	붕적층(m)	풍화토층(m)	풍화암층(m)	합계(m)	비고 시추코어
BH-1	0.3	3.2	13.0	10.5	27.0	BX
BH-2	0.3	4.5	14.7	6.0	25.5	BX
BH-3	0.4	4.4	16.2	6.0	27.0	BX
BH-4	0.3	4.8	17.4	6.0	28.5	BX
BH-5	0.4	3.4	14.2	7.5	28.5	NX
BH-6	0.4	4.4	14.7	6.0	25.5	BX
BH-7	0.3	4.6	16.1	6.0	27.0	BX
BH-8	0.4	4.8	15.8	6.0	27.0	NX
BH-9	0.3	3.5	15.7	6.0	25.5	BX
BH-10	0.3	4.5	16.2	6.0	27.0	BX
BH-11	0.3	4.7	17.5	6.0	28.5	BX
BH-12	0.4	4.8	17.3	6.0	28.5	BX

표 8.3 표준관입시험 결과

지층	*N*치(회/cm)	상대밀도
붕적층	6/30~50/2	보통 견고~매우 조밀
풍화토층	13/30~50/13	보통 조밀~매우 조밀
풍화암층	50/10~50/2	매우 조밀

③ 풍화토층

본 층은 기반암이 장기간에 걸쳐 심한 풍화작용을 받아 화학적 조성과 역학적 성질은 완전하게 상실되어 있는 상태다. 그리고 완전 풍화된 상태로 실트 섞인 모래로 분리되어 원위치에 잔류하고 있으며, 부분적으로 암조직 및 암편을 보이고 있다. 두께는 13.0~17.5m 정도다. 표준관입시험에 의한 *N*치는 13회/30~50/13cm로 보통 내지 매우 조밀한 상태의 상대밀도를 보이고 있으며, 심도가 깊어짐에 따라 증가하는 경향을 보이고 있다. 색깔은 주로 회갈색 내지 갈색을 띠고 있으며 대체로 습윤 상태를 보인다.

④ 풍화암층

풍화토층 하부에 분포하는 기반암의 상부풍화대층으로서 본 조사에서는 *N*치가 50회/10cm를 기준으로 분포하였다. 풍화암은 모암의 기본조직은 볼 수 있으나 흙으로 변해가는 과정에 있다. 그리고 암질이 부식된 상태여서 시추작업 시 모래질의 토양으로 분해되며 코어회수는 불가능하였다. 두께는 6.0~10.5m 정도며, 주로 갈색을 띠고 있다. 표준관입시험에 의한 N치는 50회/10cm~50회/2cm로 매우 조밀한 상태의 상대밀도를 보이고 있다.

(3) 지하수위

본 조사지역의 각 시추공에서 지하수의 유동경향 및 분포 현황을 측정하였다. 지하수위 측정은 시추작업이 종료된 후 24시간 이상 경과한 다음 수위가 안정된 상태에서 이루어져야 한다. 본 조사지역에서 측정된 지하수위 결과는 표 8.4와 같이 나타낼 수 있다. 이 표를 보면 지하수위는 지표면으로부터 G.L.(-)2.6~3.2m에 위치하고 있는 것으로 나타났다.

표 8.4 지하수위측정 결과

시추공	지하수위(m)	비고
BH-1	G.L.(-)2.8	BX
BH-2	G.L.(-)2.6	BX
BH-3	G.L.(-)2.7	BX
BH-4	G.L.(-)2.7	BX
BH-5	G.L.(-)3.0	NX
BH-6	G.L.(-)3.2	BX
BH-7	G.L.(-)3.1	BX
BH-8	G.L.(-)3.1	NX
BH-9	G.L.(-)3.0	BX
BH-10	G.L.(-)3.2	BX
BH-11	G.L.(-)3.0	BX
BH-12	G.L.(-)3.0	BX

8.3 흙막이굴착공법의 선정

8.3.1 기존 흙막이굴착공법

(1) 버팀보지지 흙막이벽

버팀보지지 흙막이벽은 굴착하고자 하는 부지의 외곽에 흙막이벽을 설치하고 이 흙막이벽을 버팀보, 앵커 등의 지보공으로 지지하는 굴착을 진행하는 공법이다. 이는 흙막이공사 시 가장 많이 채용되고 있는 공법 중에 하나다. 이 공법은 대지 경계면까지 경제적으로 굴착할 수 있으며 버팀보의 압축강도를 이용하여 흙막이 기능을 하기 때문에 그 응력상태도 확인(안전관리가 용이)하기 쉽고 연약지반에도 채용할 수 있는 등의 장점이 있다.

그러나 굴착면적이 크게 되면 버팀보 자체의 비틀림과 이음부분의 좌굴 등으로 흙막이 전체의 변형도 크게 되며 주변지반의 침하가 발생할 우려가 있다. 즉, 굴착평면의 크기에 제한을 받는다. 굴착평면의 한 변의 길이가 깊게 되면 강재의 수축 및 접합부의 유동이 크게 되어 비틀림이나 단차가 발생한다. 이러할 경우 흙막이 구조물의 안정성에 문제가 발생한다. 또한 주변지반에 대한 우려가 큰 경우에는 버팀보 설치 시 미리 선행하중을 주어 버팀보를 긴장시켜주는 것이 바람직하다.

버팀보나 앵커의 재료로서는 강재가 일반적이다. 강재의 재료를 사용하는 경우 이에 대한 장점은 다음과 같다. 첫째, 재질이 균질하여 신뢰할 수 있고, 둘째, 시공이 간단하며, 셋째, 재사용이 가능하다는 것이다. 그러나 단점은 강재의 수축이나 접합부의 유동이 크며, 강재 단면의 종류가 적고 평면계획이 제한된다는 것이다.

(2) 기존 굴착공법의 문제점

본 현장에 대하여 기존 설계된 흙막이굴착공법의 지지방식은 버팀보지지고, 흙막이벽체는 C.I.P 공법을 적용하며, 차수공법은 L/W 그라우팅을 적용하는 것이다. 본 현장의 굴착면적은 118.2×50.35m며 굴착깊이에 따라 크게 2개 부분으로 분류할 수 있다. 굴착깊이가 G.L.(-)14.25m 구간과 G.L.(-)20.0m 구간으로 분류할 수 있다. 굴착깊이가 G.L.(-)20.0m 구간에는 부분적으로 G.L.(-)17.70m 구간, 18.70m 구간 및 G.L.(-)20.20m 구간이 포함되어 있다. 한편 본 현장의 모서리부분에는 코너 버팀보를 이용하여 지지하는 것으로 설계되어 있다.

굴착깊이가 G.L.(-)14.25m 구간은 5단 버팀보로 지지하도록 설계되었으며, 설치간격은 2.20~2.95m로 다양하게 계획되어 있었다. 그리고 굴착깊이가 G.L.(-)20.0m 구간은 8단 버팀보로 지지하도록 설계되었으며, 설치간격은 2.00~2.95m로 다양하게 계획되어 있었다. 사용재료는 버팀보의 경우 H-300×300×10×15를 사용하며 모서리부의 코너 버팀보는 H-350×350×12×19를 사용하여 시공하는 것으로 되어 있다.

흙막이벽은 C.I.P 공법으로 적용하도록 설계되어 있다. C.I.P의 직경은 45cm고 설치간격도

45cm다. H-말뚝은 300×300×10×15를 사용하며 1.35m 간격으로 설치하는 것으로 되어 있다. 그리고 시공깊이는 G.L.(-)14.25m 구간의 경우 굴착저면에서부터 4.45m까지 시공하는 것으로 되어 있으며, G.L.(-)20.0m 구간 경우에는 굴착저면에서부터 2.0m 깊이까지 시공하는 것으로 되어 있다.

차수공법은 L/W 그라우팅을 적용하도록 설계되어 있다. L/W 그라우팅의 직경은 10cm고 설치간격은 45cm로 되어 있다. 시공깊이는 흙막이벽체인 C.I.P 공법과 동일하게 시공하도록 되어 있다.

그러나 본 현장에 상기의 공법을 적용할 경우 굴착작업 구간 내 중간말뚝과 버팀보로 인하여 굴착작업을 수행하는 데 어려움을 겪게 될 것이다. 즉, 굴착 및 사토운반을 위한 각종 장비의 이동에 많은 제약을 받게 되어 공사기간과 비용이 많이 소요될 것으로 판단된다. 본 현장에 적용되는 버팀보의 길이는 50m 이상이므로 강재의 수축 및 접합부의 유동이 크게 되어 비틀림이나 단차가 발생할 것으로 예상된다. 그리고 본 현장의 굴착심도는 G.L.(-)14.2m 구간과 G.L.(-)20.0m 구간으로, 버팀보는 각각 5단과 8단으로 시공하도록 되어 있다. 그리고 모서리부분에는 코너 버팀보가 시공하도록 되어 있다. 이런 경우 매우 많은 H-말뚝의 수요가 요구될 것으로 예상된다.

기존에 설계된 흙막이굴착공법을 적용하여 시공할 경우 공기연장 및 과다한 재료 사용이 예상되며 흙막이구조물의 안정성에도 문제가 발생할 것으로 예상된다. 따라서 안전하고 합리적인 새로운 흙막이공법이 요구된다.

8.3.2 굴착공법 선정 시 고려사항

본 현장의 주변여건과 시공 상황으로 보아 지하층 공사를 위한 지하굴착공법을 선정할 경우 고려해야 할 사항은 다음과 같다.

① 굴착작업 구간 내 공간을 확보해야 한다.
② 시공 시 인접구조물의 안정성이 확보되어야 한다.
③ 공사기간을 단축시켜야 한다.

이들 각 항에 대하여 설명하면 다음과 같다.

(1) 굴착작업 구간 내 공간 확보

기존의 버팀보지지 흙막이벽을 적용할 경우 버팀보 및 중간말뚝으로 인하여 굴착작업 구간 내 공간을 확보하기가 어렵다. 굴착작업 구간 내 공간이 확보되지 못할 경우 굴착장비 및 사토 운반장비의 출입 및 이동이 어렵게 되므로 시공하는 데 많은 어려움을 겪는다. 이로 인하여 공기의 지연이 예상되고, 과대한 재료의 수요가 예상된다. 따라서 버팀보지지 흙막이벽 대신에 굴착작업 구간의 공간을 확보할 수 있는 앵커지지 흙막이벽이나 쏘일네일링 흙막이벽을 적용하는 것이 바람직하다.

(2) 인접구조물의 안정성 확보

본 현장의 주변에는 인접구조물과 많은 지중매설관이 위치하고 있다. 본 현장의 동쪽에는 지상 6층 지하 1층인 거송프라자가 매우 인접하여 위치하고 있다. 그리고 서쪽, 남쪽 및 북쪽에는 각각 20, 60 및 12m 도로가 위치하고 있다. 한편 지중에는 오수관, 상수관, 전력관, 통신관, 우수관, 지역난방관 등이 매설되어 있다. 따라서 이러한 인접구조물과 지중매설관에 대한 안정성을 확보한 상태에서 흙막이굴착공사가 이루어져야 한다. 특히, 본 현장의 동쪽에 위치한 거송프라자의 안정성 확보가 가장 중요하다. 이 건물은 본 현장과 바로 인접하여 위치하고 있으므로 시공 시 주의를 기울여야 한다.

(3) 공사기간의 단축

기존의 버팀보지지 흙막이벽으로 시공할 경우 굴착작업 구간 내 중간말뚝과 버팀보로 인하여 굴착작업을 신속하게 수행하기가 어렵다. 이로 인하여 공기는 계획된 기간보다 늘어날 것으로 예상된다. 따라서 굴착작업을 신속하게 수행할 수 있는 새로운 흙막이굴착공법의 선정이 요구된다.

8.3.3 흙막이굴착공법 선정의 기본 요령

흙막이굴착공법의 형식 선정 방법은 다음 서술한 항목에 대해 조사 검토하고 그 결과를 근거로 해서 형식을 선정하는 것이 바람직하다.

(1) 설계목적의 명확성

흙막이구조물은 본 공사에 비해 경시되는 경향이 종종 있다. 그러나 흙막이구조물도 설계목적상 더없이 중요한 역할을 한다는 점을 인식하고 조사 계획부터 본래 공사 시 어떤 형태로 적용될 것인지를 검토하여 명확히 할 필요가 있다.

(2) 지형에 관한 검토

흙막이구조물의 설계, 시공 시 건물이 인접한 장소나 기복이 심해 고저차가 큰 지역 등에서는 신중한 검토가 필요하며 주요사항을 열거하면 다음과 같다.

① 지형판단

설계, 공사 착수 전에 지형을 파악하고 시공 중 지형에 어떤 영향을 미칠 것인가를 사전에 충분히 검토해야 한다.

② 현장주변 구조물

주변에 구조물이 인접한 경우 위치, 기초구조, 건축한계, 지중매설물의 종류와 사용재료 등을 철저히 조사한다.

③ 지형 고저차

지형의 고저차가 심한 경우는 설계 시공 시 충분히 검토하여 안정상의 문제점을 사전 검토해야 한다.

④ 자재 및 장비 운반로

원활한 현장 시공을 위해 도로폭, 도로곡선부 상태, 교통량, 교량의 재하하중, 통행규제의 유무 등을 조사할 필요가 있다.

(3) 지질 및 토질에 관한 검토

흙막이구조물 설계 시 필요한 지질 및 토질에 관한 조사는 필연적이며, 흙막이벽 배면 지층의 역학적 성질, 지하수 위치, 용수량 등이 설계 및 시공 시에 상당히 중요한 요인이 된다.

지질 및 토질조사의 항목은 다음과 같다.

① 지질조사
② 실내시험
③ 지하수위
④ 굴착하는 흙의 성질

(4) 주변 구조물에 관한 검토

주변 구조물의 조사 검토 시 대상이 되는 구조물은 시공 중 또는 시공 후에 문제가 발생하지 않도록 대처해야 함은 물론이고 기존 구조물이 어떻게 설계 시공되었고, 현재 어떤 상태인가를 조사하는 것과 흙막이굴착공사가 기존 구조물에 어떤 영향을 주는가에 대하여 고려할 필요가 있다. 주변 구조물에 관한 검토 사항은 다음과 같다.

① 기초의 근입깊이
② 기초형식
③ 가설구조물과 기존 구조물의 이격거리
④ 하중의 상호 영향
⑤ 가설구조물의 안전상 영향을 미치는 범위 내의 지반의 성질
⑥ 굴토공사 시 지하수위 저하에 의한 주변지반의 압밀침하 정도

(5) 시공환경에 관한 검토

흙막이구조물의 설계 시공에 관한 조사, 검토 중에서 시공환경의 항목은 가장 중요한 것 중의 하나다. 이는 안전시공을 확보하는 데 가장 큰 요소로 작용한다.

① 지하매설물

흙막이구조물의 설계 시공 중 지중매설물(통신관, 오수관, 상수관, 전력관, 도시가스관, 지역난방 등)의 위치, 규모, 구조 및 노후도를 조사하고 그 결과를 매설물의 소유자 및 관계 기관과

충분히 협의한 후 확인해둘 필요가 있다.

② 소음, 진동 등의 규제로 인한 시공조건 조사

도심지나 인가에 근접한 지역에서 터파기 공사의 경우 소음 규제는 물론이고 진동(특히 암발파 및 브레이커 사용할 때에)에 관한 저진동 공법을 검토하여 대책을 강구해둘 필요가 있다. 다만, 본 현장에 대하여서는 브레이커나 발파에 의한 작업은 없을 것으로 판단되어 이에 대한 사항을 고려하지 않았다.

(6) 공정에 관한 검토

토목시공 중 공정관리는 원가, 품질, 안전성 등에서 매우 중요한 일이다. 공정의 올바른 계획이 공사의 성패를 좌우할 수 있다.

8.3.4 새로운 흙막이굴착공법 제안

(1) 흙막이굴착공법 선정 흐름도

그림 8.5는 흙막이굴착공법을 선정하기 위한 흐름도를 도시한 것이다. 이 그림을 살펴보면 먼저 시공될 지하구조물을 계획한다. 그리고 본 현장의 여러 가지 제반조건을 면밀하게 분석하여 굴착방법과 흙막이굴착공범을 선정한다. 굴착방법은 현장조건에 따라 순타방법이나 역타방법 중 하나를 선택한다.

흙막이굴착공법은 흙막이벽, 지지방식, 차수공법 등을 선정한다. 그 다음에는 선정된 공법적용 시 예상 발생문제점을 검토하고 대책공법을 마련한다. 흙막이굴착공법이 산정되면 세부설계를 수행하고, 각각에 대한 안정성 여부를 검토한다. 그리고 흙막이구조물의 변형에 따른 주변지반의 영향을 평가한다. 마지막으로 종합적으로 평가하고 최종 흙막이굴착공법의 선정 및 설계를 종료한다.

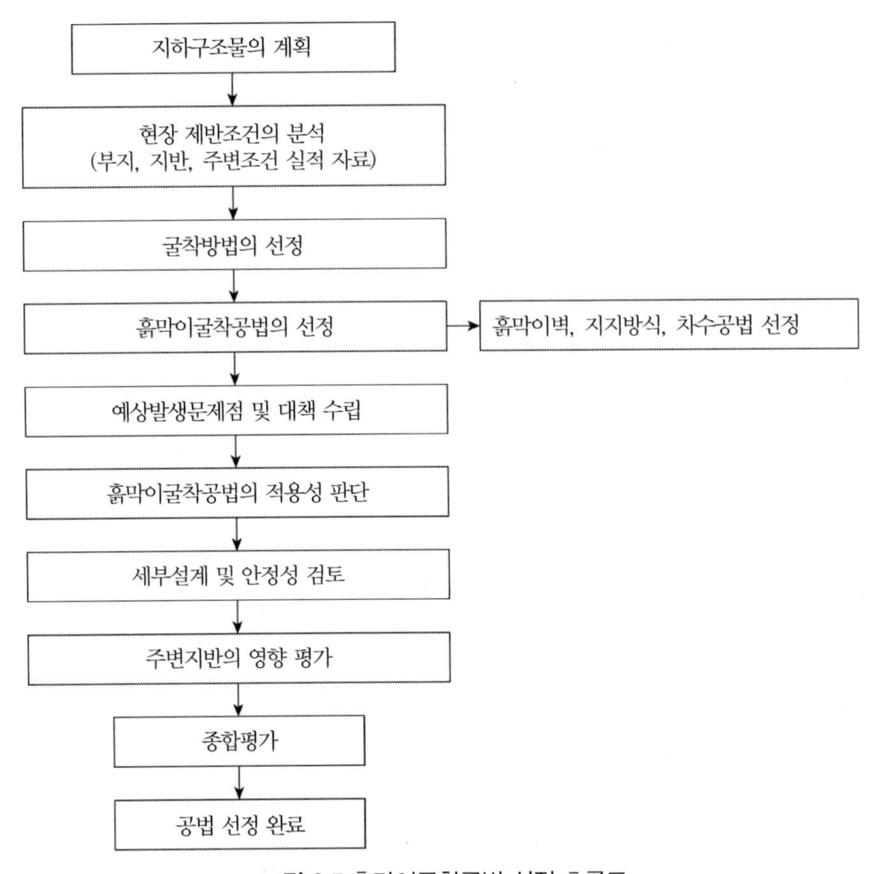

그림 8.5 흙막이굴착공법 선정 흐름도

(2) 흙막이벽의 비교

본 연구에서 비교된 흙막이벽은 H-말뚝+흙막이판, C.I.P, S.C.W. 및 지중연속벽이다. 각 흙막이벽의 장단점, 재질, 안정성, 굴착심도, 형성두께, 경제성, 차수성, 정밀성, 투입장비, 적용성 등을 비교한다. 이들 항목에 대한 비교검토를 통하여 본 현장에 합리적으로 적용할 수 있는 흙막이벽을 선정하였다. 본 연구에서는 현장여건을 고려하여 전 굴착단면에 C.I.P 흙막이벽을 선정하였다. 그리고 내부굴착 구간에는 부분적으로 H-말뚝+흙막이벽을 선정하였다.

표 8.5는 각종 흙막이벽의 특징을 나타낸 것이다. 흙막이벽은 경량강널말뚝, H-말뚝, 횡널말뚝, 강널말뚝, 강관널말뚝, 지하연속벽, 주열식 지하연속벽 및 프리케스트 콘크리트 흙막이벽을 대상으로 하였다. 그리고 각각의 흙막이벽을 대상으로 지반의 상태, 시공조건, 굴착의 규모, 지보공과의 조합, 공사기간, 공사비용 등에 대하여 서로 비교하여 나타내었다. 표를 살펴보면 본

현장에 적용할 예정인 C.I.P 공법(주열식 지하연속벽)은 대부분의 조건에 모두 만족하는 것으로 나타났다. 특히 시공조건과 공사기간에 유리한 것으로 나타났다.

표 8.5 흙막이공법의 특징

검토항목 / 흙막이벽	지반의 상태				시공조건			굴착의 규모		지보공과의 조합	공사기간	공사비용
	연약지반	점성토	사질토	지하수가 많다	쳐서 넣기 양호	소음 진동 동의 계약	주변 지반 침하	깊다	넓다			
경량강널말뚝	×	○	○	×	○	△	×	×	△	○	○	○
엄지말뚝 횡널말뚝	△	○	○	×	○	△	△	△	○	○	○	○
강널말뚝	○	○	○	○	○	△	○	○	○	○	○	○
강관널말뚝	○	○	○	○	○	△	○	○	○	○	×	× (주3)
지하연속벽	○	○	△ (주1)	○ (주2)	△	○	○	○	○	○	×	× (주3)
주열식 지하연속벽	○	○	△ (주2)	△ (주2)	△	○	○	△	○	○	○	×
프리케스트 콘크리트	△	○	△	△	△	△	△	△	○	△	○	×

범례: 유리, 보통, 불리, 검토 요망
주) 1. 굴착 시의 공벽의 붕괴
2. 지하수의 유속이 3m/min을 초과하면 콘크리트의 품질관리 곤란
3. 본체 구조물의 일부가 되는 경우는 제외

(3) 흙막이벽 지지공법의 비교

본 연구에서 비교된 흙막이벽의 지지공법은 자립식, 버팀보지지식 및 앵커지지식이다. 각 흙막이벽 지지공법의 적용조건, 적용토질, 장단점 등을 비교할 필요가 있다. 이들 항목에 대한 비교검토를 통하여 본 현장에 합리적으로 적용할 수 있는 흙막이벽 지지공법을 선정한다. 본 연구에선 현장 여건을 고려하여 인접도로 구간에는 앵커지지공법을 적용하고, 인접구조물 구간에서는 버팀보지지 공법을 적용하는 것으로 하였다. 그리고 내부굴착 구간에는 부분적으로 자립식공법을 적용하는 것으로 하였다.

(4) 흙막이굴착공법 제안

기존의 흙막이굴착공법인 버팀보지지 흙막이벽 대신에 굴착 구간 내 작업공간 확보, 인접구

조물의 안정성 확보, 공사기간 단축 등을 고려할 수 있는 합리적인 흙막이굴착공법을 제안하고자 한다. 본 현장여건에 가장 합리적인 흙막이굴착공법을 선정하기 위하여 각종 흙막이벽 및 지지공법을 서로 비교·검토하였다. 그 결과를 토대로 본 현장에 적용하기 위한 흙막이굴착공법을 선정하도록 한다.

표 8.6은 본 현장에 적용할 수 있는 여러 가지 흙막이굴착공법을 제안한 것이다. 제1안은 원안으로서 전 구간을 C.I.P 1열과 L/W 그라우팅으로 시공한다. 그리고 버팀보지지 방식과 코너 버팀보지지 방식을 적용한다. 제2안은 인접구조물(거송프라자 및 나대지) 구간에 C.I.P를 2열로 시공하고, 코너 버팀보지지 방식을 적용한다. 그리고 인접 도로 구간에는 C.I.P를 1열 시공하고, 앵커 지지방식을 적용한다. 제3안은 인접구조물 구간에 C.I.P를 1열과 지하연속벽으로 시

표 8.6 흙막이 굴착공법의 선정

방안	제1안(원인)	제2안	제3안	제4안
방안 개요	• 버팀보+코너 버팀보 • C.I.P+L/W 그라우팅	• 앵커+코너 버팀보 • C.I.P	• 앵커+코너 버팀보 • C.I.P+슬러리벽	• 앵커 • C.I.P • 부분 역타
시공방법	전 구간: C.I.P 1열 +L/W 그라우팅 +버팀보+코너 버팀보	• 인접 구조물 구간: C.I.P 2열+코너 버팀보 • 인접 도로 구간: C.I.P 1열+앵커	• 인접 구조물 구간: C.I.P 1열+슬러리 띠장+코너 버팀보 • 인접 도로 구간 : 슬러리 띠장+앵커	• 인접 구조물 구간 : 부분 역타 • 인접 도로 구간: C.I.P 1열+앵커
장단점	• 굴착 작업 구간 내 중간말뚝과 버팀보로 인하여 굴착작업이 수월하지 못함 • 굴착작업을 위한 공사기간이 길 • 대규모 굴착현장에서 사용 곤란 • 굴착심도가 깊을 경우 버팀보가 많이 요구되어 시공 곤란 • 버팀보 강재의 수축이나 접합부의 유동이 큼	• 굴착작업공간의 확보가 용이함 • 중장비의 운용이 가능하고 시공능률이 양호 • 넓고 깊은 굴착에서는 버팀보보다 앵커가 경제적 • C.I.P 벽체의 강성이 크며, 소음진동이 적음 • 인접 구조물 구간은 C.I.P를 2열로 시공하므로 벽체의 강성이 크며, 차수성이 양호 • C.I.P 시공 시 지하수위의 변화를 관찰하여 별도의 차수가 필요한지를 검토	• 굴착작업공간의 확보가 용이함 • 넓고 깊은 굴착에서는 버팀보보다 앵커가 경제적 • 슬러리 띠장 시공 시 소음 및 진동이 적음 • C.I.P 벽체보다 강성이 커서 주변구조물 보호에 적합하며, 주변지반의 침하가 가장 적음 • 공기와 공사비 면에서 불리함 • 작업대가 큼	• 굴착작업공간의 확보가 용이함 • 넓고 깊은 굴착에서는 버팀보보다 앵커가 경제적 • 부분 역타 인접구조물에 대하여 안전한 공법 • F1 슬래브를 먼저 시공하므로 민원처리에 유리함 • 슬래브를 시공하면서 굴착하므로 공기면에서 불리함 • 영구구조물이므로 많은 구조계산 검토와 바닥두께 증가가 필요 • 시공 후 역타 구간의 슬래브와 일치하지 않을 가능성이 있음
평가		권장 방안		

* 흙막이벽 시공 시 합벽식 벽체보다 비합벽식 벽체로 시공하는 것이 공기단축에 유리하다.
* 지반굴착 시 지하수위의 변화를 조사하여 별도의 차수공법이 필요한지 여부를 결정한다.

공하고, 코너 버팀보지지 방식을 적용한다. 그리고 인접도로 구간에는 지하연속벽을 시공하고, 앵커지지방식을 적용한다. 제4안은 인접구조물 구간에 부분 역타공법을 적용한다. 그리고 인접도로 구간에는 C.I.P 1열과 앵커지지방식을 적용한다.

상기 제1안부터 제4안 가운데 본 현장의 안정성과 시공성을 고려하여 제2안을 권장 방안으로 제시한다. 그림 8.6은 본 연구에 의해 제안된 흙막이굴착공법의 평면도를 도시한 그림이다.

구간별 선정된 새로운 흙막이굴착공법의 주요사항은 다음과 같다.

① 인접구조물 구간: C.I.P(400, C.T.C 400) 2열 + 코너 버팀보지지
② 인접도로 구간: C.I.P(400, C.T.C 400) 1열 + 앵커지지
③ 내부굴착 구간: H-말뚝 + 흙막이관 + 앵커지지지지, H-말뚝 + 흙막이판(자립식)

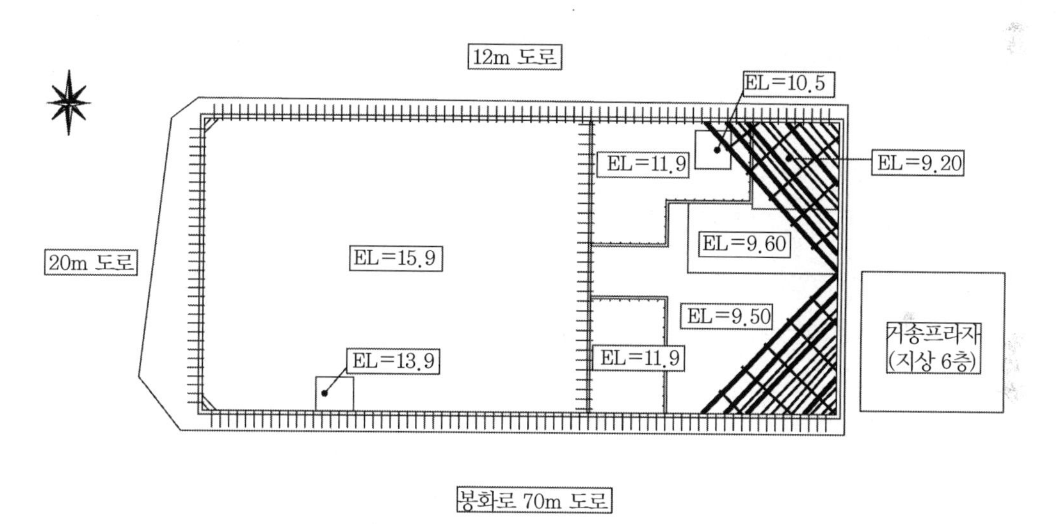

그림 8.6 제안된 흙막이굴착공법 평면도

8.3.5 예상 발생 문제점 및 대책수립

(1) 굴착에 따른 인접지반의 침하

굴착공사로 인하여 인접지반의 침하가 발생할 수 있는 일반적인 요인으로는 다음 사항을 열거할 수 있다.

① 주위매설물의 매립상태가 불완전한 경우 말뚝관입 시 천공작업의 진동으로 인한 압축침하

② H-말뚝 및 흙막이판으로 지지되는 흙막이벽의 변위에 따른 배면토의 이동으로 인한 침하

③ 지하수 유출 시 토사가 함께 배수되어 발생하는 침하

④ 배수에 의한 점성토의 압밀침하

⑤ 2차적인 원인으로서 위에 열거한 1차적인 원인에 의해 침하로 인해 인접한 상하수도 관거의 파손으로 인해서 일시적으로 많은 물이 유출되어 토사가 대량 유출됨으로써 발생하는 함몰침하

이상의 원인중 배면토의 이동에 인한 침하와 배수에 의한 압밀침하 등은 주로 설계 시 고려되는 사항으로서 본 굴착지반의 경우 굴착 대상지층이 매립층, 붕적층 및 풍화토층으로 분포되어 굴착에 따라 발생할 수 있는 문제점으로는 ①, ②, ③ 및 ⑤항에 의한 침하가 예상되며 이에 대한 보강대책이 필요할 것으로 사료된다.

(2) 굴착 시 소음 및 진동

본 현장 여건상 굴착작업 시 소음, 진동이 발생할 수 있으므로 주변건물이나 인접지하매설물 등에 예상치 못한 손상을 입히거나 인근주민에게 불안감을 주지 않도록 전 시공과정을 통하여 전문적인 지식을 근거로 정확하게 측정하여 작업에 따른 시공피해가 허용치 이내가 되도록 세심한 관심과 노력이 요구된다.

(3) 지하수 유출

본 현장의 지하수위는 지반조사보고서에 의하면 G.L.(-)2.6~3.2m에 존재하는 것으로 조사되었다. 측정된 지하수위가 지반조사 시 사용된 보일링수인지에 대한 여부는 착공 시 시험터파기를 실시하거나, C.P.I 흙막이벽 시공 시 지하수위가 존재하는 것으로 나타날 경우에는 별도의 차수대책을 감리자와 협의하여 적용하도록 해야 한다.

(4) 인접구조물의 영향

본 굴착지반에 인접해서 전면으로 70m 도로(봉화로)가 위치하고 있으며, 후면은 12m 도로가 위치하고 있다. 또한 좌우측으로는 각각 20m 도로와 거송프라자(지하 1층, 지상 6층)가 위치

하고 있는 상태에 있다.

따라서 굴착지반의 주변여건 및 지층구성상태 등을 고려하여 전 구간에 걸쳐 'H-말뚝+C.I.P'을 적용하였으며, 건물이 인접한 구간에는 C.I.P를 2열로 적용하는 것으로 보강하였다. 다만 현장 내부에서 실시되는 굴착에 대해서는 'H-말뚝+흙막이판'을 적용하였다. 또한 실시공 시에 건물이 근접한 구간에 대해서는 수시로 관찰하고 계측기를 공정에 맞게 설치, 관리하여 이상 발생 시 즉시 공사를 중지하고 감리자와 협의하여 보강해야 하며, 또한 착공 시 현장조사를 철저히 하여 설계 시와 다른 하중조건이 조사될 경우 별도의 보강을 실시하도록 한다.

(5) 공사 진행에 대한 유의사항

굴착공사와 관련된 인근지반의 침하를 극소화하기 위해 다음 사항에 대해 유의해야 한다.

① 현장 책임자는 본 흙막이벽 설계도와 인접대지 경계선 및 본 건물의 지하외벽선, 지반고 등을 검측하여 각종 차수 및 지반보강을 위한 경우와 H-말뚝 삽입을 위한 천공 시 중심선 및 천공깊이를 확인한 후 시공해야 한다.

② 본 굴착공사 기간 중에 장마 또는 호우를 만날 것에 대비하여 흙막이벽 배면은 시멘트 또는 아스팔트로 포장하거나 배수로를 만들어야 한다.

③ 앵커 또는 버팀보 설치 이전에 다음 단계의 굴착을 무리하게 진행하는 것은 인접지반의 침하는 물론 흙막이구조물의 안전에도 문제가 발생할 수 있으므로 공기단축을 위한 과굴착은 피해야 한다.

④ 굴착은 현장 여건을 고려하여 실시하되 굴토 및 사토계획 등에 대하여 사전에 감리자와 협의하여 시공에 임하도록 한다.

⑤ 굴착 시는 설계도 및 시방서에 규정한 제 규정을 엄수해야 하며, 특히 인접한 건물의 실제 지하실 깊이를 그 구간의 굴착 전에 필히 확인한 후 적합성 여부를 검토 후 시공하여 기존 건축물의 기능에 문제가 발생하지 않도록 해야 한다.

⑥ 앵커지지 흙막이벽 시공 구간에 대하여서는 착공 전에 도로점용허가를 필히 득해야 하며, 실시공 시 도로하부에 지장물 유무 및 현황을 조사하고, 필요시 해당기관의 관계자 입회하에 위치를 확인한 후 시공하도록 한다.

8.4 흙막이구조물의 설계

8.4.1 해석 프로그램(SUNEX)

해석 프로그램은 탄소성 빔스프링(beam-spring) 모델을 적용하여 단계별 굴착과 지보공에 따른 흙막이 벽체의 변위, 전단력, 휨모멘트, 지보공의 축력 등의 계산이 가능한 프로그램이다.[1] 해석 시 흙막이벽체는 탄성보, 지보공은 탄성 스프링, 지반은 탄소성 스프링으로 모델링한다. 그리고 초기토압을 가하여 발생하는 변위를 계산하고 그 변위에 상응하는 지반의 탄소성 상태를 판단하여 다시 토압을 보정하는 일련의 반복과정을 수행한다.

본 프로그램에서 부여되는 기본 가정으로는 지보공 설치지점의 수직벽에 대하여 지보공의 수평간격, 단면적, 길이재료의 탄성계수로 구해지는 탄성 스프링 지점이 부가된다. 그리고 지보공에 대한 탄성지점은 그 지보공이 설치될 때 이미 발생하였던 변위량에 해당하는 선행변위를 가지는 것으로 고려된다. 해석 시 적용되는 기본적인 사항은 다음과 같다.

① 지반과 지보공 설치지점은 식 (8.1)로 구해지는 탄성 스프링을 적용한다.

$$K_s = \frac{AE_s}{SL}\cos(i) \tag{8.1}$$

여기서, S = 지보재 간격

L = 자유장

A = 단면적

I = 지보재 설치 경사각

E = 지지구조, 탄성계수

K = 탄성지점의 스프링 상수

② 흙막이벽의 근입은 유한장이며, 근입선단은 고정, 힌지 및 자유단 중의 하나를 선택한다.

③ 굴착면과 배면의 지반스프링은 각각 최댓값(수동토압)과 최솟값(주동토압) 사이에서 거동하며, 소성영역에서의 스프링 강성은 무시한다.

④ 굴착면 상부의 흙막이벽에 작용하는 토압은 단계별 굴착에 따른 흙막이 벽체의 변위에 따라 변화한다.

⑤ 흙막이 벽체의 배면토압은 굴착면 위와 아래로 나누어 다르게 고려한다. 즉, 굴착면 위에는 배면으로부터 주동토압이 작용한다. 굴착면 아래의 배면측은 정지토압에서 주동토압을 뺀 유효주동토압이 벽체에 작용한다. 그리고 굴착면 측은 벽체변위가 소성영역에 있을 때도 벽체변위에 비례하는 탄성반력이 작용한다(그림 8.7 참조).

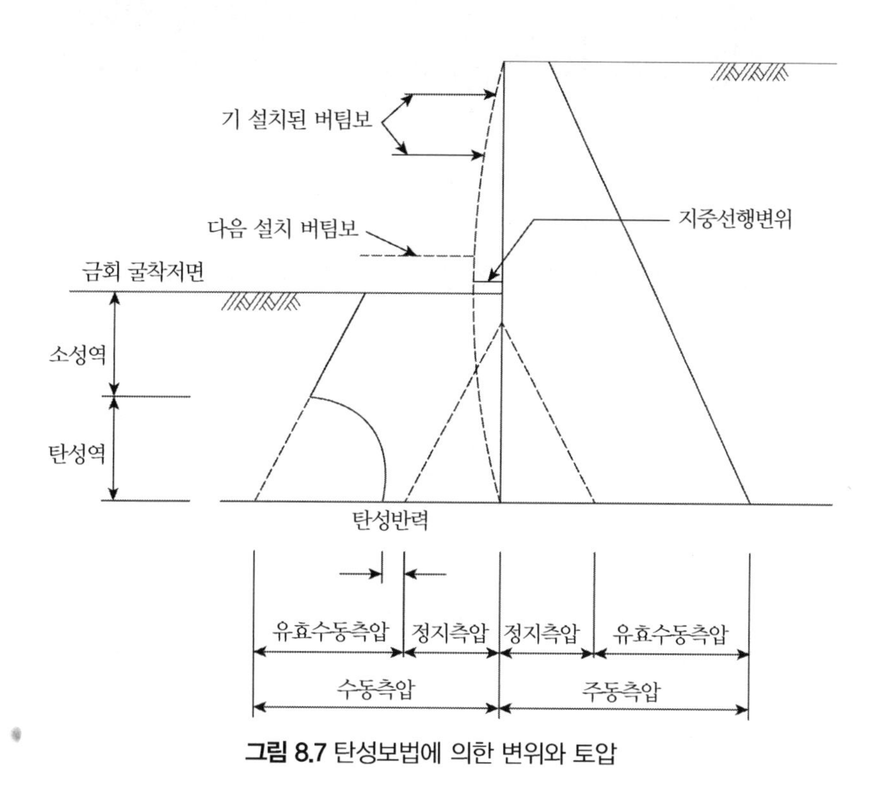

그림 8.7 탄성보법에 의한 변위와 토압

8.4.2 해석 단면 및 토질정수

(1) 해석 단면의 선정

본 연구에서 선정된 각 구간별 흙막이굴착공법의 안정성을 검토하기 위하여 본 현장을 크게 3개의 단면으로 분류하였으며 이는 그림 8.8에 도시하였다. 즉, 그림을 살펴보면 본 현장을 A-A 단면, B-B 단면 및 C-C 단면으로 분류하였다. A-A 단면은 본 현장의 동서(가로)방향 단면이고, B-B 단면과 C-C 단면은 본 현장의 남북(세로)방향 당면이다. 특히 B-B 단면은 굴착깊이가

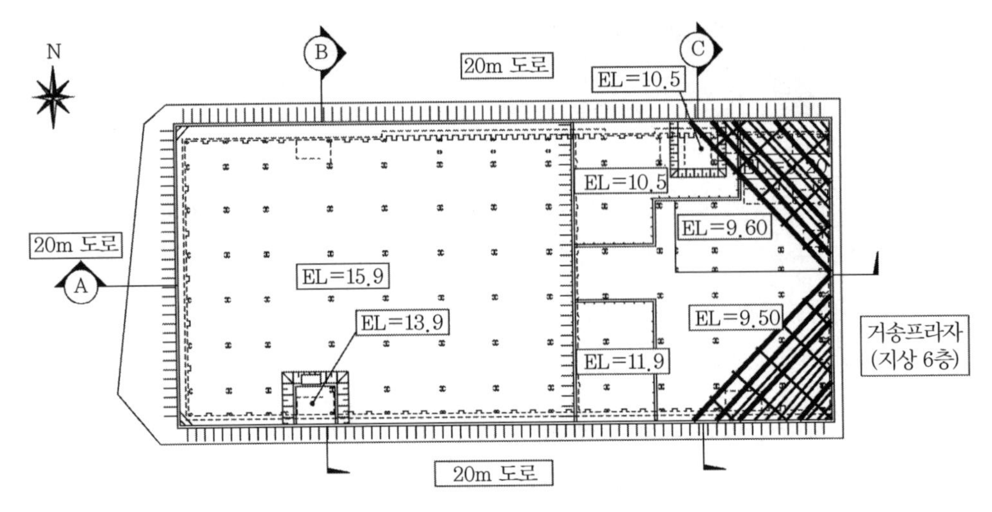

그림 8.8 해석 단면의 산정

G.L.(-)14.25m 구간이고, C-C 단면은 굴착깊이가 G.L.(-)20m 구간이다.

SUNEX 프로그램 해석은 3개 단면 중 6개 흙막이벽을 대상으로 수행하였다.[1] 즉, A-A 단면 중 3개 단면, B-B 단면 중 1개 단면 그리고 C-C 단면 중 2개 단면에 대하여 프로그램 해석을 실시하였다. A-A 단면은 5단 앵커로 지지된 서쪽방향의 흙막이벽(굴착깊이: G.L.(-)14.25m), 2단 앵커로 지지된 굴착 내부 구간의 흙막이벽(굴착깊이: G.L.(-)6.45m 그리고 7단 코너 버팀보로 지지된 인접구조물 부근의 흙막이벽(굴착깊이: G.L.(-)16.10m)에 대하여 해석을 수행하였다. 마지막으로 C-C 단면은 7단 앵커로 지지된 흙막이벽(굴착깊이: G.L.(-)18.90m 및 G.L.(-)20.0m)에 대하여 해석을 수행하였다

(2) 해석 시 토질정수 산정

해석 대상 지반에 대한 토질정수는 기존의 지반조사보고서 토대로 산정하였다.[9] 각 지반의 단위중량, 내부마찰각, 점착력, 수평지반반력계수 등은 지반조사 결과의 N치를 이용한 경험식을 적용하여 산정하였다. 그리고 상재하중은 수치해석 시 일반적으로 사용되는 시방서에 제시된 값을 적용한다.

해석 단면의 내부마찰각을 산정하기 위하여 Peck의 공식,[10] Meyerhof 공식,[12] 및 Dunham 공식[12]을 적용하였다. 이들 식은 모두 N치를 이용하여 내부마찰각을 경험적으로 산정한다. 각 지층에 대한 내부마찰각은 이등 공식으로 구한 값의 최솟값을 적용하여 산정하였다. 표 8.7은

각 지층에 대한 내부마찰각을 산정한 결과다.

수평지반반력계수(K_h)는 말뚝이나 흙막이벽체와 주변지반의 거동을 분석하기 위한 지반반력이론(subgrade reaction theory) 적용 시 사용된다. 지반-구조물 상호작용 모델이라 불리기도 하는 수평지반반력계수는 벽체의 변형량에 따라 토압의 크기가 변화될 수 있기 때문에 흙막이벽 설계방법 중 현실과 가장 잘 부합되는 방법으로 알려져 있어 정확한 K_h의 추정은 대단히 중요하다.

표 8.7 내부마찰각의 산정

토층	적용 N치	Peck $\phi=0.3N+27$	Meyerhof $\phi=0.25N+32.5$	Dunhum $\phi=\sqrt{12N}+15$	적용치(°)
매립층	7/30	29.1	34.25	24.1	24
붕적층	11/30	30.3	35.25	26.5	36
풍화토층(1)	20/30	33	37.5	30.5	30
풍화토층(2)	30/30	36	40	34.0	32
풍화암층	50이상	-	-	-	35

해석 단면의 수평지반반력계수를 산정하기 위하여 Schmertmann 공식,[11] Yoshinaka 공식,[12] Schultze & Menzenbach 공식[12] 및 Hukuoka 공식[13]을 적용하였다. 위의 식들은 모두 N치를 이용하여 수평지반반력계수를 경험적으로 산정한다. 각 지층에 대한 수평지반반력계수는 이들 공식으로 구한 값 중에서 Hukuoka 공식으로 구한 값을 적용하였다.[13] 표 8.8은 각 지층에 대한 수평지반반력계수를 산정한 결과다.[13]

표 8.8 수평지반 반력계수의 산정[11,13]

토층	적용 N치	Schmertmann $K=10\times\alpha N$ $(\alpha=10)$	Yoshinaka $K=10\times 6078N^{0.998}$	Schultze Menzenbach $K=10\times(4+11.5N)$	Hukuoka	적용치(°)
매립층	7/30	700	473	845	1,522	1,520
붕적층	11/30	1,100	742	1,305	1,829	1,830
풍화토층(1)	20/30	2,000	1,348	2,340	2,332	2,330
풍화토층(2)	30/30	3,000	2,020	3,490	2,749	2,750
풍화암층	50 이상	-	-	-	-	3,500

수치해석에 적용되는 상재하중은 국내 시방서에서 제시하고 있는 값을 적용하였다. 국내 도로교 표준시방서[3]와 구조물 기초설계기준[2]에 제시된 값은 다음과 같다.

① 도로교 표준시방서(건설교통부 제정: 1996) 설계, 시공 및 유지관리편[3]

도로교 표준시방서 상재하중의 영향은 등분포하중으로 환산하여 작용하는 것으로 본다.[3] 그리고 트럭의 종류에 따라 환산등분포하중을 다르게 적용시킨다. 표 8.9는 도로교 표준시방서에서 제시하고 있는 상재하중을 나타낸 것이다.

표 8.9 상재하중(도로교 표준시방서)[3]

표준트럭하중	환산등분포하중(t/m^2)
DB-13.5	$q=0.7$
DB-18	$q=1.0$
DB-24	$q=1.3$

② 구조물 기초설계기준(건설교통부)

구조물 기초설계기준(건설교통부)에서도 수치해석 시 적용하는 상재하중을 제시하고 있다. 중차량이 빈번히 통과하는 도로에 대해서는 상재하중 $q=2.0\text{t/m}^2$을 적용하도록 하며, 보도와 같은 경하중에서는 상재하중 $q=0.5\text{t/m}^2$를 적용하도록 추천하고 있다.

각 지반의 N치를 이용하여 경험적인 공식으로 구한 값을 정리하면 표 8.10과 같이 나타낼 수 있다. 표를 살펴보면 매립층, 붕적층, 풍화토층 및 풍화암층으로 분류하여 토질정수를 산정하였다.

표 8.10 해석 단면의 토질정수[10]

토층	적용 N치	ϕ(°)	γ(t/m^3)	c(t/m^2)	K_h(t/m^3)
매립층	7/30	24	1.7	0	1,520
붕적층	11/30	26	1.7	0	1,930
풍화토층(1)	20/30	30	1.8	1	2,330
풍화토층(2)	30/30	32	1.9	2	2,750
풍화암층	50 이상	35	2.1	3	3,500

8.4.3 해석 결과 및 부재력 검토

(1) SUNEX 해석 결과[13]

본 현장에 적용된 흙막이굴착공법의 안정성을 검토하기 위하여 현재 범용적으로 사용되고 있는 SUNEX 프로그램을 사용하였다.[1] 해석 결과 앞에서 선정한 3개 단면의 6개 흙막이벽은 보두 안정한 것으로 나타났다. 표 8.11은 SUNEX 프로그램으로 해석한 결과를 정리하여 나타낸 표다.[13]

(2) 부재력 검토

SUNEX 프로그램으로 구한 각종 부재력을 이용하여 본 현장에 적용된 C.I.P 흙막이벽, H-말뚝, 띠장, 코너 버팀보 및 흙막이판의 부재력을 검토하고자 한다. 먼저 C.I.P 흙막이벽의 응력과 모멘트를 검토하여 주철근량과 띠철근량을 산정한다. H-말뚝과 띠장은 사용재료에 따른 휨모멘트와 전단력을 검토하여 적합하게 산정되었는지 확인한다. 코너 버팀보는 사용재료에 대하여 좌굴검토를 수행하고, 상재하중 작용 시 응력을 검토하여 한정하게 설계되었는지 확인한다. 마지막으로 흙막이판의 응력을 검토하여 합리적인 두께를 산정한다.

표 8.12는 본 현장에 적용된 C.I.P 흙막이벽, H-말뚝, 띠장, 코너 버팀보 및 흙막이판의 부재력을 검토한 결과를 정리한 표다.

표 8.11 해석 결과[13]

구분	굴착깊이(m)	흙막이벽	Mmax(t.m)	Smax(ton)	Wmax(t/m)	Pmax(t/m²)	근입장 검토
E/앵커 5단(A-A) C.T.C 1.6	-14.25	H-말뚝 +C.I.P	5.53	7.03	1단: 5.23 2단: 6.37 3단: 9.24 4단: 9.32 5단: 10.91	5.23	2.71 ∴ O.K
검토사항							
E/앵커 2단(A-A) C.T.C 1.8	-6.45	H-말뚝 +흙막이판	1.24	2.55	1단: 5.04 2단: 5.34	3.71	17.36 ∴ O.K
검토사항			H-말뚝 검토	H-말뚝 검토		흙막이판 검토	
코너 버팀보 7단(A-A) C.T.C 3.0	-19.8	H-말뚝 +C.I.P	9.89	12.87	1단: 4.16 2단: 6.65 3단: 9.05 4단: 10.11 5단: 12.99 6단: 18.12 7단: 20.58	7.98	2.84 ∴ O.K
검토사항					코너 버팀보 띠장 검토		
E/Anchor 6단(B-B) C.T.C 1.6	-16.1	H-말뚝 +C.I.P	4.91	9.16	1단: 5.91 2단: 6.30 3단: 9.30 4단: 12.31 5단: 18.82	6.12	2.41 ∴ O.K
검토사항							
E/Anchor 7단(C-C) C.T.C 1.6	-18.9	H-말뚝 +C.I.P	9.40	9.30	1단: 5.76 2단: 6.57 3단: 10.37 4단: 11.09 5단: 15.86 6단: 17.57 7단: 18.47	7.53	2.13 ∴ O.K
검토사항							
E/Anchor 7단(C-C) C.T.C 1.6	-20.0	H-말뚝 +C.I.P	11.09	12.64	1단: 5.66 2단: 6.36 3단: 9.64 4단: 12.14 5단: 15.96 6단: 19.46 7단: 22.36	8.09	1.95 ∴ O.K
검토사항			C.I.P 검토	C.I.P 검토			

표 8.12 부재력 검토 결과

구분	휨응력(%)	전단응력(%)	안전성 기준	안전성 여부	비고
C.I.P 흙막이벽	$\alpha_{ck}=180\text{kg/cm}^2$ 주철근: D22-6EA, 띠철근: D10@300				
H-말뚝	0.14	0.16	1.0	O.K	
띠장	0.89	0.86	1.0	O.K	
코너 버팀보	0.71		1.0	O.K	
흙막이판	$t=7\text{cm}$				

(3) C.I.P 흙막이벽

C.I.P의 규격은 다음과 같다.

① $D=40.00\text{cm}$(C.I.P 직경)

② C.T.C = 40.00cm(C.I.P 시공간격)

③ $D'=28.00\text{cm}$(주철근 시공직경)

④ $d=30.00\text{cm}$(유효높이)

⑤ $S=30.00\text{cm}$(띠철근 시공간격)

철근콘크리트의 허용응력과 탄성계수는 다음과 같다.

$\sigma_{ck}=180\text{kg/cm}^2$(콘크리트 압축강도)

$\sigma_{ca}=0.40\times\sigma_{ck}\times1.5$(콘크리트 허용압축강도)

$=0.40\times180\times1.5=108\text{kg/cm}^2$

$\tau_a=0.25\sqrt{\sigma_{ck}}\times1.5$(콘크리트 허용전단강도)

$=0.25\sqrt{180}\times1.5=5.03\text{kg/cm}^2$

$=3000\text{kg/cm}^2$(철근허용강도(SD30A))

$\sigma_{sa}=1500\times1.5=2250\text{kg/m}^2$(철근허용강도)

$E_s=2{,}040{,}000\text{kg/cm}^2$(철근탄성계수)

$E_c=l5000\sqrt{\sigma_{ck}}=15{,}000\sqrt{180}=201{,}246.12\text{kg/cm}^2$(콘크리트 탄성계수)

표 8.13은 이형 철근의 제원표다.

표 8.13 이형 철근 제원표

호칭명	단위중량(kg/m)	공칭직경(cm)	공칭단면적(cm^2)	비고
D6	0.249	0.635	0.3167	
D10	0.560	0.953	0.7133	띠철근
D13	0.995	1.27	1.276	
D16	1.56	1.59	1.986	
D19	2.25	1.91	2.865	
D22	3.04	2.22	3.871	주철근
D25	3.98	2.54	5.067	

최대부재력과 휨모멘트를 검토하면 다음과 같다.

$$M_{\max} = 11.09 \times 0.40 = 4.44\mathrm{t-m}\,(\text{C.I.P 간격})$$

$$S_{\max} = 12.64 \times 0.40 = 5.06\mathrm{t}\,(\text{C.I.P 간격})$$

직경 400mm의 C.I.P를 같은 단면적을 갖는 354×354mm의 등가사각형으로 해석하면 다음과 같다.

$$n = \frac{E_s}{E_c} = \frac{2,040,000}{201,246.12} = 10(\text{탄성계수비})$$

$$k = \frac{n\sigma_{ca}}{n\sigma_{ca} + \sigma_{sa}} = \frac{10 \times 108}{10 \times 108 \times 2250} = 0.324(\text{평형철근비})$$

$$i = 1 - \frac{k}{3} = 1 - \frac{0.324}{3} = 0.892$$

$$A_s = \frac{M_{tmax}}{\sigma_{sa} jd} = \frac{4.44 \times 10^5}{2250 \times 0.892 \times 30.0} = 7.37\mathrm{cm}^2(\text{소요철근량})$$

C.I.P의 주철근을 D22-3개를 사용할 때(A_s = 3.871×3 = 11.613cm^2)

소요철근량〈사용철근량 O.K

소요철근량(7.37cm^2)〈사용철근량(11.613cm^2) O.K

주철근 전체 사용갯수 D22-6EA(A_s = 3.871×6 = 23.226cm^2)

응력을 검토해보면 다음과 같다.

$$k = 0.324$$

$$\sigma_c = \frac{2M}{ljbd^2} = \frac{2 \times 4.44 \times 10^5}{0.324 \times 0.892 \times 35.4 \times 30.0^2} = 96.44 < 108\text{kg.cm}^2$$

$$\sigma_s = \frac{M_{\max}}{A_s jd} = \frac{4.44 \times 10^5}{23.226 \times 0.892 \times 30.0} = 714.37\text{kg/cm}^2 < 2{,}250\text{kg/cm}^2$$

띠철근의 구조세목은 다음과 같다. D32 이하의 철근을 축방향 철근으로 사용할 경우에는 D10 이상의 철근을 띠철근으로 사용해야 하고, D35 이상의 철근을 축방향 철근으로 사용할 경우에는 D13 이상의 철근을 띠철근으로 사용해야 한다.

① 띠철근의 간격

가. 축방향 철근의 지름의 16배 이하

나. 띠철근 지름의 48배 이하

다. 기둥 단면의 최소치수 이하

② 띠철근 계산

가. 1.91×16 = 30.56cm

나. 0.953×48 = 45.74cm

다. 기둥 단면의 최소치수 40cm

③ 띠철근 D10 C.T.C 300 이용

결국 주철근 및 띠철근은 다음과 같이 결정한다.

① 주철근 D22-6EA

② 띠철근 D10@300

(4) H-말뚝

엄지말뚝의 사용강재: H-300×200×9×14(C.T.C = 1.8m)

A_s = 83.36cm^2, Z_x = 893cm^3

이 강재의 휨모멘트는 다음과 같다.

m당 $M_{\max} = 1.24\text{t.m}$

$M_{\max} = 1.24 \times 1.8 = 2.23\text{t.m}$

$4.5 < l/b = 290/20 = 14.5 < 30.0$

$\sigma_{ba} = 1.5 \times (1400 - 24 \times (l/b - 4.5)) = 1740.0\text{kg/cm}^2$

$$\sigma_b = \frac{M_{\max}}{Z_X} = \frac{2.23 \times 10^5}{893} = 249.7\text{kg/cm}^2$$

$$\therefore \frac{\sigma_b}{\sigma_{ba}} = \frac{249.7}{1740.0} = 0.14 < 1.0 \ \text{O.K}$$

전단력에 대하여 검토해보면 다음과 같다.

$A_w = 24.48\text{cm}^2$

$S_{\max} = 2.5\text{ton}$

$S_{\max} = 2.55 \times 1.8 = 4.59\text{ton}$

$\tau_a = 1{,}200\text{kg/cm}^2$

$$\tau = \frac{S_{\max}}{A_s} = \frac{4.59 \times 10^3}{24.48} = 187.5\text{kg/cm}^2$$

$$\therefore \frac{\tau}{\tau_a} = \frac{187.5}{1200.0} = 0.16 < 1.0 \ \text{O.K.}$$

(5) 띠장

띠장의 사용강재: H-300×300×10×15

$A_s = 119.8\text{cm}^2,\ Z_x = 1360\text{cm}^3$

$W_{\max} = 20.58\text{t/m},\ I = 3.0\text{m}$

이 강재의 휨모멘트는 다음과 같다.

$$M_{\max} = \frac{W \times l^3}{8} = \frac{20.58 \times 3.0^2}{8} = 23.15\text{tm}$$

$$4.5 < l/b = 300/30 = 10.0 < 30.0$$

$$\sigma_{ba} = 1.5 \times 1400 - 24 \times (l/b\text{–}4.5)) = 1902.0\text{kg/cm}^2$$

$$\sigma_b = \frac{M_{\max}}{Z_X} = \frac{23.15 \times 10^5}{1360} = 1702.2\text{kg/cm}^2$$

$$\therefore \frac{\sigma_b}{\sigma_{ba}} = \frac{1702.2}{1902.0} = 0.89 < 1.0 \quad \text{OK}$$

전단력에 대하여 검토해보면 다음과 같다.

$$A_w = 30.0\text{cm}$$

$$S_{\max} = \frac{W \times L}{2} = \frac{20.58 \times 3.0}{2} = 30.87\text{ton}$$

$$\tau_a = 1{,}200\text{kg/cm}^2$$

$$\tau = \frac{S_{\max}}{A_s} = \frac{30.87 \times 10^3}{30.0} = 1029.0\text{kg/cm}^2$$

$$\therefore \frac{\tau}{\tau_a} = \frac{1029.0}{1200.0} = 0.86 < 1.0 \quad \text{O.K.}$$

(6) 코너 버팀보

코너 버팀보의 사용강재: H-300×300×10×15

$A_s = 119.8\text{cm}^2$, $Z_x = 1360\text{cm}^3$

$i_x = 13.1\text{cm}$, $i_y = 7.51\text{cm}$

코너 버팀보에 대하여 검토하면 다음과 같다.

유효좌굴장 $lk = 6.5\text{m}$, $S = 3.0\text{m}$(코너 스트러트 간격)

m당 $W_{\max} = 20.58\text{t.m}$

$20 < \lambda = I_k / I_y = 650/7.51 = 86.50 < 93$

$I_k / I_y = 650/13.1 = 49.62 < 93$

$\sigma_{ca} = 1.5 \times \{1{,}400 - 8.4 \times (l/r\text{–}20)\} = 1{,}261.5\text{kg/cm}^2$

$$P = \frac{20.58 \times 3.0}{\cos 45°} = 87.31\text{ton}$$

$$\therefore \sigma_c = \frac{P}{A} = \frac{87.31 \times 10^3}{119.8} = 728.8\text{kg/cm}^2$$

활하중 = 0.5t/m

$$M_{\max} = \frac{W \times l^2}{8} = \frac{0.5 \times 6.5^2}{8} = 2.64\text{t/m}$$

$$\sigma_b = \frac{M_{\max}}{Z_X} = \frac{2.64 \times 10^5}{1360} = 194.1\text{kg/cm}^2$$

$\sigma_{ba} = 1.5 \times \{1400 - 24 \times (l/b\text{–}4.5)\} = 1{,}482.0\text{kg/cm}^2$

$$\therefore \frac{\sigma_b}{\sigma_{ba}} + \frac{\sigma_c}{\sigma_{ca}} < 1.0$$

$$\therefore \frac{194.1}{1482.0} + \frac{728.8}{1261.5} = 0.71 < 1.0 \quad \text{OK}$$

(7) 흙막이판

$P_A = W = 3.71\text{t/m}^2$

H-300×200×9×14

H-말뚝 C.T.C = 1,800

$$\sigma_b = \frac{M_{\max}}{Z_X} = \frac{W \times l^2/8}{bh^2/6}$$

$$t = \sqrt{\frac{6Wl^2}{8 \times b \times \sigma_{ca}}}$$

단위폭(b = 1.0cm)당 작용하는 토압은 다음과 같다.

$$W = 3.71\mathrm{t/m^2} = 0.371\mathrm{kg/cm^2} \times 1.0\mathrm{cm}.1 = 170\mathrm{cm}$$

$$t = \sqrt{\frac{6 \times 0.371 \times 170^2}{8 \times 1.0 \times 180.0}} ≒ 6.7\mathrm{cm} \rightarrow t = 7\mathrm{cm}$$ 이용

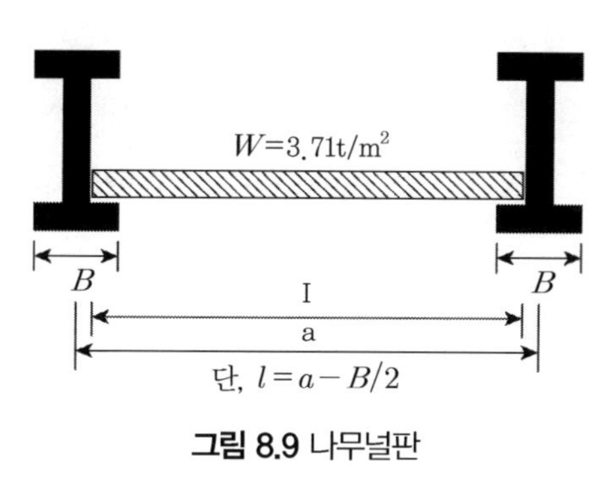

그림 8.9 나무널판

8.5 결론

인천광역시 계양구 작전동에 위치한 WAL*MART 인천 계양점 신축공사현장의 지하굴착공사 시 기존의 흙막이굴착공법인 버팀보지지 흙막이벽 대신에 공사 기간을 단축하고 시공성이 용이한 새로운 흙막이굴착공법을 제안하였다. 제안된 흙막이굴착공법에 대하여 설계 및 안정성 검토를 실시하였으며, 이를 위하여 SUNEX 프로그램을 사용하였다.[1] 그리고 제안된 흙막이굴착공법을 적용하여 시공하는 동안, 각종 계측장비를 현장에 설치하여 안전하고 원활한 지하굴착공사가 진행될 수 있도록 계측계획을 수립하였다.

본 연구의 내용 및 결론 사항을 정리·요약하면 다음과 같다.

(1) 본 현장에 대한 흙막이굴착공법의 선정 시 고려한 사항으로는 굴착 구간 내의 작업공간 확보, 인접구조물 및 지중매설물의 안정성 확보, 공사기간의 단축 등이 있다.

(2) 본 현장의 모든 조건을 고려하여 시공성 및 안정성을 확보할 수 있는 흙막이굴착공법을 제 3.4절에서 제안하였다. 흙막이굴착공법은 인접구조물 구간과 인접도로 구간에서 각기 다르게 제안되었다. 즉, 인접구조물(거송프라자 및 나대지) 구간에 C.I.P 2열로 시공하고, 코너 버팀보지지 방식을 적용하는 것으로 하였다. 그리고 인접도로 구간에는 C.I.P를 1열 시공하고, 앵커지지방식을 적용하는 것으로 하였다.

(3) 인접구조물 구간에서는 시공의 제약으로 인하여 앵커 지지방식을 적용하지 않고 코너 버팀보지지 방식을 적용하였다. 그리고 인접구조물의 안정성을 확보하기 위하여 C.I.P를 2열로 시공하도록 하였다.

(4) 굴착 구간 내 14.25m 굴착 구간과 20.0m 굴착 구간 사이에는 H-말뚝과 흙막이판을 이용한 2열의 앵커지지흙막이벽으로 시공하도록 제안하였다. 그리고 그 외 굴착 내부의 2~3m 단차 구간에는 H-말뚝과 흙막이판을 이용한 자립식 흙막이벽이나 경사면부를 두어 굴착하는 방안을 제안하였다.

(5) 제안된 흙막이굴착공법의 설계 및 안정성 검토를 위하여 본 현장을 크게 3개 단면(A-A 단면, B-B 단면, C-C 단면)으로 나누고 세부적으로 다시 6개 흙막이벽으로 나누었다. 그리고 해석 프로그램으로는 SUNEX 프로그램을 이용하였다. 제안된 흙막이굴착 공법에 대한 해석 결과 모두 안정한 것으로 검토되었다. 그리고 이 결과를 이용하여 각종 부재력을 검토할 수 있었으며, 이를 통하여 안정한 흙막이벽을 설계할 수 있었다.

(6) 지하굴착공사 시 본 현장에 대한 현장계측계획을 수립하여 시공 도중 흙막이벽체, 지보재의 축력, 인접구조물의 거동 등을 면밀히 관찰하도록 하였다.

• 참고문헌 •

(1) (주) 천일지오컨설턴트(1999). SUNEX User's Manual(Ver 5.1)-단계별 지하굴착에 대한 탄소성해석프로그램 사용법 설명서.

(2) 건설교통부(1997), 구조물 기초설계기준.

(3) 건설교통부(1996), 도로교 표준 시방서-설계, 시공 및 유지관리편.

(4) 경보기술단(2001), WAL*MART 인천 계양점 신축공사 지하굴착 및 흑막이 공사.

(5) 부진네오테크(2001), WAL*MART 인천 계양점 신축굴토공사 흙막이 설계서.

(6) 오정환(1999), 흙막이설계와 시공, 엔지니어즈.

(7) 이상덕(1996), 전문가를 위한 기초공학, 엔지니어즈.

(8) 한국지반공학회(1997), 굴착 및 흙막이공법, 구미서관.

(9) 한성지질(2000), WAL*MART 인천 계양점 신축공사 지질조사 보고서.

(10) Peck, R.B., Hansen, W.E. and Thormburn, T.H.(1974), *Foudation Engineering*, 2nd Ed., John Wiley.

(11) Schmertmann, J.H.(1977), "Use the SPT to measure dynamic soil Properties?- Yes. But.!", ASTM Symposium oh dynamic field and laboratory testing of soil and rock, pp.341-355.

(12) Terzaghi, K. and Peck, R.B.(1967), *Soil Mechanics in Engineering Practice*, John Wiley and Sons.

(13) 홍원표.송영석(2001), "WAL*MART 인천 계양점 신축공사현장 흙막이굴착공법에 관한 연구보고서", 중앙대학교.

Chapter

09

여의도 미주아파트 재건축현장 지하굴착

: 트렌치 굴착 시 지반변형

여의도 미주아파트 재건축현장 지하굴착 : 트렌치 굴착 시 지반변형

9.1 서론

도심지에서 굴착공사가 주변구조물과 지하매설물에 근접해서 실시되는 경우에는 흙막이벽의 변형이 크게 되며 지반의 강도가 저하되어 굴착지반의 안정성에 문제가 발생한다.[12] 그리고 주변 지반에도 상당한 영향을 미치게 되어 시공 중에 배면 지반의 변형(침하), 인접구조물의 균열이나 붕괴사고가 종종 발생한다.[1,3,5,8] 이러한 사고는 재산상의 막대한 피해를 가져오는 것은 물론이고 심한 경우에는 인명피해가 발생하는 대형 사고로 나타나기도 한다.

지하굴착공사를 실시할 때 주변지반의 토사와 지하수의 유입을 방지하고 인접구조물을 보호하기 위하여 가설 흙막이구조물을 주로 설치한다. 그러나 이러한 가설 흙막이구조물은 굴착과정에서 지반변형이 크게 발생하고 차수성이 좋지 않아 지반붕괴사고를 초래하고 인명피해와 경제적인 손실을 가져올 수도 있다. 이러한 폐단을 방지하기 위하여 최근에는 주열식 흙막이벽과 지하연속벽[2,12]과 같이 비교적 강성이 큰 지중연속벽이 주로 사용되고 있다.[15,17,19,21] 특히 지하연속벽의 경우에는 역타공법과 병행하여 사용함으로써 지반변형을 최소화할 수 있어 도심지나 깊은 굴착에 가장 일반적으로 사용되고 있다.

그러나 역타공법을 적용하여 지반굴착을 실시할 경우에도 지하연속벽의 변위와 인접지반의 침하는 발생할 수 있다. 과거 이 공법이 적용된 한 계측사례에 의하면 인접지반의 침하량은 최대 21mm까지 발생하는 것으로 나타났다.[4] 그리고 지하연속벽의 설계 시에는 지하수위의 저하가 발생하지 않는다고 가정하는 경우가 많다. 그러나 실제로는 지하연속벽 시공 시 지하수위의 저하는 발생한다. 기존의 여러 계측 사례에 의하며 배면 지반의 지하수위는 1~12.8m 정도 저하되는 것으로 나타났다.[7,9]

또한 지하연속벽 시공을 위한 트렌치 굴착을 모래 및 자갈층에서 실시할 경우 안정액의 유실이나, 굴착장비의 진동으로 인한 지반손실(ground loss) 또는 벌징(bulzing) 현상이 일어날 수 있다. 이로 인하여 트렌치 굴착 완료 후 철근망의 삽입이 불가능하게 되어 확공작업을 실시하는 경우도 있으며, 안내벽 부근 주변지반이 함몰되는 경우도 있다. 심한 경우는 트렌치 굴착작업 중 굴착면이 붕괴되어 클램셀(clam shell)을 꺼내지 못하고 매몰한 상태로 지하연속벽을 시공한 경우도 있다. 국외에서는 슬러리 트렌치 굴착 시 굴착면 및 인접지반의 안정성에 대한 이론 및 실험적인 연구가 많이 이루어지고 있다.[23,24,28,29,39,40] 그러나 국내에서는 아직까지 이에 대한 연구가 매우 미흡한 상태다.

따라서 역타공법을 적용한 지하굴착을 실시할 경우 지하연속벽의 트렌치 굴착 단계에서의 침하, 지하굴착에 의한 침하 및 지하수위 저하에 의한 침하를 모두 반드시 고려해야 한다. 그리고 이 세 가지 침하를 종합하여 지하굴착으로 인한 인접건물의 안정성을 면밀히 검토해야 한다.

9.1.1 연구 목적

지중연속벽 공법 적용 시 주변지반에 대한 영향은 두 가지로 구분·검토해야 한다.

(1) 트렌치 굴착 시 침하
(2) 트렌치 구축 후 지하굴착 시 지반침하

본 연구의 대상 현장은 ○○건설주식회사에서 시공할 예정인 서울특별시 영등포구 여의도동 43-4번지 및 5번지에 위치한 미주아파트 재건축 신축공사현장이다.[36] 굴착공사는 지하굴착 시 주변지반과 인접구조물에 대한 영향을 최소화하기 위하여 지하연속벽을 역타공법과 병행하여 실시할 예정이다.

본 연구에서는 여의도 미주아파트 재건축을 위한 근접지하굴착공사가 주변건물인 홍우빌딩 및 한양아파트의 안정성에 미치는 영향을 검토한다. 본 대상 현장지반은 상부에 실트질 모래층 적층이 두껍게 존재하고 있으며, 한강에 인접하고 있어 한강의 수위변동으로 인한 지하수위의 변화가 예상되는 지역이다. 지하연속벽 시공 시 주변지반의 침하 및 거동을 최소화하고 영구벽체로서 안정된 지하구조벽체를 형성하기 위해서는 지하연속벽의 트렌치 굴착이 먼저 성공적으로 이루어져야 한다. 따라서 안정액을 이용한 트렌치 굴착면의 안정은 트렌치 굴착의 성공 여부에 대단히 중요한 요소다.

본 연구에서는 홍우빌딩 및 한양아파트에 인접하여 미주아파트 재건축을 위한 지하굴착공사로 지하연속벽을 시공할 경우 트렌치 굴착과 지하굴착으로 인한 배면 인접지반의 침하량을 예상하고 주변건물의 안정성을 검토하고자 한다. 여의도 미주아파트 신축을 위한 근접지하굴착 시 주변건물에 영향을 미치지 않는 안전한 이격거리를 검토하는 것이 본 연구의 목적이다.[36] 즉, 지하연속벽의 시공을 위한 트렌치 굴착 및 지하굴착 시 인접지반의 침하량과 지하수위의 저하에 의한 침하량을 조사하여 그 영향 범위를 산정하고자 한다.

9.1.2 연구내용 및 범위

여의도 미주아파트 재건축 신축공사현장의 지하굴착공사로 지하연속벽을 시공할 경우 트렌치 굴착 및 지하굴착으로 인한 배면 인접지반의 침하량을 예상하고, 주변건물의 안정성을 검토하기 위하여 다음과 같은 과업을 수행하고자 한다.

먼저 서울특별시 영등포구 여의도동에 위치한 미주아파트 재건축 신축공사현장을 방문하여 현장상황과 주변상황을 조사하고, 본 현장에 대한 설계도서, 흙막이보고서 등을 검토한다. 그리고 지하굴착 방안인 지하연속벽과 역타공법에 대한 자료와 관련 논문을 조사한다. 이상의 자료를 토대로 지하연속벽 시공을 위한 트렌치 굴착 및 지하굴착 시 배면 인접지반의 침하량을 예상하여 주변 건물인 홍우빌딩과 한양아파트의 안정성을 검토한다. 먼저 트렌치 굴착면의 안정을 검토하기 위하여 한계평형이론을 적용하고, 배면 인접지반의 침하량을 산정하기 위해서는 유한차분해석 프로그램을 이용한 수치해석을 실시한다. 그리고 지하연속벽 전면굴착 시 배면 인접지반의 침하량을 산정하기 위해서는 Caspe의 방법과 탄소성 해석 프로그램을 이용한다. 이들 결과를 통하여 근접시공으로 인한 영향이 없는 안전한 이격거리를 검토하고자 한다.

본 연구의 내용 및 범위를 요약정리하면 다음과 같다.

(1) 현장답사

(2) 기존 설계도서 검토

(3) 기존 흙막이보고서 검토

(4) 지반조사

(5) 지하연속벽 및 역타공법 자료 수집정리

(6) 트렌치 굴착 시 인접지반의 침하에 대한 해석

(7) 역타공법을 적용하여 지하굴착 시 인접지반의 침하에 대한 해석

(8) 주변 건물의 안정성 검토 및 안전한 이격거리 제안

(9) 최종보고서 작성

9.1.3 연구수행방법

본 연구의 수행방법은 의뢰자로부터 여의도 미주아파트 재건축 신축공사와 관련된 설계보고서, 공사용 도면(토목), 공사용 도면(건축), 흙막이보고서 및 기타 관련 자료를 제공받아 이들 자료에 의거하여 지하연속벽 시공을 위한 트렌치 굴착 및 지하굴착 시 배면인접지반의 침하량을 수치해석을 통하여 예상한다. 그리고 이를 토대로 인접건물인 홍우빌딩 및 한양아파트에 대한 안정성을 검토하고, 근접시공으로 인한 영향을 받지 않는 안전한 이격거리를 검토한다.

먼저 지하연속벽 시공을 위한 트렌치 굴착 시 트렌치 굴착면의 안정성을 검토하고, 이로 인한 굴착배면지반의 침하량은 수치해석으로 검토한다. 트렌치 굴착 시 인접지반의 침하량 계산은 유한차분해석 프로그램을 사용한다. 그리고 역타공법을 적용하여 지하굴착 시 인접지반의 침하량계산은 Caspe의 방법[13]과 탄소성 해석 프로그램을 사용한다.[6] 수치해석 시 지반조건, 지하수위 및 시공조건 등은 당초 보고서에서 제시된 조건을 그대로 적용하며, 인접건물의 하중과 교통하중을 고려한다.

이상과 같이 산정된 인접지반의 침하량을 각변위로 환산하여 주변 건물인 홍우빌딩과 한양아파트의 안정성을 검토한다. 그리고 인접지반의 침하량이 주변건물에 영향을 미치지 않는 이격거리를 산정하여 검토한다.

한편 본 연구의 과업수행은 표 9.1에 제시된 일정에 의거하여 진행될 계획이다.

표 9.1 연구수행계획

기간 내용	1주	2주	3주	4주	5주	6주	7주	8주
현장답사	—							
기존 설계도서 및 흙막이보고서 검토	—							
지반조사		—	—					
자료수집 및 정리			—	—	—	—		
수치해석			—	—	—	—		
주변건물의 안정성 검토 및 안전한 이격거리 검토						—	—	
최종보고서 작성								—

9.2 지하연속벽의 설계와 시공

9.2.1 개요

(1) 공법의 개념

지중연속벽은 가설흙막이벽 중에서 차수와 벽체의 강성을 대체적으로 만족시킬 수 있는 벽체구조로서 원형 현장타설 철골 혹은 철근콘크리트 말뚝을 연결하여 벽식 흙막이벽을 지중에 조성하는 주열식 흙막이벽(contiguous pile walls)과 안정액을 이용하여 지반을 굴착하고 철근망 근입과 현장 콘크리트 타설로 철근콘크리트 지하연속벽(diaphragm wall, slurry wall)을 지중에 조성하는 벽식 흙막이벽 등이 도심지나 깊은 굴착에 가장 일반적으로 사용되고 있다. 이와 같이 지중연속벽체는 주열식과 벽식으로 축조되나 일반적으로 지중연속벽공법은 벽식 공법을 말한다.

먼저 벽식 지중연속벽은 슬러리를 이용하여 지반에 수직으로 깊은 트렌치를 굴착한 후 철근망을 넣고 슬러리 속에서 콘크리트를 타설하여 만든 일련의 패널 형태의 흙막이벽을 말하며, 경우에 따라서는 기성의 벽체(precast concrete pannel)를 연결·조립하여 사용하기도 한다.[30,32,33]

한편 주열식 지중연속벽 공법은 현장타설말뚝 또는 시공말뚝 등을 지중에 연속적으로 배치하여 지중에 주열상의 벽체를 구축하는 공법이다.

지중연속벽공법은 비교적 암반이 높은 건물밀집 지역에서 저소음, 저진동으로 인접구조물에 영향이 적은 장점을 가지고 있으며, 대심도에서의 수직도, 공기와 가설벽체로 철거가 곤란한 문제점을 보완할 수 있다. 지중연속벽은 차수성이 높고 가설벽체 기능뿐만 아니라 영구적인 본체 구조물로서 혹은 본체 구조물의 일부로도 사용할 수 있다.

지하연속벽공법은 도심지 대심도 굴착에서 주변지반의 이동 및 침하, 인접건물의 영향과 소음, 진동 등 환경문제를 해결할 수 있는 대책 방안으로 가장 먼저 고려해볼 수 있으나 암반이 높은 지역에서는 이 공법에 대한 경제성과 공사 기간의 검토가 필요하다.

(2) 공법의 발전사

지하연속벽 공법은 1914년 이후 석유 시추공 안정에 사용하였던 슬러리(slurry)를 사용하여 1950년 이탈리아의 Santamaria 댐과 Venafro 저수지의 대규모 공사에 채택된 것이 최초라고 한다. 그 후 1953년 Veder가 ICOS-VEDER 공법으로 특허를 얻어 1957년 이탈리아 밀라노 지하철 공사에 성공적으로 적용하였다. ICOS 공법은 이탈리아어로 'Impresa Costruzioni Opere Specializzate(영어로는 Specialized Enterprise for Construction Works)'의 첫 문자를 따서 명명한 것이다.

일본에서는 1959년 중부전력에서 건설한 발전용 댐의 지반에 대한 지수용으로 지하연속벽이 이탈리아의 ICOS 공법에 의하여 최초로 도입·시공되었다. 이어서 대형 건설회사가 장래성을 예측하여 적극적으로 공법도입을 시도한 것은 1961년부터 프랑스, 이탈리아의 건설회사와 기술제휴 한다든가 지사개발을 차례로 행하였다.

지하연속벽공법이 모든 공종에 보급 발전된 것은 1970년 이후며 이와 같이 토목, 건축 양 분야에 광범위하게 채택되어 급속한 기술개발이 이루어졌다. 1970년대 초 프랑스 Soletanch 사에서 처음 시공한 프리캐스트 지하연속벽은 현장타설 지하연속벽의 문제점들을 보완하는 공법으로 최근 홍콩에서 지하 2~3층의 지하 본체구조물로 많이 사용되고 있다.

국내에서는 1979년 ○○종합건설이 건물공사에 처음으로 시도하였다. 본격적으로는 1983년 부산지하철 공사 중 2-10공구(○○건설)에서 적용되었으며, 거의 동일한 시기에 역시 부산지하철 2-3공구(○○기업), 여의도의 쌍둥이 빌딩(○○개발)의 기초공사에도 적용되었다. 당시 본 공법을 시행하는 데 국내에서는 아직 필요한 장비가 구비되어 있지 않아 부득이하게 외국 업체가 보유한 장비를 도입하여 시공하였고, 부산지하철 2-10공구에서는 ICOS 사(미국)에서 시공하였으며, 여의도의 쌍둥이 빌딩과 부산지하철 2-3공구에서는 Solentanche 사(프랑스)가 시공하였다. 부산 지하철 건설 당시 전석으로 매립된 연약점토층의 대심도 굴착에서 가시설 흙막이벽과 본체

구조로서의 도심지 근접시공에서 각광을 받은 후 지하철, 지하도로, 지하상가, 지하주차장, 건축 구조물의 지하실 안벽, 호안, 각종 기초구조물 등에 확대·보급되고 있다.

최근 대형화 복잡화되고 있는 도심지 지하구조물 공사를 보다 안전하게 지하연속벽 공법과 병행하여 시공할 수 있는 역타공법도 적용하고 있다.

9.2.2 벽체의 특징 및 시공방법

(1) 벽체의 특징

지하연속벽 시공 시 벤드나이트 슬러리의 안정액을 사용하여 지반을 굴착하고, 철근망을 삽입하고 콘크리트를 타설하여 지중에 철근콘크리트 연속체를 조성한다. 국내에서 일반적으로 사용되는 연속벽의 두께는 60, 80, 100cm가 있다. 지중연속벽의 일반적인 장점은 다음과 같다.

① 차수성이 좋고 근입부의 연속성이 보장된다.
② 단면의 강성이 크므로 대규모, 대심도 굴착공사 시에 영구벽체로 사용될 수 있다(역타공법 적용도 가능).
③ 소음 및 진동이 적어 도심지 공사에 유리하다.
④ 대지 경계선까지 지하공간의 이용이 가능하다.
⑤ 강성이 크므로 주변구조물 보호에 적합하며, 주변지반의 침하가 가장 적은 공법이다.
⑥ 근입 및 수밀성이 좋아 최악의 자반 조건에서도 안전한 공법이다.

그러나 이 공법은 다음과 같은 단점이 있다.

① 공기와 공사비가 일반 가시설 흙막이벽보다 불리하다(단, 영구적 벽체로 사용 시는 별도).
② 사용 후 안정액을 처리해야 한다(환경보호 측면).
③ 상당한 시공기술과 품질관리가 요구된다.
④ 영구구조물로서의 설계상 보완점이 필요한 경우가 있다.

(2) 시공방법

그림 9.1은 현장타설 벽식 지하연속벽 시공방법을 도시한 그림이다. 그림 9.1의 시공단계별

공정에서 보는 바와 같이 그랩으로 패널을 굴착한 후 말뚝마감장치, 철근망을 근입하고 트레미 파이프로 콘크리트를 타설한다.

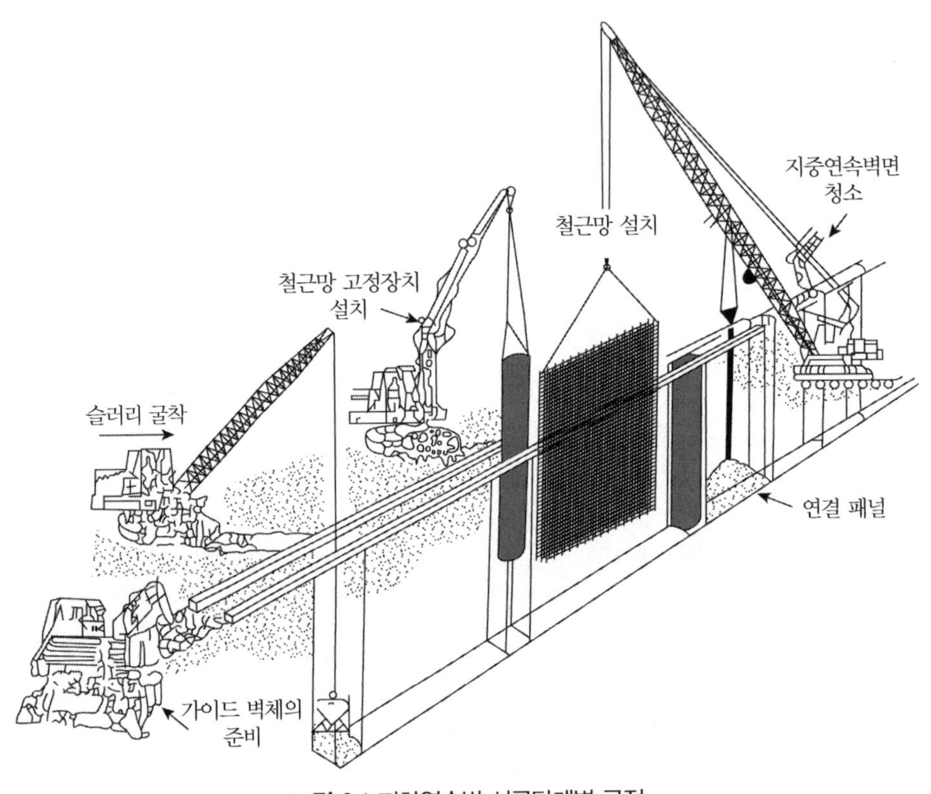

그림 9.1 지하연속벽 시공단계별 공정

한편 그림 9.2는 P.C 지하연속벽의 시공순서도다. P.C 패널의 지하연속벽은 자경성(self hardening) 안정액을 사용하여 굴착한 후 두께 20~60cm의 지상에서 제작된 P.C 패널을 굴착된 트렌치 내로 건입하여 연속된 조립식 지하벽체를 조성한다. P.C 패널 벽체는 콘크리트의 현장타설공정을 줄이고, 얇고 품질이 양호하며 표면이 매끈한 본체벽을 빠른 속도로 시공할 수 있는 장점이 있다. 그러나 지하3층 이상의 심도나 P.C 양생 현장이 없을 경우는 적용이 곤란하다.

패널의 모양과 크기는 그림 9.3에서 보는 바와 같이 본체구조물이나 가설벽의 형상에 따라 조절이 가능하다. 설계조건이나 시공조건을 감안하여 패널의 모양과 크기를 조절하며 현장타설 벽체 말뚝 역할도 할 수 있어 기둥하중을 받을 경우 팔레트 기초로도 설계할 수 있다.

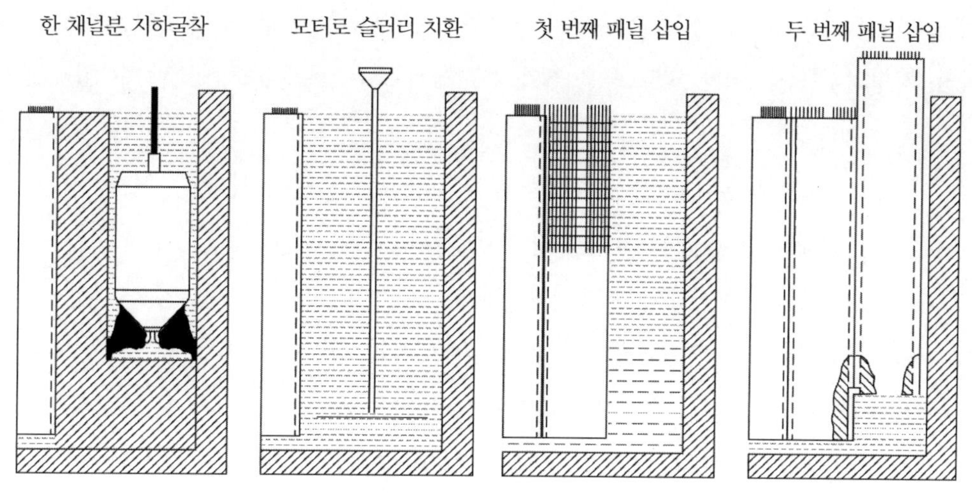

그림 9.2 P.C 지하연속벽 시공순서

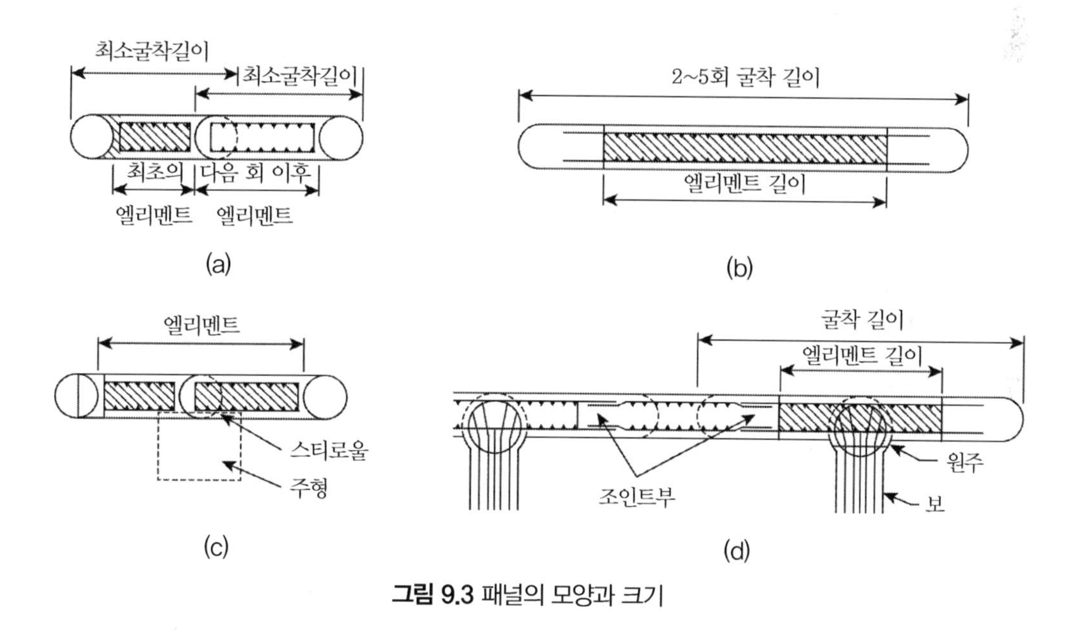

그림 9.3 패널의 모양과 크기

9.2.3 설계조건 및 굴착면의 안정

(1) 설계계획 및 조건

지하연속벽 설계 시 흙막이벽의 기능을 어떻게 부여하느냐에 따라서 조사방법의 범위가 결정된다. 가시설 흙막이벽의 역할만 할 것인지 또는 영구벽체의 기능을 함께 해야 하는 경우인지를 설계단계에서 확정한 후 그에 적합한 지형 및 지질조사와 인접구조물이나 지하매설물에 미치는 영향평가가 검토되어야 한다. 특히 연약지반이나 지하매설물이 많은 지역, 건물이 밀집한 도심지역, 지형의 굴곡이 심한 지역 등은 설계상 다음과 같은 문제점을 예견할 수 있다.

① 지형, 지질 및 토질이 선택된 공법과 부합되는지 또는 문제점들을 분석
② 암반의 굴착과 말뚝 공사 시 진동과 소음 영향
③ 암반을 포함한 지층상태와 지하실 깊이와의 관계
④ 정확한 토질(지반) 정수를 추정키 위한 실내 역학시험
⑤ 인근 구조물의 특징 및 종류와 지하매설물의 위치 파악
⑥ 토질에 알맞은 흙막이벽 형태 결정(연약점토지반에서는 강성이 큰 지중연속벽 타입으로 변형을 감소시킴)
⑦ 시공 난이도와 경제성(주변 과잉침하 시 손해배상 포함 고려)
⑧ 지지부재(버팀보, 어스앵커나 영구 슬래브)의 선택과 배치방법
⑨ 굴착깊이와 흙막이구조벽체의 깊이 설계(지지층과 불투수층과의 연장 필요성 검토, 기초 밑넣기 검토)
⑩ 벽체의 두께는 주변지반의 허용침하량과 벽체의 응력 상태에 따라 결정
⑪ 토압의 선정 방법(주변 구조물 하중포함): 지반과 지지조건 참고
⑫ 벽체의 허용응력(장기, 중·단기 강도): 시공 중과 영구적 구조체일 경우
⑬ 지하벽의 거동에 따른 토압의 변화 예측
⑭ 지지체와 벽체의 강성과 선행하중의 영향(장·단기 토압변화, $K_a \rightarrow K_0$)
⑮ 계절적 지하수위 변동과 시공 중 작용할 수 있는 최대하중 상태 예측(간극수압의 예견)
⑯ 설계 모델 선정(탄성·탄소성 설계법)

(2) 굴착면의 안정

지하연속벽 시공 시 주변 지반의 침하 및 거동을 최소화하고 영구벽체로서 안정된 지하구조벽체를 형성하기 위하여 굴착 중 트렌치 내에 작용하는 안정액의 설계와 굴착면의 안정은 대단히 중요하다. 트렌치 내의 굴착면 안정은 주로 안정액의 정수압이 그림 9.4와 같이 지반 내에 불투수막(filter cake)을 통해 측벽에 작용하는 토압과 지하수압을 조건으로 얻어진다.

안정액 외에 굴착면 안정에 도움을 주는 요인들로는 아래와 같으나 일부는 정량적 계산이

곤란하여 무시하는 수가 많다.

① 안정액의 정수압: 불투수의 불투수막을 통해 전달(75~90%의 안정효과)

② 트렌치 내에 있는 안정액의 전단저항력

③ 불투수막(filter cake)의 강도: 흙의 공극에 침투된 겔 상태의 케이크와 굴착면 표면에 형성된 표면 케이크

④ 굴착면 상부를 지지하는 가이드 월: 평균 깊이 1.5m

⑤ 안정액이 띠고 있는 정전기적인 힘

⑥ 아칭 현상

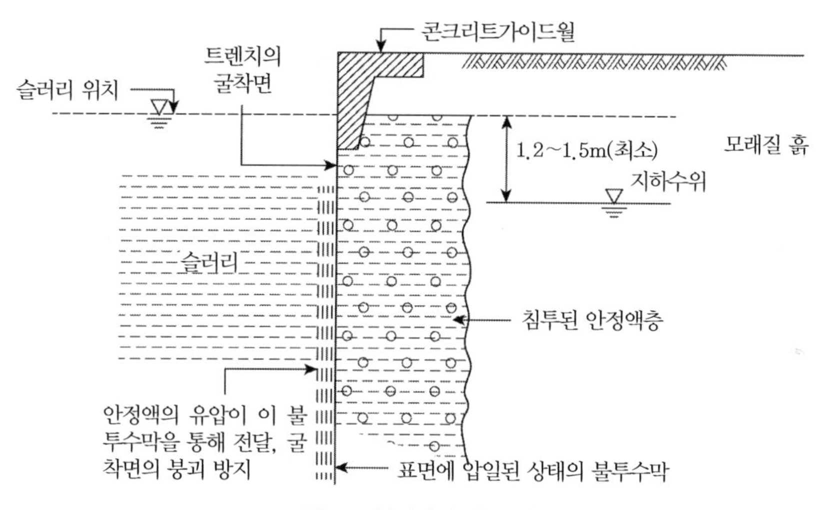

그림 9.4 안정액의 차수역할

Nash와 Jones(1963)[(23)]에 의해 제안된 점토지반에서의 굴착면의 안정은 그림 9.5와 같이 나타낼 수 있으며, 이는 다음 조건에서 적용된다.

한계상태이론(equalibrium from coulomb wedge)을 적용 시에는 점토의 전단강도(τ_R)로는 c_u(undrained cohesion)를 사용하고, 내부마찰각은 $\phi=0$, $\theta=45°$다. 불투수 불투수막으로 인하여 점토 내의 양수비나 공극압에는 변화가 없다.

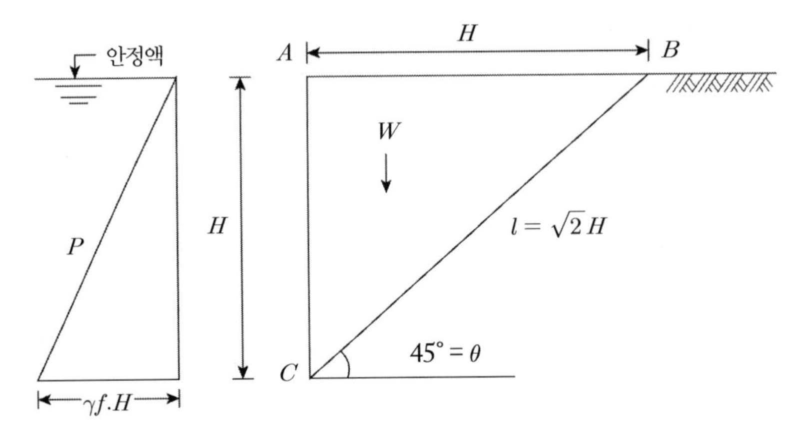

그림 9.5 점토질 지반에서 굴착면의 안정검토

$$S.F = \frac{\tau_R}{\tau} = \frac{4c_u}{H(\gamma - \gamma_f)} \ (\tau_R = c_u) \tag{9.1}$$

$$H_{cr} = \frac{4c_u}{H(\gamma - \gamma_f)} \tag{9.2a}$$

$$\gamma_f = \gamma - \frac{4c_u}{H} \tag{9.2b}$$

여기서, γ_f = 안정액의 단위체적중량(t/m^3)

γ = 점토의 단위체적중량(t/m^3)

c_u = 비배수점착력(t/m^2)

$S.F.$ = 안전율

H_{cr} = 한계높이

상부재하중(q)이 있을 경우는 식 (9.2a) 및 (9.2b) 대신 식 (9.3a) 및 (9.3b)를 사용한다.

$$H_{cr} = \frac{4c_u - 2q}{H(\gamma - \gamma_f)} \tag{9.3a}$$

$$\gamma_f = \gamma - \frac{(4c_u - 2q)}{H} \tag{9.3b}$$

이 공식에 의하면 흙의 단위중량(γ)이 1.9t/m^3, 점착력(c_u)이 3t/m^{3}인 점토층을 15m 깊이로 굴착하였을 때 요구되는 안정액의 단위중량(γ_f)은 1.1t/m^{3}이 된다.

한편 사질토 지반에서의 굴착면의 안정은 Nash와 Jones(1963)[23]에 의해 제안된 그림 9.6과 같이 나타낼 수 있다. 가정조건은 점토지반에서의 안정해석과 유사하다. 단, 전단응력은 $\tau_R = \sigma\tan\phi' + c'$을 사용하였고, 한계상태설계법을 적용하여 평면해석으로 단순화였다(그림 9.6 참조).

$$S.F. = \frac{P\sin\alpha\tan\phi' + W\cos\alpha\tan\phi' - U\tan\phi'}{(W\sin\alpha - P_f\cos\alpha)} \tag{9.4}$$

여기서 W, P_f 및 U는 식 (9.5)와 같다.

$$W = \frac{1}{2}\gamma H^2\cot\alpha \tag{9.5a}$$

$$P_f = \frac{1}{2}\gamma_f(nH^2) \tag{9.5b}$$

$$U = \frac{1}{2}\gamma_w(mH^2)\mathrm{cosec}\,\alpha \tag{9.5c}$$

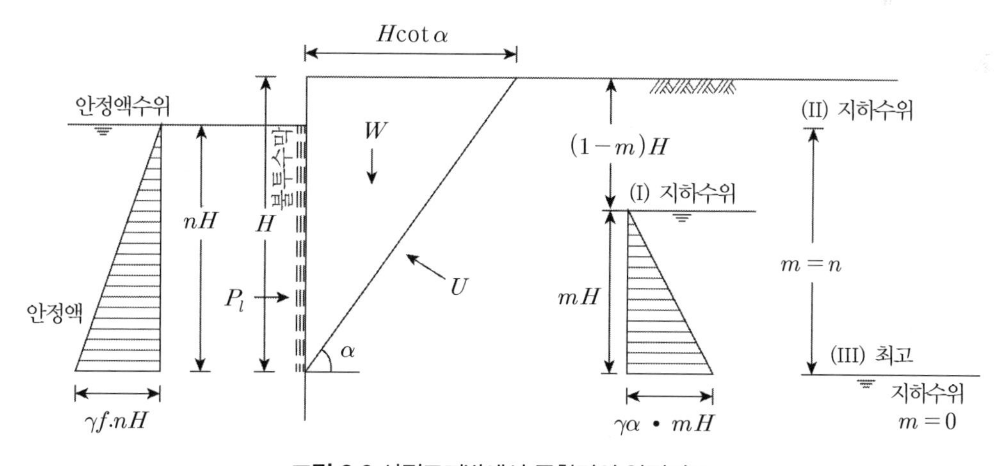

그림 9.6 사질토지반에서 굴착면의 안정검토

지하수위가 안정액의 수위와 같을 경우(submerged sand)($m = n = 1$) 위의 식 (9.4) 및 (9.5)를 풀면 다음과 같다.

$$S.F. = 2\frac{\sqrt{(\gamma' \cdot \gamma_f')}}{\gamma' - \gamma_f'} \times \tan\phi' \tag{9.6}$$

$$(\gamma' = \gamma - \gamma_w,\ \gamma_f' = \gamma_f - \gamma_w)$$

지하수가 없을 경우($m=0,\ n=1$) 위의 식 (9.4) 및 (9.5)를 풀면 다음과 같다.

$$S.F. = 2\frac{\sqrt{(\gamma' \cdot \gamma_f')}}{\gamma' - \gamma_f'} \times \tan\phi' \tag{9.7}$$

예를 들면, 지하수위가 안정액의 수위와 같은 경우(i.e. submerged sand) $S.F=1$, $\gamma'=1.0\text{t/m}^3$, $\phi'=32°$인 사질토지반이 필요로 하는 안정액의 단위중량은 1.32t/m^3 이상 되어야 한다. 그러나 이 값은 콘크리트 타설 시 요구되는 최대의 안정액 요구중량 1.1t/m^3보다 상당히 높다. 그러므로 실제 시공상의 안정액 수위는 지하수위보다 1.2~1.5m 이상 높아야 한다.

한편 지하연속벽 굴착 시 제한된 패널의 크기에 따라 상당한 아칭 효과가 작용함으로써 굴착면의 안정을 유지하는 데 도움을 주고 있다.

이러한 아칭 영향을 이론 해석한 Janssen(1895)의 공식[36]을 인용하여 Schneebeli(1964)[25]과 Huder(1972)[20]가 제한된 패널 길이를 가진 트렌치 해석법을 소개하였다(그림 9.7 참조).

가장 일반적으로 사용되는 트렌치 굴착면의 안정성을 검토할 수 있는 Janssen의 공식은 다음과 같다.[36]

$$\sigma'_v = \frac{\gamma m}{K\tan\phi}(1 - \exp^{Ktan\frac{z}{m}}) \tag{9.8}$$

여기서, γ = 상대밀도

m = 수리반경(면적/주변장)

$$K = K_a = \frac{1-\sin\phi}{1+\sin\phi},\ \phi_{mob} = \tan^{-1}\left(\tan\frac{\phi}{1.2}\right)$$

$$\sigma'_h = \Sigma\gamma Z\frac{i}{\tan\phi}\frac{m}{Z}\left(1 - \exp^{-Ktan\frac{Z}{m}}\right)$$

$\sum \gamma z$ = 유효상재응력

$$m = \frac{\pi L^2}{8} \times \frac{2}{\pi L} = \frac{L}{4}$$

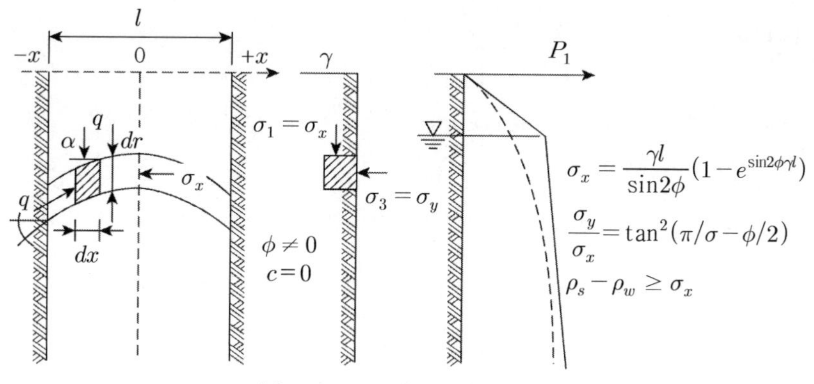

(a) Schneebeli(1964)의 방법[25]

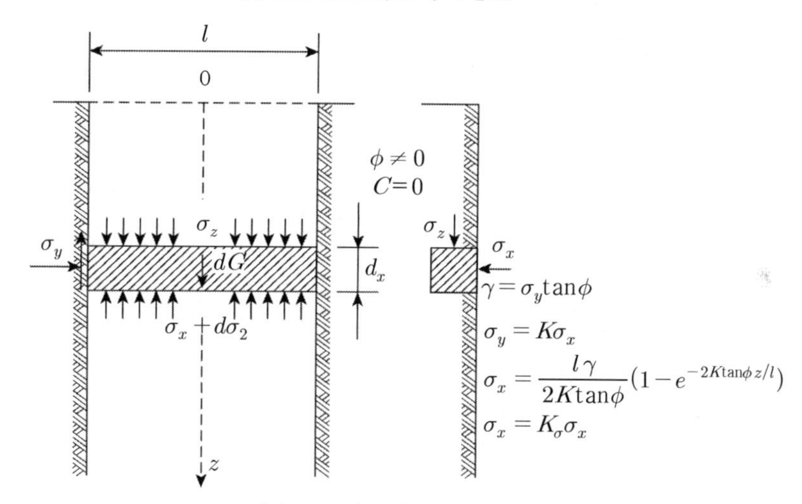

(b) Huder(1972)의 방법[20]

그림 9.7 쏘일 이론을 적용한 트렌치의 안정설계

상재하중(q)을 고려한 경우는 다음과 같다.

$$\sigma'_{v(q)} = q\exp^{-K\tan^{\frac{z}{m}}}$$

$$\sigma'_h = K_a \frac{\gamma L}{4K\tan\phi}\left(1 - \exp^{-4K\tan^{\frac{Z}{L}}} + q\exp^{-4K\tan^{\frac{Z}{L}}}\right)$$

$$\alpha = 4K\tan\frac{\phi}{L}$$

$$\sigma'_h = K_a\left\{\frac{\gamma}{\alpha}(1-\exp^{-\alpha Z}) + q\exp^{-\alpha Z}\right\}$$

9.2.4 해석방법

지하연속벽의 설계 시 작용하는 토압은 실로 다양할 뿐만 아니라 경우에 따라서 그 용도가 다르기 때문에 주의해야 한다.

현재 일반적으로 소개되고 있는 토압산출 방법은 고전토압이론에 근거를 두고 있는 Rankine과 Coulomb의 토압, 현장실측에 의한 Terzaghi & Peck 또는 Tschebotarioff의 경험토압, 벽체의 변형량에 따라 증감되는 지반-상관법(soil-interaction) 등이 있다. 그러나 토압의 크기와 분포 상태는 토질의 종류, 벽체 및 버팀보의 종류, 벽체의 변형량, 굴착 및 배수조건 등에 따라 변하기 때문에 정확한 이론식으로 표현하기 곤란하다.

지하연속벽 설계 시 이들의 사용방법을 간단히 정리하면 다음과 같다.

(1) Rankine과 Coulomb의 토압은 주로 강성벽체 설계 시 적용되며, 굴착 부위의 움직임이 작은 경우에 적용된다. 버팀보지지 시 상부의 변형을 허용한 관계로 벽체상부 버팀보의 강성이 좋을 경우 상부 토압은 과소평가되지만 굴착심도가 깊을 경우 굴착부는 안전측이 된다.
(2) Terzaghi & Peck 또는 Tschebotarioff의 경험토압은 버팀보지지 시 연성벽체의 설계에 적용된다. 이는 굴착이 진행됨에 따라 벽체 상부의 변형은 버팀보지지로 감소되고 하부굴착 부위는 변형이 커짐으로 토압의 재분배 및 아칭 현상 등에 의해 버팀보에서 측정된 하중을 토압으로 환산한 것이다. 지하연속벽 설계 시에는 굴착면 부근에 많은 변형이 허용되지 않고, 인접구조물의 평가 및 깊은 굴착에 적용되는 관계로 일반적으로 적합지 않다. 이러한 토압은 단지 버팀보의 하중점검이나 인접구조물이 없는 현장에서 사용되는 경우가 있다.
(3) 벽체변형에 따른 토압변화 모델은 Rankine의 주동토압과 수동토압 내에서 벽체의 변형량에 따라 토압을 산정하는 방법이다. 이 방법은 현장상태와 잘 부합되며 지반조건을 이상적으로 모델화할 수 있으므로 많이 사용되고 있다. 특히 벽체의 강성과 지지조건(선재하중 적용)의 변화에 따라 토압의 조정이 가능하고 어느 시공단계에서나 변형량의 계산이 가능하므로 시공 도중 안전 검토와 인접구조물 영향평가(침하)를 비교적 정확히 반영할 수 있다.

9.2.5 지하연속벽을 사용한 역타공법

급속한 도시화로 인한 인구집중과 교통난 등으로 도심지역의 재개발사업 지하주차장, 지하역사 및 지하철, 지하도, 지하상가, 지하도시 등 지하공간의 활용이 현실화 되고 있다. 이러한 지하공간 건설은 밀집된 주변건물들의 침하방지와 최소의 교통난을 보장할 수 있는 공법 채택이 무엇보다 중요하다.

역타공법의 최초 고안자는 영국의 Arup으로, 1983년 독일의 폭격기에 대피할 수 있는 방호공 설계에 이 공법으로 원형 지하 5층 구조물을 제안하여 특허를 얻었다. 그 후 본격적인 적용은 1960년대 초 유럽에서 시작된 도시재개발 사업으로 주변건물 침하방지와 깊은 지하구조물 시공이 불가피해짐에 따라 더욱 보편화 되었다.

역타공법은 지하연속벽 공법의 장점을 이용하여 영구적인 철근콘크리트 벽체를 시공하고, 천공말뚝공법으로 영구기둥 및 기초를 완성한 후 1층 슬래브부터 시공하여 벽체를 지지하는 버팀보 역할을 하게 한 후 굴착한 후 지하 1층 슬래브를 시공하고 지하굴착을 실시하는 순서로 지상에서부터 시작하여 지하 쪽으로 내려가며 구조물이 완료되는 공법이다.

현장 토공 전에 외부지하벽체와 내부기둥이 시공 완료되어 지하구조물(sub-structure)과 지상구조물(super-stucture)이 동시에 시공되고 완공될 수 있도록 계획할 수 있어 미국에서는 'upward-downward method' 혹은 'Sakauchi 공법'이라고도 부른다.

이 공법은 재래식 가설흙막이벽인 널말뚝벽, 엄지말뚝흙막이벽, 주열식흙막벽을 사용하는 공법에서 생길 수 있는 위험부담을 모두 제거하는 동시에 주변구조물에 영향이 미치지 않고 깊은 지하구조물은 안전하게 시공할 수 있는 해결책으로 고안되었다. 시공순서는 그림 9.8과 같이 나타낼 수 있다.

가설 흙막이벽체에서부터 지보공구조까지 시공 중에 작용하는 모든 하중을 영구구조물이 받도록 설계되어야 하기 때문에 계획, 설계, 시공 각 단계마다 토목, 건축 구조팀의 철저한 협력을 거쳐야 본 공법의 특징을 충분히 만족시킬 수 있다. 역타공법의 장단점은 다음과 같다.

우선 장점으로는 다음 사항을 열거할 수 있다.

(1) 인접구조물의 보호나 연약지반 등에서 가장 안전한 공법이다.
(2) 굴착 심도가 깊고 상부구조물 등 공기를 줄이기 위해 적용한다.
(3) 도심지에서 소음, 분진, 진동 등의 공해피해를 줄인다.

(4) 시공된 슬래브를 작업공간으로 이용할 수 있고 전천후 작업이 가능하다.

(5) 가시설이 전혀 사용되지 않아 깊은 심도에서는 경제적이다.

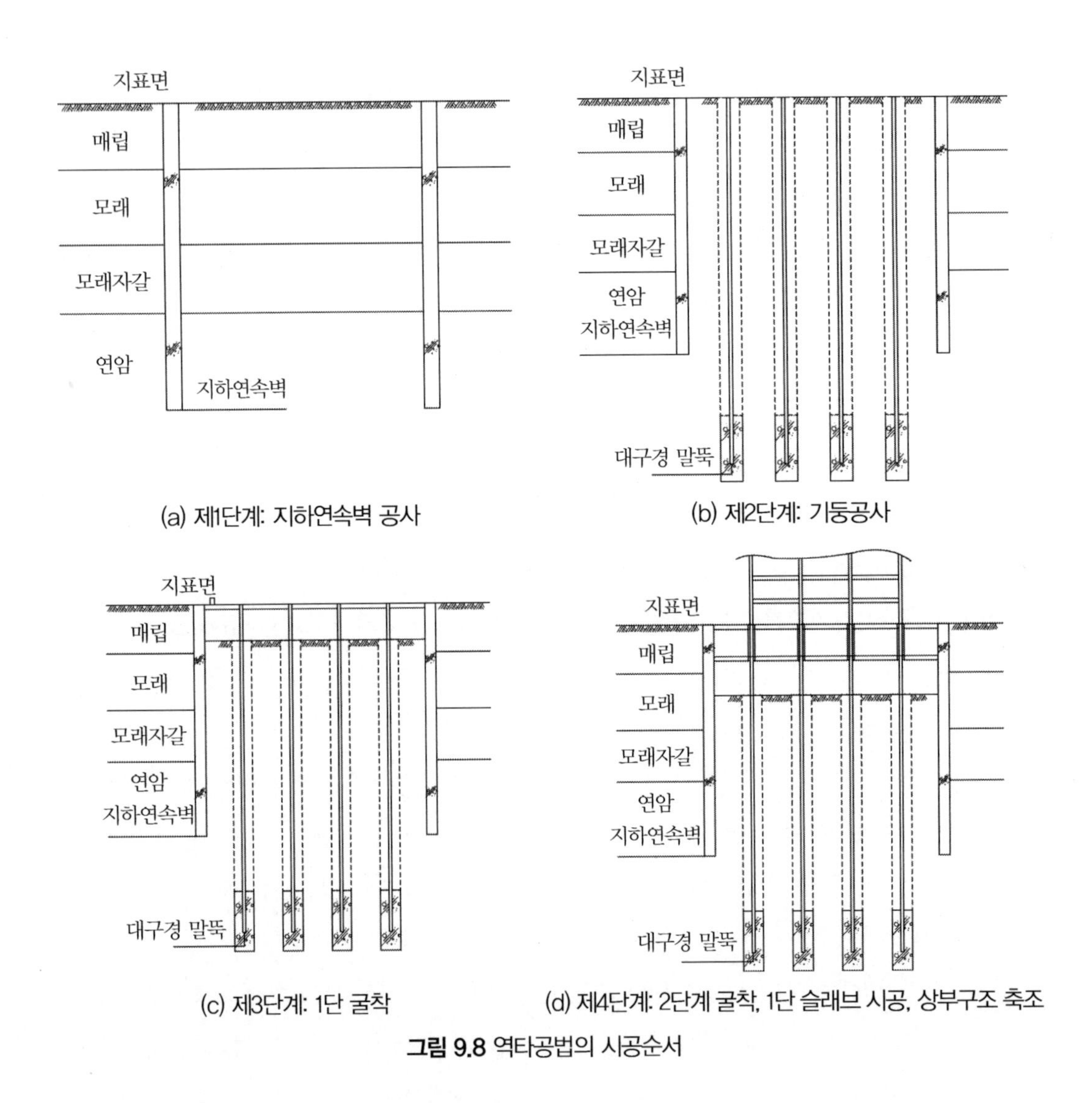

그림 9.8 역타공법의 시공순서

다음으로 단점으로는 다음 사항을 열거할 수 있다.

(1) 시공이 완료된 바닥 슬래브 아래에서 토공을 진행해야 하므로 굴착작업 공기 및 공사비 면에서 불리하다.

(2) 시공 중 토압 및 작업 하중을 영구구조 슬래브가 지탱해야 되므로 많은 구조계산 검토와

바닥두께가 증가될 필요가 생길 수 있다.

(3) 계측 분석 및 시공관리를 철저히 해야 한다.

9.2.6 지하연속벽 시공에 의한 침하사례

Thorely & Forth(2002)[29]는 홍콩 MTR(Mass Transit Railway)의 ISL(Island선) 공사에서 지하연속벽 시공 시 발생한 인접건물의 침하량을 조사하였다. MTR의 ISL선은 중심부의 동쪽인 Chai Wan부터 서쪽인 Sheung Wan까지며, 1982년부터 1986년까지 시공되었다. ISL선은 섬의 북쪽에서 동서교통로를 따라가므로 대부분의 공사는 매립지반에서 시행되었다. 지층은 상부로부터 매립층, 해성층, 충적층/붕적층, 풍화화강암층으로 구성되어 있다.

그림 9.9는 ISL선 공사현장에 인접한 건물의 평면도 및 단면도를 나타낸 것이다. 인접건물은 1956년에 시공되었으며, 432mm 직경의 현장타설 콘크리트말뚝(RC)과 H-말뚝으로 기초가 시공되어 있다.

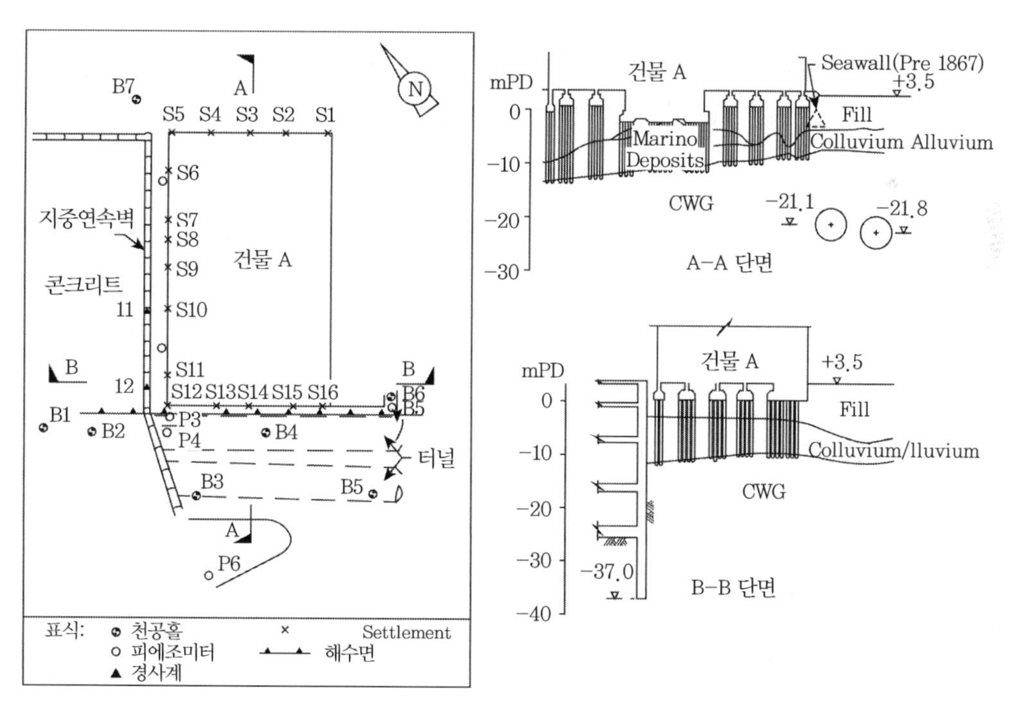

그림 9.9 인접건물의 평면도 및 단면도

그림 9.10은 지하연속벽 시공 시 발생한 침하량을 나타낸 것이다. 지하연속벽을 시공하는 동안 시간에 따른 인접건물의 침하량을 측정하여 그림 9.11과 같이 나타내었다. 이 그림은 지하연속벽의 설치 시작 시 침하를 0으로 조정하여 나타낸 것이다. 그림에서 보는 바와 같이 지하연속벽 시공 도중 계속적으로 인접건물에서 침하가 발생하는 것으로 나타났다.

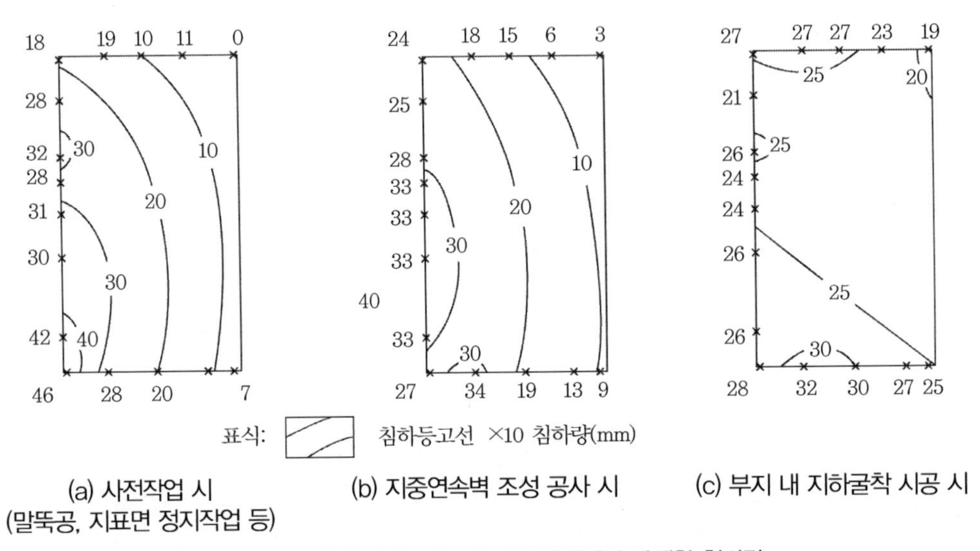

그림 9.10 지하연속벽 시공 시 인접건물에서 발생한 침하량

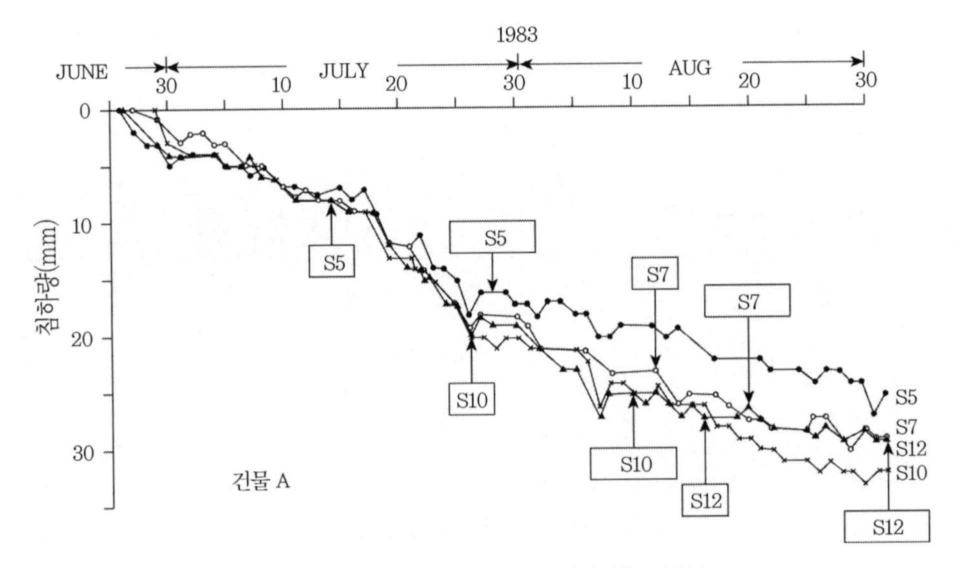

그림 9.11 지하연속벽 시공 중 시간–침하 곡선

이는 Morton, Cater and Linney(1980)[22] 및 Davis and Henkel(1980)[16]에 의해 보고된 결과와 동일하다. Morton, Cater and Linney 및 Davis and Henkel은 일련의 지하연속벽 시공을 위한 굴착 작업 시 인접건물들에서 지속적인 침하가 발생하였다고 한다.

이와 유사한 현장에서도 지하연속벽 시공 시 인접건물의 침하가 발생하였다. Chan and Yap (1992)[14]은 싱가포르 Raffles 호텔에 인접하여 20m의 지하연속벽 시공을 위한 굴착 시 인접건물에서 침하가 발생하였다고 한다.

9.3 현장 상황

9.3.1 현장 개요

본 연구 대상 현장은 서울특별시 영등포구 여의도동 43-4번지 일대에 위치한 미주아파트 재개발 신축공사현장으로 위치도는 그림 9.12와 같다.

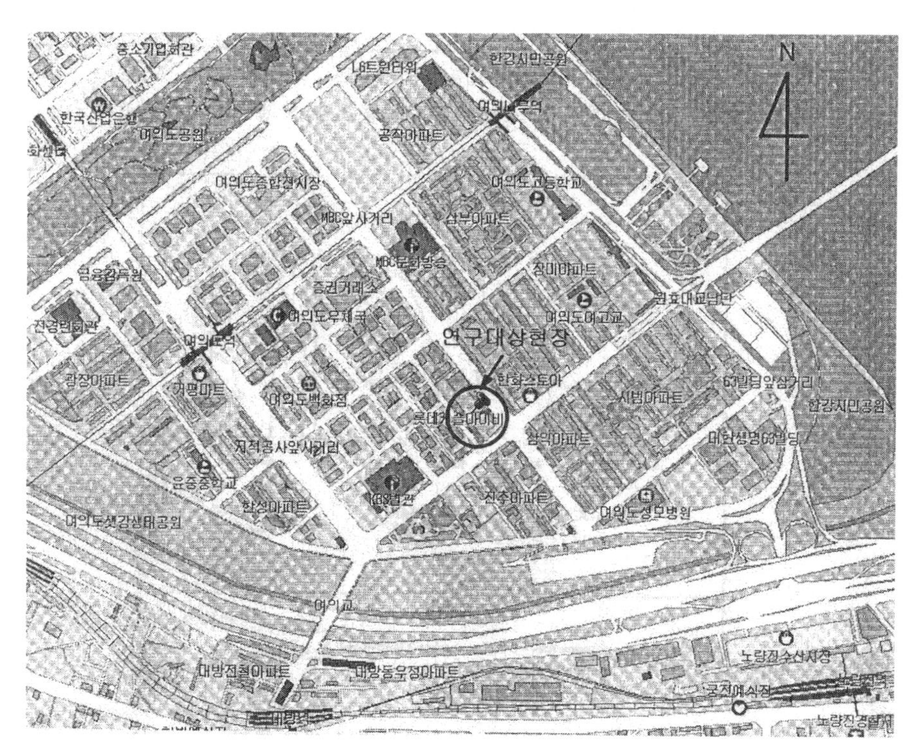

그림 9.12 현장 위치도

그리고 그림 9.13은 미주아파트 재개발 신축공사현장의 전경을 나타낸 것이다. 신축공사현장의 흙막이굴착공사는 역타공법을 이용한 지하연속벽으로 시공될 예정이다.

본 현장의 평면도는 그림 9.13과 같으며, 대지면적은 125.7×71.1m(9,917m)다. 본 현장의 북서쪽에는 홍우빌딩(11층 건물)이 바로 인접하여 위치하고 있다. 또한 남서쪽에는 폭 12m 도로가 있으며, 도로 건너편에는 10층의 한성빌딩, 11층의 충무빌딩 등의 고층건물들이 위치하고 있다. 한편 북동쪽에는 폭 33m 도로가 있으며, 도로 건너편에는 12층의 한양아파트 단지가 위치하고 있다. 그리고 남동쪽에도 35m 도로가 있으며, 도로 건너편에는 5층의 우정빌딩이 위치하고 있다.

본 현장의 구조물의 규모는 지하 6층, 지상 36층으로 시공될 예정이며, 용도는 주상복합건물이다. 본 구조물의 지상층과 지하층은 철골, 철근콘크리트 구조로 되어 있다.

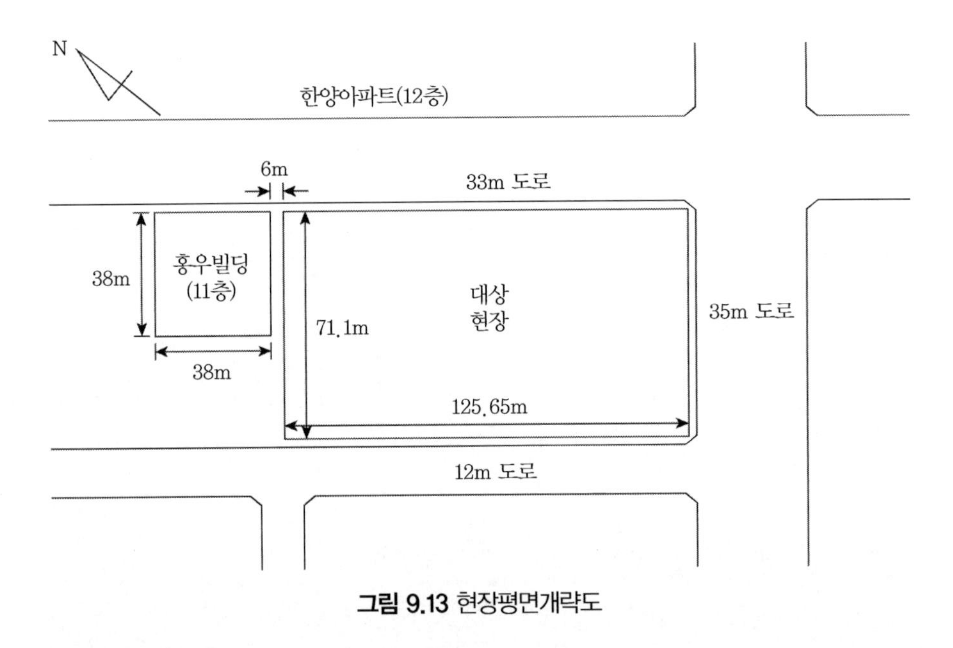

그림 9.13 현장평면개략도

9.3.2 주변건물 현황 및 흙막이굴착 계획

본 현장의 굴착공법은 역타공법을 이용한 지중연속벽을 적용하며, 지중연속벽은 건물의 슬래브로 지지하는 것으로 되어 있다. 전체 굴착면적은 8,880m^{2}며, 굴착깊이는 G.L.(-)23.2~25.7m다. 지중연속벽은 두께가 800mm고, 28일 재령 콘크리트는 압축강도가 300kg/cm^2 이상 되어야 하며, 철근은 SD30 및 SD40을 사용한다. 코어 구간의 굴착깊이는 G.L.(-)27.9m로서 엄지말뚝은 300×200×9×14 규격의 H-말뚝을 사용하고, 띠장은 300×300×10×15 규격의 H-말뚝을 사용한다. 건물의 기초는 현장타설말뚝인 RCD 말뚝으로 시공되며, 직경은 1,500, 2,000, 2,500으로 나누어 시공한다.

홍우빌딩이 인접하여 있는 북서쪽은 C.I.P 공법을 적용하여 인접구조물의 침하를 억제하도록 하며, 그 외 다른 구간은 모두 L/W 그라우팅을 실시하는 것으로 되어 있다. C.I.P 공법의 경우 말뚝의 직경이 40cm며, 300×200×9×14 규격의 H-말뚝을 200cm 간격마다 설치하도록 하였다. 그리고 콘크리트 시공 시 소요강도는 180kg/cm^2 이상이어야 한다. L/W 그라우팅의 경우 말뚝의 직경이 60cm며, 말뚝이 서로 겹치게 시공하도록 되어 있다. C.I.P 공법 및 L/W 그라우팅 공법은 모두 풍화암 상단에 1m 근입되도록 설계되어 있다.

본 현장의 주변건물 가운데 가장 인접하여 위치하고 있는 홍우빌딩은 지상 11층의 고층건물로 철근콘크리트 구조형식으로 시공되어 있다. 대상 현장에 인접하여 있는 홍우빌딩은 대상 현장으로부터 약 6m 정도 이격되어 있다. 본 빌딩의 건축면적은 1,600m^{2}고, 연면적은 22,320m^{2}며, 대지면적은 4,020다. 본 빌딩은 근린생활시설 및 업무시설이 주 용도이며, 1978년 12월에 1차 준공되었고, 1985년 1월에 2차 준공되었다. 1차 준공 시 본 빌딩은 지상 8층, 지하 1층이었으나 2차 준공 시에는 지상 11층까지 증설하였고, 지하주차장도 시공되었다.

9.3.3 지반 특성

본 대상 현장은 서울특별시 영등포구 여의도동 43-4 및 5번지 일원에 위치하고 매우 평탄한 지형으로 이루어져 있다. 여의도 미주아파트 재건축 예정 부지를 중심으로 북서 방향에는 홍우빌딩, 북동방향에는 한양아파트가 인접되어 있는 등 주변은 대부분 빌딩과 아파트단지로 형성되어 있다. 수계는 인근 수지상의 지류들이 한강으로 유입된 후 서해로 흘러든다.

본 대상 지역의 지질은 선캄브리아기의 경기편마암복합체에 속하는 호상 흑운모편마암이 기반암을 이루고 있으며, 이를 쥐라기의 대보화강암이 관입하고 제4기의 충적층이 상기 기반암을 부정함으로 피복하고 있다.

본 지역의 대보흑운모편마암은 쥐라기의 서울화강암과 산성암맥 등으로 구성되어 서울 중심부를 기준으로 동서남북으로 넓게 분포하며, 이들은 앞의 경기 편마암복합체를 저반의 형태로 관입하고 있다. 또한 제4기 충적층은 하천 유역 및 저구릉지 계곡에 퇴적된 후 자갈, 모래, 실트, 점토 등으로 구성되어 있으며 아직 고결되지 않은 상태로 쥐라기 이전의 암체들을 부정함으로써 피복하고 있다.

조사 부지 주변에 걸쳐 분포하는 지질계통 및 암종을 지질 시대별로 정리하면 표 9.2와 같다.

표 9.2 지질계통도

시대	지질 계통 및 암종
제4기	충적층(제4기)
- - - 부정합 - - -	
쥐라기	대보 화강암
- - - 관계 미상 - - -	
- - - 관입 - - -	
선캄브리아기	호상 흑운모편마암(경기편마암콤플렉스)

지반조사를 위하여 대상 현장에서 실시된 4개소의 보일링 위치는 그림 9.14와 같이 나타낼 수 있다. 그림에서 보일링이 실시된 위치들을 선으로 연결하여 대상 현장의 지층 구성 분포를 도시할 수 있으며, 이는 그림 9.15와 같이 나타낼 수 있다. 그림을 살펴보면 상부로부터 매립토층, 충적토층, 풍화암층 및 연암층으로 구분할 수 있다.

대상 현장에서 실시한 4개소의 보일링 조사 결과에 따라 조사지역의 지층 분포 현황을 요약해보면 다음의 표 9.3과 같이 나타낼 수 있다.(45)

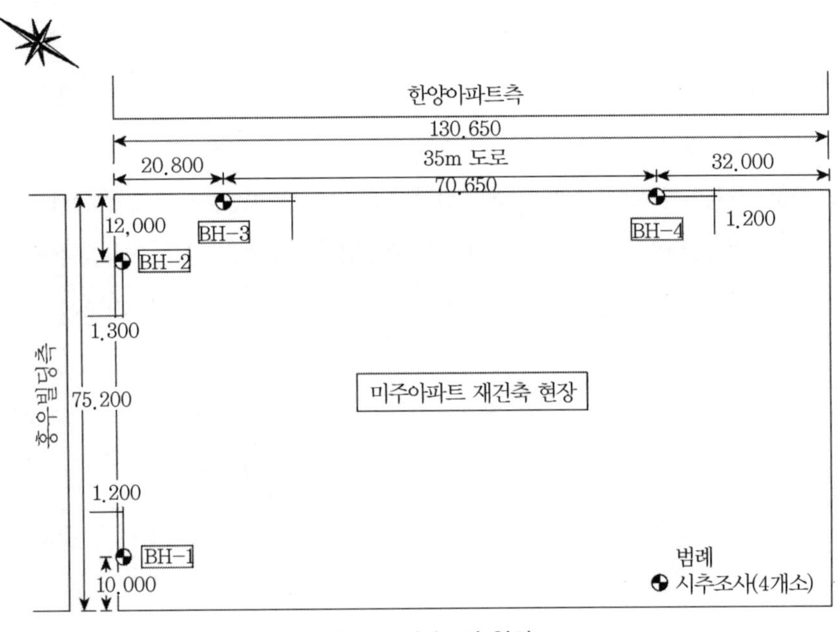

그림 9.14 지반조사 위치

표 9.3 각 보일링공별 지층 분포 현황

시추공 No.	지층상태				분포심도 (m)	지층두께 (m)	표준관입시험(회/cm)	
	지층명		구성성분	통일분류			T.C.R(%)	R.Q.D(%)
BH-1	매립토층		자갈 및 실트 섞인 모래	SM	0.0~3.6	3.6	5/30~7/30	
	충적토층	상부	소량의 실트 및 자갈 섞인 모래	SP-SM	3.6~7.3	3.7	13/30~14/30	
			점토 섞인 실트	ML	7.3~11.2	3.9	7/30~10/30	
		하부	소량의 실트 및 모래 섞인 자갈	GP-GM	11.2~18.0	6.8	40/30~50/7	
	풍화암층		편마암	WR	18.0~21.4	3.4	40/30~50/7	
	연암층		편마암	SR	21.4~24.4	3.0	50/10~50/6	
BH-2	매립토층		자갈 및 실트 섞인 모래	SM	0.0~2.2	2.2	6/30	
	충적토층	상부	소량의 실트 및 자갈 섞인 모래	SP-SM	2.2~11.4	9.2	10/30~23/30	
		하부	소량의 실트 및 모래 섞인 자갈	GW-GM	11.4~19.0	7.6	38/30~50/16	
	연암층		편마암	SR	19.0~29.0	10.0	50~100	0~18
BH-3	매립토층		자갈 및 실트 섞인 모래	SM	0.0~2.8	2.8	2/30	
	충적토층	상부	실트 섞인 모래	SM	2.8~6.0	3.2	4/30	
			소량의 실트 및 모래 섞인 자갈	GW-GM	6.0~7.2	1.2	5/30	
			점토 섞인 실트	ML	7.2~11.2	4.0	2/30~4/30	
		하부	소량의 실트 및 모래 섞인 자갈	GW-GM	11.2~17.8	6.6	16/30~50/16	
	풍화암층		편마암	WR	17.8~19.3	1.5	50/5	
	연암층		편마암	SR	19.3~20.3	1.0	25	-
	보통암층		편마암	HR	20.3~22.3	2.0	100	65
BH-4	매립토층		자갈 및 실트 섞인 모래	SM	0.0~2.0	2.0	13/30	
	충적토층	상부	소량의 실트 및 자갈 섞인 모래	SW-SM	2.0~10.5	8.5	8/30~16/30	
		하부	소량의 실트 및 모래 섞인 자갈	GW-GM	10.5~18.6	8.1	20/30~50/10	
	풍화암층		편마암	WR	18.6~20.5	1.9	50/3	
	연암층		편마암	SR	20.5~21.5	1.0	70	-
	보통암층		편마암	HR	21.5~30.5	9.0	60~100	18~80

WR: 풍화암, SR: 연암층, HR: 보통암층

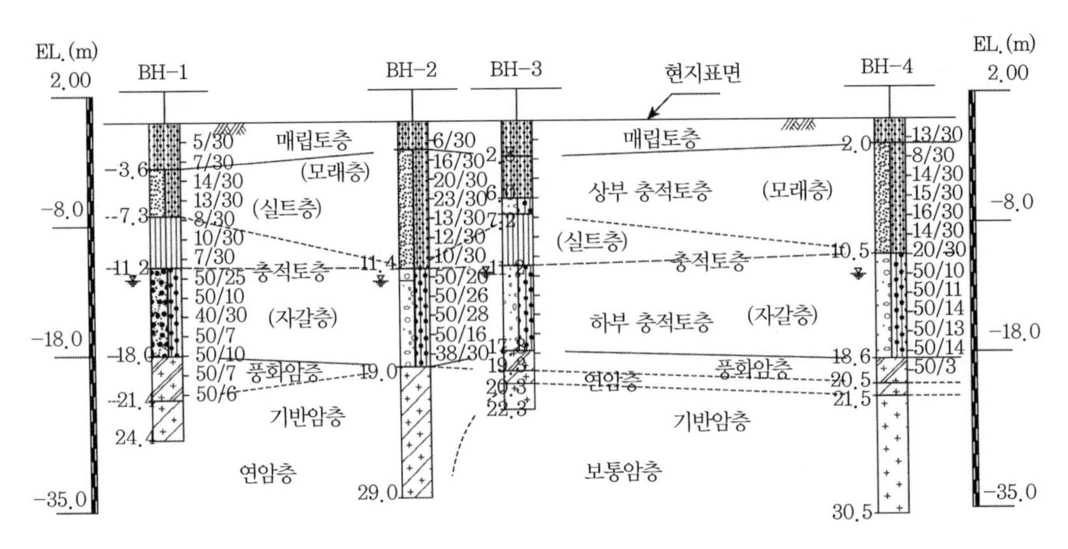

그림 9.15 지층구성도

(1) 매립토층

본 지층은 조사부지 전역에서 나타나며, 부지조성 시 인위적으로 매립된 층으로 현지표면 하부에 약 2.0~3.5m 내외의 두께로 분포되어 있다. 표 9.4는 각 보일링 위치에서의 매립토층의 현황 및 특성을 나타낸 것이다. 지층의 구성은 전반적으로 자갈 및 실트 섞인 세립 내지 조립의 모래층(SM)으로 구성되어 있고, 색조는 갈색 내지 회갈색을 띠며, 대단히 느슨함 내지 보통 조밀한 상태의 상대밀도를 나타내고 있다.

표 9.4 매립토층의 현황 및 특성

공번	심도	층두께	지층 구분	표준관입 시험 값	연경도/ 상대밀도	함수 상태	색조
BH-1	0.0~3.6	3.6	자갈 및 실트 섞인 모래층(SM)	5/30~7/30	느슨함	습함	회갈색
BH-2	0.0~2.2	2.2	자갈 및 실트 섞인 모래층(SM)	6/30	느슨함	습함	갈색
BH-3	0.0~2.8	2.8	자갈 및 실트 섞인 모래층(SM)	2/30	대단히 느슨함	습함	갈색
BH-4	0.0~2.0	2.0	자갈 및 실트 섞인 모래층(SM)	13/30	보통 조밀함	습함	갈색

(2) 충적토층

본 층은 유수의 운반 퇴적작용에 의하여 형성된 지층으로서 매립토층과 기반암층 사이에 약 14.5~17.0m의 두께로 분포되어 있다. 이 충적토층은 다시 구성성분과 상대밀도 등에 따라 모래층과 실트층으로 구성된 상부충적토층 그리고 사력층으로 이루어진 하부퇴적토층으로 세분된다. 표 9.5는 각 보일링 위치에서의 충적토층의 현황 및 특성을 나타낸 것이다.

상부 충적토층과 하부 퇴적토층의 구성은 다음과 같다.

표 9.5 충적토층의 현황 및 특성

공번	심도(m)	층두께(m)	지층 구분	표준관입 시험 값	연경도/상대밀도	함수상태	색조
BH-1	3.6~7.3	3.7	소량의 실트 및 자갈 섞인 모래층(SP-SM)	13/30~14/30	보통 조밀함	습함	회갈색
	7.3~11.2	3.9	점토 섞인 실트층(ML)	7/30~10/30	보통 단단함 내지 단단함	포화됨	담갈색 암회색
	11.2~18.0	6.8	소량의 실트 및 모래 섞인 자갈층(GP-GM)	40/30~50/7	조밀 내지 대단히 조밀함	포화됨	암회색
BH-2	2.2~11.4	9.2	소량의 실트 및 자갈 섞인 모래층(SP-SM)	10/30~23/30	보통 조밀함	축축함	회갈색 흑갈색
	11.4~19.0	7.6	소량의 실트 및 자갈 섞인 모래층(GW-GM)	38/30~50/16	조밀 내지 대단히 조밀함	축축함 포화됨	암회색
BH-3	2.8~6.0	3.2	실트 섞인 모래층(SM)	4/30	느슨함	습함	갈색
	6.0~7.2	1.2	소량의 실트 및 모래 섞인 자갈층(GW-GM)	5/30	느슨함	축축함	회갈색
	7.2~11.2	4.0	점토 섞인 실트(ML)	2/30~4/30	대단히 연약 내지 연약함	포화됨	암회색
	11.2~17.8	6.6	소량의 실트 및 모래 섞인 자갈층(GW-GM)	16/30~50/16	보통 조밀 내지 대단히 조밀함	축축함 포화됨	암회색
BH-4	2.0~10.5	8.5	소량의 실트 및 자갈 섞인 모래층(SW-SM)	8/30~16/30	느슨 내지 보통 조밀함	축축함	회갈색
	10.5~18.6	8.1	소량의 실트 및 모래 섞인 자갈층(GW-GM)	20/30~50/10	보통 조밀 내지 대단히 조밀함	축축함 포화됨	회갈색

① 모래층

본 지층은 조사지역 전역에 걸쳐 매립 토층 하부에 약 3.7~9.2m의 두께로 분포되어 있으며,

지층의 구성성분은 소량의 실트 및 자갈 섞인 세립 내지 조립의 모래 또는 실트 섞인 세립 내지 조립의 모래 등으로 구성되어 통일분류법에 의해 SM, SP-SM, SW-SM으로 분류된다. 표준관입 시험에 의한 *N*치가 4회/30cm~23회/30cm 정도로, 느슨함 내지 보통 조밀한 상태의 상대밀도를 나타낸다.

② 실트층

본 지층은 BH-1, 3 지역에서 모래층과 하부충적토층, 즉 현 지표로부터 7.2~7.3m의 심도에서 약 3.9~4.0m 내외의 두께로 분포되어 있다. 지층의 구성성분은 소량의 모래와 점토 섞인 실트로 구성되어 통일분류법에 의한 토질분류가 ML로 분류되며 표준관입시험에 의한 *N*치가 2/30~10/30cm 정도로서 대단히 연약함 내지 단단한 상태의 밀도를 나타낸다.

하부 충적토층은 주로 사력질토로 구성되는 층으로서 상부 충적토층 기반암층 사이에 약 6.6~8.1m 내외의 두께로 분포하며 지층의 구성성분은 소량의 실트 및 세립 내지 조립의 모래 섞인 자갈로 구성되어 통일분류법에 의한 토질분류가 GP-GM, GW-GM으로 분류된다. 표준관입시험에 의한 *N*치가 16/30~50/7cm 내외로서 보통 조밀함 내지 대단히 조밀한 상태의 상대밀도를 나타낸다.

③ 풍화암층

본 지역에 분포하는 기반암은 편마암으로서 기반암의 상층부를 형성하는 풍화암층은 보일링공 BH-2를 제외한 지역에서 하부충적토층 아래, 즉 현 지표로부터 약 17.8~18.6m 내외의 심도에 분포하고 있다.

이 지층은 기반암이 심한 풍화작용을 받은 상태로서 굴진 시 실트 섞인 세립 내지 조립의 모래 및 암편으로 분해된다. 표준관입 시험에 의한 *N*치가 50/10cm 이상으로서 대단히 조밀한 상태의 상대밀도를 나타낸다. 표 9.6은 각 보일링 위치에서의 풍화암층의 현황 및 특성을 나타낸 것이다.

표 9.6 풍화암층의 현황 및 특성

공번	심도(m)	층두께(m)	표준관입 시험 값	연경도/ 상대밀도	암종	색조	특이사항
BH-1	18.0~21.4	3.4	50/10~50/6	대단히 조밀함	편마암	암회색	실트 섞인 세립 내지 조립의 모래 및 암편으로 분해
BH-3	17.8~19.3	1.5	50/5	대단히 조밀함	편마암	암회색	실트 섞인 세립 내지 조립의 모래 및 암편으로 분해
BH-4	18.6~20.5	1.9	50/3	대단히 조밀함	편마암	암회색	실트 섞인 세립 내지 조립의 모래 및 암편으로 분해

④ 연암층

조사지역에 분포되어 있는 기반암은 호상편마암으로 전 지역에서 하부충적토층 또는 풍화암층 아래에 분포한다. 시추조사 시 코어 회수율(T.C.R, Total Core Recovery)은 25~100%, 암질표시율(R.Q.D, Rock Quality Designation)은 0~18% 정도를 나타내고 있다. 균열 및 층리가 발달되어 있고, 색조는 암회색을 띠며, 암편 및 단주상 코어를 회수하였다. 표 9.7은 각 보일링 위치에서의 연암층의 현황 및 특성을 나타낸 것이다.

표 9.7 연암층의 현황 및 특성

공번	심도	층두께	암종	색조	T.C.R(%)	R.Q.D(%)	특이사항
BH-1	21.4~24.4	3.0	편마암	암회색	44~71	0	• 호상편마암 • 균열 및 절리 발달 • 암편~단주상 코어 회수
BH-2	19.0~29.0	10.0	편마암	암회색	50~100	0~18	• 호상편마암 • 균열 및 절리 발달 • 암편~단주상 코어 회수
BH-3	19.3~20.3	1.0	편마암	암회색	25	0	• 호상편마암 • 균열 및 절리 발달 • 암편~단주상 코어 회수
BH-4	20.5~21.5	1.0	편마암	암회색	70	0	• 호상편마암 • 균열 및 절리 발달 • 암편~단주상 코어 회수

⑤ 보통암층

본 지역에 분포되어 있는 기반암인 보통암은 호상편마암으로서 보일링공 BH-3, 4지역에서 연암층 하부에 분포하고 있다. 시추조사에 의한 코어 회수율은 60~100%, 암질표시율은 18~

80% 정도를 나타내고 있으며, 균열 및 절리가 다소 발달하였으나 비교적 신선한 상태를 보인다. 표 9.8은 각 보일링 위치에서의 보통암층의 현황 및 특성을 나타낸 것이다.

표 9.8 보통암층의 현황 및 특성

공번	심도(m)	층두께(m)	암종	색조	T.C.R(%)	R.Q.D(%)	특이사항
BH-3	20.3~22.3	2.0	편마암	암회색	100	65	• 호상편마암 • 비교적 신선함 • 단주상 및 장주상 코어 회수
BH-4	21.5~30.5	9.0	편마암	암회색	60~100	18~80	• 호상편마암 • 비교적 신선함 • 단주상 및 장주상 코어 회수

(3) 지반조사 결과

① 표준관입시험

표준관입시험은 지반의 관입 저항을 정량적으로 나타내기 위하여 실시하는 시험으로서 그 결과는 대체적으로 입상체인 모래나 사질토에 적합한 시험이다. 또한 점성토 중 비예민성점토에도 그 결과로부터 강도정수나 변형계수를 추정할 수 있다.

수많은 기술자나 연구자들이 N치의 이용 방안에 대하여 경험식을 제시하였으나, 각 나라마다 지반조건과 실험장비의 차에 의하여 결과치의 차이가 발생할 수 있으며, 이를 직접적으로 이용하는 데 한계가 있다. 따라서 심도 있는 지반특성을 파악하기 위해서는 실내역학시험을 통한 시험성과와 병행하여 심도별, 지역별 등 그 경향을 분석하는 것이 타당하다.

본 대상 현장에서 보일링조사와 병행하여 실시한 표준관입시험치(N치)를 각 보일링공별로 요약해보면 표 9.9와 같다. 이 표에서 보는 바와 같이 N치는 매립토층의 경우 2~13이고, 충적토층의 경우 2~50/10이며, 풍화암층의 경우 50/3~50/10이다.

표 9.9 표준관입시험 결과

심도 \ 공번	BH-1		BH-2		BH-3		BH-4	
	N치 (회/cm)	지층명	N치 (회/cm)	지층명	N치 (회/cm)	지층명	N치 (회/cm)	지층명
1.5	5/30	매립토층	6/30	매립토층	2/30	매립토층	13/30	매립토층
3.0	7/30	〃	16/30	충적토층	4/30	충적토층	8/30	충적토층
4.5	14/30	충적토층	20/30	〃	4/30	〃	14/30	〃
6.0	13/30	〃	23/30	〃	5/30	〃	15/30	〃
7.5	8/30	〃	13/30	〃	4/30	〃	16/30	〃
9.0	10/30	〃	12/30	〃	2/30	〃	14/30	〃
10.5	7/30	〃	10/30	〃	3/30	〃	20/30	〃
12.0	50/25	〃	50/20	〃	50/16	〃	50/10	〃
13.5	50/10	〃	50/26	〃	50/29	〃	50/11	〃
15.0	40/30	〃	50/28	〃	16/30	〃	50/14	〃
16.5	50/7	〃	52/16	〃	38/30	〃	50/13	〃
18.0	50/10	풍화암층	38/30	〃	50/5	풍화암층	50/13	〃
19.5	50/7	〃					50/3	풍화암층
21.0	50/6	〃						

② 현장투수시험

본 대상 현장 내에서 보일링작업과 병행하여 충적토층을 대상으로 투수성을 파악하기 위하여 현장투수시험을 실시하였다. 현장투수시험은 지층상태 및 보일링공 조건에 따라 정수위법(constant head method) 및 변수위법(falling head method)을 병행하여 10회 실시하였다. 현장투수시험 결과 및 투수계수에 따른 등급을 표현하면 표 9.10과 같다.

충적토층에 대한 현장투수시험 결과 투수계수는 상부충적토층중 실트층(ML)의 경우 4.661×10E-5-6.939×10E-5cm/sec, 모래층(SM, SP-SM, SW-SM)의 경우 1.837×10E-3-3,884×10E-4cm/sec 범위를 보인다. 또한 하부충적토층(GP-GM, GW-GM)의 투수계수는 k = 5.083×10E-3-8.015×10E-3cm/sec 범위로서 대체로 낮은 상태~보통 상태의 투수성(slightly-moderately permeable)을 나타내고 있다.

표 9.10 현장투수시험 결과

항목 공번	시험 구간 및 심도(m)	투수계수(cm/sec)	지층상태	비고
BH-1	6.30	5.848E-04	충적토층(SP-SM)	정수위법
	8.00~9.00	6.939E-05	충적토층(ML)	변수위법
	12.20	5.083E-03	충적토층(GP-GM)	정수위법
BH-2	5.80	7.974E-04	충적토층(SP-SM)	〃
	11.80	7.955E-03	충적토층(GW-GM)	〃
BH-3	5.00	3.884E-04	충적토층(SM)	〃
	9.00~10.00	4.661E-05	충적토층(ML)	변수위법
	13.50	7.135E-03	충적토층(GW-GM)	정수위법
BH-4	6.50	1.837E-03	충적토층(SW-SM)	〃
	13.30	8.015E-03	충적토층(GW-GM)	〃

③ 수압시험

조사지역 내에 분포되어 있는 기반암층(풍하암층, 연암층 및 보통암층)을 대상으로 투수특성 및 암질상태 등을 파악하기 위하여 시추조사와 병행하여 수압시험을 싱글패커 방식으로 실시하였으며, 수압시험 결과와 Lugeon치를 요약해보면 표 9.11과 같다.

이 표에서 보는 바와 같이 기반암층의 투수계수는 1.051×10E-5~3.978×10E-6cm/sec 정도로 대체로 낮은~매우 낮은 상태를 나타내고 있다. 또한 Lugeon 값은 0.364~0.996 정도며, P-Q 곡선에 의한 분류로는 팽창으로 나타나지만 그라우트 효과는 대체로 양호한 타입이다.

표 9.11 수압시험 결과

항목 공번	시험 구간(m)	투수계수(cm/sec)	Lugeon 값	형식	지층상태
BH-1	21.4~24.4	1.051E-05	0.996	팽창	연암
BH-2	19.0~24.0	6.460E-06	0.571	팽창	연암
	24.0~29.0	6.075E-06	0.520	팽창	연암
BH-3	19.4~22.3	5.244E-06	0.507	팽창	연암 및 보통암
BH-4	20.5~25.5	5.048E-06	0.430	팽창	연암 및 보통암
	25.5~30.5	3.978E-06	0.364	팽창	보통암

④ 지하수위 측정 결과

본 조사지역의 지하수위 분포 상태를 파악하기 위하여 각 시추공에서 시추작업을 완료한 후 공내 간이양수를 실시하고 24~48시간 이상이 경과한 다음 현 지표면 아래에 안정된 지하수위를 측정하여 시추주상도에 기록하였다. 그러나 보일링 조사 시 측정된 지하수위는 보일링 당시에 해당하는 일시적인 것이며, 계절의 변화, 강우량, 주변지역의 토공작업에 따른 지하수의 유출 등과 같은 요인으로 인하여 변화될 수 있다는 점에 유의해야 한다. 각 보일링공에서 관측된 지하수위를 요약하면 표 9.12와 같다. 이 표에서 보는 바와 같이 본 조사부지 내의 지하수위는 현지표로부터 약 11.7~12.3m 내외의 깊이에 분포하는 것으로 관측되었다. 이는 상부충적토층(사질토층)과 하부충적토층(사력질토층)의 경계부근 약 12.0m 내외의 깊이에 형성되어 있는 것으로 판단된다.

표 9.12 지하수위 측정 결과

시추공 번호	지반고(m)	지하수위 G.L.(−)m	시추공 번호	지반고(m)	지하수위 G.L.(−)m
BH-1	G.L.(±)0.00	12.1	BH-3	G.L.(±)0.00	11.7
BH-2	G.L.(±)0.00	12.3	BH-4	G.L.(±)0.00	12.0

⑤ 실내토질시험

본 조사지역에서 실시된 시추조사 과정에서 채취된 흐트러진 시료를 대상으로 실시한 실내토질시험 결과를 요약하면 함수비는 모래층의 경우 15.2~29.6%, 실트층의 경우 31.3~32.9%, 자갈층의 경우 5.3~16.4%다.

비중은 모래층의 경우 2.65~2.66, 실트층의 경우 2.68, 자갈층의 경우 2.63~2.66이다. 그리고 체분석시험 결과 No.4번체 통과량은 32.9~100%, No.200번체 통과량은 2.7~95.8%, 0.005mm 통과량은 3.0~12.5%다.

9.4 트렌치 굴착에 의한 인접지반의 침하

지하연속벽을 시공하기 위하여 트렌치의 굴착심도에 따라 가중되는 토압 및 수압에 의한 트렌치 굴착면의 안정성을 검토한다. 그리고 트렌치 굴착 시 발생하는 인접지반의 침하를 유한차분해석 프로그램인 FLAC 2D(Fast Lagrangian Analysis of Continua)를 이용하여 산정해본다.[6,18]

일반적으로 트렌치를 굴착하기 전 붕괴되기 쉬운 표토부분을 보호하고 시공정밀도를 확보하기 위하여 1.0~1.5m 정도의 안내벽을 먼저 시공한다. 그리고 크레인에 클램셀을 정착하여 안내벽 내부에 벤토나이트 용액을 주입하면서 트렌치 굴착을 실시한다. 굴착 시 암반 출현으로 클램셀 작업이 곤란할 경우 치즐링(chiselling) 작업을 실시하며, 이때 낙하고는 약 2m 정도로 한다. 트렌치 굴착이 완료되면 트렌치 내부에 있는 안정액을 정화하는 작업을 실시한다. 이 작업은 이수펌프(mud pump)나 composer를 이용한 에어리프팅(air-lifting) 방법으로 안정액 속에 혼합된 부유물과 슬러지를 desanding unit를 보내 정화한다.

트렌치 굴착면의 안정은 안정액(본 현장의 경우 벤토나이트 용액)의 유압이 불투수막을 통해 전달되어 굴착면(측벽)의 토압, 지하수압 및 건물 하중 등에 의한 굴착면의 붕괴를 방지한다. 그 외에도 트렌치 굴착면의 안정에 도움을 주는 요소가 있으나 그 영향이 미소하여 정량적인 분석에 어려움이 있으므로 실제 트렌치 설계 시 무시된다.

9.4.1 Janssen 공식에 의한 트렌치 굴착면의 안정성

트렌치 굴착면의 안정은 지하연속벽 공사에서 지반변형을 유발하는 1차적인 요인이다. 홍우빌딩과 인접하여 시공되는 트렌치의 패널 길이는 2.5, 2.6 및 7m로 구성되어 있다. 따라서 트렌치 굴착면의 안정성 검토 시 패널 길이를 7.0m로 하여 수행하였다.

트렌치 굴착면에 작용하는 토압과 수압과 굴착면의 안정성을 유지하기 위하여 사용되는 안정액(bentonite slurry)의 유압에 대하여 지층 심도별 안정성 평가를 Janssen(1895)의 공식을 적용하여 검토해본다.

(1) 검토 단면 선정

먼저 기존의 지반조사 결과를 토대로 안정성 검토를 위한 대표단면을 선정하였다. 선정된 대표 단면은 그림 9.16과 같이 나타낼 수 있다.

지층구조는 상부로부터 실트질 모래층 1, 실트질 모래층 2, 실트질 모래층 3, 풍화암층 및 연암층으로 구성되어 있다.

각 지층별 두께를 살펴보면 실트질 모래층 1은 10.1m, 실트질 모래층 2는 2.6m, 실트질 모래층 3은 7.1m, 풍화암층은 3.6m다. 그리고 트렌치 굴착면에서 6m 떨어진 위치에 홍우빌딩이 위치하고 있으며, 지하수위는 G.L.(-)11.4m다.

검토 구간의 지하연속벽 시공 심도는 G.L.(-)25.2m며, 풍화암 상단 1m 깊이까지 직경이 400mm인 C.I.P 벽체를 시공할 예정이다.

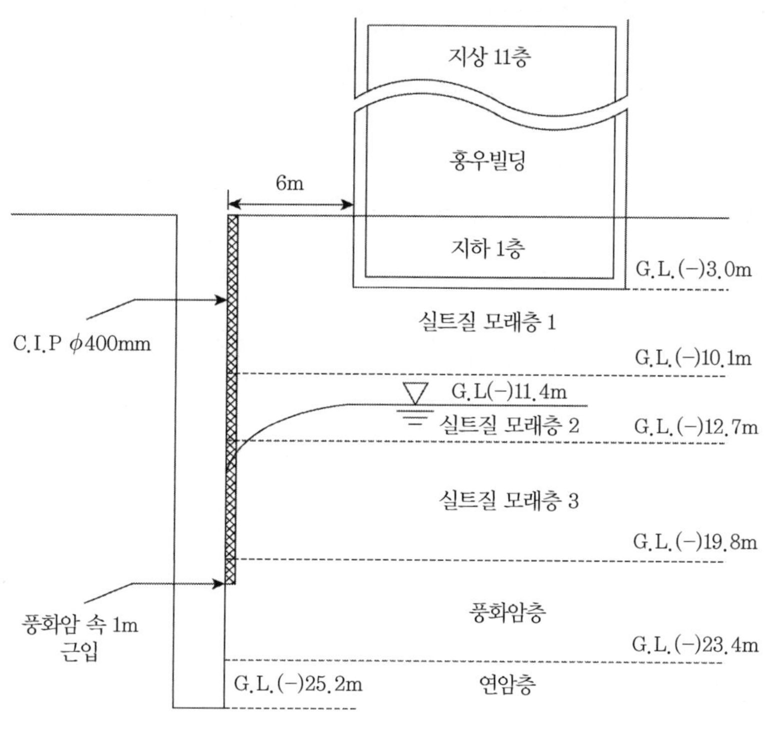

그림 9.16 대표 단면도

(2) 검토 시 토질정수 산정

검토 대상 단면에 대한 토질정수는 기존의 지반조사 결과를 토대로 산정하였으며, 각각의 지층별 토질정수는 표 9.13과 같이 나타낼 수 있다.

이 표에 나타낸 지반의 단위중량, 내부마찰각, 점착력 등은 지반조사 결과의 N치, 상대밀도 등을 이용한 경험적인 공식을 이용하여 산정한 것이다.

인접건물의 상재하중은 기존의 자료를 토대로 하여 지상층의 경우 1.2t/m^2, 지하층의 경우 2.0t/m^{2}을 적용하여 산정하였다(홍원표 외 2인, 1993; 한국지반공학회, 1997).[10]

표 9.13 검토 단면의 토질정수

지층 \ 물성	깊이(G.L.(−))(m)	γ_t(t/m³)	γ_{sat}(t/m³)	ϕ(t/m³)	c(t/m³)
실트질 모래층 1	0.0~10.1	1.7	1.8	25	0
실트질 모래층 2	10.1~12.7	1.8	1.9	28	0
실트질 모래층 3	12.7~19.8	1.8	1.9	30	0
풍화암층	19.8~23.4	2.0	1.9	37	3.0
연암층	23.4~25.20	2.1	2.2	45	5.0

(3) 안정성 검토

① 굴착공 패널 길이가 7.0m인 경우(트렌치 $L=7.0$m)

가. 실트질 모래층 1: G.L.(-)0.0~10.1m, $\phi=25°$, $\gamma=1.7$t/m³

$$\phi_{mob}=\tan^{-1}\left(\frac{\tan\phi}{1.2}\right)=\tan^{-1}\left(\frac{\tan25°}{1.2}\right)=21.2°$$

$$K_{mob}=\frac{1-\sin\phi_{mob}}{1+\sin\phi_{mob}}=\frac{1-\sin21.2°}{1+\sin21.2°}=0.468$$

$$\alpha=\frac{4K_{mob}\tan\phi_{mob}}{L}=\frac{4\times0.468\times\tan21.2°}{7.0}=0.103$$

$$\sigma'_h=K_a\left\{\frac{\gamma}{\alpha}(1-\exp^{-\alpha Z})+q\exp^{-\alpha Z}\right\}$$

$$=0.468\left\{\frac{1.7}{0.103}(1-\exp^{-0.103\times Z})+15.2\times\exp^{-0.103\times Z}\right\}$$

* q(건물하중)$=11F\times1.2\text{t/m}^2+1B\times2.0\text{t/m}^2=15.2\text{t/m}^2$

F = 지상층

B = 지하층

i) $Z=7.1$m(G.L.(-)10.1m)

$$\sigma'_h=K_a\left\{\frac{\gamma}{\alpha}(1-\exp^{-\alpha Z})+q\exp^{-\alpha Z}\right\}$$

$$=0.468\left\{\frac{1.7}{0.103}(1-\exp^{-0.103\times7.1})+15.2\times\exp^{-0.103\times7.1}\right\}$$

$$=7.430\text{t/m}^2$$

나. 실트질 모래층 2, 지하수위 상부: G.L.(-)10.1~11.4m, $\phi=28°$, $\gamma=1.8$

$$\phi_{mob} = \tan^{-1}\left(\frac{\tan\phi}{1.2}\right) = \tan^{-1}\left(\frac{\tan 28°}{1.2}\right) = 23.9°$$

$$K_{mob} = \frac{1-\sin\phi_{mob}}{1+\sin\phi_{mob}} = \frac{1-\sin 23.9°}{1+\sin 23.9°} = 0.423$$

$$\alpha = \frac{4K_{mob}\tan\phi_{mob}}{L} = \frac{4\times 0.423\times\tan 23.9°}{7.0} = 0.107$$

$$\sigma'_h = K_a\left\{\frac{\gamma}{\alpha}(1-\exp^{-\alpha Z}) + q\exp^{-\alpha Z}\right\}$$

$$= 0.423\left\{\frac{1.8}{0.107}(1-\exp^{-0.107\times Z}) + 15.2\times\exp^{-0.107\times Z}\right\}$$

i) $Z=0$m(G.L.(-)10.1m)

$$\sigma'_h = 0.423\left\{\frac{1.8}{0.107}(1-\exp^{-0.107\times 0}) + 15.2\times\exp^{-0.107\times 0}\right\}$$

$$= 0.423\times 15.20$$

$$= 6.429\text{t/m}^2$$

ii) $Z=1.3$m(G.L.(-)11.4m)

$$\sigma'_h = 0.423\left\{\frac{1.8}{0.107}(1-\exp^{-0.107\times 1.3}) + 15.2\times\exp^{-0.107\times 1.3}\right\}$$

$$= 0.423(2.184+13.226)$$

$$= 6.518\text{t/m}^2$$

다. 실트질 모래층 2, 지하수위 하부: G.L.(-)11.4~12.7m, $\phi=28°$, $\gamma=0.9$

$$\phi_{mob} = \tan^{-1}\left(\frac{\tan\phi}{1.2}\right) = \tan^{-1}\left(\frac{\tan 28°}{1.2}\right) = 23.9°$$

$$K_{mob} = \frac{1-\sin\phi_{mob}}{1+\sin\phi_{mob}} = \frac{1-\sin 23.9°}{1+\sin 23.9°} = 0.423$$

$$\sigma'_h = K_a\left\{\frac{\gamma}{\alpha}(1-\exp^{-\alpha Z}) + q\exp^{-\alpha Z}\right\}$$

$$= 0.424\left\{\frac{0.9}{0.107}(1-\exp^{-0.107\times Z}) + 15.2\times\exp^{-0.107\times Z}\right\}$$

i) $Z=0\text{m}$(G.L.(-)11.4m)

$$\sigma'_h = 0.423\left\{\frac{0.9}{0.106}(1-\exp^{-0.106\times 0}) + 15.20\times\exp^{-0.106\times 0}\right\}$$

$$= 0.423\times 15.20$$

$$= 6.429\text{t/m}^2$$

ii) $Z=1.3\text{m}$(G.L.(-)12.7m)

$$\sigma'_h = 0.423\left\{\frac{0.9}{0.150}(1-\exp^{-0.107\times 1.3}) + 15.20\times\exp^{-0.107\times 1.3}\right\}$$

$$= 0.423(1.092 + 15.20)$$

$$= 6.891\text{t/m}^2$$

라. 시트질 모래층 3: G.L.(-)12.7~19.8m, $\phi=30°$, $\gamma'=0.9$

$$\phi_{mob} = \tan^{-1}\left(\frac{\tan\phi}{1.2}\right) = \tan^{-1}\left(\frac{\tan 30°}{1.2}\right) = 25.6°$$

$$K_{mob} = \frac{1-\sin\phi_{mob}}{1+\sin\phi_{mob}} = \frac{1-\sin 25.6°}{1+\sin 25.6°} = 0.396$$

$$\alpha = \frac{4K_{mob}\tan\phi_{mob}}{L} = \frac{4\times 0.396\times\tan 25.6°}{7.0} = 0.108$$

$$\sigma'_h = K_a\left\{\frac{\gamma}{\alpha}(1-\exp^{-\alpha Z}) + q\exp^{-\alpha Z}\right\}$$

$$= 0.396\left\{\frac{0.9}{0.108}(1-\exp^{-0.108\times Z}) + 15.2\times\exp^{-0.108\times Z}\right\}$$

i) $Z=0\text{m}$(G.L.(-)12.7m)

$$\sigma'_h = K_a\left\{\frac{\gamma}{\alpha}(1-\exp^{-\alpha Z}) + q\exp^{-\alpha Z}\right\}$$

$$= 0.396\left\{\frac{0.9}{0.108}(1-\exp^{-0.108\times 0}) + 15.2\times\exp^{-0.108\times 0}\right\}$$

$$= 0.396\times 15.20$$

$$= 6.019\text{t/m}^2$$

ii) $Z = 7.1\text{m}$(G.L.(-)19.8m)

$$\sigma'_h = K_a \left\{ \frac{\gamma}{\alpha}(1 - \exp^{-\alpha Z}) + q\exp^{-\alpha Z} \right\}$$

$$= 0.396 \left\{ \frac{0.9}{0.108}(1 - \exp^{-0.108 \times 7.1}) + 15.2 \times \exp^{-0.108 \times 7.1} \right\}$$

$$= 0.396(4.462 + 7.060)$$

$$= 4.526\text{t/m}^2$$

마. 풍화암층: G.L.(-)19.8~23.4m, $\phi = 37°$, $\gamma' = 1.1$

$$\phi_{mob} = \tan^{-1}\left(\frac{\tan\phi}{1.2}\right) = \tan^{-1}\left(\frac{\tan 37°}{1.2}\right) = 32.1°$$

$$K_{mob} = \frac{1 - \sin\phi_{mob}}{1 + \sin\phi_{mob}} = \frac{1 - \sin 32.1°}{1 + \sin 32.1°} = 0.306$$

$$\alpha = \frac{4K_{mob}\tan\phi_{mob}}{L} = \frac{4 \times 0.306 \times \tan 32.1°}{7.0} = 0.109$$

$$\sigma'_h = K_a \left\{ \frac{\gamma}{\alpha}(1 - \exp^{-\alpha Z}) + q\exp^{-\alpha Z} \right\}$$

$$= 0.306 \left\{ \frac{1.1}{0.109}(1 - \exp^{-0.109 \times Z}) + 15.20 \times \exp^{-0.109 \times Z} \right\}$$

i) $Z = 0\text{m}$(G.L.(-)19.8m)

$$\sigma'_h = K_a \left\{ \frac{\gamma}{\alpha}(1 - \exp^{-\alpha Z}) + q\exp^{-\alpha Z} \right\}$$

$$= 0.306 \left\{ \frac{1.1}{0.109}(1 - \exp^{-0.109 \times 0}) + 15.20 \times \exp^{-0.109 \times 0} \right\}$$

$$= 0.306 \times 15.20 = 4.651\text{t/m}^2$$

ii) $Z = 3.6\text{m}$(G.L.(-)23.4m)

$$\sigma'_h = K_a \left\{ \frac{\gamma}{\alpha}(1 - \exp^{-\alpha Z}) + q\exp^{-\alpha Z} \right\}$$

$$= 0.306 \left\{ \frac{1.1}{0.109}(1 - \exp^{-0.109 \times 3.6}) + 15.20 \times \exp^{-0.109 \times 3.6} \right\}$$

$$= 0.306 \times (3.275 + 10.266) = 4.143\text{t/m}^2$$

바. 연암층: G.L.(-)23.4~25.2m, $\phi=45°$, $\gamma'=1.2$

$$\phi_{mob}=\tan^{-1}\left(\frac{\tan\phi}{1.2}\right)=\tan^{-1}\left(\frac{\tan 45°}{1.2}\right)=39.8°$$

$$K_{mob}=\frac{1-\sin\phi_{mob}}{1+\sin\phi_{mob}}=\frac{1-\sin 39.8°}{1+\sin 39.8°}=0.219$$

$$\alpha=\frac{4K_{mob}\tan\phi_{mob}}{L}=\frac{4\times 0.219\times\tan 39.8°}{7.0}=0.104$$

$$\sigma'_h=K_a\left\{\frac{\gamma}{\alpha}(1-\exp^{-\alpha Z})+q\exp^{-\alpha Z}\right\}$$

$$=0.219\left\{\frac{1.2}{0.104}(1-\exp^{-0.104\times Z})+15.20\times\exp^{-0.104\times Z}\right\}$$

i) $Z=0.0$m(G.L.(-)23.4m)

$$\sigma'_h=K_a\left\{\frac{\gamma}{\alpha}(1-\exp^{-\alpha Z})+q\exp^{-\alpha Z}\right\}$$

$$=0.219\left\{\frac{1.2}{0.104}(1-\exp^{-0.104\times 0})+15.20\times\exp^{-0.104\times 0}\right\}$$

$$=0.219\times 15.20=3.328\text{t/m}^2$$

ii) $Z=1.8$m(G.L.(-)25.2m)

$$\sigma'_h=K_a\left\{\frac{\gamma}{\alpha}(1-\exp^{-\alpha Z})+q\exp^{-\alpha Z}\right\}$$

$$=0.219\left\{\frac{1.2}{0.104}(1-\exp^{-0.104\times 1.8})+15.20\times\exp^{-0.104\times 1.8}\right\}$$

$$=0.219\times(1.969+12.605)=3.192\text{t/m}^2$$

트렌치 굴착면의 안정성을 검토하기 위하여 Janssen의 공식을 이용하였으며, 검토 결과는 표 9.14와 같이 나타낼 수 있다. 안정액의 사용기준은 기존 설계보고서에서 제시된 값을 기준으로 적용하였다. 그러므로 벤토나이트의 안정액 유압은 굴착 중 비중(1.20)에 불투수막의 전달 효과 0.9를 고려하여 1.08을 적용하였다.

표 9.14 트렌치 굴착면에 작용하는 측압과 안정액 압력의 비교

트렌치 깊이(m)	지층		L=7.0m			안정액 유압 (γ=1.08)	안정성 여부
			굴착공측압	수압	t/m²		
G.L.(-)10.1	실트질 모래층 1	상부	-	-	-	-	O.K
		하부	7.430	-	7.430	10.91	
G.L.(-)11.4	실트질 모래층 2 (지하수위 상부)	상부	6.429	-	6.429	10.91	
		하부	6.518	-	6.518	12.31	
G.L.(-)12.7	실트질 모래층 2 (지하수위 상부)	상부	6.429	-	6.429	12.31	
		하부	6.057	1.3	7.357	13.72	
G.L.(-)19.8	실트질 모래층 3	상부	6.019	1.3	7.319	13.72	
		하부	4.526	8.4	12.926	21.38	
G.L.(-)23.4	풍화암층	상부	4.651	8.4	13.051	21.38	
		하부	4.143	12.0	16.143	25.27	
G.L.(-)25.2	연암층	상부	3.328	12.0	15.328	25.27	
		하부	3.192	13.8	16.992	27.22	

그림 9.17 및 9.18은 트렌치 굴착면에 작용하는 측압과 안정액 압력을 비교하여 도시한 것이다. 이들 그림에서 보는 바와 같이 지하연속벽 시공을 위한 트렌치 굴착면의 안정성 검토 결과 트렌치 굴착면에 작용하는 측압(토압+수압+건물하중)이 안정액의 유압보다 작으므로 트렌치

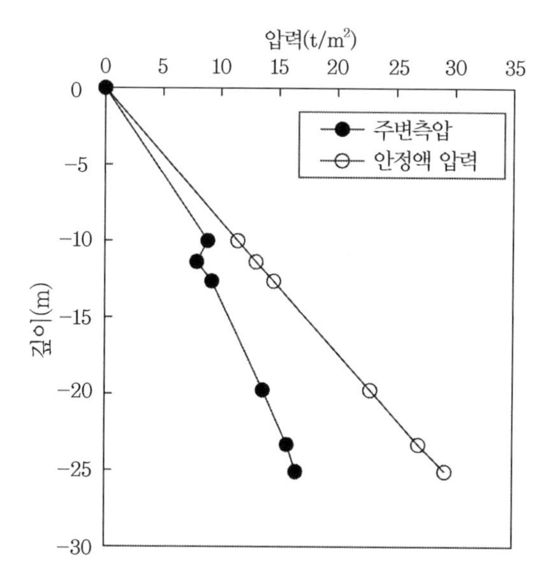

그림 9.17 트렌치 굴착면에 작용하는 측압과 안정액 압력

굴착면은 안정함을 알 수 있다.

그러나 본 구간은 실트질 모래층이 G.L.(-)0.0~19.8m로 깊게 분포하고, 지하수위가 G.L.(-) 11.4m에 위치하고 있으므로 지하수위 상부 구간에서 굴착 장비에 의한 진동 발생 시 트렌치 굴착면의 이상변형에 의한 지반손실이 우려된다. 클램셀의 매몰이 발생할 수도 있다. 그러나 진동으로 인한 굴착면의 지반손실은 정량적으로 평가하기가 어렵다.

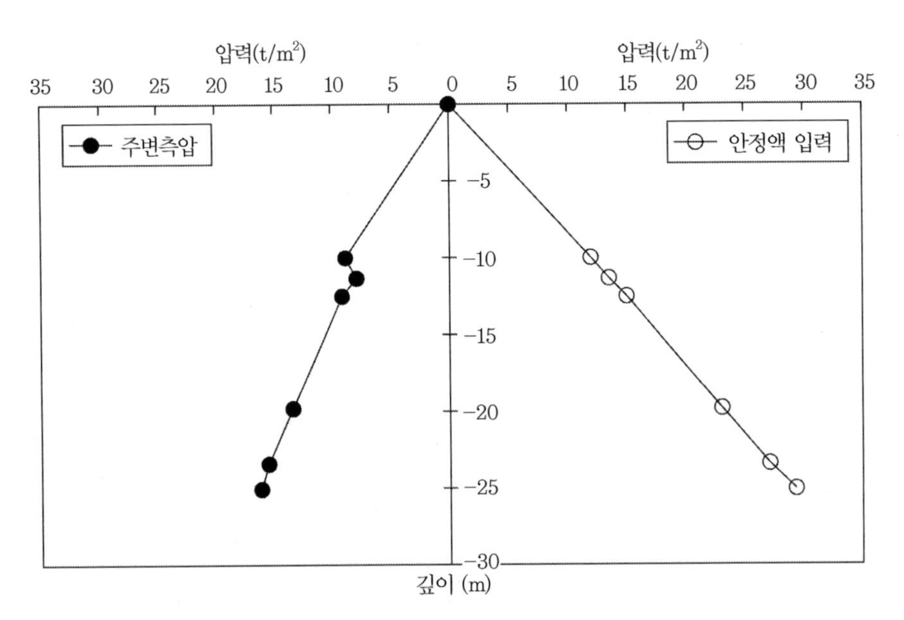

그림 9.18 주변 측압과 안정액 압력의 비교

9.4.2 한계평형해석에 의한 트렌치 굴착면적의 안정성

Nash & Jones(1963)(23)는 한계평형해석을 적용하여 사질토 지반에서의 트렌치 굴착면의 안정성 검토 방법을 제안하였다. 이 방법을 이용하여 대상 현장의 트렌치 굴착면에 대한 안전성을 검토하였다.

(1) 검토 단면 선정

그림 9.19는 대상 현장의 트렌치 굴착면의 안정성 검토를 위한 해석 단면을 나타낸 것이다. 이 그림에서 보는 바와 같이 안정액의 수위는 G.L.(-)1.0m로 가정하였다. 그리고 트렌치 굴착면에 작용하는 안정액의 액압은 불투수의 불투수막를 통해 전달(75~90%)되므로 이 효과를 고려

하여 굴착 중인 슬러리의 비중 1.20에 전달효율 0.9를 적용하였다.(2) 토질정수는 앞 절에서 사용한 것과 동일하다.

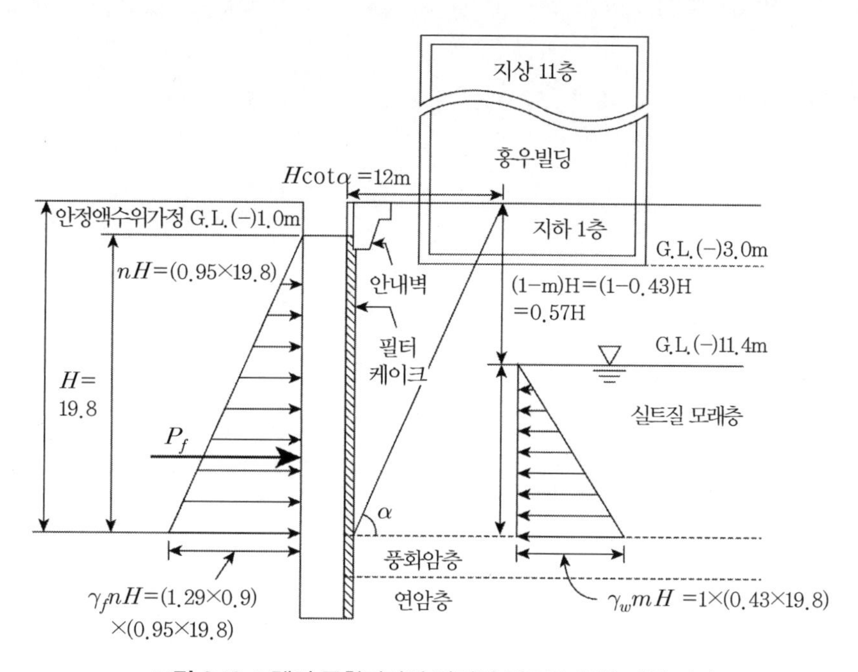

그림 9.19 트렌치 굴착저면의 안정성 검토를 위한 해석 단면

(2) 안정성 검토 및 결과

Nash & Jones(1963)(23)의 한계평형해석을 이용한 방법을 적용하여 대상 현장의 트렌치 굴착면에 대한 안정성을 검토하였다.

$$S.F = \frac{P\sin\alpha\tan\phi' + W\cos\alpha\tan\phi' - U\tan\phi'}{(W\sin\alpha - P_f\cos\alpha)}$$

$$\phi' = \frac{10.1\times25° + 2.6\times28° + 7.1\times30°}{10.1 + 2.6 + 7.1} = 27°$$

$$\alpha' = 45° + \phi/2 = 45° + 27°/2 = 58.5°$$

$$\gamma = \frac{(10.1+1.7)+(1.3\times1.8)+(1.3\times1.9)+(7.1\times1.9)}{10.1+2.6+7.1} = 1.8\text{t/m}^3$$

$$q = \frac{(15.2\text{t/m}^2\times6\text{m})+(1.5\text{t/m}^2\times6\text{m})-26\text{t/m}}{12\text{m}} = 6.20\text{t/m}$$

여기서, ϕ = 평균내부마찰각

γ = 평균단위중량

q = 평균상재하중

트렌치 굴착면에 작용하는 주변측압 W, U 및 P_f는 식 (9.5)로부터 구한다. 우선 W는 식 (9.5a)로부터

$$W = \frac{1}{2}\gamma H^2 \cot\alpha + q$$

$$= \frac{1}{2} \times 1.8\text{t/m}^3 \times (19.8\text{m})^2 \times (\cot 58.5°) + 6.2\text{t/m}$$

$$= 222.4\text{t/m}$$

트렌치 굴착면에 작용하는 수압 U는 식 (9.5c)로부터

$$U = \frac{1}{2}\gamma_w (mH^2)\text{cosec}\alpha$$

$$= \frac{1}{2} \times 1 \times (0.43 \times 19.8)^2 \text{cosec} 58.5° = 42.5\text{t/m}^2$$

트렌치 굴착면 내 안정액의 압력 P_f는 식 (9.5b)로부터

$$P_f = \frac{1}{2}\gamma_f (nH^2)$$

$$= \frac{1}{2} \times 1.08(0.95 \times 19.8)^2 = 191.1\text{t/m}$$

여기서, n = (19.8-1)/19.8 = 0.95

m = (19.8-11.4)/19.8 = 0.43

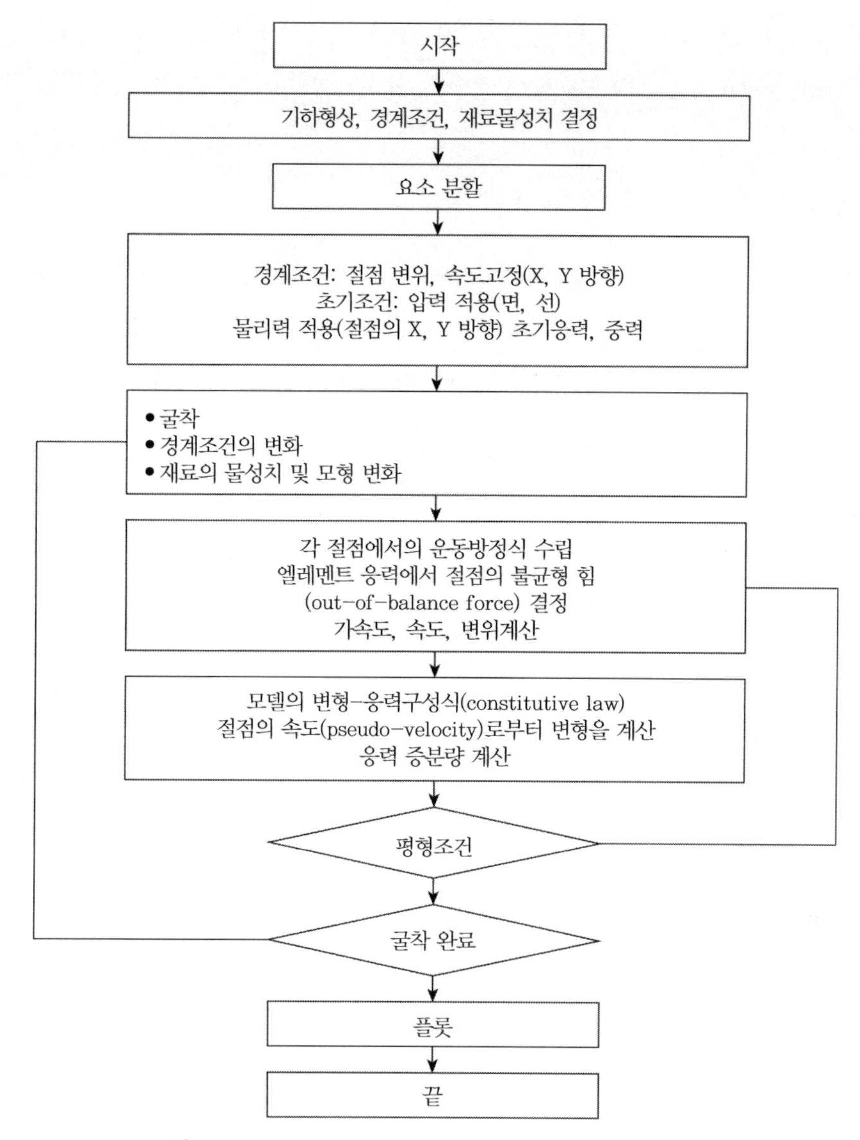

그림 9.20 Explict Numerical 모델의 일반적인 해법의 흐름도

$$S.F = \frac{P\sin\alpha\tan\phi' + W\cos\alpha\tan\phi' - U\tan\phi'}{(W\sin\alpha - P_f\cos\alpha)}$$

$$= \frac{(191.1 \times \sin 58.8° + (222.4 \times \cos 58.8° \times \tan 27°) - (42.5 \times \tan 27°)}{(222.4 \times \sin 58.8° - 191.1 \times \cos 58.5°)}$$

$$= \frac{93.2 + 58.70 - 21.6}{(190.23 + 99.81)} = 1.33 > F.S._{all} = 1.0$$

트렌치 굴착면의 안정성 검토 결과, 안전율은 1.33으로 계산되었다. 따라서 대상 현장의 트렌치 굴착면의 안전율은 1보다 크므로 안정함을 알 수 있다.

9.4.3 유한차분해석에 의한 침하량 산정

지하연속벽 시공을 위한 트렌치 굴착 시 인접한 지반의 침하량을 산정하고, 이를 토대로 인접건물의 안정성을 검토하기 위하여 참고문헌[36]에서는 범용적으로 사용되고 있는 유한차분해석 프로그램인 FLAC 2D 프로그램을 사용하였다.[6] FLAC 2D 프로그램에 대한 자세한 설명은 참고문헌[6,18]을 참조하기로 하고 여기서는 생략하기로 한다.

지하연속벽 시공을 위한 트렌치 굴착 시 인접지반의 침하량을 알아보기 위하여 FLAC 프로그램을 이용한 유한차분해석을 수행하였다. 해석 결과를 토대로 인접건물인 홍우빌딩의 트렌치 굴착단계별 침하량을 조사하였으며, 트렌치 굴착면부터 이격거리에 따른 최대예상침하량을 정리하면 표 9.15와 같이 나타낼 수 있다. 최대예상침하량은 G.L.(-)3.0m 깊이에서의 침하량으로 하였으며, 트렌치로부터 이격거리가 증가함에 따라 지반의 침하량은 감소하는 경향을 보인다. 그러나 인접건물인 홍우빌딩의 위치에서 최대침하량이 약간 증가하는 것으로 나타났다. 본 해석에서의 초대예상침하량은 굴착 장비의 진동 등에 의한 부가적인 영향은 고려하지 않은 것이다. 이러한 부가적인 영향으로 인하여 발생하는 침하량은 정량적으로 평가할 수 없으므로 이를 고려하지 않았다.

표 9.15 유한차분해석에 의한 트렌치 굴착 시 인접지반의 최대예상침하량

이격거리(m)	0	2	4	6	8	10	12	14	16	18	19
침하량(cm)	2.175	1.641	0.812	0.642	0.927	0.761	0.632	0.510	0.398	0.327	0.303

9.5 굴착공사에 의한 인접지반의 침하

역타공법을 적용한 굴착공사 시 배면 지반의 침하량을 산정하기 위하여 가장 일반적인 Caspe의 방법을 적용한다. Caspe의 방법[13]을 사용하기 위해서는 굴착 시 흙막이벽의 변위를 구해야 한다. 굴착 시 흙막이벽의 변위는 탄소성보법을 적용한 SUNEX 프로그램으로 해석하여 결정한다.[6]

9.5.1 Caspe의 방법[13]

Caspe(1966)는 굴착공사 시 주변 지반에 발생하는 총 침하면적은 흙막이 벽의 수평변위에 따른 변위 면적과 동일하다고 가정하여 침하량을 산정하는 방법을 제안하였으며, 계산순서는 다음과 같다.

(1) 횡방향 벽체 변위를 계산(예측치 또는 계측치)

(2) 횡방향 벽체 변위를 합하여 변위체적 V_s를 구함

(3) 침하 영향권의 횡방향 거리 추정

침하영향거리$(D) = H_t \times \tan(45 - /2)$

굴착면 직상부에서 침하량$(S_w) = \dfrac{4 \times V_s}{D}$

표준침하량$(S_x) = (S_w) \times \left(\dfrac{D - x}{D}\right)^2$

굴토하부깊이$(H_p) = 0.5 \times B \times \tan(45° - \phi/2)$

여기서, $H_t = H_w + H_p$

H_w = 굴토깊이(m)

H_p = 흙의 내부마찰각(°)

V_s = 흙막이 벽의 수평변위량 총합(m^3/m)

S_x = 벽면에서 X만큼 떨어진 곳에서 발생하는 예상침하량(cm)

9.5.2 탄소성보 법 프로그램(SUNEX 프로그램)[6]

지반 거동을 평가하기 위한 SUNEX 프로그램은 탄소성 soil-structual interaction 모델을 적용한다.[6] 이 모델은 벽체에 작용하는 토압을 벽체와 버팀보의 강성 및 시공방법에 따라 변하게 되어 있어 기존 토압이론에서 제시한 일률적인 하중 패턴보다는 실제상황을 현실적으로 적용시킴으로써 경제적인 분석방법으로 간주된다.

시공단계별 벽체의 변형이 축적됨으로써 주변침하 계산에 적합하며, 최대·최소의 토압이론

값을 초과하지 않도록 되어 있다. 만약 실제 토압이 이들 한계상태 초과 시는 초과변형의 응력이 벽체 강성을 이용하여 하부로 전달하도록 고안되었다.

SUNEX 프로그램을 이용하여 대상 현장의 지중연속벽에 대한 거동을 해석하였다.[36] 해석 결과는 참고문헌[36]을 참조하면 지중연속벽의 최대수평변위는 1.11cm로 지표면으로부터 G.L.(-) 9.0m 깊이에서 발생하였다. 이러한 해석 결과를 Caspe의 방법에 적용하여 구한 배면지반의 최대침하량으로 나타내면 표 9.16과 같이 나타낼 수 있다. 아래 표를 살펴보면 배면지반의 최대 침하량은 3.895cm로서 굴착면에서 발생하는 것으로 나타났다.

표 9.16 굴착현장 배면에서 예상침하량(sunnex program output[36] 참조)

이격거리(m)	0	2	3.9	5.9	9.8	19.5
침하량(cm)	3.895	3.155	2.493	1.909	0.974	0

그리고 굴착으로 인한 배면지반의 침하영향거리는 19.5m로 계산되었다. 인접건물인 홍우빌딩이 위치한 지하연속벽에서 6m 정도 이격된 거리에서의 침하량은 1.909cm로 산정되었다.

9.6 인접건물의 안정성

9.6.1 시공관리기준

시공관리기준치를 설정하기 위해서는 지반이나 지하수, 주변환경조건 등의 조건이나, 흙막이벽이나 지보공의 특성, 굴착공법, 배수공법, 계획 시 흙막이 해석 결과 등의 설계 및 시공 조건, 계측조건 등 고려해야 할 사항이 많다. 따라서 설계 시에 관리기준치는 설계상의 입력자료의 추정이나 시공상의 여러 가지 가정 등 기술자의 공학적인 판단에 의해 변동되는 경우도 있다. 여기서 문제가 되는 것은 설계자에 대한 관리기준치를 결정하는 방법과 계측 결과치가 관리기준치를 초과하였을 때의 대처 방안이다.

古藤田 등(1980)[34]은 재료의 허용응력을 관리 대상으로 하는 항목에 대해서는 제1차 관리기준을 허용응력도의 80%, 제2차 관리기준치를 100%로 하고, 또한 측압이나 흙막이벽의 변형 등 기술자의 판단을 관리 대상으로 하는 항목에 대해서는 계획단계에서 채용된 예측 계산치(설계

계산치)의 100%를 제1차 관리기준치로 하는 것을 제안하였다.

機田 등(1980)[35]은 설계계산치의 70~80%가 하나의 기준이 된다고 하면서도 설계상의 입력치(토질정수)의 변동에 의해 당초의 설계계산치에 어느 정도 형향을 미치는가를 미리 예측하여 놓고 그 가운데 관리기준치를 설정하는 것을 추천하고 있다.

機田은 표 9.17과 같이 흙막이벽의 변형에 대한 계측관리기준으로, 임의의 두 점 간의 거리에 대한 벽체의 수평변위의 경사도를 1/200로 제안하였으며, 주변 지반의 침하에 대해서는 지표면침하량의 경사도를 1/500~2/200로, 주변 건물의 변형에 대한 경사도는 1/1,000~1/300로 제안하였다.

표 9.17 관리기준치를 결정하는 기준[35]

구분	대상물	기준의 범위	계측기
흙막이 구조물	흙막이벽의 응력	$\frac{장+단}{2}$~단	스트레인 게이지
	흙막이벽의 변형	$\frac{1}{200}$ 또는 설계허용범위 이하	경사계
	버팀보의 축력	$\frac{장+단}{2}$~단	로드셀
	띠장	$\frac{장+단}{2}$~단	
주변지반 및 인접구조물	주변지반의 침하	경사: $\frac{1}{500}\sim\frac{1}{200}$	S스트레인 게이지
	주변매설물 : 도시가스관, 상하수관, 지하철	관리담당자와 협의	
	주변건물	경사: $\frac{1}{1000}\sim\frac{1}{300}$	경사계

장: 장기허용응력, 단: 단기 허용응력

Bjerrum(1963)은 그림 9.21과 같이 인접구조물의 경사(각변위)에 대한 허용각변위 관리기준치를 제안하였다.[11] 이 그림에서 지표면의 부등침하가 인접구조물에 미치는 영향에 대한 각변위(부등침하량/수평거리)의 한계를, 균열을 허용할 수 없는 건물에 대해서는 1/500, 칸막이벽에 첫 균열이 예상되는 경우에는 1/300로 제안하였다. 그리고 Skempton & MacDonald(1956)은 기초의 종류에 따른 구조물의 손상한계를 표 9.18과 같이 나타냈으며 괄호의 값은 추천되는 최댓값이다.[26]

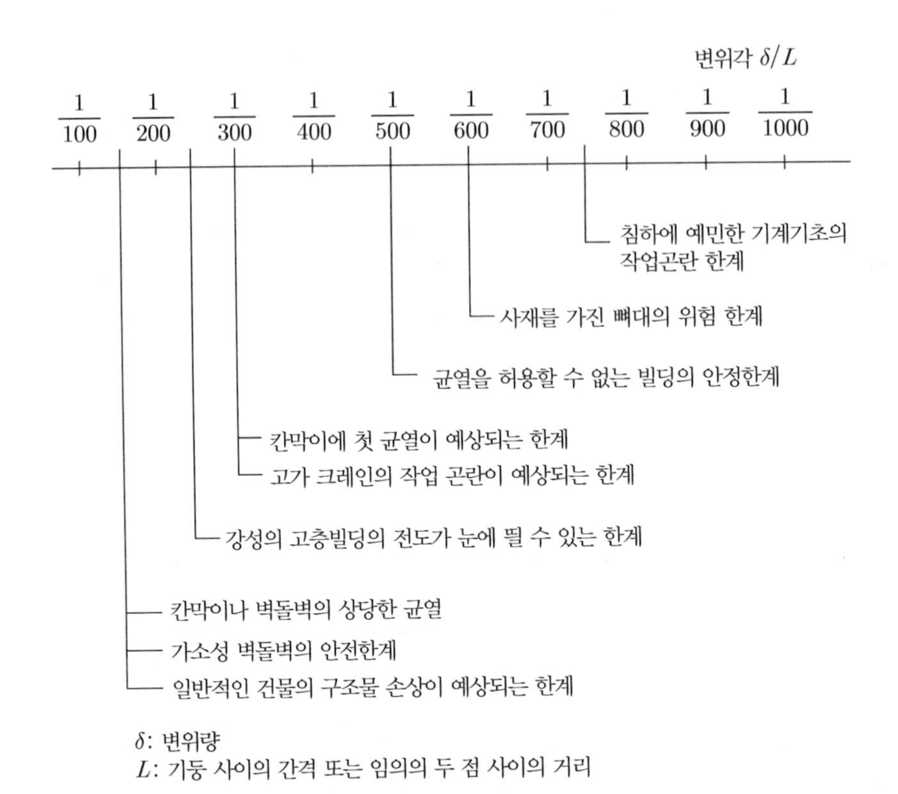

그림 9.21 Bjerrum이 제안한 각변위 한계(Bjerrum, 1963)

표 9.18 구조물의 손상한계(Skempton & MacDonald, 1956)[26]

기준		독립기초(mm)	확대기초(mm)
각변위(δ/L/L)*		1/300	
최대부등침하량	점토	44(38)	
	사질토	32(25)	
최대침하량	점토	76(64)	76～147(64)
	사질토	51	51～76(38～64)

* δ: 부등침하량, L: Span(괄호 안은 설계 시 추천되는 최댓값)

Sowers(1962)는 표 9.19과 같이 각종 인접 구조물에 대한 최대허용침하량의 범위로 철근콘크리트 뼈대 구조물의 경우에는 0.003S로, 빌딩의 조적벽체에 대해서는 0.005S～0.002S로, 강뼈대구조의 경우에는 0.002S(연속) 또는 0.005S(단순)로 제안하였다. 여기서 S는 기둥 사이의 간격 또는 임의 두 점 간의 거리다.[27]

표 9.19 구조물의 허용침하량(Sowrs, 1962)(27)

침하형태	구조물의 종류	최대침하량
전체 침하	배수시설	15.0~30.0cm
	출입구	30.0~60.2cm
	부등침하의 가능성	
	석적 및 조적 구조	2.5~5.0cm
	뼈대구조	5.0~10.0cm
	굴뚝, 사이로, 매트	7.5~30.0cm
부등침하	철근콘크리트 뼈대구조	0.003S*
	강 뼈대구조(연속)	0.002S
	강 뼈대구조(단순)	0.005S

* S: 기둥 사이의 간격 또는 임의 두 점 간 거리

9.6.2 예상침하량 산정

대상 현장에 지하연속벽을 시공할 경우 인접하고 있는 홍우빌딩 및 한양아파트에 대한 영향을 검토하기 위하여 이론적인 해석과 수치해석을 수행하였다. 지하연속벽을 시공할 경우 인접지반의 침하량은 트렌치 굴착에 의한 침하, 지하굴착공사에 의한 침하 및 지하수위 저하에 의한 침하의 합으로 결정된다.

그림 9.22는 지하연속벽으로부터의 이격거리에 따른 트렌치 굴착에 의한 침하량과 굴착공사에 의한 배면 지반의 침하량을 나타낸 그림이다. 이 그림을 살펴보면 인접건물인 홍우빌딩이 위치한 6m 구간까지의 침하량은 감소하다가 약간 증가한 후 다시 감소하는 경향을 보이고 있다. 이는 수치해석 시 홍우빌딩의 건물 하중에 의하여 주변 지반의 융기가 발생하여 나타난 결과라고 판단된다.

철근콘크리트 구조물인 경우 각변위의 기준은 1/320~1/1000까지 여러 연구자에 의해 다양하게 제시되었다. 즉, 굴착 시 배면 지반의 침하에 대한 인접 구조물의 각변위 기준은 구조물의 기능, 노후도 등에 의하여 정량적으로 반영하기가 어렵다.

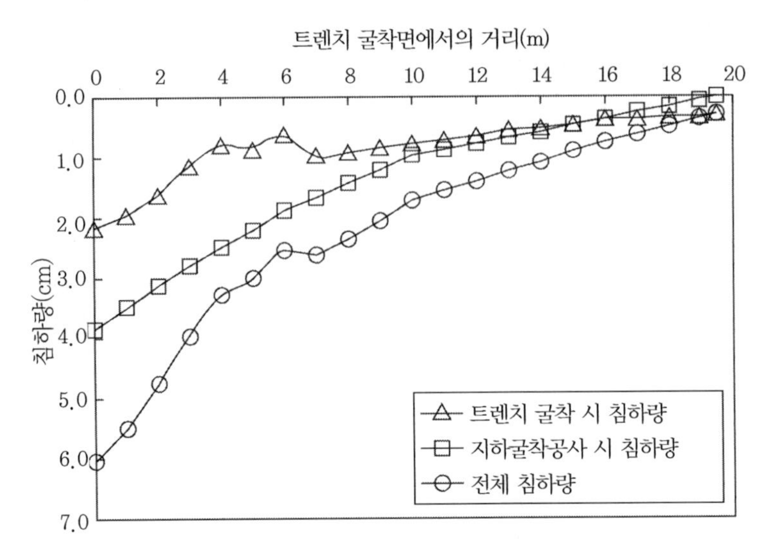

그림 9.22 이격거리에 따른 배면 지반의 침하량

표 9.20은 굴착면으로부터 이격거리에 따른 배면 지반의 침하량을 각변위로 나타낸 것이다. 굴착으로 인하여 발생한 인접건물의 안정성을 평가 시 각변위의 기준을 1/500으로 가정하면, 대상 현장의 인접건물은 굴착면으로부터 이격거리가 11m 이상 되어야 안정한 것으로 조사되었다. 따라서 홍우빌딩은 굴착면으로부터 6m 정도 이격되어 위치하고 있으므로 각변위의 기준치를 초과함을 알 수 있다. 그러나 한양아파트의 경우 굴착면으로부터 32m 정도 이격되어 있으므로 굴착에 따른 침하의 영향은 없을 것으로 판단된다.

표 9.21은 대상 현장에서 굴착으로 인한 침하의 영향이 미치지 않는 소요이격거리를 나타낸 것이다. 이 표에서 보는 바와 같이 인접건물의 안정성을 평가 시 각변위의 기준을 1/400~1/500로 가정하면 굴착에 의한 영향이 미치지 않는 소요이격거리는 11m임을 알 수 있다.

그리고 각변위의 기준을 1/600, 1/700, 1/800 및 1/900로 가정하면, 각각의 소요이격거리는 12, 17, 19.5 및 19.5m 이상 되어야 히는 것으로 나타났다.

표 9.20 트렌치 굴착 및 전면지반 굴착에 의한 배면지반의 각변위

이격거리(m)	0	1	2	3	4	5	6	7	8	9	10	11	12	13	14	15	16	17	18	19	19.5
각변위	1/172								1/348	1/316	1/316	1/574	1/625	1/613	1/609	1/602	1/662	1/704	1/746	1/787	1/833

표 9.21 굴착에 의한 영향이 미치지 않는 소요이격거리

각변위 \ 이격거리(m)	0	1	2	3	4	5	6	7	8	9	10	11	12	13	14	15	16	17	18	19	19.5
1/400																					
1/500																					
1/600																					
1/700																					
1/800																					
1/900																					19.5 이상

9.7 지하수위 저하에 의한 인접지반의 침하

9.7.1 침하량 계산

흙막이 굴착 시 배면지반에서는 지하수위가 저하되며, 이로 인하여 압축 및 압밀침하가 일어나게 되어 지반침하가 발생한다. 일반적으로 지하연속벽의 설계 시에는 지하수위의 저하가 발생하지 않는다고 가정하는 경우가 많다. 그러나 실제로는 저하연속벽 시공 시 지하수위 저하가 발생함을 확인할 수 있다

박재원(1995)은 서울 시내 도심지에서 지하연속벽을 이용한 역타공법으로 지하굴착 공사 시 굴착배면지반의 지하수위를 측정하였다.(4) 대상 현장의 지하연속정도 깊게 근입하였다. 그러나 측정 결과 굴착공사에 따라 지하수위는 3.7~12.8m 정도 저하되었으며, 평균적으로 지하수위는 7.4m가 저하되었다.

또한 최용석(2001)도 울산시 내 지하연속벽을 이용한 역타공법으로 지하굴착공사 시 굴착배면지반의 지하수위를 측정하였다.(7) 측정 결과 지하수위는 굴착이 진행됨에 따라 2.6~3.8m 정도 저하되는 것으로 나타났다.

그리고 황광현(2002)은 국내 도심지 내 6개의 지하연속벽을 이용한 굴착공사현장에 대하여 굴착배면지반의 지하수위를 측정하였다.(9) 측정 결과 지하수위는 굴착이 진행됨에 따라 1.0~4.0m 정도 저하되는 것으로 나타났다. 따라서 실제 저하되는 것을 알 수 있다.

이를 토대로 본 연구에서는 굴착 시 배면지반 지하수위의 저하에 따른 침하량에 대하여 즉시침하량 공식을 적용하여 계산하였다.

그림 9.23은 대상 현장의 지하수위 저하에 따른 침하량을 계산하기 위한 단면도를 도시한 것이다. 홍원표(2003)는 이 그림에서 보는 바와 같이 기존 설계보고서에 제시된 대상 현장의 지하수위인 G.L.(-)11.4m에서 G.L.(-)15.4m까지 각각 1, 2, 3 및 4m가 저하되었을 경우 즉시침하량을 계산하였다.(36)

실제 시공 시에는 지하수위계를 이용한 지하수위 저하를 반드시 확인해야 하며, 만약 지하수위의 저하가 발생하였을 경우에는 인접건물에 영향을 미치므로 이에 대한 안정성을 재검토해야 한다.(36)

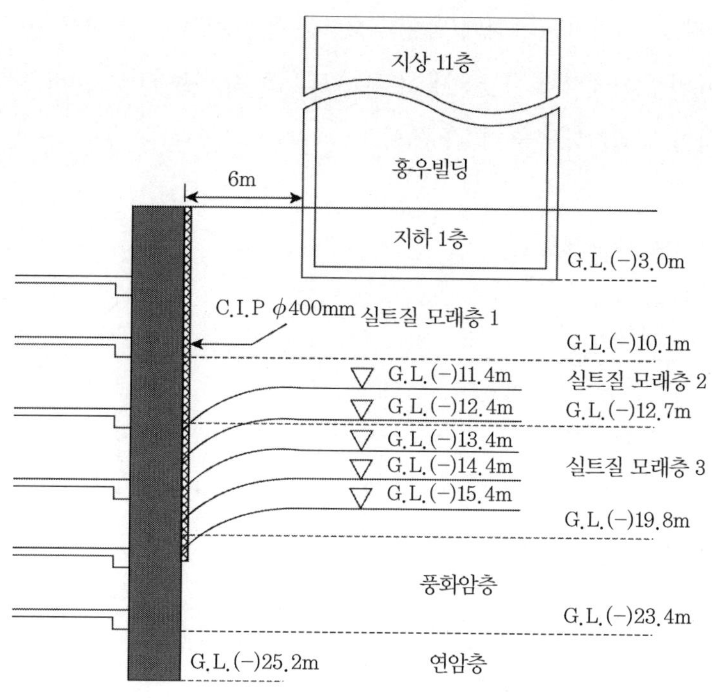

그림 9.23 지하수위 저하에 따른 침하량 검토

표 9.22는 굴착 배면지반에서 지하수위 저하에 따른 인접지반의 침하량을 계산한 결과다.[45] 지하수위가 저하됨에 따라 침하량은 증가하며, 배면지반 지하수위가 1m 저하될 경우 침하량은 0.9cm로 매우 크게 발생함을 알 수 있다. 그리고 지하수위가 2, 3 및 4m 저하될 경우 각각의 침하량은 1.7, 2.3 및 2.9cm로 발생함을 알 수 있다.

표 9.22 지하수위 저하에 의한 배면지반의 예상침하량[36]

지하수위	G.L.(-)12.4m	G.L.(-)13.4m	G.L.(-)14.4m	G.L.(-)15.4m
침하량(cm)	0.9	1.7	2.3	2.9

9.7.2 예상침하량 산정

표 9.23은 인접건물인 후우빌딩에서 역타공법 적용 굴착공사 시 발생할 수 있는 주변지반침하량을 계산한 것이다. 지반굴착 시공에 따른 인접지반의 침하량은 트렌치 굴착에 의한 침하량, 전면지반 굴착에 의한 침하량 및 지하수위 저하에 의한 침하량의 합으로 계산된다.[36]

즉, 트렌치 굴착 및 전면지반 굴착에 의한 침하량은 홍우빌딩이 위치하고 있는 굴착면으로부터 이격거리가 7m인 위치에서의 값을 적용하였다. 그리고 지하수위가 1~4m 저하될 경우 침하량을 각각 계산하여 전체침하량을 예상하였다.

표 9.23 지하수위 저하를 고려한 침하량

구분	트렌치 굴착 시	전면지반 굴착 시	지하수위 저하 시(m)				예상 침하량	허용 침하량	평가
			1	2	3	4			
침하량 (cm)	0.981	1.673	0.9	-	-	-	3.55	3.2	NG
			-	1.7	-	-	4.35		NG
			-	-	2.3	-	4.95		NG
			-	-	-	2.9	5.55		NG

1) 굴착면으로부터 7m 이격된 거리에서의 침하량(홍우빌딩 위치)
2) Skempton & MacDonald(1956)의 제안허용침하량 기준 적용

이들 계산 결과를 종합해보면 전체 예상침하량은 지하수위가 1, 2, 3 및 4m 저하할 경우 각각 3.55, 4.35, 4.95 및 5.55cm로 발생한다.

Skempton & MacDonald(1956)[26]은 사질토지반에서 최대부등침하량을 32mm로 제안한 바 있다. 대상 현장에서 지하수위가 1m 저하되었을 경우 홍우빌딩이 위치하고 있는 구간에서의 침하량은 허용침하량보다 크게 발생하고 있음을 알 수 있다. 인접건물인 홍우빌딩은 불안정한 상태가 될 것으로 나타났다.

9.8 결론 및 요약

본 연구에서는 서울특별시 영등포구 여의도동 43-4 및 5번지 미주아파트 재건축 공사현장의 지반굴착을 실시할 경우 이 현장에 인접하여 위치하고 있는 홍우빌딩과 항양아파트에 미치는 영향을 검토해보았다.

본 현장은 지하굴착깊이가 G.L.(-)23.2~27.7m인 대심도 근접시공현장이므로 흙막이굴착공사 시 흙막이벽의 안정성, 주변지반침하 및 인접구조물에 미치는 영향을 반드시 검토해야 한다.

본 현장의 지층은 지반조사 결과 매립토층, 충적토층, 풍화암층, 연암층 및 보통암층으로 구성되어 있고, 지하수위는 G.L.(-)11.2~11.5m에 위치하고 있음을 알 수 있다. 이 중 충적토층은

실트질 모래층으로 구분된다.

본 현장에서 지하연속벽을 이용한 지반굴착 시 예상되는 배면지반침하의 주요 성분으로는 트렌치 굴착 시 발생하는 침하, 역타공법 적용 지하굴착 시 발생하는 침하 그리고 지하수위 저하에 의한 침하의 세 가지를 들 수 있다. 즉, 여의도 미주아파트 신축을 위한 지하굴착 시 발생하는 주변지반침하는 먼저 지하연속벽을 설치하기 위한 트렌치 굴착 시 트렌치 굴착면에서의 수평지반변형에 의하여 발생할 것이 예상된다. 그리고 지하연속벽을 완성한 후 역타공법을 적용하여 지하굴착을 실시할 경우에도 주변지반침하가 추가로 발생할 것이 예상된다. 마지막으로 지하굴착 시 주변 지반 속 지하수위가 저하할 때도 지반침하가 동반 발생할 수도 있다.

이들 세 요인에 의한 침하 영향을 검토하면 다음과 같다.

(1) 지하연속벽 시공을 위한 트렌치 굴착기간 동안 굴착면의 함몰붕괴에 대한 안정성을 검토한 결과, 트렌치 굴착면에 작용하는 측압(토압+수압+건물하중)이 트렌치 내 슬러리의 액압에 의한 측압보다 작게 나타나 트렌치 굴착면은 안전한 것으로 판단된다. 그러나 트렌치 굴착공사 시 배면지반의 침하량을 산정하기 위하여 유한차분해석을 실시한 결과, 예상침하량은 흙막이벽 위치에서는 2.18cm고, 흙막이벽에서 7m 이격된 위치인 홍우빌딩 단부 부근에서는 0.98cm며, 10m 이격된 위치에서는 0.76cm로 나타났다. 그리고 15m 이격된 위치에서는 0.45cm로 나타났다.
(2) 지하연속벽 시공 후 역타공법에 의한 지하굴착을 실시하는 동안 발생하는 수평변위는 배면지반의 침하를 유발한다. 이 배면지반의 침하량을 산정하기 위하여 탄소성보해석을 실시한 결과, 예상침하량은 흙막이벽 위치에서는 3.90cm고, 흙막이벽에서 7m 이격된 위치인 홍우빌딩 단부 부근에서는 1.67cm며, 10m 이격된 위치에서는 0.97cm로 나타났다. 그리고 15m 이격된 위치에서는 0.46cm로 나타났다.
(3) 앞에서 설명한 두 침항량 성분, 즉 트렌치 굴착 시 예상침하량과 역타공법에 의한 지하굴착 시 예상침하량을 합한 전체침하량은 흙막이벽 위치에서는 6.07cm고, 흙막이벽에서 7m 이격된 홍우빌딩 단부 부근 위치에서는 2.65cm며, 10m 이격된 위치에서는 1.74cm로 나타났다. 그리고 15m 이격된 위치에서는 0.91cm로 나타났다.

이 예상침하량에 의거한 단위길이당 각변위를 산정하여 인접건물의 안정에 필요한 굴착면으로부터의 이격거리를 산정하여본 결과, 굴착으로 인한 인접건물의 안정성에 영향을 미치지 않는 이격거리는 각변위량의 허용기준치를 1/500로 가정할 경우는 11m고, 허용기준치를 1/600로 가정할 경우는 12m며, 허용기준치를 1/900로 가정할 경우는 19.5m 이상으로 나타났다. 따라서 1/500 이상의 각변위 기준치를 확보하려면 흙막이벽은 홍우빌딩으로부터 11m 이상 떨어져서 설치되어야 한다.

(4) 지하수위 저하에 의한 배면지반의 침하량은 지하수위가 1, 2, 3, 및 4m로 저하되었을 경우를 예상하였을 때 각각 0.9, 1.7, 2.3, 2.9cm로 발생한다. 따라서 만약 이 영향을 예상 전체 침하량에 고려하면 안전한 소요이격거리는 위에서 설명한 거리보다 다소 더 떨어져야 한다.

• 참고문헌 •

(1) 김주범 · 이종규 · 김학문 · 이영남(1990), '서우빌딩 안전진단 연구검토 보고서', 대한토질공학회.

(2) 김학문(1993), '흙막이 구조물-지하연속벽 구조벽체-', 한국지반공학회지' 제9권' 제4호, pp.133-155.

(3) 문태섭 · 홍원표 · 최완철 · 이광준(1994), 'PLAZA 신축공사로 인한 인접자생의원 및 독서실의 안전진단 보고서', 대한건축학회.

(4) 박재원(1995), 'Top-Down 공법에 의한 흙막이벽의 거동', 중앙대학교 건설대학원 석사학위논문, pp.61-66.

(5) 백영식 · 홍원표 · 채영수(1990), '한국노인복지보건의료센터 신축공사장 배면도로 및 매설물 파손에 대한 검토연구 보고서', 대한토질공학회.

(6) 천일지오컨설턴트(1995), SUNEX Program User's Manual.

(7) 최용석(2001), 'Top-Down 공법을 적용한 흙막이벽의 측방토압과 변형거동', 중앙대학교건설대학원 석사학위논문, pp.51-52.

(8) 홍원표 · 임수빈 · 김홍택(1992), '일산전철 장항정차장 구간의 굴토공사에 따른 안정성 검토연구보고서', 대한토목학회.

(9) 황광현(2002), '흙막이 지중연속벽의 변형거동과 측방토압', 중안대학교 건설대학원 석사학위논문, pp.54-60.

(10) 한국지반공학회(1997), '굴착 및 흙막이 공법(지반동학시리즈 3)', 구미서관, pp.195-199.

(11) Bjerrum, L.(1963), "Discussion to European Conference on Soil Mechanics and Foundation Engineering", Wiesbadan, VA., p.235.

(12) Bowles, J.E.(1996), "Foundation Analysis and Design 5th Eds", McGraw-Hill Co., pp.121-127.

(13) Caspe, M.S.(1996), "Surface Settlement Adjacent to Braced Open Cut", JSMFD, ASCE, Vol.92, SM.4, pp.51-59.

(14) Chan, S.F. and Yap. T.F.(1992), "Effects of Construction of a Diaphragm Wall very close to a Masonry Building", Slurry Walls: Design, Construction and Quality Control, ASTM STP 1129, Paul, D.B. Davidson, R.R. and Cavalli, N.J. eds., ASTM, Philadelphia.

(15) Cowland, J.W. and Thorely, C.B.B.(1984), "Ground and building settlement associated with adjacent slurry trench excavation", Proc. 3rd Int. Conf. on Ground Movements and Structure, Cartliff U.K., pp.723-738.

(16) Davies, R.V. and Henkel, D.J.(1980), "Geotechical Problems associated with the Construction of

Chater Station Hong Kong", Proc. Conf. Mass Transportation in Asia, Hong Kong, Paper J3.

(17) DiBiagio, E., and Myrvoll, F.(1972), "Full Scale Field Tests of a Slurry Trench Excavation in Soft Clay", Proc. of the 5th European Conference on Soil Mechanics and Foundation Engineering, Madrid, Vol.1, pp.461-471.

(18) FLAC(1993), Fast Lagrangian Analysis of Continua, Ver 3.2, Manual, Itasca Consulting group.

(19) Hanjinal, l., Marton, J. and Regele, Z.(1984), Construction of Diaphragm Walls, John Wiley & Sons., Inc., New York.

(20) Huder, J.(1972), "Stability Bentonite Slurry Trenches with Some Experiences in Swiss Practice, Proc. of the 5th European Conference on Soil Mechanics and Foundation Engineering, Madrid, Vol.4, pp.517-522.

(21) Mogenstern, N. and Amir-Tahmasseb, I.(1965), "The Stability of a Slurry Trench in Cohesionless Soils", Geotechnique, Vol.15, No.4, pp.359-387.

(22) Morton. K., Cater, R.W. and Linney, L.(1980), "Observed Settlements of Buildings adjacent to Stations Constructed for th Modified Initial System of the Mass Transit Railway, Hong Kong", Proc. 6th South-east Asian Conf. on Soil Engineering, Taipei, Vol.l, pp.415-429.

(23) Nash, J.K.T.L. and Jones, G.K.(1963), "The Support of Trenches using Fluid Mud", Proc. of Symposium on Grouts and Drilling Muds in Engineering Practice, London U.K., pp.177-180.

(24) Piaskowski, a. and Kowalewski, Z.(1965) ,"Application of Thixotropic Clay Suspension for Stability of Vertical Sides of Deep Trenches without Strutting", Proc. of the 6th ICSMFE. Montreal, Vol.2, pp.526-529.

(25) Schneebeli, G.(1964), "Le Stabilite des Tranchees Profondes Forees en Prensence de Boue", Houille Blanche, Vol.17, No.9, pp.815-820.

(26) Skempton, A.W. and MacDonald, D.H.(1956), "The Allowable Settlement of Buildings", Proc ICE. Vol.5, No.3, pp.737-784.

(27) Sowers, G.F.(1962), Shallow Foundation, Foundation Engineering, G.A. Leonards, McGraw-Hill, p.525.

(28) Tamano, T., Fukui, S., Suzuki, H. and Ueshita, K.(1996), "Stability of Slurry Trench Excavation in Soft Clay", Soils and Foundations, Vol.36, No.2, pp.101-110.

(29) Thorley, C.B.B and Forth, R.A.(2002), "Settlement due to Diaphragm Wall Construction in Reclaimed Land in Hong Kong", Journal of Geotechnical and Geoenvironmental Engineering, Vol.128, No.6, pp.473-478.

(30) Tsai, J.S. and Chang, J.C.(1996), "Three-dimensional Stability Analysis for Slurry-filled Trench Wall in Cohesionless Soil", Canadian Geotechnical Journal, Vol.33, pp.798-808.

(31) Tsai, J.S., Jou, L.D. and Hsieh, H.S.(2000), "A full-scale Stability Experiment on a Diaphragm Wall Trench", Canadian Geotechnical Journal, Vol.37, pp.379-392.

(32) Washbourne, J.(1984), "The Three-dimensional Stability analysis of Diaphragm Wall Excavations", Ground Engineering, Vol.17, No.4, pp.24-26.

(33) Xanthakos, P.P.(1979), "Slurry Walls", Mcgraw Hill, pp.18-56.

(34) 古藤田喜久雄·藤田務·坪創久·中山懲·秋田親男·森脇登美夫(1980), "山止計測管理(軟弱粘性土地盤の場合)", 第15回, 土質工學研究會講演集.

(35) 機田懲康, 丸岡正夫, 佐藤英二(1985), "掘削 土留めにおける計測管理 ; 觀測施工法の現狀 ", 基礎工, Vol.13, No.7, pp.34-40.

(36) 홍원표·송영석·여규권(2003), '미주아파트 재건축을 위한 근접지하굴착공사가 주변건물의 안정성에 미치는 영향에 관한 연구보고서', 중앙대학교.

Chapter

10

삼룡사 법당 및 회관 신축부지 절토공사

삼룡사 법당 및 회관 신축부지 절토공사

10.1 서론

10.1.1 연구목적

서울특별시 중랑구 망우동 396-27번지 소재 삼룡사 법당 및 회관 신축공사에 따른 부지정지 시 인접대지(중랑구 망우동 396-5번지) 경계면을 절토하여 옹벽을 설치하였다. 이 절토공사로 인한 배면지반의 변형영향 검토 및 흙막이벽 설치 필요성 여부를 토질공학적 측면에서 검토·연구하는 데 그 목적이 있다.[1]

10.1.2 연구 범위 및 방법

본 연구과업의 범위는 현장을 답사하여 현황을 파악하고 실내토질시험 성과의 토질상수를 선정하여 사면안정해석을 실시함으로써 배면지반의 영향범위를 알아내고, 아울러 흙막이벽 필요성 여부를 판단하는 것으로서 다음과 같은 방법으로 과업을 수행한다.

(1) 현황조사
(2) 옹벽 설치 도면 등 기존 자료 검토
(3) 시료 채취 및 실내 토질시험 성과의 분석
(4) 사면안정해석 및 연직굴토 가능 깊이의 추정

(5) 종합분석 검토

10.2 현장 개요

10.2.1 현황

현장조사 당시(1990.12.17.) 옹벽구조물공사는 완료되었다. 배면 되메우기는 일부 시행됐고, 일부는 자연절토지반을 관찰할 수 있는 상태였다. 문제의 옹벽 구간 외에도 절토지반이 인접하여 나타나 있었다.

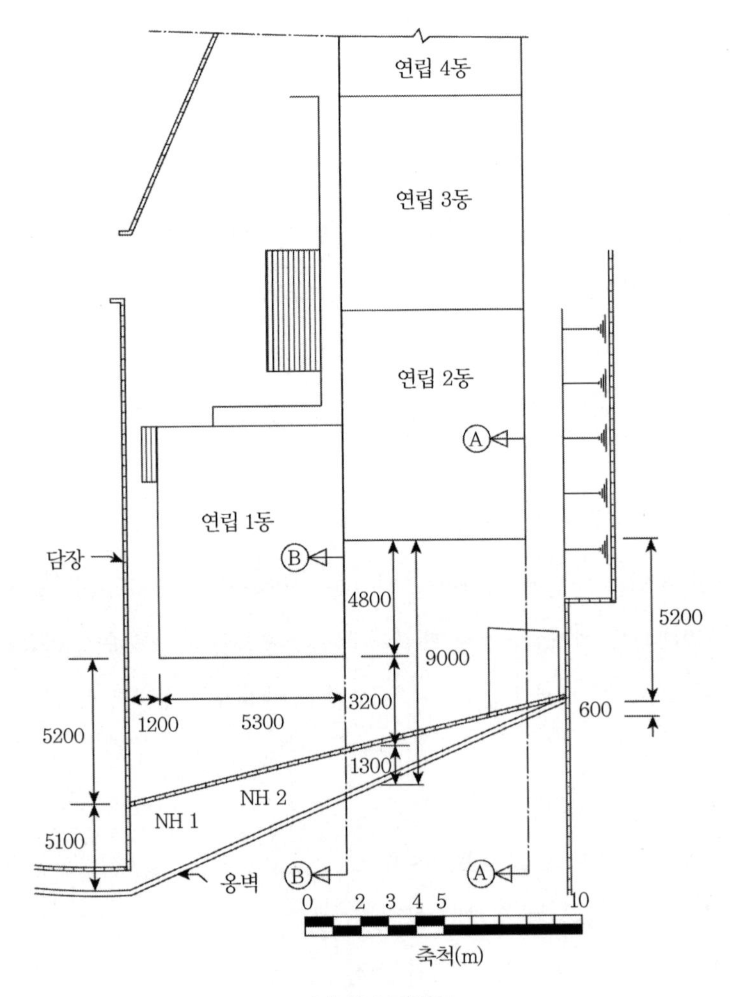

그림 10.1 평면도

절토면에서부터 인접 가옥까지의 거리는 그림 10.1 평면도와 그림 10.2 및 10.3의 단면도에서 볼 수 있는 바와 같이 3.2m부터 5.2m 이상 떨어져 있으며, 인접대지의 건물기초는 지표면에서 1.3m 이상 깊이에 놓여 있는 것으로 조사되었다.

옹벽의 높이는 기초두께 약 60cm를 포함해서 2.8m에 이르는 것으로 도면에 나타나 있다. 따라서 옹벽공사를 위한 절토깊이는 버림 콘크리트(lean concrete) 두께를 고려하더라도 3.0m 이내인 것으로 추정할 수 있다.

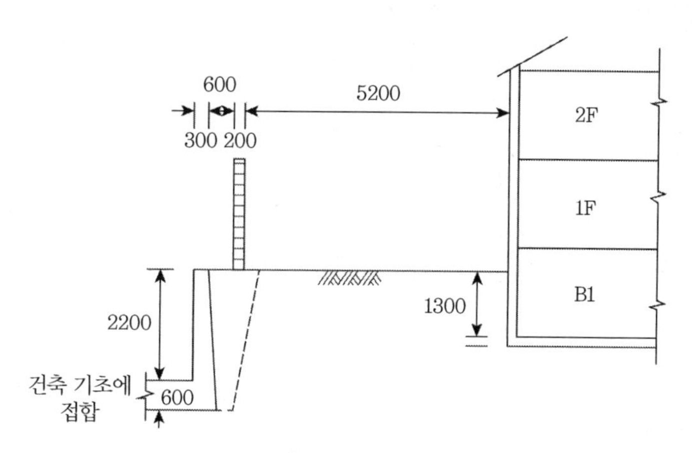

그림 10.2 A 단면도

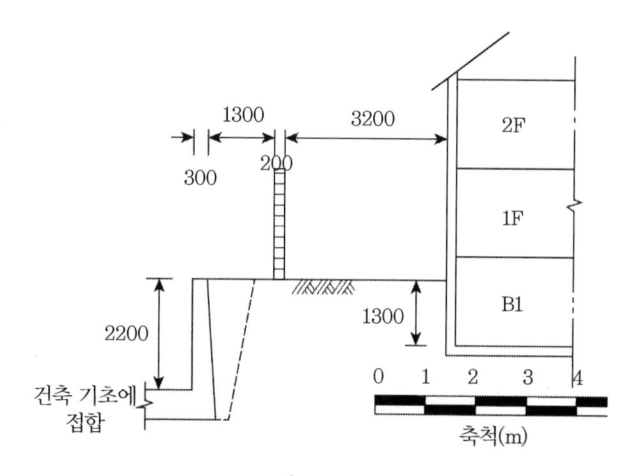

그림 10.3 B 단면도

10.2.2 지반조건

굴토된 현장을 관찰한 바에 의하면 절토법면의 토층은 표층부의 극히 일부를 제외하고 대부분 풍화잔류토로서 절토면 토사의 컨시스턴시는 중간 정도로 볼 수 있으며, 절토된 법면에서 지하수의 유출은 관찰되지 않았다. 굴토지반에서 2곳의 자연시료를 채취하여 실내토질시험을 실시하였으며 이 토질시험 성과는 표 10.1과 같다.

표 10.1 실내토질시험 성과표[(3)]

Simple No.	U.S.C.S	W(%)	G	애터버그		직접전단시험		삼축압축시험	
				LL(%)	PI	C (kg/cm²)	ϕ(°)	C (kg/cm²)	ϕ(°)
1	CL	20.5	2.680	28.4	8.2	-	-	1.3	18
2	CL	25.8	2.689	33.7	11.5	1.6 0.4	13.5 12.0	0.28	14

10.3 절토면 안정검토

10.3.1 굴토한계고

Rankine 이론에 의하면 벽체가 그림 10.4(a)와 같이 ϵ만큼 움직인다면 임의 깊이에서 그 벽체에 대한 흙의 토압은 상당히 줄어든다.

벽체의 변위가 점점 커짐에 따라 흙의 전단응력 상태를 나타내는 Mohr원이 Mohr-Coulomb 파괴포락선과 접하게 되어 결국 파괴에 이른다. 이러한 응력의 변화상태는 그림 10.4(b)에 도시된 응력원에 해당한다.[(2)]

그림 10.4에서 주응력(σ_1과 σ_3)은 식 (10.1)과 같은 관계가 된다.

$$\sigma_1 = \sigma_3 \tan^2(45° + \phi/2) + 2c\tan(45° + \phi/2) \tag{10.1}$$

여기서, σ_1 = 최대주응력, σ_3 = 최소주응력, ϕ = 흙의 내부마찰각(°)

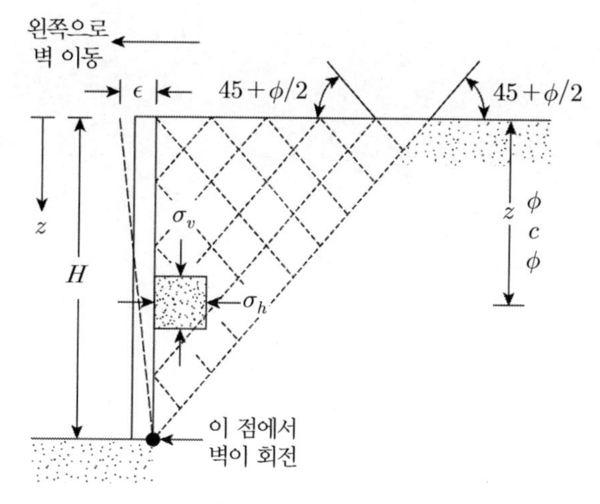

(a) 흙 속의 파괴선군

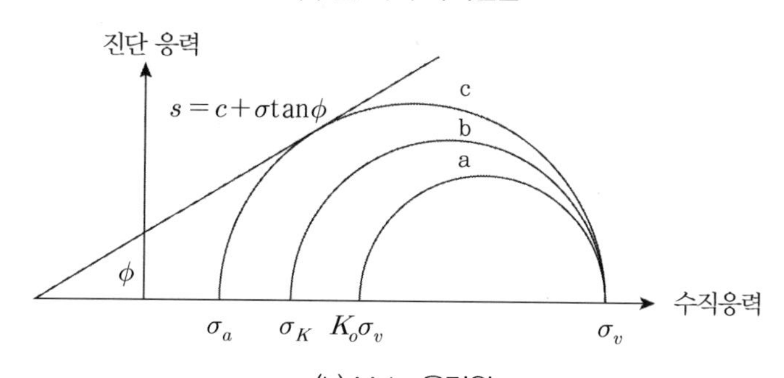

(b) Mohr 응력원

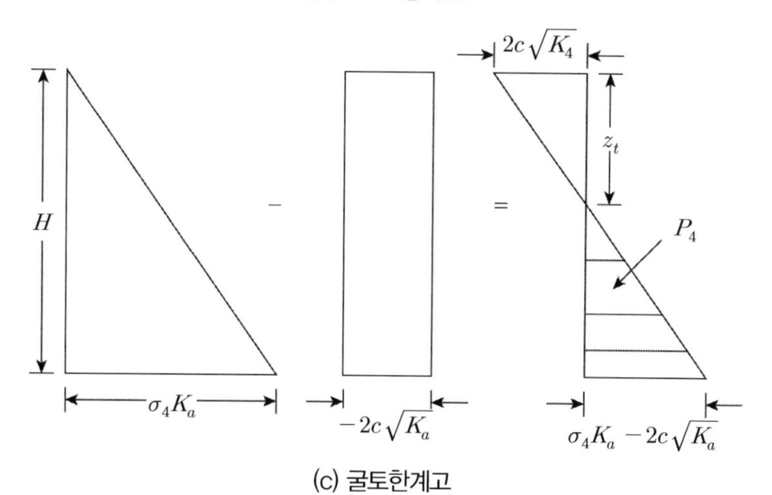

(c) 굴토한계고

그림 10.4 흙 속의 파괴포락선

그림 10.4(a)에서 최대주응력은 $\sigma_1=\sigma_v$, 최소주응력 $\sigma_3=\sigma_a$

그러므로

$$\sigma_v = \sigma_a \tan^2\left(45° + \frac{\phi}{2}\right) + 2c\tan\left(45° + \frac{\phi}{2}\right) \tag{10.2a}$$

$$\sigma_a = \sigma_v / \tan^2\left(45° + \frac{\phi}{2}\right) - 2c/\tan\left(45° + \frac{\phi}{2}\right) \tag{10.2b}$$

또는

$$\sigma_h = \sigma_v \tan^2\left(45° + \frac{\phi}{2}\right) - 2c\tan\left(45° + \frac{\phi}{2}\right) \tag{10.2c}$$

$$= \sigma_v K_a - 2c\sqrt{K_a}$$

그림 10.4(a)에 있는 벽체의 경우 깊이에 대한 주동토압의 분포가 그림 10.4(c)에 나타나 있다. 이 그림에서 보면 주동토압이 지표($z_c = 0.0$)에서 $-2c\sqrt{K_a}$ 임을 보여준다. 이를 인장응력이라 하는데, 이는 깊이에 따라 감소하여 $z = z_c$에서 0이 된다.

그림 10.4(c)에서 토압이 0이 되는 깊이는 $z = z_c = H_c$로서 이때 H_c를 한계고라 한다. 한계고란 이론적으로 토압이 전혀 작용되지 않는 깊이이다.

이 한계고에 관해서는 다음과 같이 제안하고 있다.

(1) Coulomb의 한계고

식은 Rankine식과 같다.

$$H_c = 2z_c = \frac{4c}{\gamma_t}\tan\left(45° + \frac{\phi}{2}\right) = \frac{2Q_u}{\gamma_t}$$

(2) Fellenius의 한계고

활동면을 곡면으로 생각한 경우는 다음과 같다.

$$H_c = 1.93 z_c = \frac{4c}{\gamma_t}\tan\left(45° + \frac{\phi}{2}\right) = \frac{1.93 Q_u}{\gamma_t}$$

굴토에 대한 안전율에 대해서는 일반적으로 다음과 같은 Terzaghi식으로 검토한다.(3) 이는 지표면의 균열을 고려하여 안전치를 정하면 허용굴토한계고는 다음과 같다.

$$H_c' = \frac{2}{3} H_c$$

여기서, H_c' = 허용굴토한계고(m)

H_c = 한계고(m)

이 이론에 의하여 실내시험에서 얻은 자료를 적용하여(표 10.1 참조) 굴토한계고 및 안전율을 계산하면 다음과 같다.

표 10.1과 같이 시료 2번의 삼축시험 결과를 적용해본다. 즉, 점착력(c) = 0.28kg/cm^3 = 2.80ton/m^{2}을 적용해본다. 단 점성토에 대해서는 ϕ = 0으로 간주한다.

① Coulomb식

$$H_c = \frac{4 \times 2.8}{1.981} = 5.65\text{m}$$

② Fellenius식

$$H_c = \frac{1.93 \times 2 \times 2.8}{1.981} = 5.60\text{m}$$

③ 안전율의 계산

Terzaghi식을 적용하여 굴토가능 깊이를 계산하면 다음과 같다.

$$H_c' = \frac{2}{3} H_c$$

$$H_c' = \frac{2}{3} \times 5.60 = 3.73\text{m}$$

그러므로 흙막이벽 설치 없이 굴착 가능한 깊이는 3.73m로 고려할 수 있다.

10.3.2 절토사면의 안정해석

본 굴토사면은 토성이 균질한 단순사면이라고 볼 수 있으므로 전응력해석법($\phi = 0$)으로 안전율을 구하는 Taylor 도표를 이용할 수도 있다.(3)

절토사면 내에서 파괴면이 발생할 것이므로 심도계수(n_d)는 1로 가정하면 안정계수(N_s)는 다음과 같이 계산된다.

$$N_s = \frac{F\gamma H}{c} = \frac{1.5 \times 1.981 \times 3}{2.8} = 3.18$$

따라서 다음의 그림 10.5에서 사면의 경사각 β는 약 90°에 가깝게 나타난다. 안전율을 1.5로 고려할 때 3m 정도 깊이까지는 흙막이벽 설치 없이 연직굴토가 가능함을 의미한다.

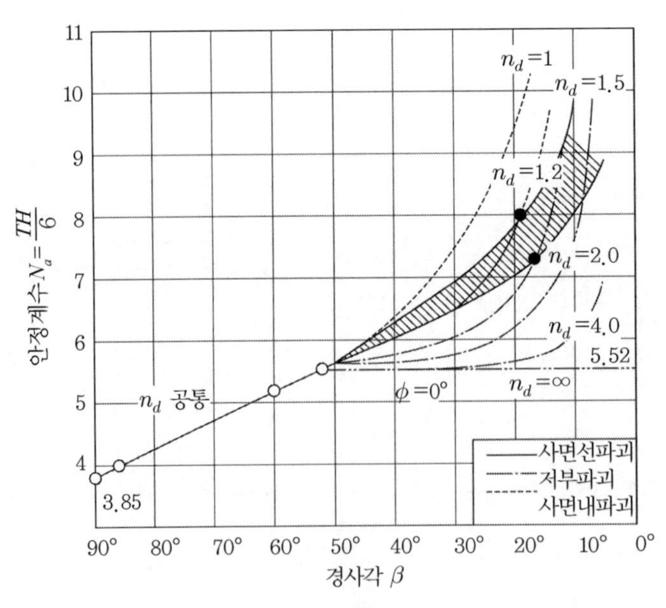

그림 10.5 ϕ=0인 흙에 대한 사면안정해석도표(3)

실제 굴토깊이를 3m로 하고 굴토경사를 1:0.5로 하여 사면안정해석을 컴퓨터로 실시한 결과 충분한 안전율이 확보되었다.[1]

10.4 결 론

굴토로 인한 배면지반의 변형영향을 현장답사와 실내토질시험성과를 토대로 토질공학적 측면에서 검토·연구한 결과 다음과 같은 결론을 얻었다.

(1) 본 굴토지반의 토질특성은 통일분류법으로 CL에 해당되는 풍화잔적토로서 점토의 컨시스턴시는 중간 정도며 지하수위는 굴토깊이에서 나타나지 않았다.

(2) 본 지반에서는 3.7m 깊이 정도는 연직으로 굴토가 가능한 허용굴토 한계고이므로 2.8m 높이의 옹벽설치를 위한 굴토공사에서 별도의 흙막이벽시설은 필요하지 않다.

(3) 따라서 본 지역의 굴토배면지반에 대해서는 굴토로 인한 지반변형 영향을 받지 않는다고 보는 것이 타당하다.

• 참고문헌 •

(1) 최정범 · 홍원표(1990), '삼룡사 법당 및 회관신축부지 절토공사에 따른 배면지반 변형영향 검토연구 보고서', 대한토질공학회.

(2) Terzaghi, K. and Peck, R.B.(1967), *Soil Mechanics in Engineering Practice*, John Wiley and Sons.

(3) Taylor, D.W.(1948), *Fundamentals of Soil Mechanics*, John Wiley & Sons Inc., New York.

Chapter

11

2열 H-말뚝을 이용한 자립식 흙막이공법

Chapter 11 2열 H-말뚝을 이용한 자립식 흙막이공법

11.1 서론

11.1.1 연구배경

최근 경제 성장과 인구 증가로 인하여 공업용지와 주거용지의 수요가 날로 증가되고 있으나, 조건이 양호한 토지를 확보하기는 매우 어려운 실정이다. 이러한 수요를 충족시키기 위하여 해안매립으로 토지를 공급하는 경우가 급증하고 있다. 해안매립지에 구조물을 건설하기 위해서는 기초공사와 지하구조물 공사를 위한 지하굴착작업을 반드시 실시해야 한다. 이와 같은 지하굴착공사를 실시할 경우 안전하고 합리적인 흙막이 구조물을 선택하는 것은 매우 중요한 일이다.

굴착부지가 넓고 지하수위가 높은 점성토지반에서 지하굴착공사를 실시할 경우 일반적으로 앵커지지 강널말뚝 흙막이벽을 적용하는 사례가 많다. 그러나 이 공법은 해성점성토와 같은 연약지반이 두텁게 존재하는 경우 앵커의 정착장을 기반암층에 설치하는 데 어려움이 있어 흙막이벽의 지지효과를 충분하게 발휘하지 못하는 경우가 있다. 뿐만 아니라 지하수위가 높은 경우 흙막이벽에 작용하는 수압이 매우 커서 흙막이벽의 과도한 변형을 유발시켜 붕괴사고를 초래할 수도 있다. 그리고 현장주변에 구조물이나 지중매설물이 없어 근접시공의 문제점이 거의 없는 경우에는 비경제적인 시공이 될 수 있다.[18] 따라서 본 연구에서는 H-말뚝을 이용한 자립식 흙막이벽의 설계법 및 합리적인 지하굴착 방안을 제안하고자 한다.[51]

H-말뚝을 이용한 자립식 흙막이벽공법은 엄지말뚝을 일정 간격으로 설치하고 1열 혹은 그 이상의 열로 지중에 관입시킨 다음 띠장으로 상부를 결합시킨 후 굴착을 실시하는 방법이다.

이러한 H-말뚝을 이용한 자립식 흙막이벽은 산사태 방지대책의 하나인 억지말뚝을 점성토지반 지하굴착 현장에 흙막이 구조물로서 적용한 것이다.[18]

H-말뚝이 설치된 굴착지반에 대하여 H-말뚝과 말뚝주변지반 사이의 상호작용은 3차원적이며, 말뚝의 변형특성 및 지반의 변형, 강도특성 등과 같이 여러 요인에 영향을 받기 때문에 해석이 매우 복잡하다.[31] 따라서 H-말뚝을 굴착지반에 적용하여 설계할 경우에는 이와 같은 복잡한 현상을 단순화시키는 것이 필요하다. 이러한 단순화 과정에서 고려해야 할 중요한 사항으로는 H-말뚝의 말뚝간격과 이로 인한 수평토압의 산정 등이 있다. 그리고 설계 시 또 하나의 중요한 요인은 흙막이말뚝의 안정과 굴착지반의 안정이라고 하는 서로 상반된 두 종류의 안정문제를 유기적이고 계통적으로 해석해야 한다는 것이다. 왜냐하면 흙막이말뚝과 굴착지반의 안정이 모두 확보되어야만 H-말뚝이 설치된 굴착지반 전체로서의 안정을 확보할 수 있기 때문이다.[11,22,34-37]

본 연구에서는 H-말뚝을 이용한 자립식 흙막이벽의 설계법을 제안하고, 합리적인 지하굴착 방안을 마련하기 위하여 현장실험을 실시하며, 계측 결과를 이용하여 흙막이말뚝과 굴착지반의 변형거동과 이에 영향을 미치는 요소를 조사·분석하고자 한다. 이를 통하여 제안된 설계법의 안정성 및 흙막이공법의 시공성을 확인하고, 근접시공에 문제점이 없는 점성토지반 지하굴착공사에서 경제적인 시공이 가능함을 확인하고자 한다.

11.1.2 연구목적

본 연구에서의 궁극적인 목적은, 첫째, 점성토지반에서 지하굴착 공사를 실시할 경우 H-말뚝을 이용한 자립식 흙막이벽을 제안하여 기존의 공법보다 합리적이고 경제적인 공법임을 확인하는 데 있다. 둘째, H-말뚝을 이용한 자립식 흙막이벽의 합리적인 설계법을 마련하는 데 있다. 셋째, H-말뚝을 이용한 자립식 흙막이벽에 대한 현장실험과 이에 따른 계측 결과를 통하여 흙막이벽과 배면지반의 변형거동을 규명하고, 제안된 흙막이공법의 안정성을 확인하는 데 있다. 넷째, 지반의 소성변형을 고려한 해석법의 타당성을 확인하는 데 있다.

본 연구에서는 시공조건에 따른 설계 방안들을 제시하고, 각각의 방안에 대하여 현장실험을 실시한다. 흙막이말뚝과 굴착지반에 각각 설치된 경사계와 지하수위계로부터 얻은 계측자료를 근거로 하여 말뚝과 지반의 변형거동을 규명하고, 변형거동에 영향을 미치는 요소를 조사·분석하고자 한다. 또한 현장에서 계측된 흙막이말뚝의 수평변위와 H-말뚝에 작용하는 수평토압이론을 적용한 해석 결과와 비교하여 본 연구에 적용된 해석법의 타당성을 확인하고자 한다. 그리고 경사계로부터 측정된 흙막이말뚝과 굴착지반의 수평변위와 굴착깊이의 관계를 이용하여 자립식 흙막이벽에 대한 현장시공관리기준을 제시하고자 한다.

11.1.3 연구 범위

본 연구내용은 크게 다음과 같이 구분할 수 있다. 먼저 제11.2절에서는 H-말뚝을 이용한 자립식 흙막이벽에 관련된 제반 기존연구이론인 수평하중을 받는 수동말뚝과 H-말뚝에 작용하는 수평토압이론을 정리하고,[7-10] H-말뚝이 설치된 굴착지반의 안정해석법을 정리한다. 그리고 앵커지지 강널말뚝 흙막이벽과 H-말뚝을 이용한 자립식 흙막이벽의 설계 방안을 서로 비교하여 각 공법의 장단점을 비교해본다.

제11.3절에서는 H-말뚝을 이용한 자립식 흙막이벽의 안정해석법을 정리하고, 해석 프로그램을 소개한다. 그리고 본 공법에 대한 설계법을 제안하고, 설계 예를 통하여 제안된 설계법에 의한 자립식 흙막이벽을 설계한다.

제11.4절에서는 본 공법을 적용한 현장실험에 대한 제반 내용을 설명한다. 먼저 시공현장의 조건 및 상황을 소개하고, 점성토지반에 대한 물성시험 결과를 정리하여 본 지반의 특성을 결정한다. 그리고 시공조건에 대한 시험시공 단면을 결정하고, 결정된 단면에 대한 계측기 설치와 시공순서를 설명한다. 제11.5절에서는 연약지반상 자립식 흙막이말뚝과 굴착지반에 설치된 계측기로부터 측정된 결과를 흙막이말뚝의 설치조건에 따라 시공단계별로 정리·분석한다. 또한 굴착과 강우에 따른 지하수위의 영향도 조사한다.

제11.6절에서는 현장실험의 결과를 토대로 연약지반상 자립식 흙막이벽의 거동에 대한 영향요소를 고찰함으로써 흙막이말뚝과 굴착지반의 변형거동을 규명하고 흙막이말뚝에 의한 굴착지반의 사면안정효과를 규명한다. 또한 자립식 흙막이벽의 안정성을 검토함으로써 연약지반상 H-말뚝을 이용한 자립식 흙막이말뚝의 시공관리기준을 제시하고자 한다. 그리고 해석을 통한 흙막이말뚝의 예측치와 실제 현장실험으로부터 구한 실측치를 비교하여 본 연구에 적용된 해석법의 합리성을 확인한다.

11.2 기존연구

11.2.1 수평하중을 받는 말뚝

(1) 주동말뚝과 수동말뚝

수평력을 받는 말뚝은 말뚝과 지반 중 어느 것이 움직이는 주체인가에 따라 그림 11.1에 도시된 바와 같이 주동말뚝과 수동말뚝의 두 종류로 대별할 수 있다.(9,16,27)

먼저 주동말뚝은 그림 11.1(a)에서 보는 바와 같이 말뚝이 지표면상에 기지의 수평하중을 받는 경우이다. 그 결과 말뚝이 변형함에 따라 말뚝 주변지반이 저항하게 되고 이 저항으로 하중이 지반에 전달된다. 이 경우에는 말뚝이 움직이는 주체가 되어 먼저 움직이게 되고 말뚝의 변위가 주변지반의 변형을 유발한다.

한편 수동말뚝은 그림 11.1(b)에서 보는 바와 같이 우선 어떤 원인에 의하여 말뚝주변지반이 먼저 변형하게 되고 그 결과로서 말뚝에 수평토압이 작용하고 나아가 부등지반면하의 지반으로 이 수평토압이 전달된다. 이 경우에는 말뚝 주변지반이 움직이는 주체가 되어 말뚝이 지반변형의 영향을 받는다.

이들 두 종류의 말뚝의 최대 차이점은 말뚝에 작용하는 수평력이 주동말뚝에서는 미리 주어지는 데 비하여 수동말뚝에서는 지반과 말뚝 사이의 상호작용의 결과에 의하여 정하여 지는 점이다. 말뚝 주변지반의 변형상태 및 말뚝과의 상호작용이 대단히 복잡한 점을 고려하면 수동말뚝이 주동말뚝에 비하여 더욱 복잡한 것을 알 수 있다.

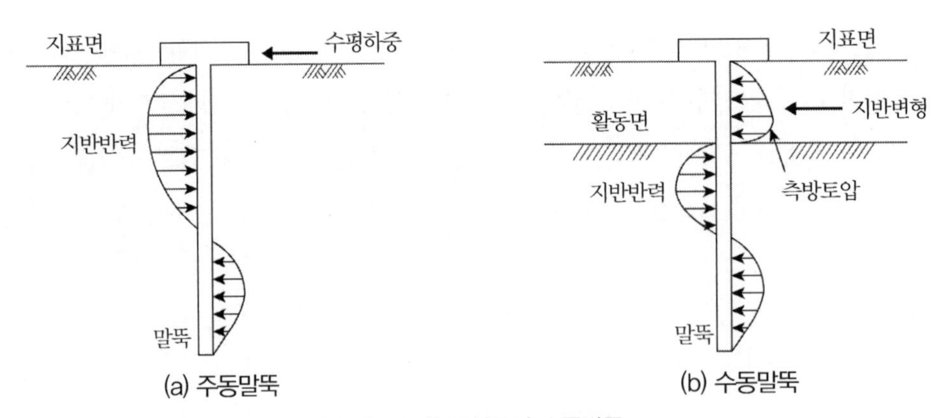

그림 11.1 주동말뚝과 수동말뚝

(2) 수동말뚝의 종류

수동말뚝을 안전하게 취급하기 위해서는 무엇보다도 우선 지반변형에 의하여 말뚝에 작용하는 수평토압의 발생 현상을 규명해야 할 필요가 있다. 지반의 측방변형은 여러 가지 원인에 의하여 발생할 수 있다. 연약지반상 성토 및 굴착 등으로 하중을 가하거나 제거하면 지반은 수평방향으로 측방유동이 발생할 것이다. 대부분의 경우 이와 같은 지반의 측방유동은 바람직하지 못한 현상이기 때문에 가능하면 측방유동이 발생하지 않도록 유의할 필요가 있다. 반대로 지반의 측방유동을 방지하기 위하여 말뚝을 적극적으로 사용하는 경우도 증가하고 있다.

수동말뚝의 구체적인 종류를 열거하면 다음과 같다.

① 흙막이용 말뚝

연약지반의 굴착을 실시할 경우 흙막이용 말뚝은 배면지반침하나 말뚝 사이 지반의 소성변형에 의한 수평토압으로 인하여 수평으로 이동한다.(1,2)

② 사면안정용 말뚝

산사태 등의 사면붕괴를 억지할 목적으로 사면상에 말뚝을 설치하는 것으로, 수동말뚝이 가지는 수평하중에 대한 저항특성을 적극적으로 활용한 경우다.(5,20-24,26)

③ 교대 기초말뚝

교대가 연약지반 중에 설치된 경우 배면성토의 침하와 하중의 증가로 인하여 연약지반이 측방으로 유동하게 되고, 측방유동은 교대 기초말뚝에 수평토압을 작용시켜 교대를 수평으로 이동시킨다.(19)

④ 구조물 기초말뚝

말뚝기초를 가지는 구조물 부근 지표면상에 성토, 야적 등의 상재하중이 작용하면 말뚝에는 수평토압이 작용하게 되어 구조물의 측방유동이나 말뚝의 변형이 발생한다.(48,49)

⑤ 횡잔교 기초말뚝

불안정한 사면상에 횡잔교가 설치되어 있는 경우 사면은 임의의 파괴면을 따라 지반변형이

발생하고, 이로 인하여 말뚝에 수평토압이 작용한다.(30,34,35)

⑥ 근접공사에 영향을 받는 구조물 기초말뚝

연약지반에서 다수의 기성말뚝을 타설하는 경우와 지반개량을 위한 샌드파일을 타설하거나 심층혼합처리를 하는 경우에는 지반 내에 여분의 체적이 삽입되므로 그만큼의 지반이 측방으로 변형한다.(19)

⑦ 지진 시 수동말뚝

지반이 지진에 의하여 액상화되면서 수평방향으로 변형을 일으키므로 말뚝에 수평토압이 작용한다.

11.2.2 H-말뚝에 작용하는 수평토압이론

(1) H-말뚝에 작용하는 수평토압

말뚝이 측방변형 지반에 일정한 간격을 가지고 일렬로 설치되어 있는 경우, 그 지반이 부근의 상재하중 등으로 인하여 말뚝열과 직각방향으로 측방변형을 하게 되며, 이때 말뚝 주변지반에는 소성영역이 발생하여 H-말뚝은 수평토압을 받는다.(43) 일반적으로 H-말뚝의 설계에 적용되는 수평토압은 단일말뚝에 작용되는 토압이 사용되어 왔지만 이들 이론식의 근거는 매우 빈약하고 이를 토대로 설계되므로 사고가 발생하는 경우가 종종 있었다. 즉, 단일말뚝에 작용하는 수평토압을 H-말뚝에 적용할 경우 문제가 있고, 말뚝의 설치간격에 따라 말뚝 주변지반의 변형 양상이 다르게 발생하므로 수평토압을 산정하는 데 어려움이 있다. 또한 소성변형이나 측방유동이 발생하는 지반에 H-말뚝이 설치되어 있으면 지반의 측방유동이 수동말뚝의 안정에 중요한 영향을 미친다. 왜냐하면 지반의 측방유동에 의하여 유발되는 수평토압은 말뚝과 주변지반의 상호작용에 의하여 결정되기 때문이다.

원래 이 H-말뚝의 전면(지반변형을 받는 면)과 배면에는 서로 평형상태인 토압이 작용하고 있었으나, 굴착이나 뒤채움 그리고 성토 등에 의한 편재하중으로 인하여 지반이 이동하여 토압의 평형상태는 무너지게 되고 말뚝은 편토압을 받는다. 여기서 취급하게 될 수평토압이란 이러한 H-말뚝의 전면과 배면에 각각 작용하는 토압의 차에 상당하는 부분에 해당하는 것이다.(7,8,10-13,41)

H-말뚝에 작용하는 수평토압 산정식을 유도하는 경우, 특히 고려해야 할 점은 말뚝간격 및 말뚝 주변지반의 소성상태 설정이다. 전자에 대해서는 말뚝이 일렬로 설치되어 있을 경우는 단일말뚝의 경우와 달리 서로 영향을 미치게 되므로 말뚝간격의 영향을 반드시 고려해야 한다. 이 말뚝간격의 영향을 고려하기 위해서는 수평토압 산정식을 유도할 때부터 말뚝 사이의 지반을 함께 고려함으로써 가능하다. 또한 후자의 필요성에 대해서는 아래와 같다. 즉, 일반적으로 말뚝에 부가되는 수평토압은 활동토괴가 이동하지 않는 경우의 0인 상태에서부터 활동토괴가 크게 이동하여 말뚝주변의 지반에 수동파괴를 발생시킨 경우의 극한치까지 큰 폭으로 변화한다. 따라서 사면안정에서 수동말뚝의 설계를 실시하기 위해서는 어떤 상태의 수평토압을 사용해야 좋은가 결정해야 한다.

말뚝 주변지반의 소성상태 설정에 대하여서는 만약 말뚝 주변지반에 수동파괴가 발생한다고 하면 그때는 활동이 상당히 진행되어 파괴면의 전단저항력도 상당히 저하하고 말뚝에 작용하는 수평토압은 상당히 크게 되어 말뚝 자체의 안정이 확보되지 못할 염려가 있는 등 불안한 요소가 많다. 따라서 설계에 사용되어야 할 말뚝의 수평토압은 지반변형의 진행에 의한 파괴면상의 전단저항력의 저하가 거의 없는 상태까지의 값을 사용하는 것이 가장 합리적이다.

이러한 조건을 만족하는 수평토압의 최대치를 산정하려면 말뚝 사이의 지반이 Mohr-Coulomb의 항복조건을 만족하는 소성상태에 있다고 가정해야 한다. 이 가정은 사면 전체의 평형상태를

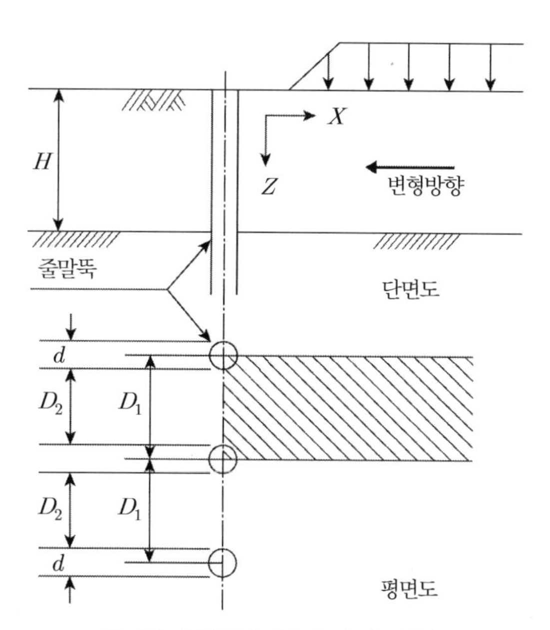

그림 11.2 측방변형지반 속의 말뚝설치도

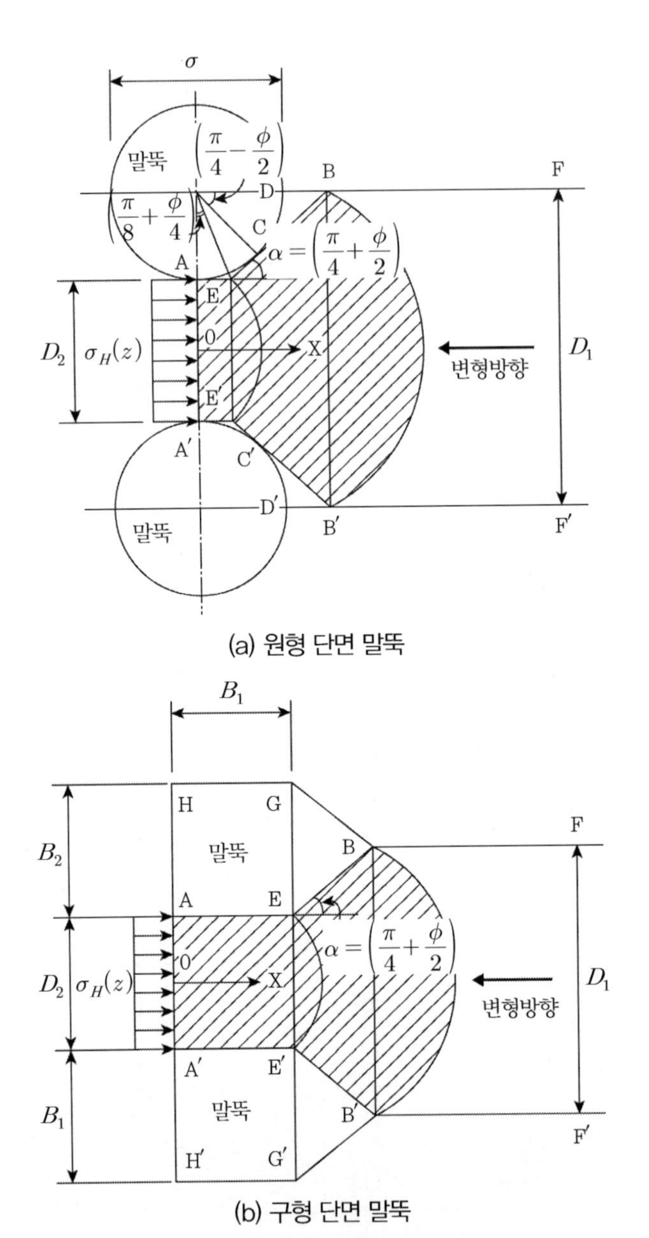

그림 11.3 말뚝주변지반의 소성상태

거의 변화시키지 않으면서 말뚝에 부가되는 수평토압을 산정하는 것을 의도한다는 점에서 중요한 의미를 가진다. 일렬의 말뚝이 그림 11.2와 같이 두께 H의 소성변형 지반 속에 설치되어 있을 경우, 수평토압 산정 시 고려해야 할 부분은 그림 11.2 중에 빗금 친 말뚝 사이의 지반이다.

이 두 개의 말뚝 사이 지반의 소성상태를 확대하여 표시하면 그림 11.3과 같다. 즉, 말뚝주변의 지반아칭현상에 의하여 그림 11.3의 빗금 친 부분만이 소성상태에 도달할 경우의 수평토압을 산정해야 한다.

(2) 수평토압 산정식

이상에서 열거한 조건을 고려하여 일렬로 설치된 H-말뚝에 작용하는 수평토압을 정리하면 식 (11.1)과 같이 제안된다.[11,12]

$$p(z) = \left[D_1 \left(\frac{D_1}{D_2} \right)^{G_1(\phi)} \left\{ \exp\left(2\zeta \frac{D_1 - D_2}{D_2} G_3(\phi) - 1 \right) + \frac{G_2(\phi)}{G_1(\phi)} \right\} \right] c \tag{11.1}$$
$$+ \left[D_1 \left(\frac{D_1}{D_2} \right)^{G_1(\phi)} \exp\left(2\zeta \frac{D_1 - D_2}{D_2} G_3(\phi) \right) - D_2 \right] \sigma_H(z)$$

여기서, $G_1(\phi) = N_\phi^{1/2} \tan\phi + N_\phi - 1$

$G_2(\phi) = 2\tan\phi + 2N_\phi^{1/2} + N_\phi^{-1/2}$

$G_3(\phi) = N_\phi \tan\phi_0$

$G_4(\phi) = 2N_\phi \tan\phi_0 + c_0/c$

$N_\phi = \tan^2(\pi/4 + \phi 2)$

D_1 = 말뚝 중심간격

D_2 = 말뚝 순간격

c, ϕ = 활동토괴의 전단정수

γ = 활동토괴의 단위중량

z = 지표면에서의 깊이

ζ = 말뚝의 형상계수

상기 식을 간단히 정리하면 식 (11.2)와 같다.

$$p(z)/B_0 = K_{pl} c + K_{p2} \sigma_H(z) \tag{11.2}$$

여기서, B_0는 그림 11.3(a)와 같이 원형 말뚝인 경우 말뚝직경 d이고, 그림 11.3(b)와 같이 구형 말뚝인 경우 말뚝폭은 B_1이며, $\sigma_H(z)$는 말뚝 전면에 지반의 측방유동에 저항하여 작용하는 토압으로 주동토압을 사용함이 바람직하다. K_{p1}과 K_{p2}는 수평토압계수로 식 (11.3)과 같이 정하여 사용하여 구할 수 있다.

$$K_{p1} = \frac{1}{1-D_2/D_1}\left[\left(\frac{D_1}{D_2}\right)^{G1(\phi)}\left(\frac{G_4(\phi)}{G_3(\phi)}\exp\left(2\zeta\frac{D_1-D_2}{D_2}G_3(\phi)\right)-1\right)+\frac{G_2(\phi)}{G_1(\phi)}-\frac{G_2(\phi)}{G_1(\phi)}\right]$$

$$K_{p2} = \frac{1}{1-D_2/D_1}\left[\left(\frac{D_1}{D_2}\right)^{G1(\phi)}\exp\left(2\zeta\frac{D_1-D_2}{D_2}G_3(\phi)\right)-\frac{D_2}{D_1}\right] \tag{11.3}$$

여기서, $G_1(\phi)$, $G_2(\phi)$, $G_3(\phi)$ 및 $G_4(\phi)$는 표 11.1에 기술된 바와 같으며 ξ는 말뚝의 형상계수로 표 11.2와 같다.

표 11.1 수평토압계수 K_{p1}과 K_{p2}

구분	K_{p1}		K_{p2}
	$\phi \neq 0$	$\phi = 0$	
H-말뚝	$\frac{1}{1-D_2/D_1}\left[\left(\frac{D_1}{D_2}\right)^{G_1(\phi)}\left(\frac{G_4(\phi)}{G_3(\phi)}\left(\exp\left(2\zeta\frac{D_1-D_2}{D_2}G_3(\phi)\right)\right)-1+\frac{G_2(\phi)}{G_1(\phi)}\right)+\frac{G_2(\phi)}{G_1(\phi)}\right)$	$\frac{1}{1-D_2/D_1}\left(3In\frac{D_1}{D_2}+2\zeta\frac{D_1-D_2}{D_2}\frac{C_0}{c}\right)$	$\frac{1}{1-D_2/D_1}\left[\left(\frac{D_1}{D_2}\right)^{G_1(\phi)}\exp\left(2\zeta\frac{D_1-D_2}{D_2}G_3(\phi)\right)-\frac{D_2}{D_1}\right]$
단일말뚝	$G_2(\phi)+2\zeta G_4(\phi)$		$G_1(\phi)+2\zeta G_3(\phi)+1$
비고	$G_1(\phi)=N_\phi^{1/2}\tan\phi+N_\phi-1$, $G_2(\phi)=2\tan\phi+2N_\phi^{1/2}+N_\phi^{-1/2}$ $G_3(\phi)=N_\phi\tan\phi_0$, $G_4(\phi)=2N_\phi^{1/2}\tan\phi_0+c_0/c$, $N_\phi=\tan^2(\pi/4+\phi/2)$ H형 말뚝과 원형 말뚝의 경우 $\phi_0=\phi$, $c_0=c$		

표 11.2 말뚝의 형상계수(ξ)

말뚝 단면	박판형	정방형	구형 및 H형	원형
형상계수(ξ)	0	1	B_2/B_1	$\frac{1}{2}\tan\left(\frac{\pi}{8}+\frac{\phi}{4}\right)$

점착력이 0인 사질토의 경우는 식 (11.2)에 $c=0$을 대입하면 수평토압 p/B_0는 $\sigma_H(z)$만의 항으로 다음과 같이 정리된다.

$$\frac{p(z)}{B_0} = K_{p2}\sigma_H(z) \tag{11.4}$$

점성토지반의 경우 내부마찰각 ϕ가 0이므로 수평토압은 다음과 같이 산정된다.

$$p(z) = cD_1\left(3In\frac{D_1}{D_2} + 2\zeta\frac{D_1 - D_2}{D_2}\right) + (D_1 - D_2)\sigma_H(z) \tag{11.5}$$

식 (11.5)를 역시 B_0로 나누어 정리하면 식 (11.2)와 같은 형태로 나타낼 수 있다. 단, 이 경우의 수평토압계수 K_{p1}과 K_{p2}는 다음과 같이 별도의 식으로 정리되어야 한다.

$$K_{p1} = \frac{1}{1 - D_2/D_1}\left(3\,In\frac{D_1}{D_2} + 2\zeta\frac{D_1 - D_2}{D_2}\frac{c_0}{c}\right)$$

$$K_{p2} = 1 \tag{11.6}$$

여기서, 식 (11.6) 중의 K_{p1}는 식 (11.3)에 $\phi=0$를 대입한 결과와도 일치한다. 따라서 수평토압계수 K_{p1}은 식 (11.3)으로 구하되 $\phi=0$인 점성토의 경우는 식 (11.6)으로부터 구하며, 수평토압계수 K_{p2}는 식 (11.3)만으로 구할 수 있다. 이상에서 구하여진 수평토압계수 K_{p1}과 K_{p2}에 단일말뚝의 경우를 포함하여 정리하면 표 11.1과 같이 정리된다.

(3) 말뚝 단면 형상의 영향

말뚝에 작용하는 수평토압은 말뚝 단면의 형상에 따라 다르다. 그림 11.4는 네 가지의 단면을 가지는 말뚝의 설치도를 보여주고 있다.

그림 11.4(a)는 두께가 얇은 판이 지반변형 방향에 수직으로 놓여 있는 경우이다. 이 경우는 말뚝형상계수 $\xi(=t_o/B)$는 대단히 적어 $\sigma_H(z)$을 영(Zero)으로 생각할 수 있으므로 수평토압

산정식은 식 (11.7)~(11.9)와 같이 나타낼 수 있다. 또한 $\overline{AE}$와 $\overline{A'E'}$에서의 전단저항을 무시하는 경우에도 ξ는 0으로 생각할 수 있다.

$$p(z) = cD_1 \frac{G_2(\phi)}{G_1(\phi)} \left[\left(\frac{D_1}{D_2} \right)^{G_1(\phi)} - 1 \right] + \left[D_1 \left(\frac{D_1}{D_2} \right)^{G_1(\phi)} - D_2 \right] \sigma_H(z) \tag{11.7}$$

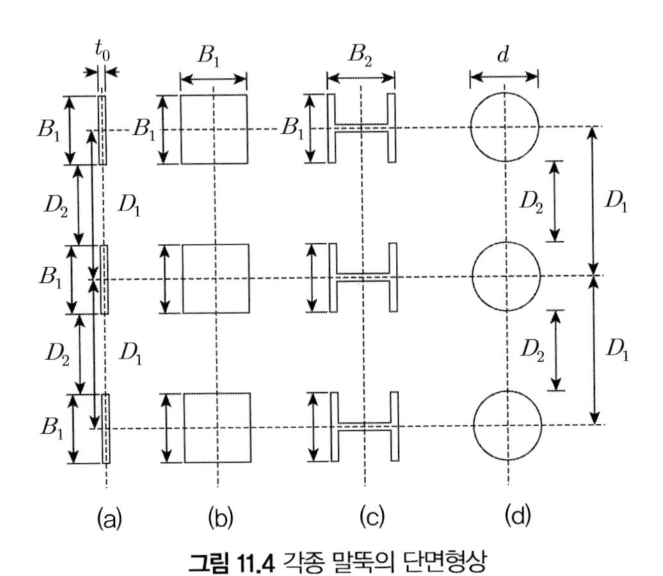

그림 11.4 각종 말뚝의 단면형상

$c=0$인 사질토의 경우는

$$p(z) = D_1 \left[\left(\frac{D_1}{D_2} \right)^{G_1(\phi)} - D_2 \right] \sigma_H(z) \tag{11.8}$$

$\phi=0$인 점성토의 경우는

$$p(z) = 3cD_1 In \frac{D_1}{D_2} + (D_1 - D_2)\sigma_H(z) \tag{11.9}$$

그림 11.4(b)와 같은 정방형 말뚝은 $B_1 \times B_1$이므로, $\overline{AE}$는 B」이 되고 형상계수 ξ는 1이

된다. 따라서 수평토압 산정식은 식 (11.10)~(11.12)로 나타낼 수 있다.

$$p(z) = c[D_1\left(\frac{D_1}{D_2}\right)^{G_1(\phi)}\left(\frac{G_4(\phi)}{G_3(\phi)}\exp\left(2\frac{D_1 - D_2}{D_2} \times G_3(\phi)\right) - 1\right) + \frac{G_2(\phi)}{G_1(\phi)} - D_1\frac{G_2(\phi)}{G_1(\phi)}$$
$$+ \left[D_1\left(\frac{D_1}{D_2}\right)^{G_1(\phi)}\exp\left(2\frac{D_1 - D_2}{D_2}G_3(\phi)\right) - D_2\right]\sigma_H(z) \tag{11.10}$$

$c = 0$인 사질토의 경우

$$p(z) = \left[D_1\left(\frac{D_1}{D_2}\right)^{G_1(\phi)}\left(\exp\left(2\frac{D_1 - D_2}{D_2}\right)G_3(\phi)\right) - D_2\right]\sigma_H(z) \tag{11.11}$$

$\phi = 0$인 점성토의 경우

$$p(z) = cD_1\left(3In\frac{D_1}{D_2} + 2\frac{D_1 - D_2}{D_2}\frac{c_0}{c}\right) + (D_1 - D_2)\sigma_H(z) \tag{11.12}$$

그림 11.4(c)는 H-말뚝의 경우이며, 이 경우는 플랜지와 웨브 사이의 흙이 일체로 되어 움직일 것이 예상되므로 구형 단면의 경우와 동일하게 생각하여도 무방할 것이다. 단, 이 경우의 말뚝과 지반 사이의 점착력 c_0와 마찰각 ϕ_0는 지반의 점착력 c_0와 내부마찰각 ϕ를 사용할 수 있다. 따라서 $G_3(\phi) = N_\phi \tan\phi$와 $G_4(\phi) = 2N_\phi^{\frac{1}{2}}\tan\phi + 1$을 사용하여야 한다.

그림 11.4(d)는 그림 11.3(a)와 같이 $1/2(D_1 - D_2)\tan(\pi/8 + \phi/4)$인 ($\overline{A'E'}$)와 $\overline{AE}$를 지닌 원형 말뚝의 형상계수는 $1/2\tan(\pi/8 + \phi/4)$로 정하는 것이 타당하다. 이상의 결과를 정리하면 표 11.2와 같다.

설계에 적용 가능한 수평토압력은 0에서 식 (11.1)~(11.2)로 주어지는 최대치까지의 값이다. 즉, 활동토괴의 변형과 함께 H-말뚝에 수평토압이 차츰 증가되어 말뚝주변지반만이 소성상태가 발생할 때의 위 식으로 나타내는 최대치까지에 달한다. 여기에 이상의 수평토압 부가 정도를 나타내기 위하여 측압부가계수 α_m를 도입하면 식 (11.13)과 같이 된다.

$$p_m(z) = \alpha_m \times p(z) \tag{11.13}$$

여기서, α_m은 측압부가계수로($0 < \alpha_m < 1$)다.

(4) 굴착면 지반의 지반계수

그림 11.5에서 응력-변형률 곡선을 나타내었는데, 직선 OB의 기울기를 초기탄성계수(E_i)라 하고 직선 OA는 변형계수라 하는 탄성계수다. 이 변형계수는 응력 최대치의 1/2이 되는 점과 원점을 연결하는 선의 기울기다. 이것은 흙이 탄성체가 아니므로 탄성계수보다는 변형계수로 E_{50} 또는 E_s로 표현된다.[3,6,25] 한편 Wu(1966)에 의하면 변형계수 E_s는 삼축압축시험에 의한 응력변형률곡선에서 1%의 축변형에 대응하는 점과 원점을 잇는 직선의 기울기로 정의하였다.[50]

탄성계수는 유한요소법에 의한 탄성해석이론에 의거 지반해석에 사용된다.

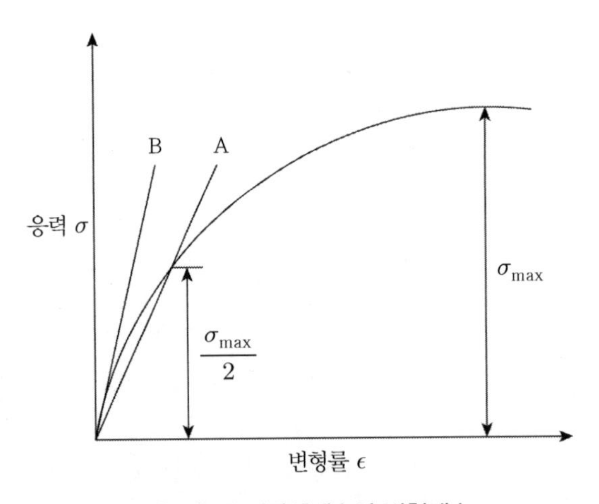

그림 11.5 초기탄성계수와 변형계수

Schultze(1958)[47] 및 Bowles(1982)[29]가 제안한 토질별 변형계수와 현장시험에서 얻은 물성치로부터 변형계수를 추정할 수 있는 공식은 표 11.3 및 11.4와 같다.

표 11.3 지반의 변형계수[39,47]

토질	상태	변형계수 E_s(kgf/cm^2)		
		최소	최대	평균
사질토	조밀	800	2,000	1,500
	느슨	400	1,000	500
점선	재하 시	-	-	200
	하중 제거 시	10	500	50

표 11.4 현장시험 물성치와 E_s의 관계[29]

토질	SPT	CPT
모래 (정규압밀된 경우)	$E_s = 500(N+15)$ $E_s = 1{,}800 + 750N$ $E_s = (15{,}000 \sim 22{,}000) \in N$	$E_s = (2 \sim 4)q_c$ $E_s = 2(1+D_r^2)q_c$
모래(과압밀된 경우)	$E_s = 40{,}000 + 1{,}050N$	$E_s = (6 \sim 30)q_c$
점토질 모래	$E_s = 320(N+15)$	$E_s = (3 \sim 6)q_c$
자갈 섞인 모래	$E_s = 300(N+6)$	$E_s = (1 \sim 2)q_c$
실트, 점토질 실트	$E_s = 1{,}200(N+6)$	
연약 점토		$E_s = (1 \sim 2)q_c$
비배수 전단강도(c_u) 사용 시		
점토	$I_p > 30$, 또는 유기질 $I_p > 30$, 또는 견고 $1 < \mathrm{OCR} < 2$ $\mathrm{OCR} < 2$	$E_s = (100 \sim 500)C_u$ $E_s = (500 \sim 1{,}500)C_u$ $E_s = (800 \sim 1{,}200)C_u$ $E_s = (1{,}500 \sim 2{,}000)C_u$

한편 점성토 지반의 경우 지반계수 E_s는 식 (11.14)와 같이 쓴다.[44,45]

$$E_s = 15 \sim 95c_u \tag{11.14}$$

여기서, c_u = 점토의 비배수전단강도

즉, 지반계수는 연약한 지반일 경우 $15c_u$, 견고한 지반일 경우는 $95c_u$ 값을 사용한다. 통상적으로 식 (11.15)와 같이 평균값을 사용한다.[4,5]

$$E_s = 40c_u \tag{11.15}$$

한편 사질토의 경우는 Poulos(1971)에 의해 밀도에 따라 표 11.5와 같이 제안되었다.[46] Ladd(1965)는 변형계수에 영향을 주는 요인으로써 시료의 양생기간이 길수록, 전단강도가 클수록 E_s가 크게 된다고 하였다.[39] 이 보고에 의하면 노르웨이의 정규압밀점토에 대하여 E_s와 일축압축시험 또는 베인시험에 의한 c_u 사이에는 식 (11.16)의 관계가 있다고 하였다.

$$E_s = (250 \sim 500)c_u \tag{11.16}$$

여기서, c_u = 비배수전단강도(kg/cm^2)

표 11.5 사질토의 지반계수 E_s[46]

밀도	사용범위(tf/m^2)	평균치(tf/m^2)
느슨	90~120	175
중간	210~420	350
조밀	420~980	700

渡邊(1966)에 의하면 보통 E_s는 q_u와의 관계로부터 식 (11.17)과 같이 나타내고 있다.

$$E_s = \frac{1}{3.5}(q_u - 0.04) \tag{11.17}$$

竹中은 고소성 해성점토의 E_i와 c_u의 관계에 대하여 조사한 결과 불교란시료일 경우 다음과 같다.

$$E_i = 210c_u \tag{11.18}$$

이것이 실제상의 상한으로 되고 있다고 하였으나 미국 MIT 보고에 의하면 초기탄성계수 E_i와 c_u의 사이에는 식 (11.19)의 관계가 있다고 함으로써 지역별 토질에 따라 매우 큰 폭을 보이고 있다.

$$E_i = 1,200c_u \tag{11.19}$$

한편 우리나라 서해안, 남해안 해성점토의 초기탄성계수와 콘관입저항치와의 관계를 보면 표 11.6과 같다.[3,6]

표 11.6 해안별 초기탄성계수와 비배수전단강도와의 관계[25]

지역	평균	분포
서해안	$E_i = 148c_u$	$E_i = 80 - 320c_u$
남해안	$E_i = 191c_u$	$E_i = 50 - 400c_u$
서남해안	$E_i = 164c_u$	$E_i = 50 - 400c_u$

우선 서해안의 경우 초기탄성계수는 q_u의 3~24의 범위에 위치하며 남해안의 경우는 2.5~18의 범위에 위치한다. 이들 상관관계의 평균치는 서해안의 경우 $E_i = 6.3q_c$, 남해안의 경우 $E_i = 7.6q_c$이다. 한편 이들 모두에 대한 결과는 초기탄성계수는 q_c의 2.5~24의 범위이고 평균치는 $E_i = 6.8q_c$이다. 이 관계를 정리하면 다음과 같다.

즉, 서해안의 콘저항치가 2~14kgf/cm^{2}로 분산되어 있고 초기탄성계수가 20~50kgf/cm^{2}며, 남해안은 콘저항치가 2~10kgf/cmm^{2}로 분산되어 있고 초기탄성계수가 6~40kgf/cm^{2}의 범위로 남해안이 서해안보다 초기탄성계수 및 콘저항치가 약간 적어 더 연약한 해성점토층으로 형성되어 있음을 알 수 있다. 이는 Bowles(1982)[29]이 발표한 $E_i = 6 - 8q_c$의 관계와 비교해볼 때 대략 비슷한 경향을 보이고 있다. 또한 초기탄성계수와 비배수전단강도의 관계를 정리하면 표 11.6과 같이 나타낼 수 있다.

11.2.3 연약지반 굴착 시 사용되는 흙막이공

(1) 앵커지지 강널말뚝 흙막이벽

강널말뚝을 이용한 흙막이벽은 두 가지의 기본적인 형태를 가진다. 즉, 캔틸레버식 강널말뚝 흙막이벽과 앵커지지 강널말뚝 흙막이벽으로 나눌 수 있다. 캔틸레버식 강널말뚝 흙막이벽은 굴착벽에 작용하는 수평방향의 주동토압을 굴착면 아래에 근입된 부분의 수동토압만으로 지지할 수 있게 하는 구조물이다(그림 11.6 참조). 앵커지지 강널말뚝 흙막이벽에서 강널말뚝은 전단력과 휨모멘트에 대해 설계해야 하고 앵커시스템은 벽체를 지지하는 데 필요한 횡방향 저항력을 발휘하도록 설계해야 한다.[40]

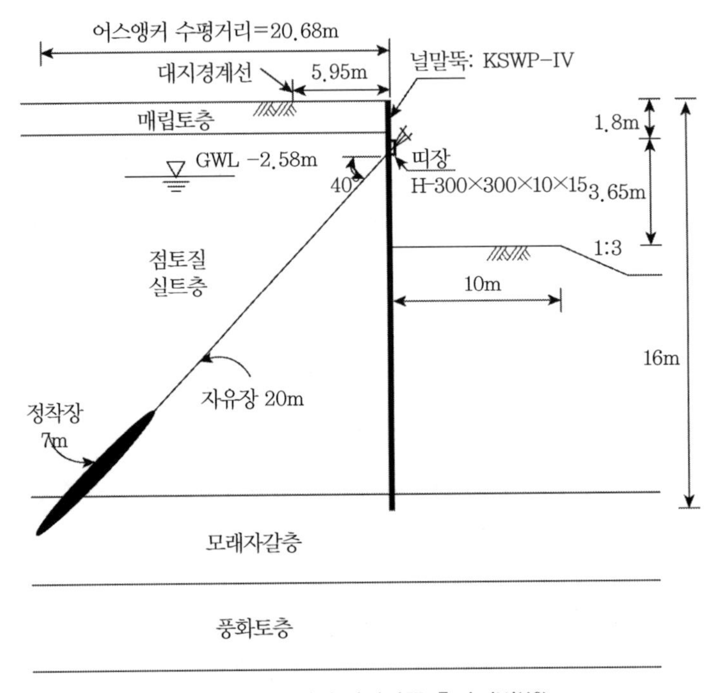

그림 11.6 앵커지지 강널말뚝 흙막이벽[40]

앵커지지 강널말뚝 흙막이벽은 수밀성이 높아 지하수위 저하를 막을 수 있는 장점이 있기 때문에 지하수위가 높은 점성토지반의 지하굴착공사에 많이 사용되고 있다. 그러나 본 공법은 해성점성토와 같은 연약지반이 두텁게 존재하는 경우 앵커의 정착장을 기반암층까지 설치하는 데 어려움이 있어 흙막이벽의 지지효과를 충분히 발휘하지 못하는 경우가 있다.

뿐만 아니라 강성이 작으므로 연약지반의 변형으로 인한 배면지반의 침하가 발생하기 쉬우며, 흙막이벽에 작용하는 큰 수압에 의해 벽체의 변형은 과도하게 발생할 수 있으므로 흙막이벽의 붕괴사고를 초래할 수도 있다. 또한 공사기간이 긴 단점이 있다. 따라서 굴착부지가 넓고 현장 주변에 구조물이나 지중매설물이 없어 근접시공에 대한 문제점이 거의 없는 경우 앵커지지 강널말뚝 흙막이벽은 H-말뚝을 이용한 자립식 흙막이벽에 비해 비경제적인 시공이 될 수 있다

(표 11.7 참조).

본 연구의 사례현장은 점성토지반의 지하굴착 현장이며, 당초 흙막이공은 앵커지지 강널말뚝 흙막이공으로서 설계 단면은 그림 11.6과 같다. 그러나 본 공법을 적용하여 지하굴착공사를 실시할 경우 강널말뚝의 수요가 매우 많아 막대한 시공비가 예상되고, 앵커의 정착장이 점토질 실트층에 위치하고 있어 흙막이벽을 지지하는 데 문제점이 발생할 가능성이 있다. 따라서 위에서 언급된 문제점들과 시공성, 경제성 등을 고려하여 강널말뚝 대신에 H-말뚝을 이용한 자립식 흙막이벽을 이용한 연약지반상 굴착 방안을 제안하고자 한다.

표 11.7 두 공법의 경제성 비교[51]

구분	앵커지지 강널말뚝 흙막이벽	H-말뚝을 이용한 자립식 흙막이벽
소요비용	₩1,880,000,000	₩980,000,000
지지방식	앵커	-
사용말뚝본수	강널말뚝: 2746본 앵커: 536본	H말뚝: 720본 흙막이판: 480본
시공기간	장기간	단기간

(2) H-말뚝을 이용한 자립식 흙막이벽

H-말뚝을 이용한 자립식 흙막이벽은 엄지말뚝을 일정간격으로 1열 혹은 그 이상의 열로 지중에 관입시킨 다음 띠장으로 상부를 결합시킨 후 굴착을 실시하면서 흙막이판을 설치하는 방법이다.[51]

그림 11.7은 현장에서 폭이 d인 H형(정방형과 동일하게 고려됨) 엄지말뚝을 D_1의 중심간격으로 1열을 설치한 자립식 흙막이벽의 정면도와 평면도이다. 말뚝을 설치한 후 굴착이 진행됨에 따라 말뚝 사이의 지반은 말뚝열과 직각방향으로 이동하려고 할 것이다. 이 경우 말뚝의 이동이 띠장과 흙막이판으로 구속되어 있으면 말뚝사이의 지반에는 지반아칭현상이 발생하여 지반이동에 말뚝이 저항할 수 있다.[29] 따라서 H-말뚝을 이용한 자립식 흙막이벽에 사용된 흙막이말뚝 설계 시 이 말뚝의 저항력을 적합하게 산정하는 것이 무엇보다 중요하다. 왜냐하면 이 저항력이 과소하게 산정되면 흙막이말뚝의 수요가 과다해지므로 공사비가 과다하게 되고, 반대로 저항력이 과대하게 산정되면 말뚝 사이의 지반이 유동하여 흙막이벽의 붕괴를 초래하기 때문이다.

말뚝의 저항력은 지반조건과 말뚝의 설치상태에 영향을 받을 것이므로 말뚝저항력 산정 시에는 이들 요소의 영향을 잘 고찰해야만 한다. 이러한 저항력은 측방변형지반 속의 수동말뚝에 작용하는 수평토압 산정이론식을 응용함으로써 산출할 수 있다.[11-13,41] 이 수평토압은 말뚝주변 지반이 Mohr-Coulomb의 파괴기준을 만족하는 상태에 도달하려 할 때까지 발생 가능한 토압을 의미한다. 따라서 말뚝이 충분한 강성을 가지고 있어 이 토압을 충분히 견딜 수 있다면 말뚝주변 지반은 소성상태에 달하지 않는 탄성영역에 존재하게 될 것이다.

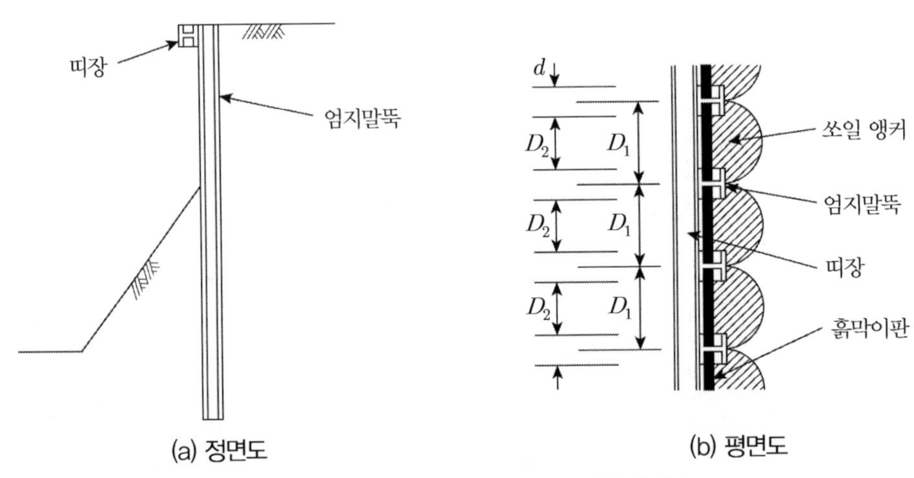

그림 11.7 H-말뚝을 이용한 자립식 흙막이벽

다시 말하면 수평토압이란 말뚝 사이 지반에 소성파괴가 발생함이 없이 충분한 강성을 가진 말뚝이 지반의 측방이동에 저항할 수 있는 최대치를 의미한다. 따라서 흙막이용 말뚝도 굴착지반의 안정을 위하여 사용될 수 있음을 예측하였다.[14,17,29] 이와 같은 이론적 배경을 바탕으로 하여 점성토지반에 지하굴착공사를 실시할 경우 H-말뚝을 이용한 자립식 흙막이벽을 적용할 수 있으며, 실제 점성토지반 지하굴착공사현장에 대하여 본 공법의 설계와 시공을 실시하였다.[51]

표 11.7은 본 연구 대상인 사례 현장에 앵커지지 강널말뚝 흙막이벽과 H-말뚝을 이용한 자립식 흙막이벽을 각각 시공하는 경우 경제성 비교를 수행한 결과다. H-말뚝을 이용한 자립식 흙막이벽은 앵커지지 강널말뚝 흙막이벽에 비해 소요비용이 약 9억 원 정도 절약되는 것으로 나타났다. 이것은 H-말뚝을 이용한 자립식 흙막이벽을 사용할 경우 앵커와 같은 부가적인 지지방식이 사용되지 않고, 사용되는 말뚝본수가 매우 줄어들었기 때문이다. 그리고 시공기간도 매우 단축되므로 더 많은 소요비용이 절약되었을 것으로 판단된다.

11.3 H-말뚝 자립식 흙막이벽의 설계법

11.3.1 안정해석법(53)

흙막이말뚝의 설계 시에는 두 가지 중요한 요인이 있다. 즉, 말뚝간격을 보다 엄밀히 고려하는 것과 흙막이말뚝과 굴착지반 양자의 안정해석을 보다 유기적이고 계통적으로 행하는 것이다. 따라서 본 절에서는 말뚝이 설치된 굴착지반의 안정해석법을 흙막이말뚝이 설치된 굴착지반의 안정과 흙막이말뚝의 안정에 대해 설명하고자 한다.

흙막이말뚝이 설치된 굴착지반의 안정을 해석하기 위해서는 그림 11.8에 도시된 바와 같이 흙막이말뚝과 굴착지반의 두 가지 안정에 대하여 해석해야 한다.(34-37) 만약 토괴활동에 의하여 말뚝에 작용하는 수평토압(혹은 말뚝으로부터 활동토괴에 대한 저항력)을 알 수 있다면 그림 11.8(b)에 도시된 바와 같이 말뚝의 안정을 먼저 검토할 수 있다. 이때 말뚝의 안정은 수평하중을 받는 말뚝의 해석법을 적용할 수 있다. 말뚝의 안정해석을 통하여 말뚝의 안정성이 확보되면 말뚝에 작용하던 수평하중을 그림 11.8(a)와 같이 말뚝의 수평저항력으로 간주할 수 있다. 이 수평저항력을 사면활동 저항력에 부가시켜 통상의 사면안정해석법을 적용하면 굴착지반의 안정을 검토할 수 있다.

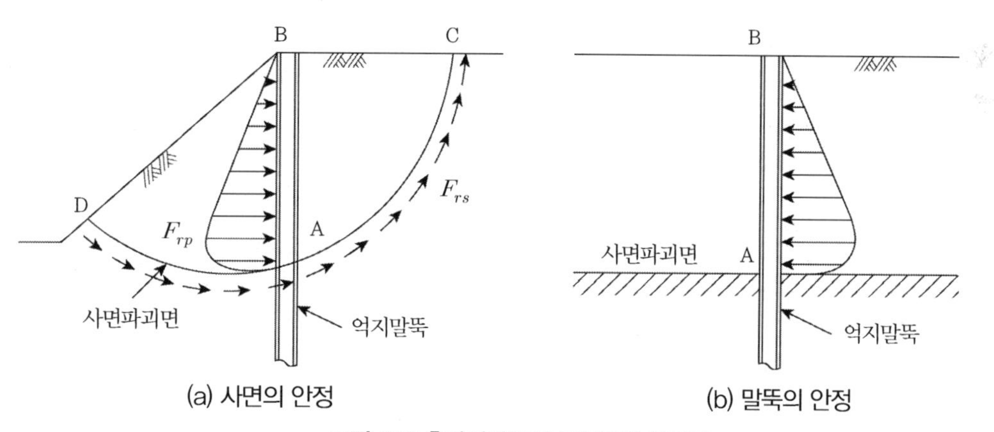

(a) 사면의 안정　　(b) 말뚝의 안정

그림 11.8 흙막이말뚝의 굴착지반 안정도

여기서, 수평토압의 산정은 굴착지반의 안정을 위한 흙막이말뚝 설계에서 매우 중요한 사항이 되므로 이 값을 정확하게 예측하는 것이 대단히 중요하다. 왜냐하면 말뚝의 안정과 사면의 안정에 미치는 수평토압의 영향이 서로 상반되기 때문이다. 즉, 수평토압을 실제보다도 크게 산정하여 설계할 경우, 말뚝의 안정에 관해서는 안전 측이나 사면의 안정에 관해서는 위험측이 된다. 반대로 수평토압을 실제보다 적게 산정하여 설계할 경우에는 그 반대현상이 발생할 것이다.[34,35]

(1) 흙막이말뚝(H-말뚝)의 안정해석법

흙막이말뚝의 안정에 관해서는 그림 11.8(b)에 표시된 바와 같이 활동면상의 토괴에 의하여 말뚝이 $P_{mi}(\bar{z})$의 수평토압을 받는다고 생각하면 주동말뚝에 대하여 이용하는 수평력을 받는 말뚝의 해석법이 적용될 수 있다.[9] 단, 수동말뚝의 경우는 활동면상의 말뚝에 작용하는 수평토압이 분포하중이 된다. 이 수평토압을 분포하중으로 취급할 경우 말뚝거동에 관한 기본방정식은 그림 11.9에 도시된 바와 같이 활동면 상부와 하부의 말뚝에 작용하는 수평토압 및 지반반력을 적용하여 식 (11.20)과 같이 표현된다.[4,15]

$$E_pI_p\frac{d^4y_{1i}}{dz^4}=P_{mi(z)}-E_{sli}y_{li} \qquad (0\le z\le H) \tag{11.20}$$

$$E_pI_p\frac{d^4y_{2i}}{dz^4}=-E_{s2i}y_{2i} \qquad (H< z\le L_p)$$

여기서, i는 다층지반의 각 지층번호를 의미하며 z는 지표면에서부터의 깊이, H는 파괴면에서 말뚝머리까지의 거리, L_p는 말뚝길이, y_{1i} 및 y_{2i}는 각각 파괴면 상하의 각 지층의 말뚝의 변위, E_pI_p는 말뚝의 휨강성, E_{1i} 및 E_{2i}는 각각 사면파괴면 상하부의 각 지층의 지반계수이다. 파괴면 상부지층의 수평토압 $P_{mi}(z)$는 각 지층에 대하여 구하여진 말뚝 1개당의 수평토압으로 깊이 z에 대하여 $f_{1i}+f_{2i}z$의 직선 분포로 작용한다.

식 (11.20)을 풀면 말뚝의 변위에 대한 일반해는 다음과 같이 식이 얻어진다.

$$y=e^{-\beta_{1i}z}(a_{1i}\cos\beta_{1i}z+a_{2i}\sin\beta_{1i}z)+e^{\beta_{1i}z}(a_{3i}\cos\beta_{1i}z+a_{4i}\sin\beta_{1i}z)+(f_{1i}+f_{2i}z)/E_{sli} \tag{11.21a}$$

$$y_{2i}=e^{-\beta_{2i}z}(b_{1i}\cos\beta_{2i}z+b_{2i}\sin\beta_{2i}z)+e^{\beta_{2}iz}(b_{3i}\cos\beta_{2i}z+b_{4i}\sin\beta_{2i}z) \tag{11.21b}$$

여기서 a_{1i}, a_{2i}, a_{3i}, a_{4i}, b_{1i}, b_{2i}, b_{3i} 및 b_{4i}는 적분상수로, 말뚝의 두부와 선단에서의 구속조건 및 파괴면과 각 지층경계위치에서의 말뚝의 연속조건에 의하여 결정된다. 또한 β_{1i}는 $\sqrt[4]{E_{s1i}/4E_pI_p}$ 이고 β_{2i}는 $\sqrt[4]{E_{s2i}/4E_pI_p}$ 이다. 말뚝두부의 구속조건으로는 자유, 회전구속, 힌지 및 고정의 네 가지 종류를 생각할 수 있다.

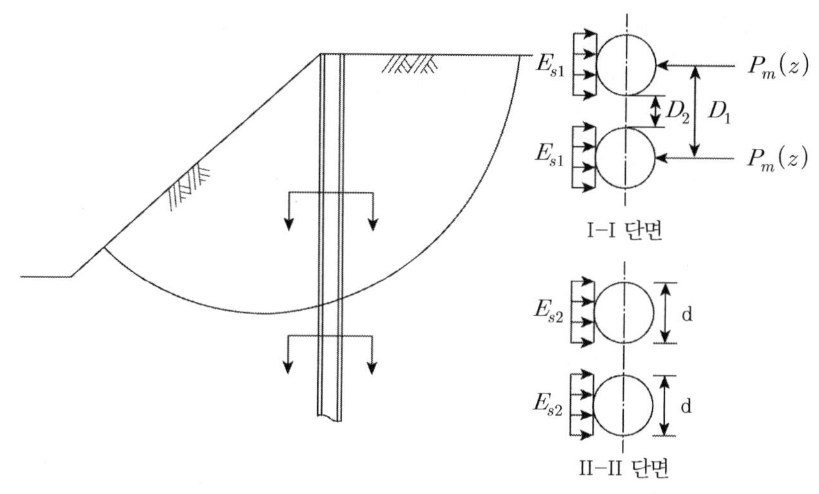

그림 11.9 사면파괴면 상하부 흙막이말뚝에 작용하는 하중도

이와 같은 구속조건은 다음과 같은 상태와 대응시켜 생각할 수 있다. 즉, 회전구속은 말뚝두부를 보로 연결한 형태에 해당되며 고정은 이 연결보를 타이로드나 앵커로 지지시킨 경우에 해당된다. 한편 힌지는 고정과 유사하나 말뚝두부의 연결보가 회전이 가능하도록 연결시킨 경우에 해당된다.

적분상수 값들은 말뚝두부와 선단의 구속조건과 활동면상에서의 말뚝의 연속조건에 의하여 구하여 지며 말뚝의 구속조건은 다음과 같다.

자유(변위와 회전이 모두 가능)	$M=0,\ \ S=0$
회전구속(변위만 가능)	$M=0,\ \ \theta=0$
힌지(회전만 가능)	$Y=0,\ M=0$
고정(변위와 회전이 모두 불가능)	$Y=0,\ \ \theta=0$

또한 연속조건은 다음과 같다.

$$[Y]_{z=0} = [Y_1]_{z=0} = [Y_2]_{z=0}$$
$$[\theta]_{z=0} = [\theta_1]_{z=0} = [\theta_2]_{z=0}$$
$$[M]_{z=0} = [M_1]_{z=0} = [M_2]_{z=0}$$
$$[S]_{z=0} = [S_1]_{z=0} = [S_2]_{z=0}$$

말뚝두부 및 말뚝선단의 구속조건과 연속조건에 의한 식을 매트릭스로 표시하면 식 (11.22)와 같다.

$$[A][X] = \{C\} \tag{11.22}$$

여기서, $[A]$ = 계수 매트릭스

$[X]_T = [a_{1i},\ a_{2i},\ a_{3i},\ a_{4i},\ b_{1i},\ b_{2i},\ b_{3i},\ b_{4i}]$

$\{C\}$ = 벡터

따라서 구하고자 하는 $[X]$는 식 (11.23)과 같이 된다.

$$[X] = [A]^{-1}\{C\} \tag{11.23}$$

식 (11.23)에서 구한 a_{1i}, a_{2i}, a_{3i}, a_{4i}, b_{1i}, b_{2i}, b_{3i} 및 b_{4i}의 적분상수를 이용하여, 말뚝두부 및 선단의 구속조건 종류에 따라 말뚝의 거동을 고려할 수 있다.

사면파괴면 상부의 지반반력을 기대하기 어려운 경우 E_i는 0이 되며, 이 경우의 흙막이말뚝의 거동을 해석하기 위한 적분상수는 표 11.8과 같다.

한편 암반파괴와 같은 말뚝의 강성에 비하여 지반의 강성이 큰 경우를 제외하면 일반적으로 말뚝의 파괴는 휨응력에 의하여 발생한다. 따라서 통상 말뚝의 안정에 대한 안전율 $(F_s)_{pile}$는 허용휨응력 σ_{allow}와 최대휨응력 $\sigma_{\max}$의 비로 식 (11.24)와 같이 구한다.

$$(F_s)_{pile} = \sigma_{allow}/\sigma_{\max} \tag{11.24}$$

상기와 같이 휨파괴를 발생하지 않는 경우에는 말뚝의 전단응력에 의하여 식 (11.25)와 같이 검토할 필요가 있다.

표 11.8 적분상수

구속조건		자유	회전구속
계수	a_0	$\frac{H'}{12E_pI_p\beta}\{3(2+\beta H')f_1 - H'(3+2\beta H')f_2\}$	$\frac{H'}{48E_pI_p\beta^3(1+\beta H')}\{4(2\beta^2(H')^2+6\beta H'+3)f_1$ $-H'(5\beta^2(H')^2+12\beta H'+6)f_2\}$
	a_1	$\frac{H'}{12E_pI_p\beta^3}\{6(1+\beta H')f_1 - H'(3+4\beta H')f_2\}$	$\frac{-(H')^2}{24E_pI_p(1+\beta H')}\{4(3+2\beta H'+3)f_1$ $-H'(6+5\beta H')f_2\}$
	a_2	$\frac{-H'}{12E_pI_p}\{3f_1 - 2H'f_2\}$	$\frac{H'}{48E_pI_p\beta(1+\beta H')}\{4(2\beta^2(H')^2-3)f_1$ $-H'(5\beta^2(H')^2-6)f_2\}$
	a_3	$\frac{H^2}{12E_pI_p}(2f_1 - H'f_2)$	$\frac{H'}{12E_pI_p}(2f_1 - H'f_2)$
	A	$\frac{H'}{12E_pI_p\beta^3}\{3(2+\beta H')f_1 - H'(3+2\beta H')f_2\}$	$\frac{H'}{48E_pI_p\beta^3(1+\beta H')}\{4(2\beta^2(H')^2+6\beta H'+3)f_1$ $-H'(5\beta^2(H')^2+12\beta H'+6)f_2\}$
	B	$\frac{-(H')^2}{12E_pI_p\beta^2}\{3f_1 - 2H'f_2\}$	$\frac{H'}{48E_pI_p\beta(1+\beta H')}\{4(2\beta^2(H')^2+6\beta H'-3)f_1$ $-H'(5\beta^2(H')^2-6)f_2\}$
변위		$y_1 = a_0 + a_1\bar{z} + a_2\bar{z}^2 + a_3\bar{z}^3 + \frac{f_1}{24E_pI_p} + \bar{z}^4 + \frac{f_2}{120E_pI_p} + \bar{z}^5 \quad (-H' \le \bar{z} \le 0)$ $y_2 = e^{-\beta\bar{z}}(A\cos\beta\bar{z} + B\sin\beta\bar{z}) \quad (\bar{z} \ge 0)$	
휨모멘트 $(-H \le \bar{z} \le 0)$		$-2E_pI_pa_2$ at $\bar{z}=0$	$-E_pI_p\left(2a_2 - 6a_3H' + \frac{f_1}{2E_pI_p}(H')^2\right.$ $\left.-\frac{f_2}{6E_pI_p}(H')^3\right)$ at $\bar{z}=-H$
최대휨모멘트 $(\bar{z} \ge 0)$		$-2E_pI_p\beta^2 e^{-\beta\bar{z}_2 - B\cos\beta\bar{z}_2}(A\sin\beta\bar{z}_2 - B\cos\beta\bar{z}_2)$ at $\bar{z}_2 = \frac{1}{\beta}\tan^{-1}\frac{A+B}{A-B}$	$-2E_pI_p\beta^2 e^{-\beta\bar{z}_2 - B\cos\beta\bar{z}_2}(A\sin\beta\bar{z}_2 - B\cos\beta\bar{z}_2)$ at $\bar{z}_2 = \frac{1}{\beta}\tan^{-1}\frac{A+B}{A-B}$
깊이 $\bar{z}_3$		∞ or $\frac{1}{\beta}\tan^{-1}\left(-\frac{A}{B}\right)$	
깊이 $\bar{z}_4$		∞ or $\frac{1}{\beta}\tan^{-1}\left(-\frac{A-B}{A+B}\right)$	

표 11.8 적분상수(계속)

힌지	고정
$\frac{(H')^3}{120E_pI_p\beta\{1+2(1+\beta H')^3\}}\{15(2+\beta H')(3+\beta H')f_1 - H'(7\beta^2(H')^2+27\beta H'+30)f_2\}$	$\frac{(H')^4}{120E_pI_p(1+\beta H')\{2+(1+\beta H')^3\}}\{5(3+\beta H')^2f_1 - H'(2\beta^2(H')^2+9\beta H'+12)f_2\}$
$\frac{-(H')^2}{120E_pI_p\beta\{1+2(1+\beta H')^3\}}\{15(2\beta^3(H')^3+5\beta^2(H')^2 -6)f_1 - H'(14\beta^3(H')^3+27\beta^2(H')^2-30)f_2\}$	$\frac{-(H')^3}{120E_pI_p(1+\beta H')\{2+(1+\beta H')^3\}}\{10(\beta^3(H')^3 +3\beta^3(H')^2-6)f_1 - H'(4\beta^3(H')^3+9\beta^2(H')^2-15)f_2\}$
$\frac{(H')^2}{120E_pI_p\beta\{1+2(1+\beta H')^3\}}\{15(\beta^3(H')^3+\beta H'-6)f_1 - H'(7\beta^3(H')^3-30\beta H'-30)f_2\}$	$\frac{\beta(H')^3}{120E_pI_p(1+\beta H')\{2+(1+\beta H')^3\}}\{5(\beta^3(H')^3+9\beta H' -12)f_1 - H'(2\beta^2(H')^3-12\beta H'-15)f_2\}$
$\frac{(H')^2}{120E_pI_p\beta\{1+2(1+\beta H')^3\}}\{5(5\beta^2(H')^2+12\beta H'+6)f_1 - H'(9\beta^2(H')^2+20\beta H'+10)f_2\}$	$\frac{\beta^2(H')^3}{120E_pI_p(1+\beta H')\{2+(1+\beta H')^3\}}\{10(2+\beta H')f_1 - H'(5+3\beta H)f_2\}$
$\frac{(H')^3}{120E_pI_p\beta\{1+2(1+\beta H')^3\}}\{15(2+\beta H')(3+\beta H')f_1 - H'(7\beta^2(H')^2+27\beta H'+30)f_2\}$	$\frac{(H')^4}{120E_pI_p(1+\beta H')\{2+(1+\beta H')^3\}}\{5(3+\beta H')^2f_1 - H'(2\beta^2(H')^2+9\beta H'+12)f_2\}$
$\frac{-(H')^2}{120E_pI_p\beta\{1+2(1+\beta H')^3\}}\{15(\beta^3(H')^3-6\beta H'-6)f_1 - H'(7\beta^3(H')^3-30\beta H'-30)f_2\}$	$\frac{-(H')^3}{120E_pI_p(1+\beta H')\{2+(1+\beta H')^3\}}\{5(\beta^3(H')^3+9\beta H' -12)f_1 - H'(2\beta^2(H')^3-12\beta H'-15)f_2\}$
$y_1 = a_0 + a_1\bar{z} + a_2\overline{z^2} + a_3\overline{z^3} + \frac{f_1}{24E_pI_p} + \overline{z^4} + \frac{f_2}{120E_pI_p} + \overline{z^5}$ $y_2 = e^{-\beta\bar{z}}(A\cos bea\bar{z} + B\sin\beta\bar{z})$	$(-H' \le \bar{z} \le 0)$ $(\bar{z} \ge 0)$
$-E_PI_p\left(2a_2 + 6a_3\bar{z}_1 + \frac{f_1}{2E_PI_P} \le f(\bar{z}_1)^2 + \frac{f_2}{6E_pI_p}(\bar{z}_1)^3\right)$ at $\bar{Z}_1 = \frac{-f_1 \pm \sqrt{(f_1)^2 - 12E_pI_pa_3f_2}}{f_2}$	$-E_PI_p\left(2a_2 - 6a_3H' + \frac{f_1}{2E_PI_P}(H')^2 - \frac{f_2}{6E_pI_p}(H')^3\right)$ at $\bar{z}_1 = -H'$
$2B\beta^2E_pI_P$ at $\bar{z}=0$	$2B\beta^2E_pI_P$ at $\bar{z}=0$
∞ or $\frac{1}{\beta}\tan^{-1}\left(-\frac{A}{B}\right)$	
∞ or $\frac{1}{\beta}\tan^{-1}\left(-\frac{A-B}{A+B}\right)$	

$$(F_s)_{pile} = \tau_{allow}|\tau_{\max} \tag{11.25}$$

여기서, τ_{allow}는 허용전단응력, $\tau_{\max}$는 최대전단응력이다. 식 (11.24) 및 (11.25)의 안전율이 1보다 클 때 말뚝의 안정이 확보될 수 있다.

(2) 굴착지반의 안정해석법

① 말뚝효과를 고려하지 않은 사면

일반적으로 사면의 안정해석에는 한계평형이론을 도입한 여러 가지 사면안정해석법이 사용되고 있다. 한계평형이론을 이용하여 안전율을 구하려면 활동면 각 점에서 전단응력과 전단강도를 구해야 한다.[28] 따라서 활동효과를 연직절편으로 분할하고 절편에 대한 평형을 고려하게 되는데, 이러한 방법을 절편법이라 하며 각 절편에서 발생하는 3n개의 미지수를 도시하면 그림 11.10과 같다. 3n개의 미지수는 가정을 통하여 해결해나간다.

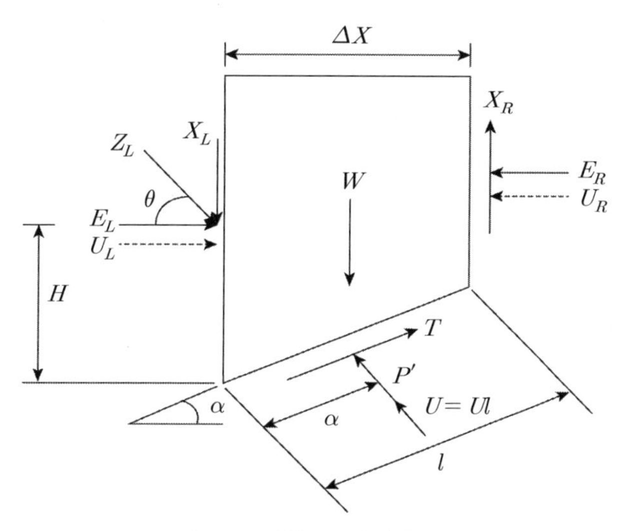

그림 11.10 분할요소에 작용하는 힘

여기서, X_L, X_R = 절편 좌우 측면의 수평전단력(미지)

$T_m = \tau l$ = 절편저면의 전단력(미지)

$P' = pl$ = 절편저면의 유효수직력(미지)

$U = ul$ = 절편저면의 간극수압(기지)

E_L, E_R = 절편저면의 유효수직응력(미지)

U_L, U_R = 절편의 간극수압(기지)

α = 절편저면의 수평면과 이루는 각(기지)

θ = E와 X의 합력이 수평면과 이루는 각(미지)

l = 절편저면의 길이

h = 절편력 E의 작용점

W = 절편의 무게(기지)

a = P'의 작용점

한편 GLE법에 의한 사면안전율은 그림 11.11에 도시된 바와 같이 모멘트의 평형조건과 힘의 평형조건으로부터 다음과 같이 산정된다. 연직방향의 힘의 평형조건으로부터 수직력 P를 식 (11.26)과 같이 구할 수 있다.[38,42] 단, 여기서 $m_\alpha = \cos\left(1 + \tan\alpha \dfrac{\tan\phi'}{F}\right)$다.

$$P = \left[W - (X_R - X_L) - \frac{1}{F}(c' l \sin\alpha - ul \tan\phi \times \sin\alpha) \right] / m_\alpha \tag{11.26}$$

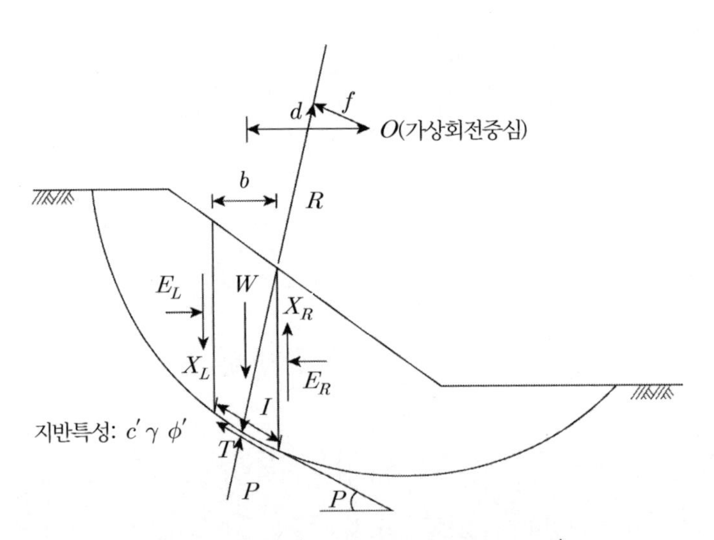

그림 11.11 GLE법(Fredlund and Krahn, 1977)

원점 0점에 대한 모멘트평형조건 $\sum W_d = \sum TR + \sum Pf$로부터 식 (11.27)을 구할 수 있다.

$$F_m = \frac{\sum [c' l + (P - ul)\tan\phi'] R}{\sum (Wd - Pf)} \tag{11.27}$$

한편 힘의 평형조건 $\Sigma(E_R - E_L) = 0$, $\Sigma(X_R - X_L) = 0$으로부터 식 (11.28)을 구할 수 있다.

$$F_f = \frac{\Sigma[c'l + (P - ul)\tan\phi']\cos\alpha}{\Sigma P\sin\alpha} \tag{11.28}$$

식 (11.26)~(11.28)은 안전율 항에 대한 비선형형태의 식이므로 시행착오법으로 반복계산을 실시해야 한다.

GLE법은 말뚝이 사면토괴 내에 포함되어 있는 경우는 부정정 절편력을 명확히 알 수 없고, 말뚝거동해석을 전 가상파괴면 모두에 실시함으로써 계산과정이 너무 복잡하고 번거롭다. 따라서 말뚝의 사면안정 효과를 고려한 사면안정을 해석하기 위해서는 비교적 간편하고 안전율의 산정 시 다소 안전 측으로 산정되어 말뚝설계 시 유리한 Fellenius법을 사용하는 것이 효율적이다.[32]

이 방법에서는 사면안전율을 활동면 중심에서의 모멘트평형으로 구하고 각 분할절편 간의 작용력의 합력은 평형이라는 가정이 사용된다. 분할절편 저면에서의 전 수직응력 σ와 τ, 간극수압 u에 대해서는 식 (11.29)와 같이 된다.

$$s = c + (\sigma - u)\tan\phi' \tag{11.29}$$

이때 수정전단강도 $\tau = S/F$, $P = \sigma l$, $T = \tau l$을 대입하면 식 (11.30)과 같이 된다.

$$T = \frac{1}{F}[c'l + (P - ul)\tan\phi] \tag{11.30}$$

여기서, $P = W\cos\alpha$

전체 분할절편에 대하여 고려하면 식 (11.31)과 같다.

$$\Sigma W\sin\alpha = \frac{1}{F}[c'l + (P - ul)\tan\phi] \tag{11.31}$$

여기서, 안전율 F를 말뚝안전율과 구분하기 위하여 $(F_s)_{slope}$로 표시하면 식 (11.32)와 같다.

$$(F_s)_{slopile} = \frac{[c'l + (W\cos\alpha - ul)\tan\phi]}{\sum W\sin\alpha} \tag{11.32}$$

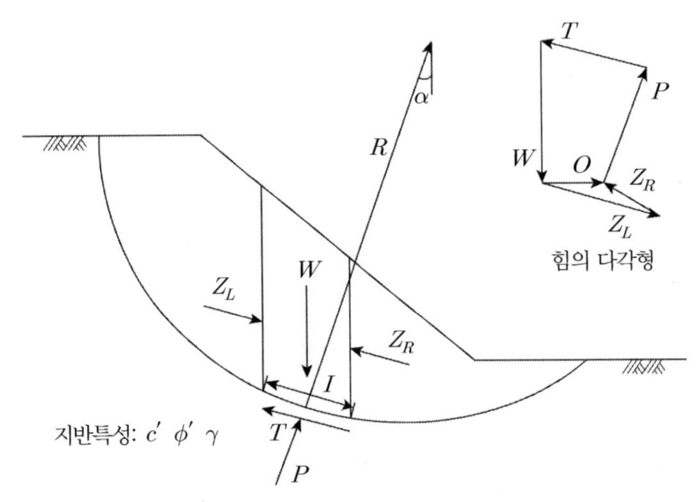

그림 11.12 Fellenius법(Fellenius, 1936)[32]

② 말뚝효과를 고려한 사민

흙막이말뚝을 일렬로 시민에 설치하여 사면안정을 도모한 경우의 개략도는 그림 3.1(b)와 같으며 사면의 안정에 대한 안전율 $(F_s)_{slopile}$는 다음 식 (11.33)과 같이 표현된다.

$$(F_s)_{slopile} = \frac{F_r}{F_d} = \frac{F_{rs} + F_{rp}}{F_d} \tag{11.33}$$

여기서, F_r과 F_d는 사면의 저항력과 활동력이며, F_{rs}는 사면파괴면의 전단저항력이고, F_{rp}는 말뚝의 저항력이다. 식 (11.33)에서 F_{rs} 및 F_d는 통상의 사면안정해석에서의 분할법에 의하여 얻어지며 식 (11.32)로부터 다음과 같이 구할 수 있다.

$$F_{rs} = c'l + (W\cos\alpha - ul)\tan\phi \tag{11.34}$$

$$F_d = \Sigma W \sin\alpha$$

F_{rp}는 식 (11.34)를 이용하여 얻어진 말뚝 1개당 수평토압(식 (11.20) 중 $P_{mi}(z)$항에 해당하는 저항력)과 말뚝배면의 지반반력(식 (11.20) 중 $E_{s1i}y_i$항에 해당하는 저항력)을 말뚝 중심간격으로 나눈 값을 이용하여 산정된다. 만약 사면에 말뚝이 설치되어 있지 않다면 식 (11.33)의 F_{rs}와 F_d만 고려하여 사면안정해석을 한다. 식 (11.33)의 안전율이 소요안전율보다 큰 경우 사면의 안정을 얻을 수 있다.

(3) 한계평형해석법의 종류

한계평형이론에 의거한 사면안정해석법은 현재 여러 사람에 의해 연구 제안되어 사용되고 있다.[28,33] 사면안정해석법은 표 11.9에 정리한 바와 같이 안전율 산정식의 형태에 따라 선형법(liner method)과 비선형법(nonlinear method)[31]의 두 가지로 크게 분류할 수 있다.[52]

표 11.9 사면안정 해석법의 분류[33,38,42]

구분	사면안정해석법
선형법	무한사면해석법
	활동토괴 혹은 쐐기해석법
	$\Phi=0$법
	Fellenius법
비선형법[31]	일반한계평형해석법(GLE)
	Bishop 간편법
	Janbu 간편법
	Janbu 정밀법
	Spencer법
	Morgenstern & Price법

① 선형법

사면안전율을 산정하기 위해 제시된 식이 선형의 형태인 해석법을 의미한다. 즉, 사면안전율을 산정하기 위해 필요한 제반 기하학적 조건과 토질정수를 대입하는 것만으로 사면안전율을 반복 계산작업 없이 직접 계산할 수 있는 형태의 해석법이다.

이 그룹에 속하는 방법으로 현재 사용되는 대표적인 해석법은 무한사면해석법, 활동토괴(sliding block) 해석법 혹은 쐐기(wedge) 해석법, $\phi_u = 0$법, Fellenius법[32] 등을 들 수 있다. 이들 방법의 특징으로는 반복계산의 번거로움이 없는 이점이 있다. 그러나 일반적으로 이들 방법에 의해 구해진 사면안전율은 안전 측의 보수적인 결과를 보이고 있어 비경제적인 설계가 되기 쉽다.

② 비선형법

사면안전율을 산정하기 위해 제시된 식이 안전율의 비선형 형태로 되어 있어 사면의 기하학적 조건과 토질정수만을 대입해서는 사면안전율을 구할 수 없다. 목적함수인 사면안전율이 변수로 포함되어 있기에 한 번의 계산작업으로 사면안전율을 구할 수 없다. 따라서 일단 사면안전율을 가정하여 사면안전율을 구한 후 가정한 값과 산정된 값을 비교하는 작업이 실시된다. 이들 두 값이 서로 일치하지 않으면 사면안전율을 재차 가정하여 두 값이 서로 일치할 때까지 반복작업을 수행해야 한다.[31]

비선형법은 절편력과 활동면에 작용하는 수직력 등의 부정정력의 처리방법에 따라 여러 가지로 제안·사용되고 있다. 그 대표적인 방법으로는 Bishop 간편법,[54] Bishop 엄밀해,[54] Janbu 간편법,[55] Janbu 엄밀해,[55] Spencer법, Morgenstern & Price법, GLE법 등을 들 수 있다.[56-58]

비선형법은 여러 사람들에 의해 독립적으로 제안되어 서로 관련성이 없는 것으로 보였으나 Fredlund & Krahn(1977)이 일반한계평형법(GLE법)을 제시함으로 인하여 비선형해석법을 종합적으로 서로 관련지어 설명하기가 편리하게 되었다.[33]

GLE법에서는 절편저부의 활동면에 작용하는 수직력(P), 회전중심에 대한 모멘트 평형에 의한 안전율(F_m) 및 힘의 평형에 의한 안전율(F_f)의 세 가지 식에 의하여 사면의 안전율을 구할 수 있게 되어 있다. 이 세 가지 목적함수는 수직방향 절편력 X_R과 X_L에 의존하게 되므로 결국 사면안전율은 절편의 양측면에 작용하는 절편력 X_R과 X_L의 가정방법에 따라 달라질 수 있다. 이 절편력의 가정에 따른 각종 비선형해석법을 정리해보면 표 11.10과 같다. 일반적으로 모멘트 평형 안전율 F_m은 힘의 평형 안전율 F_f보다 덜 민감하게 나타나고 있다. 이들 비선형 해석법에 대해서는 참고문헌[53]에서 자세히 설명하였다.

표 11.10 비선형 안정해석법의 가정과 안전율 계산 근거

산정법	가정	안전율 산정 근거	
		모멘트평형(F_m)	힘의 평형(F_f)
Fellenius법(32)	$X/E=\tan\alpha$	×	
Bishop 간편법	$X_R-X_L=0$	×	
Spencer법	$X/E=\tan\theta$	×	×
Janbu 간편법(38)	$X=0$		×
Janbu 엄밀해	Thrust line		×
Morgenstern & Price법(42)	$X/E=\lambda f(x)$	×	×

* X, E : 절편(interslices)에 작용하는 수직력과 수평력
* X_R, X_L : 절편의 좌측과 우측에 작용하는 수직절편력
* α : 절편파괴면의 각도

11.3.2 해석 프로그램

본 연구에서는 CHAMP(CHUNG-ANG ABUTMENT PILES, 과기처 등록번호: 94-01-12-1022)를 H-말뚝을 이용한 자립식 흙막이벽의 해석이 가능하도록 수정하여 사용하였다. 중앙대학교 토질역학연구실에서 개발한 프로그램 CHAMP는 연약지반 속에 설치한 교대기초말뚝의 안정해석용 프로그램이다. 본 프로그램에서는 먼저 가상 원호활동면을 기준으로 활동면 상부의 활동토괴로부터 H-말뚝에 작용하는 수평토압을 산정하여 말뚝의 안정해석을 실시하며, 말뚝이 저항할 수 있는 수평토압만을 저항력으로 활용하여 사면의 안전율 계산에 말뚝의 저항력을 추가시켜 사면안정의 기여도를 평가할 수 있도록 되어 있다.

그림 11.13은 CHAMP 프로그램의 흐름도이다. 먼저 가상 원호활동면의 원점으로 예상되는 부분에 원점망을 작성하여 원점망의 각 절점을 중심점으로 한 무수한 가상 원호활동면에 대하여 사면안전율 계산을 반복하여 최소사면안전율이 구하여지는 원점과 가상 원호활동면을 찾는다. 사면안전율계산은 한계평형원리에 입각한 분할법을 사용하였고 절편에 작용하는 부정정력은 서로 평형을 이루고 있다고 가정하였다. 각각의 가상 원호활동면에 대하여 사면의 활동모멘트와 지반의 전단저항에 의한 저항모멘트를 계산하여 기억시킨다.

말뚝이 설치되어 있지 않으면 곧바로 활동모멘트와 저항모멘트로 사면안전율을 계산한다. 말뚝이 설치되어 있으면, 먼저 H-말뚝에 작용하는 수평토압식을 사용하여 수평토압을 산정한다. 그 다음으로 원호활동면 상부의 말뚝부분은 활동토괴로부터 수평토압을 받고 이 수평토압에 의하여 발생할 말뚝의 수평변위에 대하여, 말뚝이 지반으로부터 지반반력을 받도록 한 상태에서

말뚝머리와 선단의 구속조건을 고려하여 말뚝의 강성매트릭스를 구성한다.

말뚝의 휨응력과 전단응력 및 변위량을 계산하여 말뚝의 안전율을 계산한다. 만약 말뚝의 안전율이 소요안전율보다 낮으면 측압부가계수를 수정하여 말뚝의 수평토압을 줄여 계산을 반복하여 말뚝의 안전율이 소요안전율 이내가 될 때까지 반복한다.

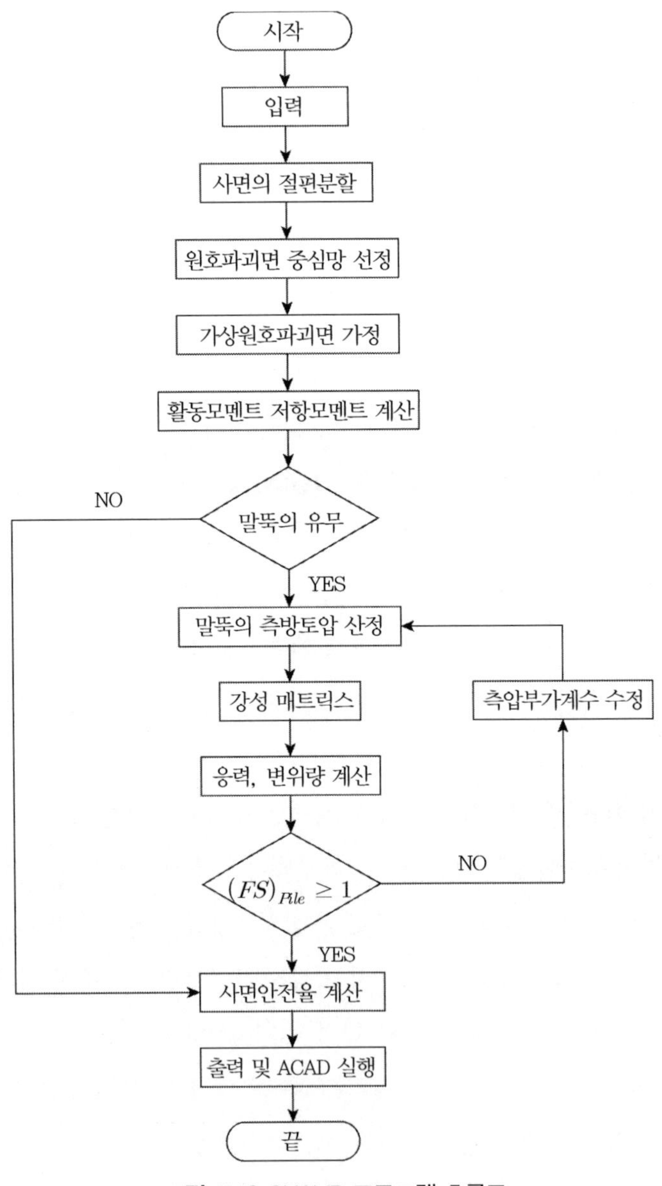

그림 11.13 CHAMP 프로그램 흐름도

말뚝의 안전율이 소요안전율보다 크게 되면 말뚝의 안정에 사용한 수평토압을 사용하여 가상 원호활동민의 원점을 기준으로 저항모멘트를 구한다. 사면안전율 계산 시 구했던 지반의 전단저항에 의한 저항모멘트에 말뚝에 의한 저항모멘트를 가산하여 사면안전율을 계산하여 말뚝의 사면안정효과를 산정한다.

이러한 계산작업은 다른 가상 원호활동면에 대해서도 반복 실시하여 한 원점에 대한 무수한 가상 원호활동면 중 최소안전율을 가지는 활동면과 안전율을 구한다. 또한 이 원점을 원점망상의 각 절점으로 이동시키면서 동일한 계산을 반복한다.

11.3.3 설계법

H-말뚝을 이용한 자립식 흙막이벽의 안정에 영향을 미치는 요소들로는 지반의 기하학적 형상, 토질정수, 부지의 제약조건, 그리고 말뚝 관련 사항 등이 있다. 그러므로 H-말뚝을 이용한 자립식 흙막이벽의 설계 시 이러한 조건들은 반드시 고려되어야 한다.

그림 11.14는 흙막이말뚝으로 보강된 굴착면의 설계순서를 블록차트로 나타낸 것이다. H-말뚝을 이용한 자립식 흙막이벽의 설계는 그림에서와 같은 순서로 진행됨이 바람직하다. 이 그림에서 보는 바와 같이 굴착면과 흙막이말뚝의 설계는 네 단계로 크게 구분할 수 있다. 즉, 한 가지 결정단계와 세 가지 선택단계로 구성되어 있다.

첫 번째 단계에서는 그림 11.14에서 보는 바와 같이 지반조건 결정단계로서 점성토지반 굴착면의 설계를 위하여 우선적으로 대상지반에 대한 실내시험 및 현장시험을 실시하여 토질정수 및 지하수위 등의 지반조건을 정확히 조사·결정해야 한다.

두 번째 단계는 선택 I의 단계로 지반조건이 결정되면 대상 지역의 제약조건과 기하학적 형상을 고려하여 굴착면의 기울기와 굴착면 높이를 선정한다. 이때 사면기울기와 사면높이를 선정하기 위해서는 사면기울기(L_V/L_H)와 사면높이(H) 및 사면안전율$(F_s)_{slope}$의 관계를 개략적으로 도시한 그림 11.15를 활용할 수 있다.

이 그림에서 보는 바와 같이 횡축은 사면기울기(L_V/L_H)를 취하고 종축에는 사면안전율을 취하여 사면기울기에 따른 사면안전성의 관계를 나타내고 있다. 또한 그림 중에는 사면지반의 굴착고 H의 영향도 도시하고 있다. 전 단계에서 대상지반의 지반조건에 의하여 단위체적중량 γ_t와 비배수전단강도 c_u가 결정되므로 소요안전율을 고려하여 사면높이 H가 결정될 수 있다.

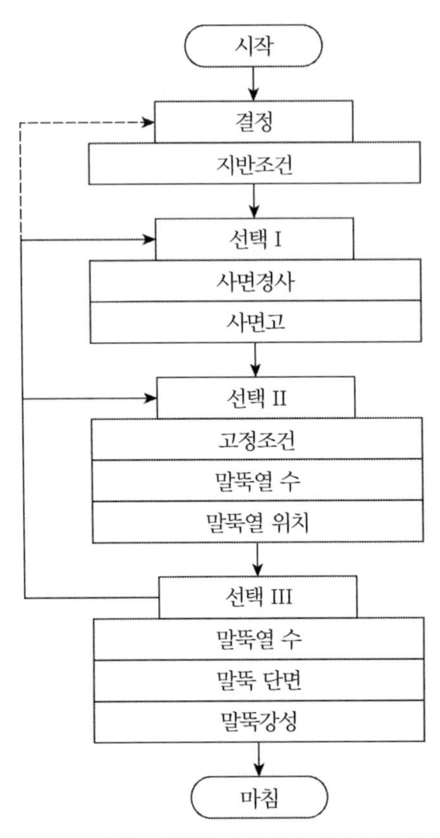

그림 11.14 H-말뚝을 이용한 자립식 흙막이벽의 설계흐름도

즉, 첫 번째 단계에서 정하여진 지반의 비배수전단강도 c_u와 단위체적중량 γ_t로부터 예상굴착높이 H를 선정하여 그림 내 해당하는 곡선을 정한다.

이렇게 결정된 사면높이 H에 사면기울기 L_V/L_H도 선정하면 사면높이와 사면기울기로 부터 사면안전율을 구할 수 있다. 예를 들어, 그림 11.15에서 사면기울기를 $(L_V/L_H)_1$로 선정하고 H_2가 되는 사면높이를 선정하였다면 사면안전율은 $(F_s)org.$이 된다. 만약 이 사면안전율이 소요안전율 $(F_s)org.$보다 크면 설계가 완료되며 작으면 흙막이말뚝에 의한 굴착면보강 설계단계로 진행되어야 한다.

굴착면에 흙막이말뚝을 설계할 경우는 그림 11.14의 흐름도에서 보는 바와 같이 먼저 선택 II단계에서 흙막이말뚝의 구속조건, H-말뚝의 열수 및 설치위치를 선정해야 한다. 여기서 말뚝의 두부구속조건은 자유, 회전구속, 힌지, 고정의 네 가지 경우를 생각할 수 있다. 자유는 말뚝두부를 구속하지 않는 상태로 둠으로써 말뚝두부의 수평변위와 회전이 모두 가능하게 한 상태고,

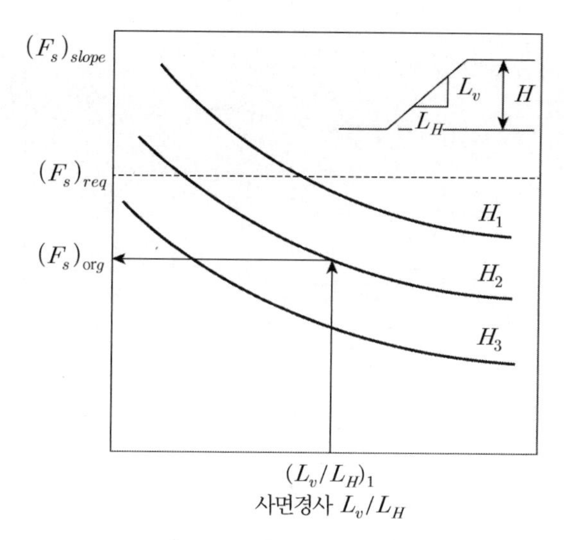

그림 11.15 굴착면 설계 개략도

회전구속은 말뚝두부의 수평변위는 발생하나 회전은 구속되게 한 상태다.

한편 힌지는 말뚝두부의 수평변위는 구속된 상태에서 회전만 발생하는 구속상태고, 고정은 말뚝두부의 수평변위와 회전 모두 발생하지 않게 구속하는 경우에 해당된다. 통상적으로 회전구속은 말뚝두부를 보로 연결한 형태에 해당되며 고정은 이 연결보를 타이롯드나 앵커로 지지시킨 경우에 해당된다. 한편 힌지는 고정과 유사하나 말뚝두부의 연결보가 회전이 가능하도록 연결시킨 경우에 해당된다. 그러나 일반적으로 말뚝두부는 말뚝을 횡으로 연결시키기만 함으로써 회전구속 상태로 함이 가장 경제적이며 효과적이다. 즉, 말뚝두부를 띠장이나 철근콘크리트 보로 서로 연결시켜 가급적 두부가 회전되지 않게 하고 수평방향으로 이동만 하도록 한다. 특히 두 열 이상의 말뚝열을 설치할 경우는 트러스 모양으로 말뚝두부를 강제로 서로 연결시킴으로써 두부 회전구속의 조건이 된다. 한편 말뚝선단은 지지층에 관입되는 깊이에 따라 힌지나 고정의 상태가 된다. 말뚝의 두부 및 선단의 구속조건이 결정된 다음에는 설치할 말뚝의 열수 및 위치를 결정한다.

다음은 선택 III의 단계로서 말뚝의 실질적인 설계단계가 된다. 여기서 말뚝의 치수, 강성 및 설치간격을 선정한다. 이 선정 작업을 체계적으로 실시하기 위하여 그림 11.16과 같은 개략도를 활용한다. 즉, 그림 11.16은 말뚝간격, 말뚝치수 및 말뚝강성을 설계하기 위한 개략도이며 횡축에는 말뚝간격비 D_2/D_1(D_1은 말뚝중심 간 거리고, D_2는 말뚝의 순간격), 종축에는 사면안전율 $(F_s)_{slope}$을 취하였다.

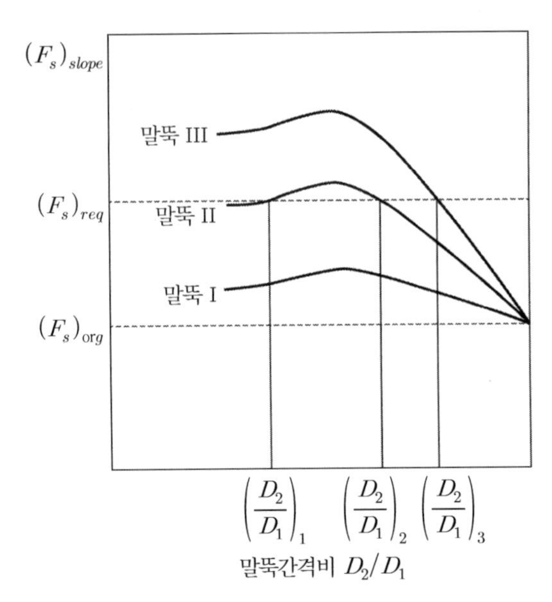

그림 11.16 흙막이말뚝설계 개략도

말뚝폭(혹은 직경) 및 강성이 각각 $B_1-(E_pI_p)_1$인 말뚝 I을 사용하는 경우, 말뚝의 설치간격에 따른 사면의 최소안전율의 변화는 그림 11.16의 말뚝 I 곡선과 같이 된다. 이 경우 사면의 소요안전율을 $(F_s)_{req}$라 하면, 이 종류의 H-말뚝으로는 사면의 소요안전율을 얻을 수 있는 말뚝간격이 존재하지 않는다. 그러나 말뚝 I보다 큰 강성 $(E_pI_p)_2$를 가지는 말뚝 II를 사용하면, 그림 중 말뚝 II 곡선으로 도시되는 바와 같이 말뚝간격은 간격비가 $(D_2/D_1)_1$과 $(D_2/D_1)_2$, 사이의 범위에서 설계가 가능하다. 이 설계가능 말뚝간격비 중 제일 간격이 넓은 경우인 $(D_2/D_1)_2$가 최적말뚝간격비가 된다. 또한 말뚝강성이 더 큰 $(E_pI_p)_3$ 강성을 가지는 말뚝 III을 선정하면 설계가능 말뚝간격비가 $(D_2/D_1)_3$ 이하가 되어 최적 말뚝간격비는 $(D_2/D_1)_3$이 된다.

이러한 말뚝과 굴착지반에 대한 제반사항의 설계가 끝나면, 설치된 말뚝과 보강사면에 대한 안정검토를 실시하여 사면과 말뚝의 안정이 모두 만족되는가 여부를 검토한다. 만약 이들 안정이 확보되지 못하면 피드백 선을 따라 선택 III의 단계로 가서 말뚝의 치수, 강성 혹은 간격을 재선정한 후 말뚝안정을 재검토한다.

여기서, 만약 말뚝의 안정이 확보되면 다음으로는 사면안정을 검토해야 한다. 만약 여기서도 만족스러운 효과가 얻어지지 않으면 선택 II단계로 가서 말뚝열의 수와 위치 혹은 말뚝 구속조건을 다시 선정한 후 계산과정을 반복한다. 이러한 흙막이말뚝으로 굴착면의 안정을 확보하지 못할 경우 사면의 기울기와 사면높이의 선정단계인 선택 I단계 및 지반조건의 결정단계까지 피드백하여 이들 조건을 변경할 수밖에 없다. 즉, 사면의 기울기와 사면높이를 완만하고 얕게 하거나 지반을 개량하여 지반강도를 증가시켜 소요안전율을 만족할 수 있도록 설계해야 한다.

11.3.4 설계 예

(1) 설계조건

위에서 제안된 설계법에 의거하여 H-말뚝을 이용한 자립식 흙막이벽의 설계를 실시하기 위하여 예를 그림 11.17과 같이 선정하고자 한다.

이 지반은 상당깊이의 점토질 실트층으로 이루어져 있으며 비배수전단강도 c_u는 2t/m^2 단위체적중량 γ_t는 1.7t/m^{3}다.

이는 그림 11.14의 설계흐름도에 의거하면 첫 번째 설계단계인 지반조건 결정단계에 해당된다.

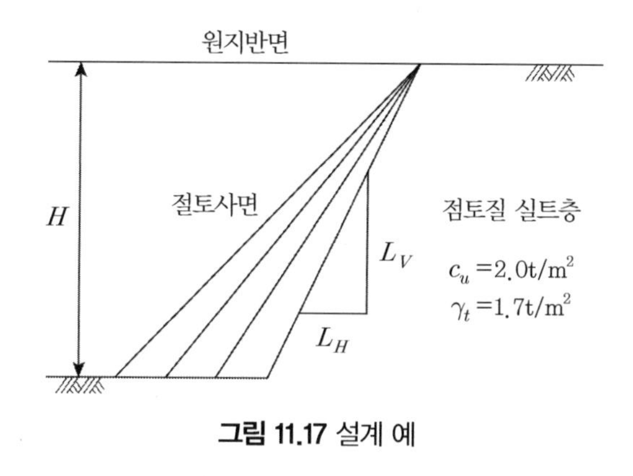

그림 11.17 설계 예

(2) 굴착면 및 흙막이말뚝의 설계

① 굴착면의 실계

두 번째 설계단계는 그림 11.14에서 보는 바와 같이 사면의 기울기와 높이를 선정하는 선택 I의 단계이다. 이들 사항을 선정하기 위해서는 그림 11.15와 같은 그림을 작성해야 하므로 본 설계 예를 대상으로 동일한 도면을 작성하면 그림 11.18과 같다.

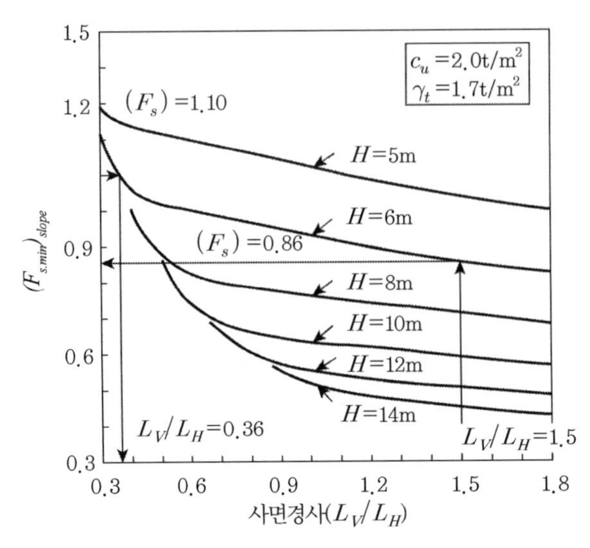

그림 11.18 굴착면기울기에 따른 사면안전율의 변화

그림 11.18은 사면지반의 굴착면 높이 H가 5m에서 14m까지 증가하는 경우 사면의 기울기 L_V/L_H가 0.3에서 1.8 사이를 갖는 경우 각각의 사면에 대한 사면안정해석 결과를 도시한 것이다. 이 결과에 의하면 그림에서 보는 바와 같이 동일한 사면기울기를 가지는 경우 굴착면의 높이가 높을수록 사면의 안전율이 낮아짐을 알 수 있다. 이는 사면의 높이가 클수록 사면이 불안전함을 의미한다. 만약 사면의 높이가 일정한 경우는 사면의 기울기 L_V/L_H 값이 클수록(즉, 사면이 가파를수록) 사면의 안전율이 감소한다.

그림 11.18을 활용하면 본 설계 예에 대한 사면의 기울기와 높이를 선정할 수 있다. 여기서, 만약 사면의 높이 H를 6m로 하고 사면의 소요안전율을 1.1이라 하면 사면의 기울기 L_V/L_H는 0.36 이하가 되어야 하므로 사면의 수평거리는 약 17m 이상이 되어야 한다. 그러나 실제 현장에서는 주변부지가 제한되어 있는 상황이 많으므로 사면의 기울기를 0.36 정도로 완만하게 선정하지 못하는 것이 일반적이다. 또한 사면의 소요안전율을 1.2라 하면 이를 만족시키는 사면의 기울기는 존재하지 않는다. 만약 사면기울기 L_V/L_H를 1.5로 가파르게 하면 사면안전율은 그림 11.18에 표시된 바와 같이 0.86으로 된다. 이 사면안전율은 소요안전율 1.2보다 훨씬 낮으므로 그림 11.14의 설계흐름도에 의하면 이 굴착면에는 흙막이말뚝을 이용하여 보강대책이 강구되어야 한다.

② 흙막이말뚝의 설계

앞에서 선정된 사면기울기와 높이를 가지는 굴착면 흙막이말뚝을 설치하여 보강을 실시하는 경우, 그림 11.14의 설계흐름도에 의하면 선택 II 단계로 먼저 흙막이말뚝의 열수와 설치위치 및 구속조건을 선정해야 한다. 먼저, 1열의 말뚝을 선정하고 말뚝의 위치를 그림 11.19 속 그림에서 보는 바와 같이 변화시키면서 사면안정해석을 실시해보았다.

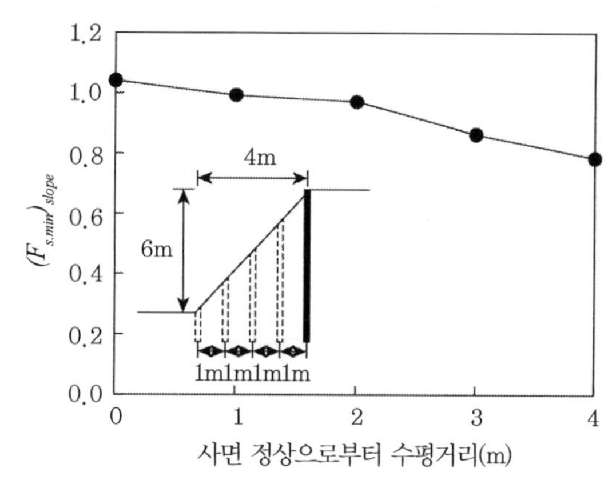

그림 11.19 1열 말뚝위치에 따른 사면안전율의 변화

이 사면안정해석에서는 흙막이말뚝으로 H-300×300×10×15의 H-말뚝을 1.8m 간격으로 설치한 경우를 대상으로 하였다. 즉, 1열의 흙막이말뚝을 사면의 정상 위치에서부터 좌측 수평방향으로 1, 2, 3 그리고 4m 위치에 각각 배치하여 사면안정 검토를 실시하면 결과는 그림 11.19와 같이 된다. 이 결과에 의하면 사면정상위치에 흙막이 말뚝열이 설치된 경우가 사면안전율이 가장 크므로 1열의 흙막이말뚝은 사면의 정상위치에 설치하는 것이 바람직하다.

이상과 같이 1열의 흙막이말뚝을 사면정상위치에 설치하기로 결정하면 다음은 그림 11.14의 설계흐름도에 따라 선택 III 단계에서 말뚝의 간격비, 치수 및 강성을 선정해야 한다. 이들 사항을 선정하기 위해서는 그림 11.16과 같은 도면을 작성하여 활용할 수 있다. 따라서 1열 말뚝을 사면정상 위치에 설치한 경우에 대한 말뚝치수와 강성의 변화에 따른 말뚝간격비와 사면안전율의 관계를 나타내면 그림 11.20과 같이 된다.

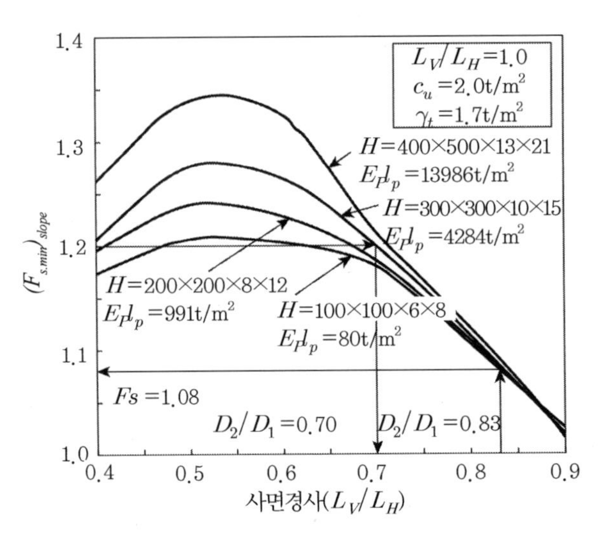

그림 11.20 말뚝치수와 강성에 따른 말뚝간격비와 사면안전율의 관계

이 해석에서는 사용말뚝을 H-100×100에서 H-400×400까지의 네 경우를 대상으로 하였다. 이 그림에서 보는 바와 같이 말뚝의 폭, 두께 및 강성이 커질수록 사면안전율은 증가하고 있다. 그리고 말뚝간격비(D_2/D_1)가 감소할수록 사면안전율은 증가하고 있다. 그리고 말뚝간격비(D_2/D_1)가 감소할수록 사면의 안전율은 간격비가 0.55일 때까지 증가하였다가 그 이하에서는 감소하고 있다. 만약 H-300×300×10×15 말뚝을 사용하고, 말뚝간격비를 0.83으로 할 경우 소요안전율 1.2를 만족하지 못한다. 따라서 이 사면의 안정성을 확보하기 위해서는 말뚝간격비를 0.7 이하(말뚝 중심간격이 1.0m 이하)로 하거나 2열 이상의 흙막이말뚝이 설치되어야 한다. 만약 말뚝열수를 증가시킬 경우는 그림 11.14의 피드백 선을 따라 선택 II 단계로 돌아가서 말뚝열의 수와 위치를 다시 선정해야 한다.

2열의 흙막이말뚝을 설치할 경우에도 마찬가지로 먼저 흙막이말뚝의 설치위치를 결정해야 한다. 그림 11.21 속 그림에서 보는 바와 같이 첫 번째 말뚝의 흙막이말뚝은 사면정상에 고정시키고 나머지 한 열은 고정 배치된 말뚝열로부터 좌측수평방향으로 1, 2, 3 그리고 4m에 추가로 설치하여 사면안정검토를 실시한 결과는 그림 11.21과 같이 된다. 사면안전율은 사면정상에 설치된 첫 번째 말뚝열로부터 2m 떨어진 위치에 두 번째 말뚝열이 설치된 경우가 가장 높은 것으로 나타났으며, 이때 사면안전율은 1.22가 되어 소요안전율 1.2를 만족하게 된다. 따라서 본 단면에 말뚝열 사이 간격이 2m인 두 열의 흙막이말뚝을 그림 11.21 속에 도면처럼 설치할 경우 사면의 소요안전율을 만족하므로 설계를 종료한다.

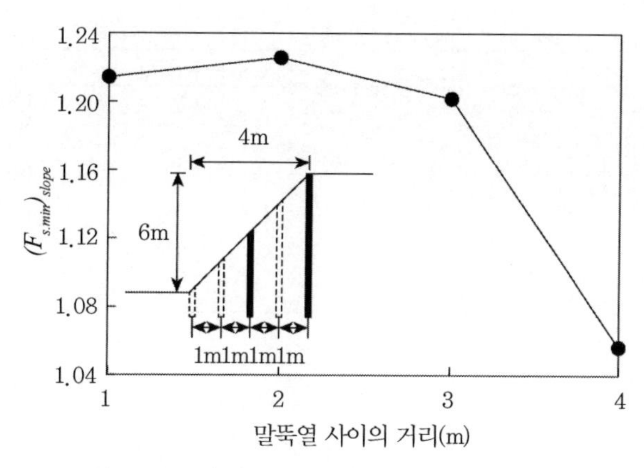

그림 11.21 2열 말뚝위치에 따른 사면안전율의 변화

11.4 현장실험

11.4.1 현장개요

H-말뚝을 이용한 자립식 흙막이벽의 설계법에 대한 합리성을 검증하기 위하여 경기도 OO 아파트 건설공사 현장에서 현장실험을 실시하였다.

실험적용 현장은 연약지반상에 실시되고 있는 지하굴착 현장으로 굴착면적은 500×250m이고 굴착깊이는 지표면으로부터 6.2m다. 그리고 대지경계면에서부터 시공경계면까지의 여유폭은 약 4~16m 정도다. 그리고 현장 주변은 대부분이 나대지 상태로서 근접시공에 대한 문제점이 거의 없으며, 공사현장 진입을 위한 주도로만 시공되어 있다.

그림 11.22는 굴착시공 평면도 및 지층단면 위치도를 나타낸 것이다. 본 현장의 아파트 단지 조성을 위한 흙막이공은 그림에 나타낸 바와 같이 A구역과 B구역으로 구분하여 시공하였다.

먼저 A구역에서 지하굴착을 실시하고 자립식 흙막이벽을 설치하여 기초 및 지하층 공사를 완료한 후 A구역의 시공 상황과 계측 결과를 토대로 하여 B구역의 지하굴착공사를 실시하였다.

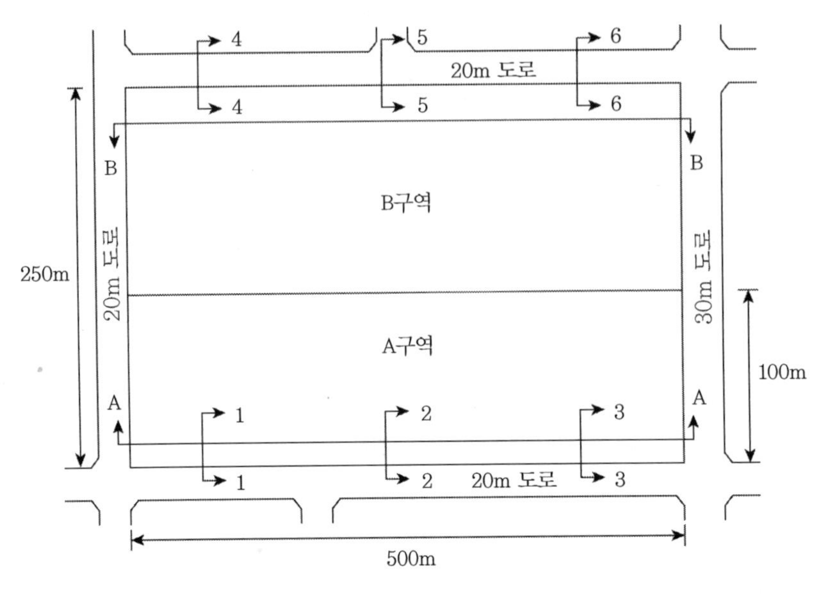

그림 11.22 굴착시공 평면도 및 지층단면 위치도

11.4.2 지반특성

(1) 지층구성

본 현장에 대한 지반조사는 2회에 걸쳐 실시되었다. 본 현장에 실시된 지반조사를 통하여 지층구성 및 지하수위 분포, 그리고 표준관입시험에 의한 N치 등을 알 수 있다. 이를 토대로 현장지반의 지층깊이별 분포를 정리해보면 다음과 같다.

① 매립토층

최상부층에 분포하며 부지조성을 위해 매립한 층으로 암편 및 전석이 혼재되어 있다. 색깔은 황갈색을 띠며 0.7~1.6m의 두께로 분포하고 있다. N치는 4~8이고 느슨한 상대밀도를 보인다.

② 점토질 실트층

해성점성토층으로서 점토 섞인 실트층이며 모래질이 중간정도 혼재되어 있다. 매립토층 아래 11.2~14.8m의 두께로 분포하며 암회색을 띠고 있다. 그리고 A구역의 중앙지점에는 1.8~2.7m 두께의 실트질 모래층이 렌즈상으로 분포되어 있다. N치는 1~32로 상부는 매우 연약하며 하부로 갈수록 굳은 상태를 보이고 있다.

③ 모래자갈층

해성퇴적층으로 자갈 섞인 중립질 모래층으로 담회갈색을 띠며 점토질실트층 아래 1.8~7.1m의 두께로 분포하고 있다. A구역의 경우 비교적 두텁게 분포하고 있으며 보일링 위치에 따라 두께의 차이가 심한 편이다. *N*치는 10~30으로 상대밀도는 조밀 또는 매우 조밀한 상태를 보이지만 자갈, 호박돌로 존재하는 경우가 많아 *N*치의 신뢰도는 다소 떨어지며 부분적으로 *N*치가 감소하는 지층 등이 포함되어 있다.

④ 풍화토층

편마암의 풍화대로 풍화정도는 매우 심한 편이다. 모래자갈층 아래 1.9~5.5m의 두께로 분포하며 황갈색 및 담갈색을 띠고 있다. *N*치는 30~50이고 조밀 또는 매우 조밀한 상대밀도를 보이고 있다.

⑤ 풍화암층

본 현장의 기반암으로 암종은 편마암이며 1.5~5.5m의 두께로 분포하고 있다. 중간 정도의 풍화도를 보이고 있으며 절리 및 균열의 발달정도는 중간 정도고 황갈색을 띠고 있다.

(2) 지하수위 및 지층구성 단면

본 현장의 지반조사 결과를 바탕으로 하여 그림 11.23~11.26에서와 같이 지층구성 단면과 지하수위 분포를 나타내었다.

먼저 지하수위 분포를 보면 A구역의 경우 G.L.(-)2.5~4.5m, B구역의 경우 G.L.(-)3.4~4.5m인 것으로 나타났다. 따라서 A구역이 다소 낮고 B구역이 다소 높게 위치하고 있으며 매립층과 실트질 점토층의 상부에 위치하는 것으로 나타났다.

지층구성은 그림 11.22에 도시된 바와 같이 A구역을 횡방향으로 A-A 단면, 종방향으로 1-1, 2-2, 3-3 단면을 구분하였고, B구역을 횡방향으로 B-B 단면, 종방향으로 4-4, 5-5, 6-6 단면을 구분하였다. 이와 같이 구분된 각각의 단면에 대한 지하수위와 지층구성은 그림 11.23~11.26에 나타내었다.

그림 11.23과 11.24는 A구역과 B구역의 횡방향 단면인 A-A 단면과 B-B 단면을 도시한 것이다. 지층구성은 A구역의 경우 30층 고층아파트가 건설 예정인 BO-1지역에서 점토질 실트층

의 두께가 두껍게 존재하고 있으며, BO-5지역으로 갈수록 그 두께가 얇아지는 경향이 있다. 또한 모래자갈층은 BO-1지역에서 BO-5지역으로 갈수록 약간 두껍게 분포하고 있다.

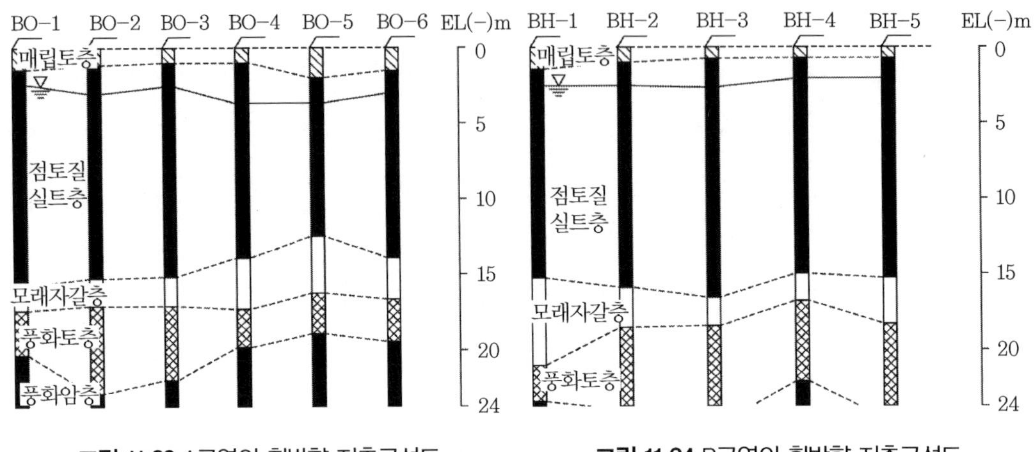

그림 11.23 A구역의 횡방향 지층구성도

그림 11.24 B구역의 횡방향 지층구성도

B구역의 경우 B구역의 경우 상부매립층은 1.2~1.5m 두께로 비교적 고르게 분포하며 점토질실트층 두께는 큰 차이가 없으나 BH-3지점에서 약간 두껍게 분포하고 있음을 알 수 있다. 그리고 모래자갈층의 두께는 A구역과 반대 경향을 나타내고 있다.

한편 그림 11.25와 11.26에서 보는 바와 같이 각 지점별 지층구성도를 살펴보면 A구역의 경우는 흙막이구조물 설치 시 굴착으로 인한 지반의 활동방향으로 지층이 작은 편구배를 이루고

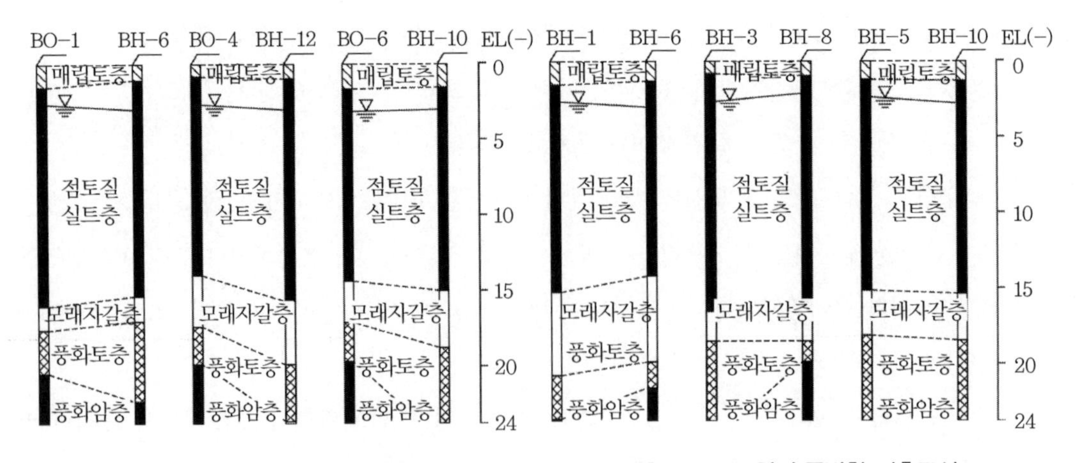

그림 11.25 A구역의 종방향 지층구성도

그림 11.26 B구역의 종방향 지층구성도

있다. B구역의 경우는 지반의 활동에 저항하는 방향으로 편구배를 이루고 있어 A구역과는 반대의 지층 단면을 구성하고 있다.

(3) 지반물성치 시험 결과

본 현장의 지반특성을 파악하고, 지하굴착 시 흙막이공의 안정성 검토를 위해 사용되는 해석모델의 정확한 토질정수를 얻기 위하여 점토질 실트층의 깊이별 시료에 대한 실내시험을 실시하였다. 실내시험 시 사용된 시료의 채취위치는 그림 11.22에서 A구역의 1-1, 2-2, 3-3단면 위치와 동일하게 하였다. 시료는 불교란시료를 2.0~6.7m까지 채취하였으며 각 깊이별로 함수비시험, 비중시험, 애터버그 한계 등의 물리적 특성시험과 일축압축시험, 삼축압축시험 등의 역학적 특성시험을 실시하였다. 상기와 같이 실시된 실내시험 결과를 깊이별로 정리하면 표 11.11과 같이 나타낼 수 있다.

표 11.11 깊이별 실내시험 결과

깊이(m)	함수비(%)	액성한계(%)	소성지수(%)	일축압축시험(kg/cm^2)	삼축압축시험(kg/cm^2)
2.0~2.7	56.5~59.4	42.7~45.8	22.5~28.6	0.27~0.41	-
4.0~4.7	51.9~64.6	43.6~47.6	23.3~26.8	0.33~0.46	0.32~0.38
6.0~6.7	52.2~56.4	42.4~46.4	19.7~26.5	0.50~0.64	-

이 표에서 보는 바와 같이 A구역에서 채취된 점토질실트는 액성한계가 42.7~47.6%고 소성지수가 19.7~28.6%이므로 중간 정도의 소성상태와 압축성을 가지는 것으로 나타났다. 그리고 일축압축강도는 깊이가 깊어짐에 따라 지반의 강도가 증가하는 것으로 나타났다.

이 실험 결과를 토대로 해석 시 사용하기 위한 토질정수는 점토질 실트층의 경우 비배수전단강도 c_u는 2t/m^{2}고, 단위체적중량 γ_{sat}는 1.68t/m^{3}으로 결정하였다. 그리고 모래자갈층은 내부마찰각이 34°고, 단위체적중량이 1.9t/m^{3}며, 풍화토층은 내부마찰각이 38°이고, 단위체적중량이 2.0t/m^{3}로 결정하였다.

11.4.3 시공 단면의 선정

시공 단면의 선정을 위하여 그림 11.22의 1-1단면을 대표적인 해석 단면으로 선정하였으며 시공여유폭에 따른 단면도는 그림 11.27에 보는 바와 같다.

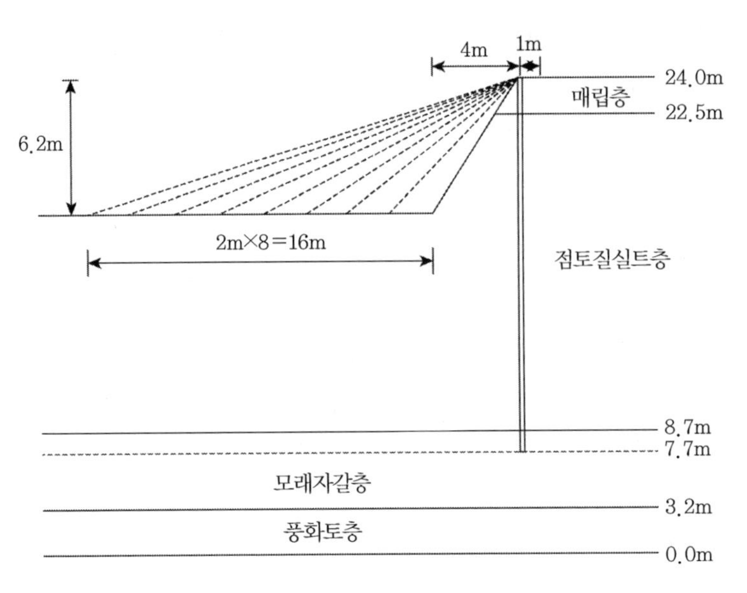

그림 11.27 사면기울기 변화에 따른 보강단면도

(1) 1열 H-말뚝 흙막이벽

본 현장의 경우 여유폭의 범위가 4m 이상, 20m 이하로 다양하게 존재하므로 시공여유폭의 변화에 따른 단면별 안정검토를 실시하였다. 1열 H-말뚝이 설치된 경우에 대하여 사면기울기를 그림 11.27과 같이 변화시키면서 사면의 안정성을 검토해보았다.

H-말뚝 설치 시 가장 사면안정성이 좋은 위치에 1열의 말뚝을 배치하고, 이때 시공여유폭을 고려하면 그림 11.27과 같다. 그림에서 보는 바와 같이 모두 아홉 가지 사면에 대한 사면안정검토를 실시할 수 있었으며 사면안전율은 표 11.12와 같다. 표에서 보는 바와 같이 1열의 H-말뚝을 설치하는 경우, 소요안전율을 만족하는 경우의 여유폭은 6m 이상 필요한 것으로 검토되었다.

표 11.12 사면기울기 변화에 따른 사면안전율

여유폭(m) / 말뚝열수	4	6	8	10	12	14	16	18	20
1열 H-말뚝	0.98	1.09	1.11	1.14	1.16	1.18	1.21	1.24	1.29

(2) 2열 H-말뚝 보강단면

2열 H-말뚝 자립식 흙막이벽 설치 시 현장에서 가장 쉽게 사용되는 재료 및 시공조건을 고

려하여 말뚝열 간의 간격은 2m, 각 말뚝열의 말뚝 중심간격은 흙막이판을 사용하는 경우 기성재료의 크기를 고려하여 1.8m로 하였다. 그리고 합리적인 2열 H-말뚝 흙막이벽 단면을 마련하기 위하여 그림 11.28에서와 같이 가장 효율이 좋은 대표단면을 제1~5안까지 제시하였다. 그림 11.28(a)~11.28(e)는 2열 H-말뚝을 설치한 경우의 종단면도를 나타내고 있다.

제시된 다섯 가지 방안에 대한 사면안정을 검토한 결과와 합리적인 굴착 방안을 표 11.13에 나타내었다. 표 11.13에서 보는 바와 같이 제시된 5가지 설계 방안 중 제2안과 제5안의 경우가 가장 합리적인 지하굴착 방안으로 제시될 수 있다.

표 11.13 2열 H-말뚝으로 시공된 굴착지반의 안전율

구분	제1안	제2안	제3안	제4안	제5안
굴찰면 안전율	1.14	1.24	0.86	0.90	1.18
말뚝열 수	2	2	2	2	2
말뚝치수	H-300×300×10×15	H-300×300×10×15	H-300×300×10×15	H-300×300×10×15	H-300×300×10×15
말뚝길이(m)	1열: 13.8 2열: 16.3	1열: 13.8 2열: 16.3	1열: 13.8 2열: 16.3	1열: 16.3 2열: 16.3	1열: 16.3 2열: 16.3
시공순서	2열 말뚝두부에서 굴착면 하부까지 사면 설치 (그림 11.28(a) 참조)	1) 2열 말뚝에서 1열 말뚝두부까지 3m는 연직으로 굴착 후 흙막이판으로 보강 2) 1열 말뚝에서 2열 말뚝까지는 수평하게 시공 3) 1열 말뚝두부에서 굴착면 하부까지 사면 설치 (그림 11.28(b) 참조)	1) 제2안의 1), 2)는 동일 2) 1열 말뚝두부에서 굴착면까지 1)과 동일하게 시공 (그림 11.28(c) 참조)	1) 1열 말뚝과 2열 말뚝을 먼저 시공 2) 1열 말뚝두부에서 굴착면까지 연직굴착 후 흙막이판 설치 (그림 11.28(d) 참조)	1) 제4안의 1)과 동일 2) 1열 말뚝두부에서 G.L.(-)3m까지 굴착 후 흙막이판 설치 3) 1열 말뚝 G.L.(-)3m에서 굴착면까지 사면 설치 (그림 11.28(e) 참조)

시공성을 고려해보면 제5안의 경우가 제2안보다 합리적인 것으로 제시될 수 있을 것이다. 반면에 제3안과 제4안은 말뚝을 설치하는 경우에도 안정성의 향상은 거의 기대되기가 힘든 것으로 나타났다.

따라서 본 현장에 대한 지하굴착 방안은 현장의 시공성을 고려한 가장 합리적인 설계 방안으로 제5안이 채택됨이 바람직하다. 즉, 그림 11.28(e)와 표 11.13에서 보는 바와 같이 H-말뚝은 16.3m의 말뚝을 2m 간격으로 2열 설치하고 1열 H-말뚝의 G.L.(-)3.0m에서 굴착면까지 사면을 설치하도록 하였다.

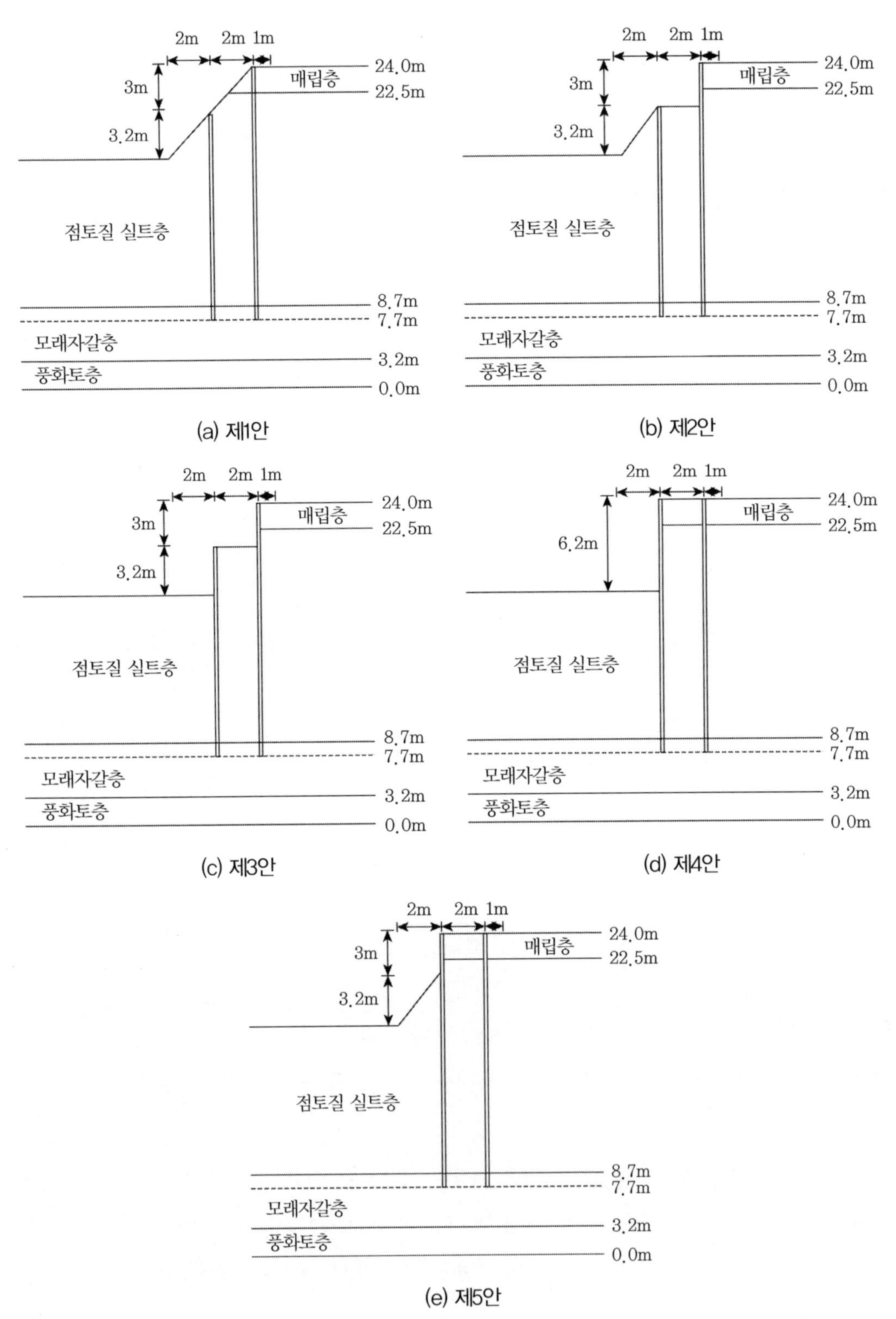

그림 11.28 선정된 2열 H-말뚝 흙막이벽 검토단면도

상기와 같이 제시된 제1안에서 제5안까지의 검토 결과는 현장에서의 시공성과 안정성을 모두 고려한 결과다. 다만 H-말뚝을 설치하는 경우 그림 11.28에서 보는 바와 같이 말뚝의 수평지지력을 확보하기 위하여 말뚝의 선단은 모래자갈층에 1m 이상 관입되는 것으로 가정된 것이며 두부는 띠장으로 서로 연결되어 일체로 거동이 되도록 검토한 것이다.

(3) 시공 단면 선정

본 현장은 위치에 따라서 건축물 시공부지와 사면정상부 사이에 시공 가능한 여유폭이 차이가 있으므로 여러 가지 굴착단면의 설계와 시공이 가능하였다. 따라서 시공여유폭을 고려하여 1열 H-말뚝으로 시공된 흙막이굴착 구간 그리고 2열 H-말뚝을 시공된 흙막이 굴착 구간을 구분하여 이들 구간에서 각각 현장실험을 수행하였으며 각 구간별 위치는 그림 11.29에 도시하였다.

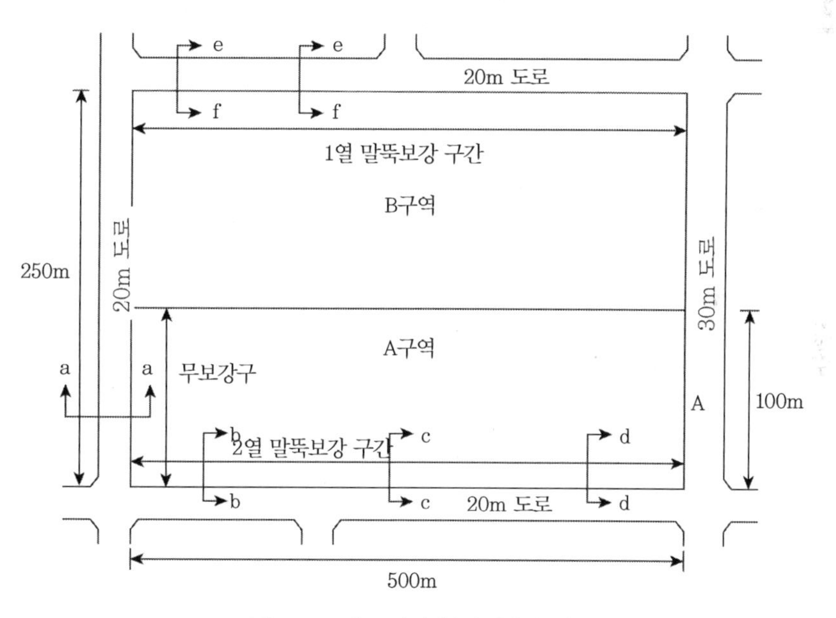

그림 11.29 각 구간별 현장실험의 위치

제안된 설계법에 따라 각 구간별 보강대책을 마련하였으며, 현장의 시공여유폭을 고려한 굴착면의 기울기(L_V/L_H)에 대하여 각 구간별 사면안전율을 검토하면 표 11.14와 같으며, 이때 굴착단면도는 그림 11.30에서 보는 바와 같다.

표 11.14는 본 설계법에 의해 제안된 굴착면의 기울기와 그에 따른 굴착면 안전율 그리고

흙막이말뚝 보강 시 사면안전율을 나타낸 것이다. 시공경계면까지의 여유폭이 약 6m인 경우 굴착면의 기울기를 1:1로 하여 1열의 흙막이말뚝 보강을 실시하였다. 그리고 여유폭이 약 4m인 경우 굴착면의 기울기를 1:0.7로 하여 2열의 흙막이말뚝 보강을 실시하였다.

표 11.14 설계된 굴착면의 안전율

구분	1열 말뚝보강			2열 말뚝보강	
굴착면기울기 (L_V/L_H)	1:1 (1.0)			1:0.7 (1.42)	
사면안전율	보강 전	보강 후		보강 전	보강 후
		간격비 0.83	간격비 0.67		
	0.9	1.1	1.3	0.7	1.2

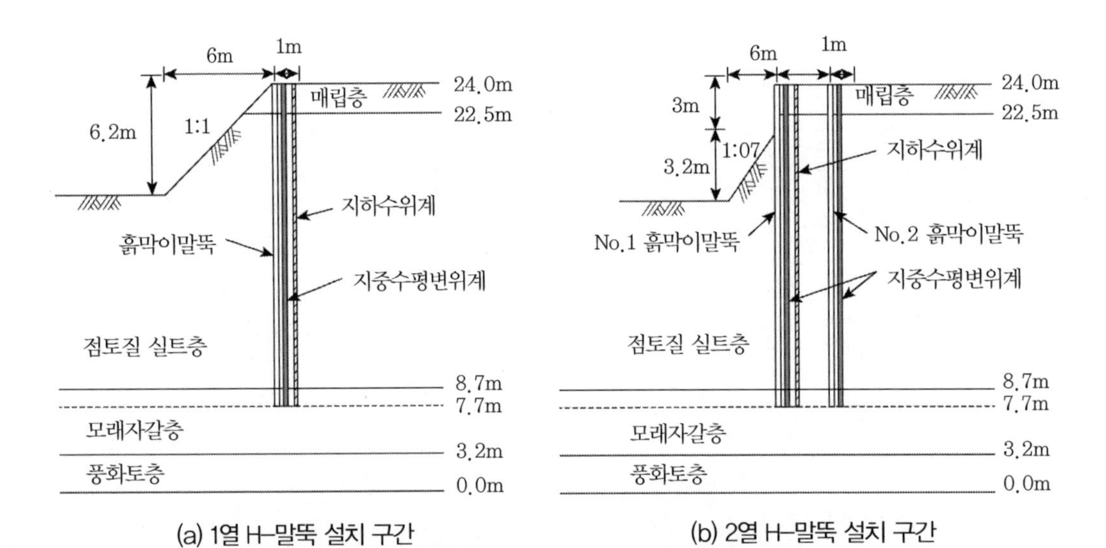

그림 11.30 H-말뚝 설치 단면도 및 계측기 설치 단면도

11.4.4 현장계측

(1) 계측기 설치

본 현장에 설치된 흙막이말뚝과 배면지반의 거동을 파악하기 위하여 각 구간별 H-말뚝 설치 형태에 따라 적절한 계측장비를 활용하였다. 굴착지반에 보강된 흙막이말뚝에는 경사계를 설치하였고, 배면지반에는 경사계와 지하수위계를 설치하였으며 설치단면도는 그림 11.30에서 보는

바와 같이 1열 H-말뚝 설치 구간 그리고 2열 H-말뚝 설치 구간으로 구분하여 각각 도시하였다.

그림 11.31은 1열 H-말뚝과 2열 H-말뚝 설치 구간에서의 계측기설치 평면도를 도시한 것이다. 흙막이말뚝의 거동을 관찰하기 위해서 흙막이말뚝에 밀착시켜 경사계를 설치하였고, 배면지반의 거동과 지하수위를 관찰하기 위해서 말뚝으로부터 0.5m 떨어진 소성영역 지반 내에 각각 경사계와 지하수위계를 설치하였다. 그리고 경사계와 지하수위계는 지표면으로부터 약 15~17m 깊이까지 설치하였다.

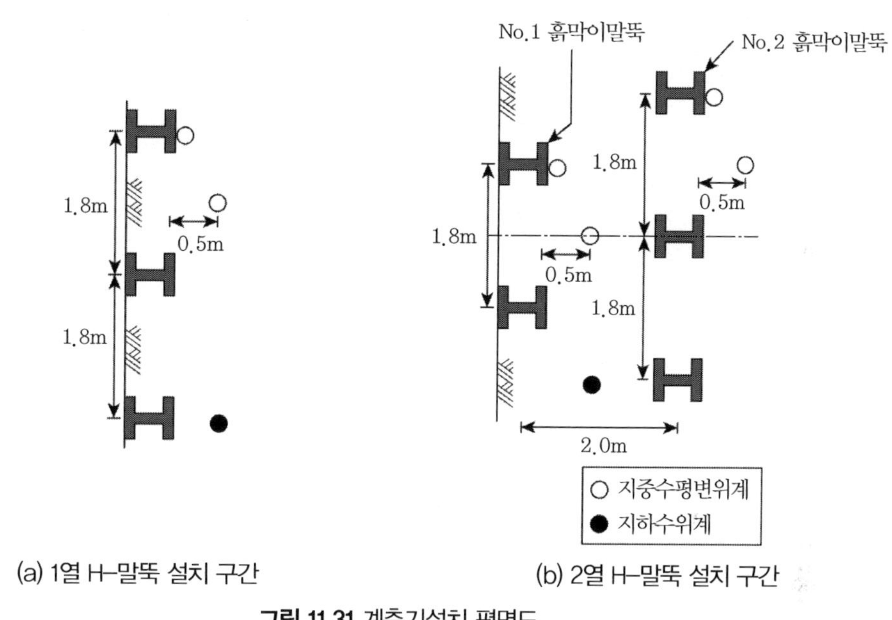

(a) 1열 H-말뚝 설치 구간 (b) 2열 H-말뚝 설치 구간

그림 11.31 계측기설치 평면도

(2) 시공단계

현장에서 계측된 결과를 분석하기 위해서는 모든 시공단계와 현장상황을 조사하는 것이 필수적이다. 시공단계에 따른 흙막이말뚝과 배면지반의 변형거동을 분석하기 위하여 각 구간별로 시공과정을 구분하였다.

먼저 1열 H-말뚝 설치 구간의 제1단계에서는 굴착 전 흙막이말뚝을 설치하고 말뚝상부를 띠장으로 연결한 후 굴착면의 기울기를 1:1로 하여 G.L.(-)3m까지 굴착을 실시하였다. 그리고 제2단계에서는 G.L.(-)6.2m까지 굴착을 실시하고 제3단계에서 굴착면 정지작업을 실시하였다.

또한 2열 말뚝 설치 구간은 두 단면에서 서로 다른 시공순서를 나타내고 있다. 먼저 C-C

단면의 시공순서는 제1단계로 두 열의 흙막이말뚝을 설치하고 No.1 말뚝열에만 띠장을 설치하고 G.L.(-)3m까지 직립으로 굴착을 실시하였다. 그 다음 제2단계에서는 G.L.(-)6.2m까지 1:0.7 기울기의 사면을 두어 굴착을 실시하였다. 이때 제2단계 굴착 완료 후 흙막이말뚝과의 수평변위가 급증하여 No.2 말뚝열에도 띠장을 설치하였고 No.1 말뚝열과 No.2 말뚝열의 두부를 강제로 서로 결합시켰다. 이와 같은 결합시공 작업 직후를 제3단계로 구분하고, 결합시공 후 6개월 동안을 제4단계로 구분하였다. 그러나 B-B 단면의 시공순서는 제1단계에서 No.1 말뚝열과 No.2 말뚝열에 띠장을 설치하고 두열의 말뚝을 서로 결합을 실시한 후 G.L.(-)3m까지 직립으로 굴착을 실시하였다. 제2단계에서 G.L.(-)6.2m까지 1:0.7 기울기의 사면을 두어 굴착을 실시하였다. 굴착 완료 후 1개월 동안을 제3단계로 구분하였으며, 굴착완료 후 6개월 동안을 제4단계로 구분하였다.

11.5 현장실험 결과

11.5.1 1열 H-말뚝 설치 구간

1열 H-말뚝 설치 구간(E-E 단면, F-F 단면)은 부지경계면에서 시공경계면까지 여유폭이 6m다. 여유폭이 6m일 경우 시공 가능한 최대사면의 기울기는 1:1이며, 이때 사면안정해석 결과 사면안전율은 0.9가 되므로 소요안전율 1.1을 만족하지 못하게 된다. 따라서 본 굴착면에 대해서는 흙막이말뚝(H-말뚝)을 설치하여 지하굴착작업을 실시해야 한다. 굴착면의 기울기를 1:1로 하고 1열의 흙막이말뚝을 설치한 경우 사면안전율은 1.1이 되며 소요안전율을 만족한다. 따라서 본 구간에서는 사면의 기울기를 1:1로 하고 1열의 말뚝을 설치하여 지하굴착을 실시하였다.

(1) 흙막이말뚝

그림 11.32는 굴착면 상부에 설치된 흙막이말뚝열의 수평변위를 시공단계별로 나타낸 것이다. 그림을 살펴보면 굴착깊이가 증가함에 따라 흙막이말뚝의 수평변위는 증가하고 있는 것으로 나타났으며, 수평변위형상은 켄틸레버보의 변형형상과 매우 유사하게 발생하였다.

그림 11.32(a)와 (b)는 말뚝사이의 간격비가 각각 0.67와 0.83인 경우의 흙막이말뚝의 수평변위를 도시한 것이다. 굴착 완료 후 두 단면에서의 최대수평범위는 말뚝두부에서 발생하였으며,

최대수평변위량은 간격비가 0.67인 경우 16.0mm, 간격비가 0.83인 경우 13.0mm인 것으로 나타났다. 계측 결과로 보아 흙막이말뚝의 최대수평변위는 말뚝의 간격비가 0.67인 경우가 0.83인 경우보다 더 크게 발생하는 것을 알 수 있다.

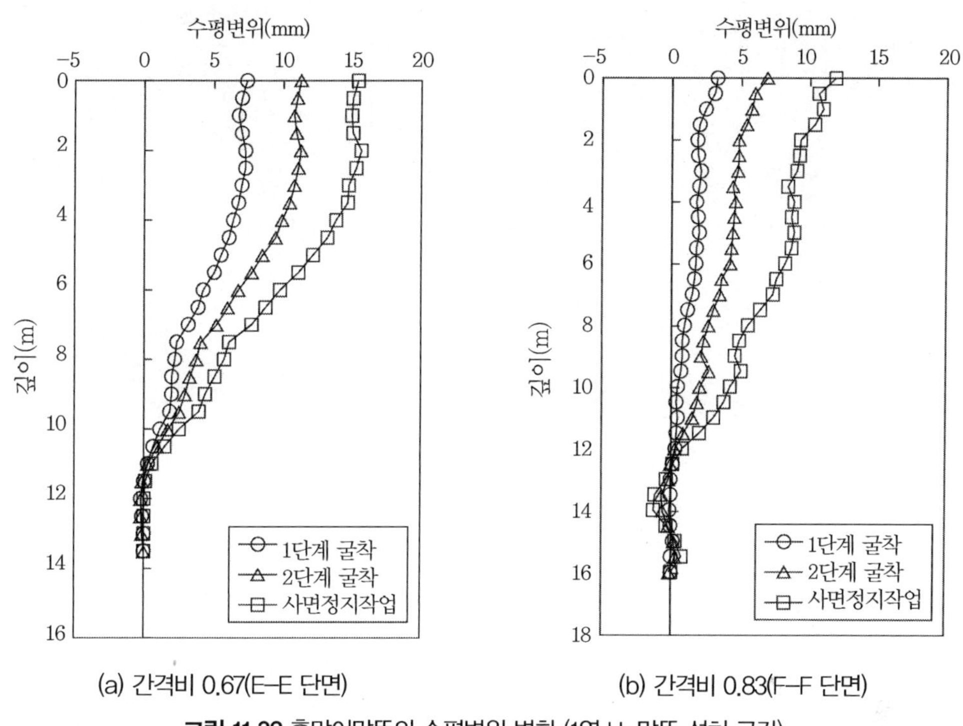

(a) 간격비 0.67(E–E 단면) (b) 간격비 0.83(F–F 단면)

그림 11.32 흙막이말뚝의 수평변위 변화 (1열 H–말뚝 설치 구간)

(2) 배면지반

그림 11.33은 굴착면 상부에 있는 흙막이말뚝열의 소성영역지반에 설치된 경사계로부터 측정된 수평변위를 시공단계별로 나타낸 그림이다. 즉, 그림 11.33(a)는 말뚝의 간격비가 0.67인 경우이며, 최대수평변위는 13.0mm로 지표면에서 약 3.5m 깊이부근에서 발생하였다.

한편 그림 11.33(b)는 말뚝의 간격비가 0.83인 경우로서 최대수평변위는 9.1mm로 지표면에서 발생하였다. 그리고 말뚝의 간격비가 0.67인 경우와 0.83인 경우의 최대수평변위량를 비교해 보면 말뚝의 간격비가 0.67인 경우의 최대수평변위가 더 크게 발생하는 것으로 나타났다.

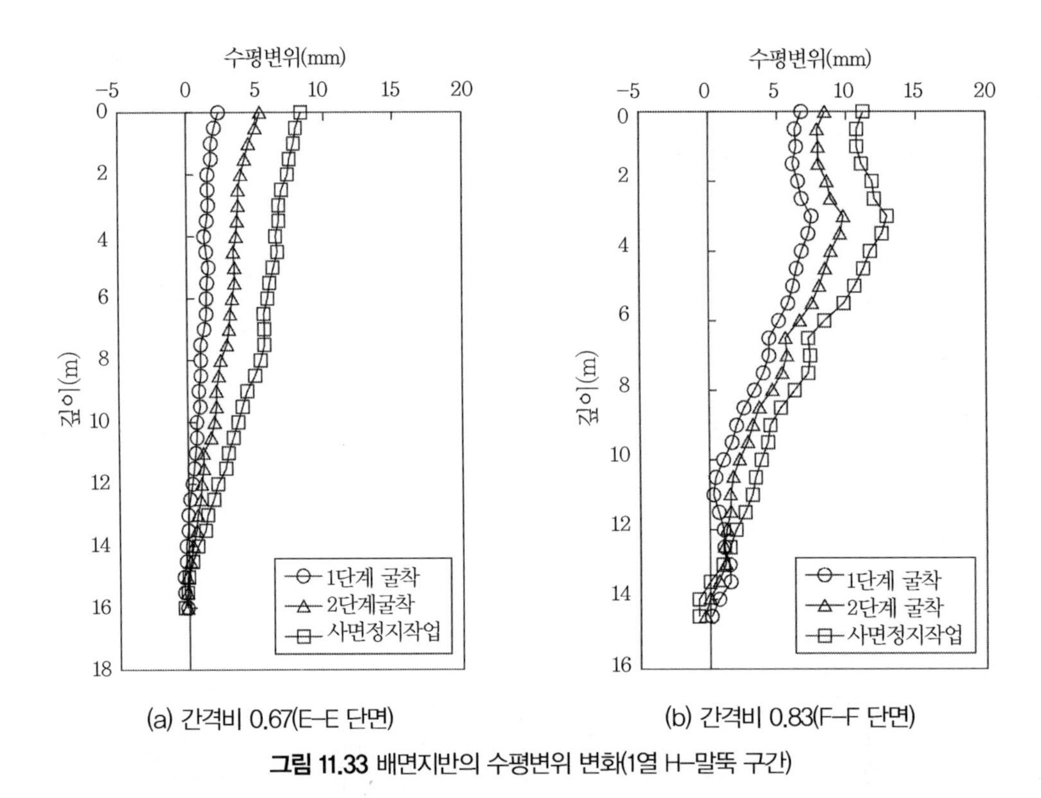

(a) 간격비 0.67(E–E 단면)　　(b) 간격비 0.83(F–F 단면)

그림 11.33 배면지반의 수평변위 변화(1열 H–말뚝 구간)

11.5.2 2열 H-말뚝 구간

2열 H-말뚝 구간(B-B 단면, C-C 단면, D-D 단면)은 부지경계면에서 시공경계면까지 여유폭이 4m다. 여유폭이 4m일 경우 시공 가능한 최대 굴착자반 기울기는 1:0.7이며, 이때 사면안정해석 결과 사면안전율은 0.7이 되므로 소요안전율을 만족하지 못한다. 그리고 1열의 흙막이말뚝을 사면정상에 설치하였을 경우에도 소요안전율을 만족하지 못하므로, 2열의 흙막이말뚝을 설치해야 한다. 2열의 흙막이말뚝을 설치할 경우 사면안전율은 소요안전율을 만족한다.

그러므로 본 단면에서는 2열의 말뚝을 2m 간격으로 설치하고, G.L.(-)3m부터는 기울기가 1:0.7인 법면을 둔 단면의 형태로 굴착을 실시하였다.

(1) 흙막이말뚝

그림 11.34는 B-B 단면의 흙막이말뚝에 설치된 경사계로부터 측정된 수평변위를 시공단계별로 도시한 것이다. B-B 단면의 경우에는 굴착을 실시하기 전에 먼저 1열 H-말뚝과 2열 H-말뚝에 띠장을 설치하고 1열 말뚝과 2열 말뚝을 강체결합을 실시하였다. 이 그림을 살펴보면 굴착

깊이가 증가됨에 따라 흙막이말뚝의 수평변위량은 굴착깊이에 비례하여 증가하며, 켄틸레버보 형태의 변형양상을 보이는 것으로 나타났다. 그리고 최대수평변위는 말뚝두부에서 발생하며, 최대수평변위량은 1열 H말뚝과 2열 H-말뚝에서 각각 84.7mm와 76.8mm가 발생하였다.

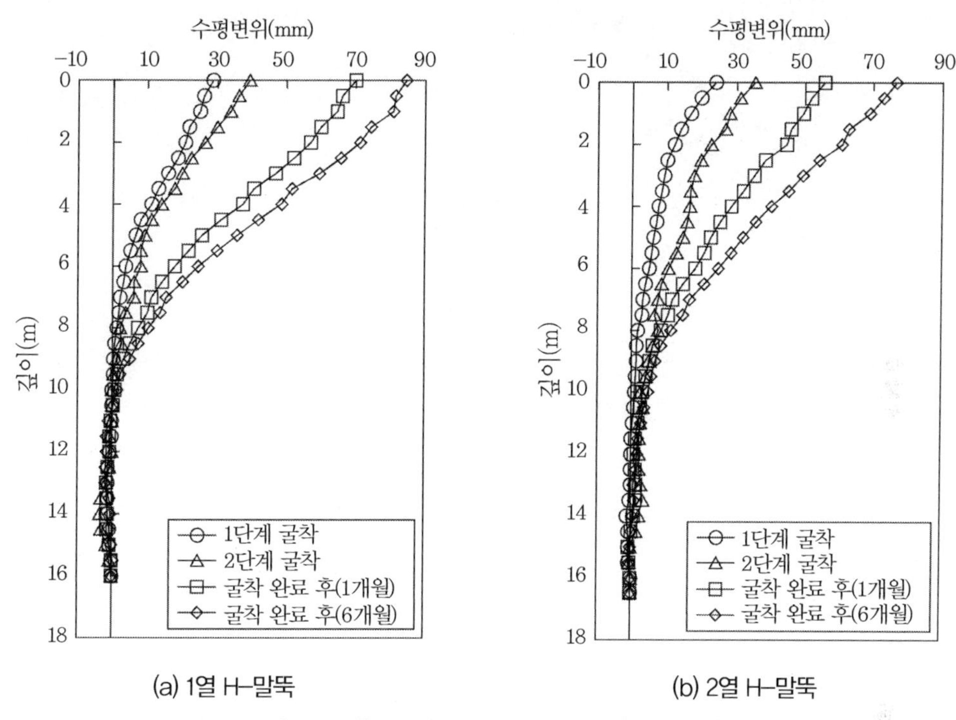

그림 11.34 흙막이말뚝의 수평변위 변화(B-B 단면)

굴착 완료된 후 1개월 동안 수평변위량은 매우 크게 발생하였으며, 그 이후 6개월 동안(계측 종료 시점)의 수평변위량은 이전 1개월 동안의 수평변위량 보다 작게 발생하였다. 이러한 원인은 급속한 굴착속도에 의한 것으로 판단되며, 시간이 지남에 따라 굴착배면지반의 응력재배치로 인한 지반의 안정화 및 흙막이말뚝의 강성으로 인하여 수평변위 증가속도는 감소되었다.

그림 11.35는 B-B 단면의 No.1 말뚝열과 2열 H-말뚝에 대한 최대수평변위를 함께 도시하여 비교한 것이다. 이 그림에서 보는 바와 같이 No.1 말뚝열과 2열 H-말뚝에 대한 최대수평변위 증가양상은 매우 비슷하게 나타나고 있으며, No.1 말뚝열의 최대수평변위는 2열 H-말뚝의 최대수평변위보다 약 12mm 정도 크게 발생하였다. 그리고 굴착이 진행됨에 따라 최대수평변위는 계속적으로 증가하며, 굴착이 완료된 후에는 최대수평변위가 수렴하는 경향을 나타낸다.

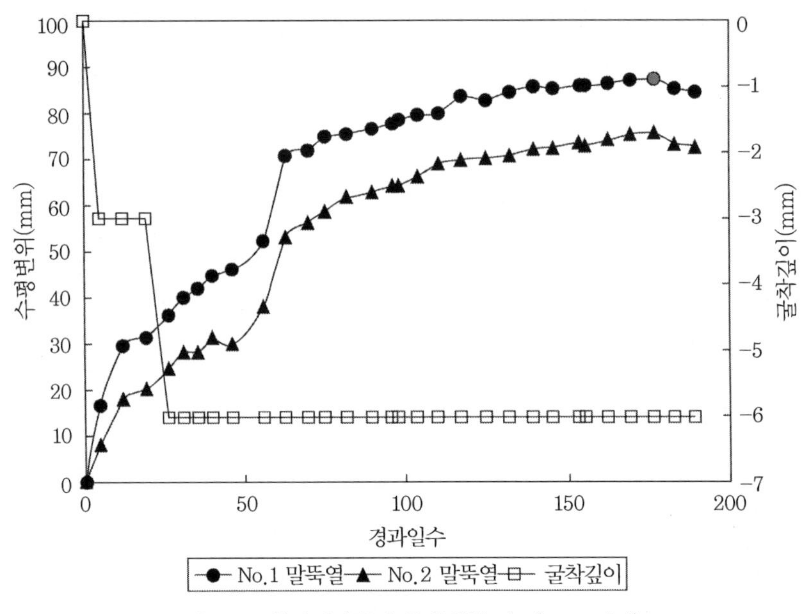

그림 11.35 흙막이말뚝의 최대변위 비교(B–B 단면)

그림 11.36은 C-C 단면의 흙막이말뚝에 설치된 경사계로부터 측정된 수평변위를 시공단계

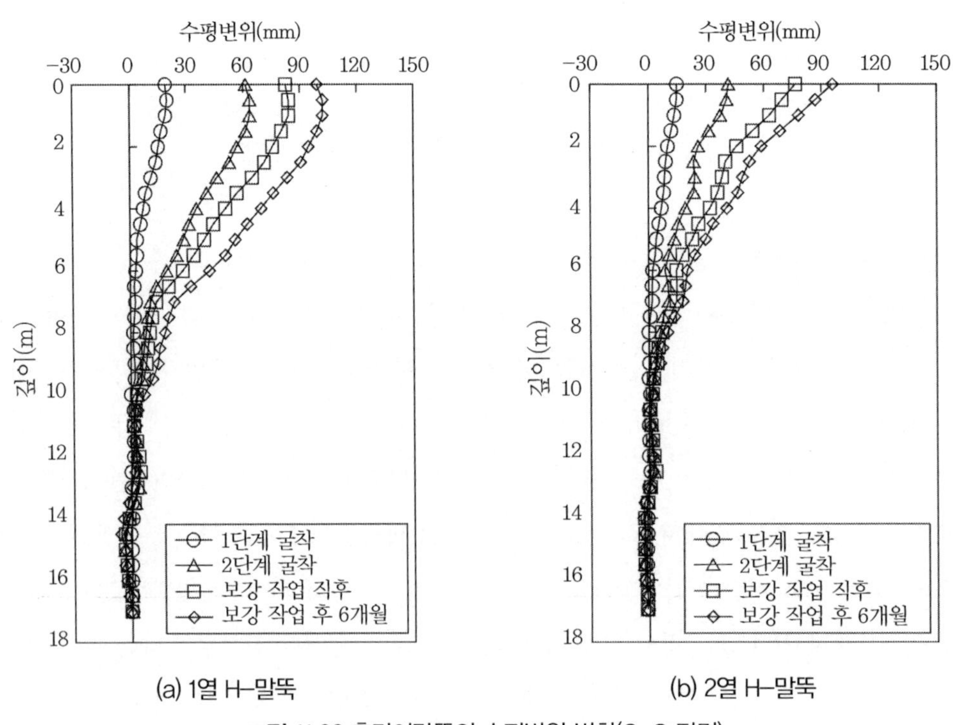

그림 11.36 흙막이말뚝의 수평변위 변화(C–C 단면)

별로 도시한 것이다. C-C 단면은 1열 H-말뚝에만 띠장을 설치하고 굴착을 실시하였으며 굴착 완료 후 급격한 수평변위의 증가로 인하여 2열 H-말뚝에도 띠장을 설치하고 1열 말뚝과 2열 말뚝을 강체결합하였다. 그림 11.36(a)는 1열 H-말뚝의 수평변위를 나타낸 것으로 최대수평변위는 101.6mm로 말뚝두부에서부터 1m 부근에서 발생하였다. 이러한 수평변위의 형상은 말뚝두부의 띠장 설치로 인한 구속효과로 말뚝두부의 수평변위가 억제되었기 때문이다. 그러므로 말뚝두부의 띠장 설치에 의한 수평변위 억제효과를 확인할 수 있다.

그림 11.36(b)는 2열 H-말뚝의 수평변위를 나타낸 것으로 수평변위는 켄틸레버보 형태의 변형 양상을 보이며 최대수평변위는 97.0mm로 말뚝두부에서 발생하였다. 이 그림을 살펴보면 G.L.(-)6.2m까지 굴착이 진행되는 동안 흙막이말뚝의 수평변위는 급격히 증가하였으며, 굴착 완료 후에도 수평변위의 증가는 계속되었다. 이러한 수평변위의 증가를 억제시키고 흙막이벽을 보강하기 위한 방안으로 2열 H-말뚝열에도 띠장을 설치하고 1열 H-말뚝과 2열 H-말뚝을 서로 결합시켰다. 결합 후 수평변위는 비교적 안정되고 일정한 값으로 수렴되는 경향을 보이므로 1열 H-말뚝과 2열 H-말뚝의 결합으로 인한 흙막이벽의 보강효과를 확인할 수 있다.

그림 11.37은 C-C 단면의 1열 H-말뚝과 2열 H-말뚝의 최대수평변위의 비교하여 나타낸 것이다. 이 그림에서 1열 H-말뚝과 2열 H-말뚝의 최대수평변위 증가양상은 매우 비슷하게 나타나고 있다. 최대수평변위는 1열 H-말뚝이 2열 H-말뚝에서보다 약간 크게 발생하는 것으로

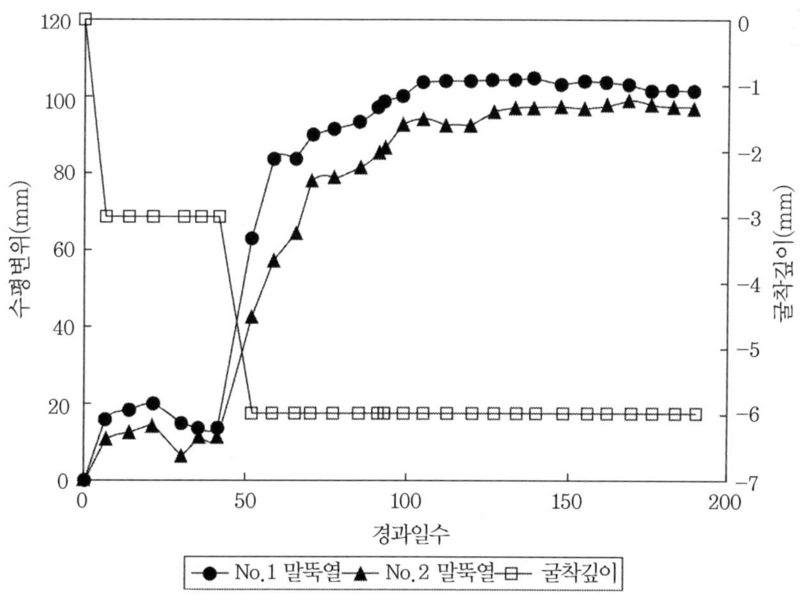

그림 11.37 흙막이말뚝의 최대수평변위 비교(C–C 단면)

나타났으나 시간이 경과됨에 따라 두 말뚝 사이 최대수평변위의 차이가 계속적으로 감소되는 경향을 나타내고 있다. 그리고 굴착이 진행됨에 따라 최대수평변위는 깊이에 비례하여 계속적으로 증가하며, 특히 2단계 굴착 시 급격한 최대수평변위의 증가현상을 보이는 것으로 나타났다. 이러한 수평변위의 증가를 억제하기 위하여 No.1열 H-말뚝과 No.2열 H-말뚝의 결합을 실시하였으며, 두부결합 후 최대수평변위는 안정되고 수렴하는 경향을 나타내었다.

(2) 배면지반

그림 11.38은 굴착을 실시하기 전 No.1열 H-말뚝과 No.2열 H-말뚝의 결합을 실시한 B-B 단면에 대하여 배면지반의 수평변위를 시공단계별로 도시한 것이다. 그림을 살펴보면 배면지반의 수평변위는 켄틸레버보 형태의 변형양상을 보이며, 최대수평변위는 지표면에서 발생하는 것으로 나타났다. 그리고 굴착 완료 후 최대수평변위는 1열 H-말뚝과 2열 H-말뚝의 배면지반에서 각각 75.0mm와 64.3mm가 발생하였다. 한편 굴착바닥면 부근에서 지반의 측방유동현상이 발생하는 것으로 나타났다. 경사계로부터 측정된 굴착바닥면 부근에서 발생한 측방유동량은 1열 H-말뚝의 배면지반에서 약 18mm 정도고, 2열 H-말뚝의 배면지반의 경우는 약 10mm 정도다.

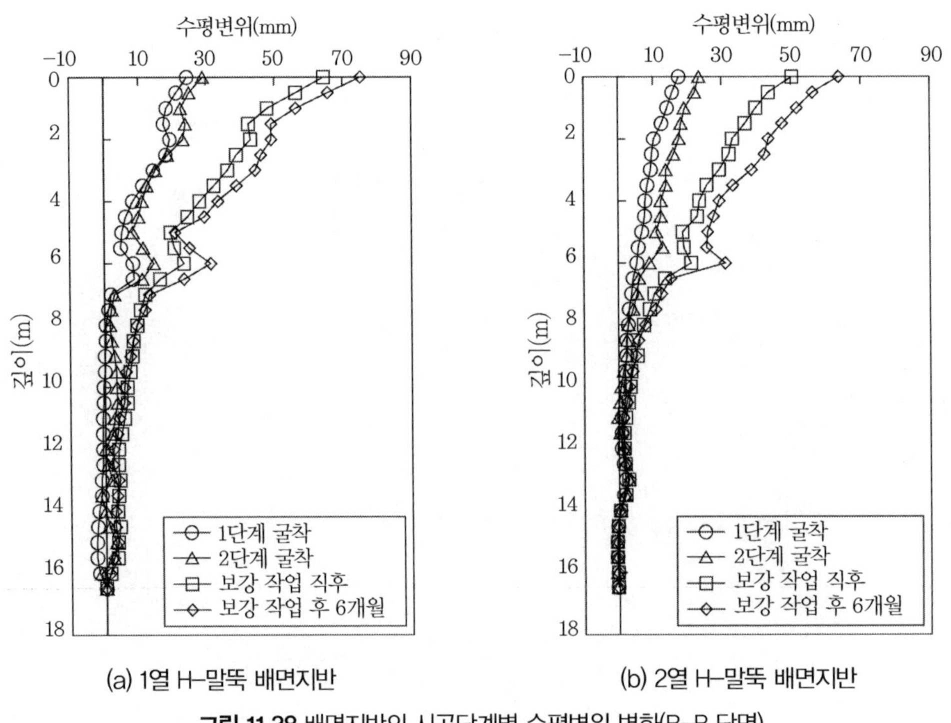

(a) 1열 H-말뚝 배면지반　　(b) 2열 H-말뚝 배면지반

그림 11.38 배면지반의 시공단계별 수평변위 변화(B-B 단면)

또한 B-B 단면의 흙막이말뚝에서와 마찬가지로 배면지반에서의 수평변위는 굴착 완료된 후 1개월 동안 수평변위의 증가량은 매우 크게 발생하는 것으로 나타났으나, 그 이후 6개월 동안 (계측 종료 시점)의 수평변위 증가량은 이전 1개월의 수평변위량보다 작게 발생하여 수평변위는 점차 수렴되는 것으로 나타났다.

그림 11.39는 B-B 단면의 1열 H-말뚝과 2열 H-말뚝의 배면지반에 대한 최대수평변위를 비교하여 나타낸 것이다. 그림을 살펴보면 굴착이 진행됨에 따라 최대수평변위는 계속적으로 증가하며, 굴착이 완료된 후 최대수평변위는 수렴하는 경향을 나타내고 있다. 이 그림에서 보는 바와 같이 1열 H-말뚝과 2열 H-말뚝의 배면지반에서 최대수평변위 증가양상은 매우 비슷하게 나타나고 있으며, 최대수평변위는 1열 H-말뚝의 배면지반이 2열 H-말뚝의 배면지반에서 보다 더 크게 발생하였다.

또한 1열 H-말뚝과 2열 H-말뚝의 최대수평변위 차이는 굴착 시 매우 미소하였으나 굴착 완료 후 그 차이는 약 10mm 정도가 발생하였다.

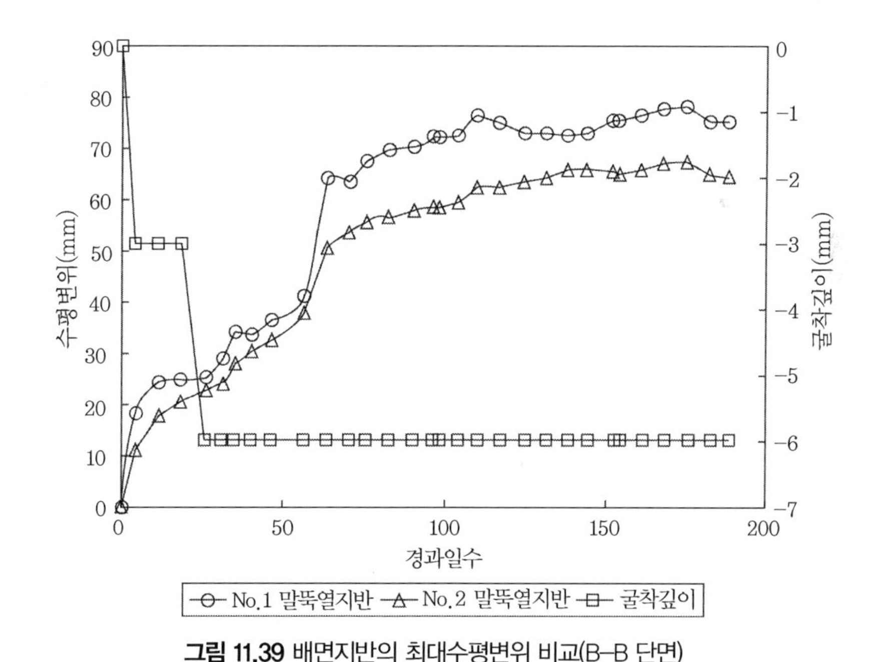

그림 11.39 배면지반의 최대수평변위 비교(B–B 단면)

그림 11.40은 굴착을 실시한 후 No.1 H-말뚝과 No.2열 H-말뚝의 결합을 실시한 C-C 단면에 대하여 배면지반의 수평변위를 시공단계별로 도시한 것이다.

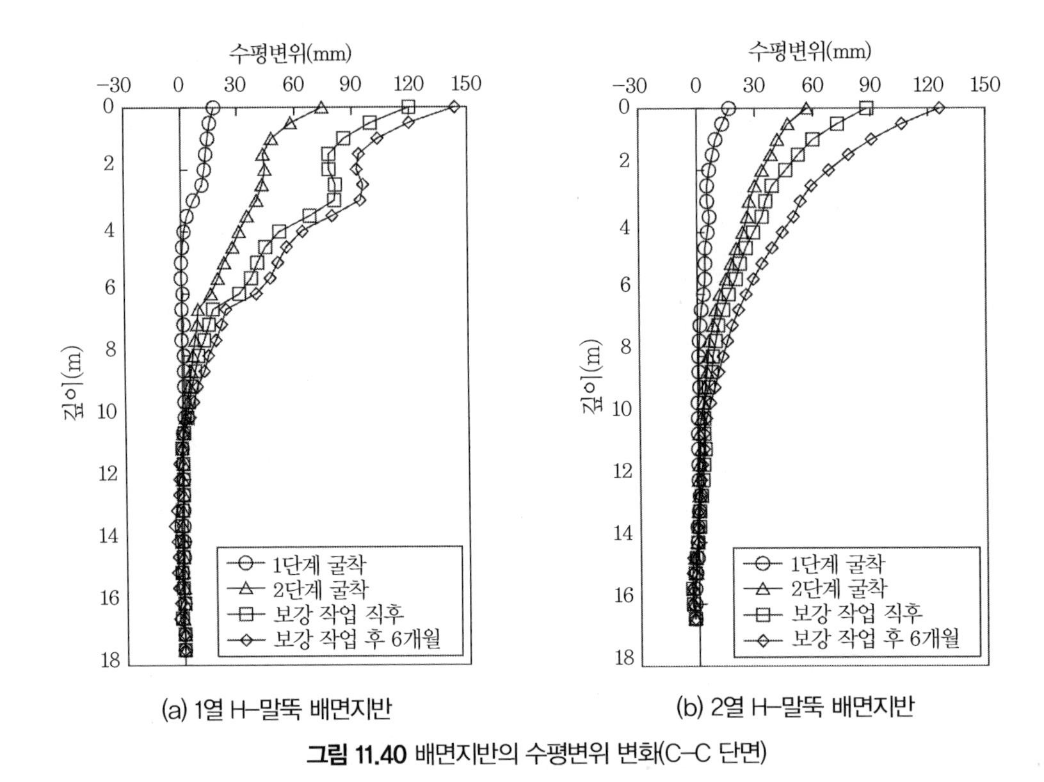

그림 11.40 배면지반의 수평변위 변화(C-C 단면)

그림 11.40을 살펴보면 배면지반의 수평변위는 켄틸레버보 형태의 변형양상을 보이고 있으며, 지표면에서 최대수평변위가 발생하고 있다. 그리고 최대수평변위량은 1열 H-말뚝과 2열 H-말뚝의 배면지반에서 각각 143.1mm와 126.8mm인 것으로 나타났다. 배면지반에서도 흙막이말뚝에서와 마찬가지로 2단계 굴착 후 급격한 수평변위의 증가가 발생하였다. 이러한 수평변위의 증가를 억제시키기 위해 굴착 완료 후 No.1열 H-말뚝과 No.2열 H-말뚝을 서로 결합하였으며, 그 결과 배면지반의 수평변위 증가속도는 매우 크게 감소되었다.

그림 11.41은 C-C 단면의 1열 H-말뚝과 2열 H-말뚝의 배면지반에 대한 최대수평변위를 비교하여 나타낸 것이다. 그림을 살펴보면 굴착이 진행됨에 따라 최대수평변위는 계속적으로 증가하며, 굴착이 완료된 후 최대수평변위는 수렴하는 경향을 나타내고 있다. 이 그림에서 보는 바와 같이 1열 H-말뚝과 2열 H-말뚝의 배면지반에서 최대수평변위 증가 양상은 매우 비슷하게 나타나고 있다. 굴착 시 최대수평변위는 1열 말뚝과 2열 말뚝 배면지반에서 차이가 거의 없으며, 굴착완료 후 최대수평변위는 1열 말뚝 배면지반이 2열 말뚝 배면지반보다 약 10mm 정도 크게 발생하는 것으로 나타났다.

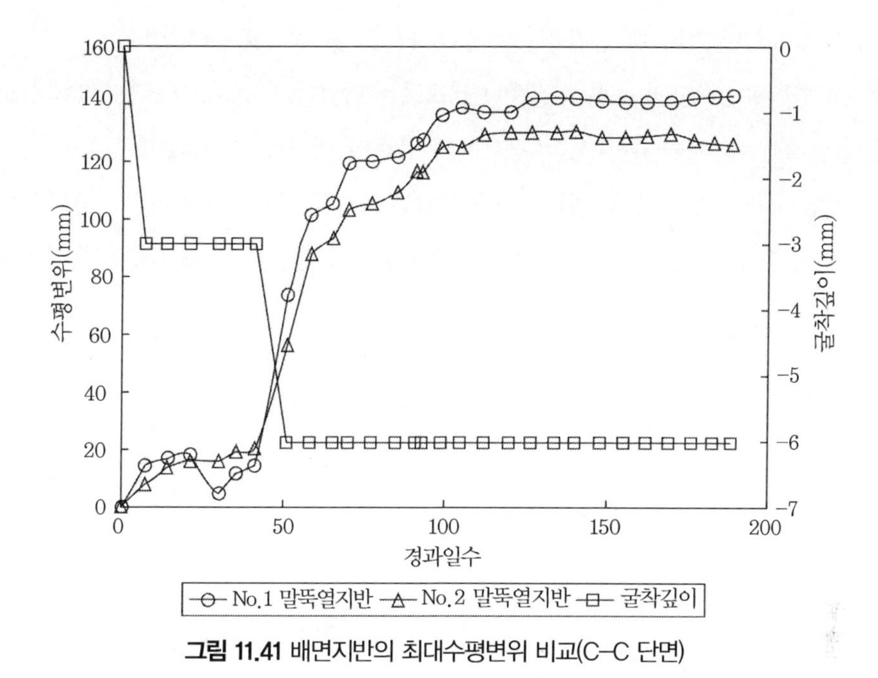

그림 11.41 배면지반의 최대수평변위 비교(C–C 단면)

11.5.3 지하수위

그림 11.42는 흙막이말뚝의 배면지반에 설치된 지하수위계와 강우자료를 이용하여 강우에 따른 지하수위의 거동을 조사한 것이다. 이 그림을 살펴보면 우리나라의 전형적인 기후특성인

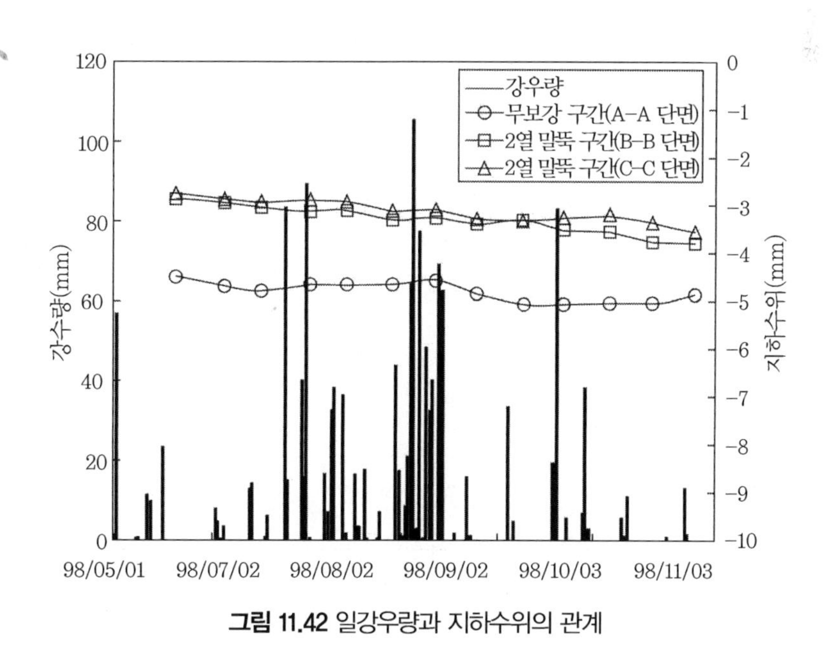

그림 11.42 일강우량과 지하수위의 관계

장마로 인하여 6~9년 사이에 총강우량의 78%가 집중된 것으로 나타났다.

특히 8월에만 총강우량의 35%가 집중된 것으로 나타났다. 그러나 그림 11.42에서 보는 바와 같이 본 현장에서 계측된 지하수위는 강우에 민감하게 영향을 받지 않고 있음을 볼 수 있다.

한편 그림 11.43은 본 현장의 2열 말뚝 구간에서 굴착공사의 진행에 따른 지하수위의 변화를 측정한 결과다. 그림 중 실선은 지하수위의 변화곡선이고 점선은 각 단계별 굴착깊이를 나타내고 있다.

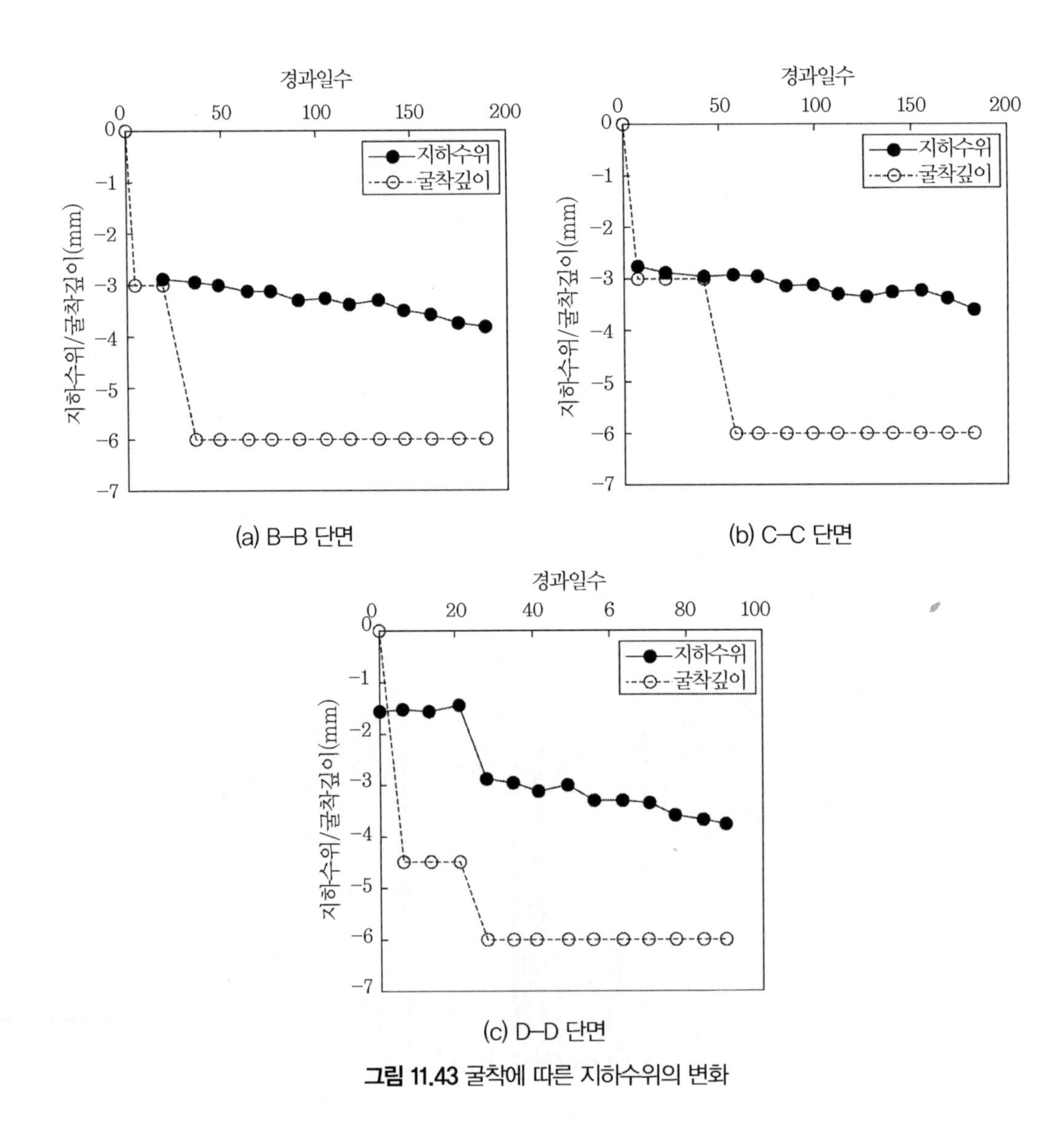

그림 11.43 굴착에 따른 지하수위의 변화

이 그림을 살펴보면 굴착이 완료된 B-B 단면과 C-C 단면에서는 흙막이판이 설치된 G.L.(-)3m 부근에 지하수위가 위치하고 있으며, 지하수위는 시간이 지남에 따라 미소하게 감소하고 있는 것으로 나타났다. 그러나 D-D 단면의 경우 1단계 굴착이 완료된 후 흙막이판이 설치된 G.L.(-)3m까지 급속하게 지하수위가 감소되었으며, 굴착 완료 후에는 지하수위가 매우 미소하게 감소하는 것으로 나타났다. 따라서 굴착 완료 후 지하수위는 세 단면에서 모두 흙막이판이 설치된 G.L.(-)3m까지만 저하되는 것을 알 수 있다.

이러한 현상은 다음의 두 가지 이유로 설명할 수 있다. 첫 번째로 일시적인 집중호우에 의한 강우는 지반에 깊이 유입되지 못하고 지표수로만 존재하기 때문이다. 두 번째로 본 현장의 대부분이 점토질 실트층으로 구성되어 있어 투수성이 매우 낮으므로 침투현상이 발생하지 않고 대부분이 유출되었기 때문이다.

11.6 H-말뚝 자립식 흙막이벽의 거동분석

11.6.1 흙막이벽의 거동분석

H-말뚝으로 시공된 흙막이말뚝과 배면지반의 변형거동을 분석하기 위하여 2열 말뚝 구간의 B-B 단면과 C-C 단면의 최대수평변위 변화를 시공단계별로 구분하여 나타내었다. 그림 11.44는 B-B 단면의 흙막이말뚝과 배면지반의 최대수평변위를 시공단계별로 구분하여 나타낸 그림이다. B-B 단면의 시공단계는 A: 1차 굴착단계(G.L.(-)3m 깊이 굴착), B: 2차 굴착단계(G.L.(-)6.2m 깊이 굴착), C: 굴착지반 내부 굴착단계, D: 강우로 인한 우수유입단계, E: 굴착저면 정지작업 및 기초공사 단계 등 5단계로 구분할 수 있다.

이 그림에서 보는 바와 같이 1차 및 2차 굴착단계(A영역 및 B영역)에서 흙막이말뚝 및 배면지반의 수평변위는 빠르게 증가하였으나 수평방향 굴착단계(C영역)는 굴착깊이를 증가시키지 않고 굴착지반 내부 방향으로만 굴착을 진행하여 굴착면적이 증가되는 단계로 수평변위의 증가량은 미소하였다. 한편 강우로 인한 우수유입단계(D단계)에서는 굴착완료 후 장마철의 집중강우로 인하여 흙막이벽체에 우수가 유입됨으로써 수평변위의 증가속도가 급증하였으며, 굴착지반 정지작업 및 기초공사단계에서는 수평변위가 비교적 안정되고 일정한 값으로 유지되는 경향을 보이는 것으로 나타났다.

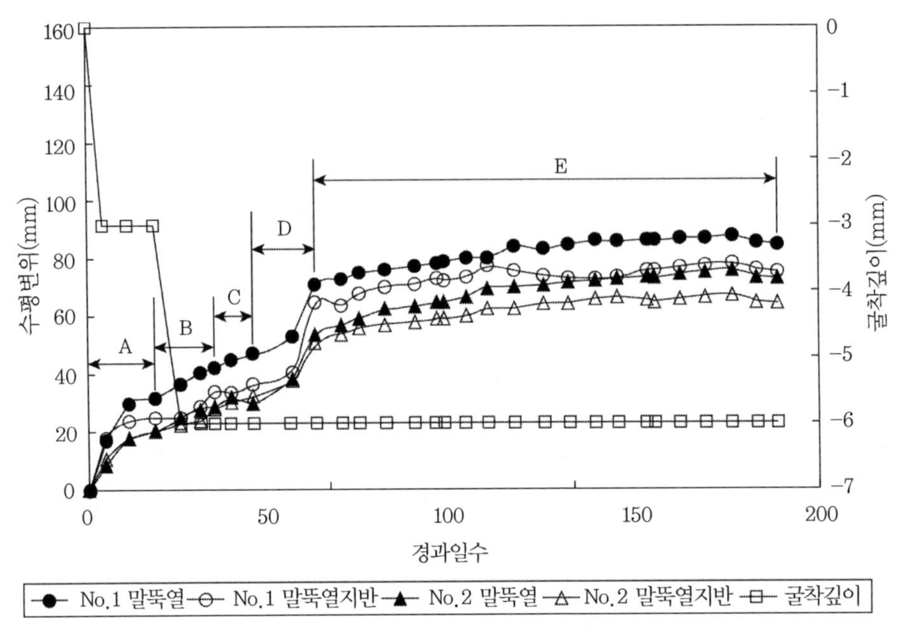

그림 11.44 시공단계별 흙막이말뚝 및 배면지반의 최대수평변위(B-B 단면)

그림 11.45는 C-C 단면의 흙막이말뚝과 배면지반의 최대수평변위를 시공단계별로 구분하여 나타낸 그림이다. C-C 단면의 시공단계는 A: 1차 굴착단계(G.L.(-)3m 깊이 굴착), B: 배면지반 굴착단계, C: 2차 굴착단계(G.L.(-)6.2m 깊이 굴착), D: 흙막이벽 보강단계, E: 굴착저면 정지작업 및 기초공사 단계 등 5단계로 구분할 수 있다.

이 그림에 나타난 바와 같이 1차 굴착단계(A영역)에서 굴착이 G.L.(-)3m까지 진행되는 동안 흙막이말뚝 및 배면지반의 수평변위는 급격하게 증가하였으나 그 이후 굴착이 일시적으로 중단된 기간에는 급격한 수평변위 증가는 발생하지 않고 거의 일정하게 유지되고 있다. 배면지반 굴착단계(B영역)에서는 흙막이벽체로부터 5m 정도 떨어진 배면지반에 관로공사를 위하여 폭 3m, 깊이 4m의 트렌치를 굴착하였다. 이로 인하여 흙막이말뚝과 배면지반의 수평변위는 감소하여 굴착배면 쪽으로 회복되는 현상을 보이고 있다. 2차 굴착단계(C영역)에서 굴착이 G.L.(-) 6.2m까지 진행되는 동안 흙막이말뚝과 배면지반의 수평변위는 급격히 증가하였으며 굴착이 완료된 후에도 수평변위의 증가는 계속되고 있다. 수평변위의 증가를 억제시키고, 흙막이벽을 보강하기 위한 방안으로 2열 H-말뚝에도 띠장을 설치하고 1열 H-말뚝과 2열 H-말뚝을 서로 강체결합시켰다(D영역).

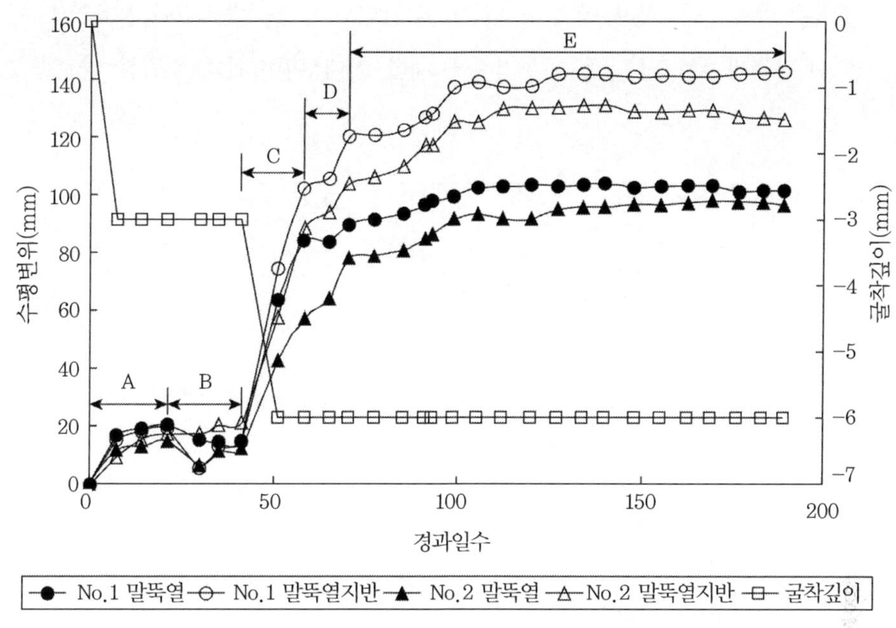

그림 11.45 시공단계별 흙막이말뚝 및 배면지반의 최대수평변위(C-C 단면)

이 그림에 나타난 바와 같이 결합 직후 흙막이말뚝과 배면지반의 수평변위는 거의 증가하지 않고 있어 흙막이벽의 보강효과가 있는 것으로 나타났다. 굴착이 완료되고 굴착저면지반의 정지 작업기간에는 수평변위가 비교적 안정되고 일정한 값으로 유지되는 경향을 보이고 있다(E영역).

11.6.2 흙막이벽의 거동에 영향을 미치는 요소

(1) 말뚝두부 구속조건에 의한 영향

흙막이말뚝과 배면지반의 수평변위는 흙막이말뚝의 두부구속조건에 의해 많은 영향을 받는다. B-B 단면과 C-C 단면은 굴착 시 흙막이말뚝의 두부구속조건이 서로 다르게 시공되었다. B-B 단면의 경우 굴착을 실시하기 전에 1열 H-말뚝과 2열 H말뚝에 띠장을 먼저 설치하고 서로 결합시킨 후 굴착을 실시하였다. 그러나 C-C 단면의 경우 1열 H-말뚝에만 띠장을 설치하고 굴착을 실시하였으며, 굴착 완료 후 2열 H-말뚝에도 띠장을 설치하고 1열 H-말뚝과 2열 H-말뚝을 서로 결합시켰다. 따라서 흙막이말뚝의 두부구속 조건은 굴착 전 말뚝을 서로 결합할 경우 회전구속조건이 되고, 굴착 후 말뚝을 서로 결합할 경우 자유조건이 되는 것으로 생각할 수 있다.

그림 11.46은 두부구속조건이 회전구속인 B-B 단면과 두부구속조건이 자유인 C-C 단면에 대해서 1열 H-말뚝과 1열 H-말뚝 배면지반에 대한 최대수평변위의 변화를 비교한 것이다.

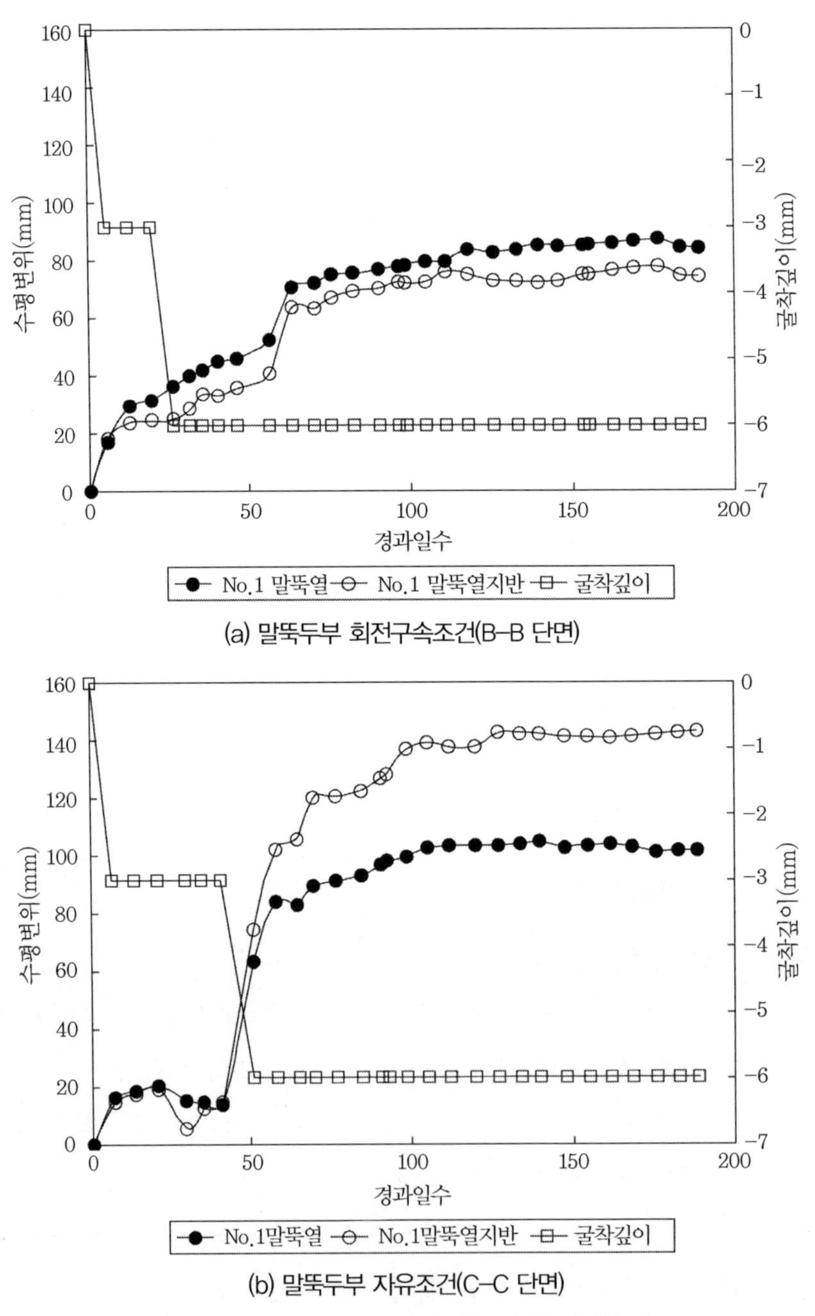

(a) 말뚝두부 회전구속조건(B–B 단면)

(b) 말뚝두부 자유조건(C–C 단면)

그림 11.46 말뚝두부구속조건에 따른 최대수평변위 비교

이 그림에서 보는 바와 같이 흙막이말뚝과 배면지반의 최대수평변위 차이는 C-C 단면보다 B-B 단면에서 더 작은 것으로 나타났다. 굴착 전 말뚝사이의 결합을 실시할 경우 B-B 단면에서와 같이 흙막이말뚝과 배면지반이 하나의 벽체처럼 일체식으로 거동하는 것을 알 수 있다. 그리고 B-B 단면과 C-C 단면의 흙막이말뚝과 배면지반에 대한 최대 수평변위량을 비교해보면 모두 C-C 단면에서 크게 발생하는 것으로 나타났다.

따라서 흙막이말뚝에 의한 배면지반의 수평변위 억제효과는 C-C 단면보다 B-B 단면이 더 우수한 것으로 나타났다. 즉, 굴착 전에 먼저 1열 H-말뚝과 2열 H-말뚝을 서로 결합하여 굴착을 실시하는 것(두부구속조건이 회전구속일 경우)이 굴착 후 1열 H-말뚝과 2열 H-말뚝을 결합하는 것(두부구속조건이 자유일 경우)보다 흙막이말뚝과 배면지반의 수평변위 억제효과가 더 큰 것을 알 수 있다.

(2) 배면지반굴착에 의한 영향

그림 11.47은 자립식 흙막이벽이 설치하여 굴착을 실시한 경우 배면지반의 트렌치 굴착(폭 3m, 깊이 4m)과 되메움으로 인하여 발생하는 흙막이말뚝과 배면지반의 수평변위 변화를 도시한 것이다. 그림을 살펴보면 1단계 굴착으로 인하여 흙막이말뚝과 배면지반의 수평변위는 약 15~20mm가 발생하는 것으로 나타났다. 관로공사를 위한 배면지반에 트렌치 굴착 후 수평변위는 약 8~15mm 정도 탄성회복을 하였으나 관로공사 완료 후 배면지반의 트렌치를 되메움으로 인하여 수평변위는 다시 증가하였다.

배면지반의 트렌치 굴착과 되메움으로 인하여 흙막이말뚝과 배면지반의 작용하는 주동토압은 감소 및 증가를 한다. 이로 인하여 흙막이말뚝과 배면지반의 수평변위는 탄성범위 내에서 변형 및 회복되는 것으로 나타났다. 이상의 결과로부터 흙막이말뚝과 배면지반은 탄성적인 거동을 하는 것을 알 수 있다.

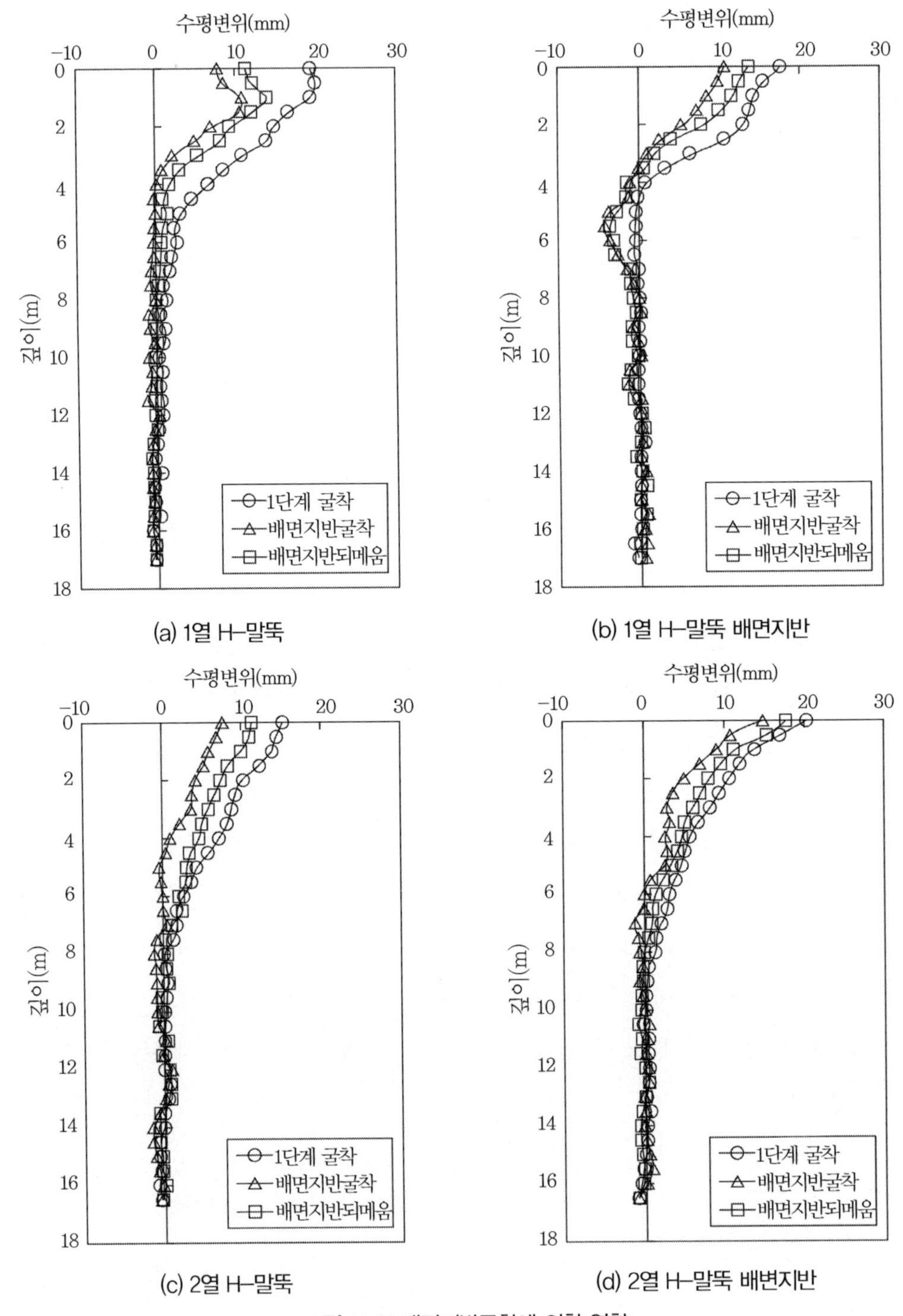

(a) 1열 H-말뚝

(b) 1열 H-말뚝 배면지반

(c) 2열 H-말뚝

(d) 2열 H-말뚝 배변지반

그림 11.47 배면지반굴착에 의한 영향

(3) 히빙에 의한 영향

히빙(heaving) 현상은 연약한 점토지반을 굴착할 경우 굴착배면의 토괴중량이 굴착면 이하의 지반지지력보다 크게 되어 지반 내의 흙이 미끄러져 굴착저면이 부풀어 오르는 현상이다. Peck (1969)[45]은 히빙의 안정검토를 위하여 굴착지반의 전단강도와 굴착깊이와 관계로서 안정수를 적용하였으며, 굴착의 안정수가 3.14 이상이 되면 지반의 소성영역이 발생하고 확대되고, 5.14 이상이 되면 소성영역의 확대로 인한 저부파괴가 발생한다고 하였다. 굴착의 안정수 $N_s = \gamma H/c_u$로 나타낼 수 있으며, 여기서 γ는 단위중량, H는 굴착깊이 그리고 c_u는 비배수전단강도다.

본 현장의 B-B 단면에 대하여 히빙에 의한 영향을 검토해보았다. B-B 단면은 굴착깊이가 6.2m, 단위중량이 1.68tf/m^3 그리고 비배수전단강도가 2tf/m^{3}이므로 굴착안정수는 5.21이 된다. 따라서 Peck에 의해 제안된 히빙 발생 시 굴착의 안정수[45]인 5.14를 초과하므로 굴착면 바닥부근에서 히빙 발생이 예상된다. 그림 11.48은 B-B 단면에서 굴착단계별 흙막이말뚝과 배면지반의 수평변위를 도시한 것이다. 이 그림에서 굴착면 부근에서 히빙이 발생하였으며, 히빙으로 인한 수평변위의 발생량은 10~15mm 정도인 것으로 나타났다. 굴착바닥면에서 히빙이 발생하면

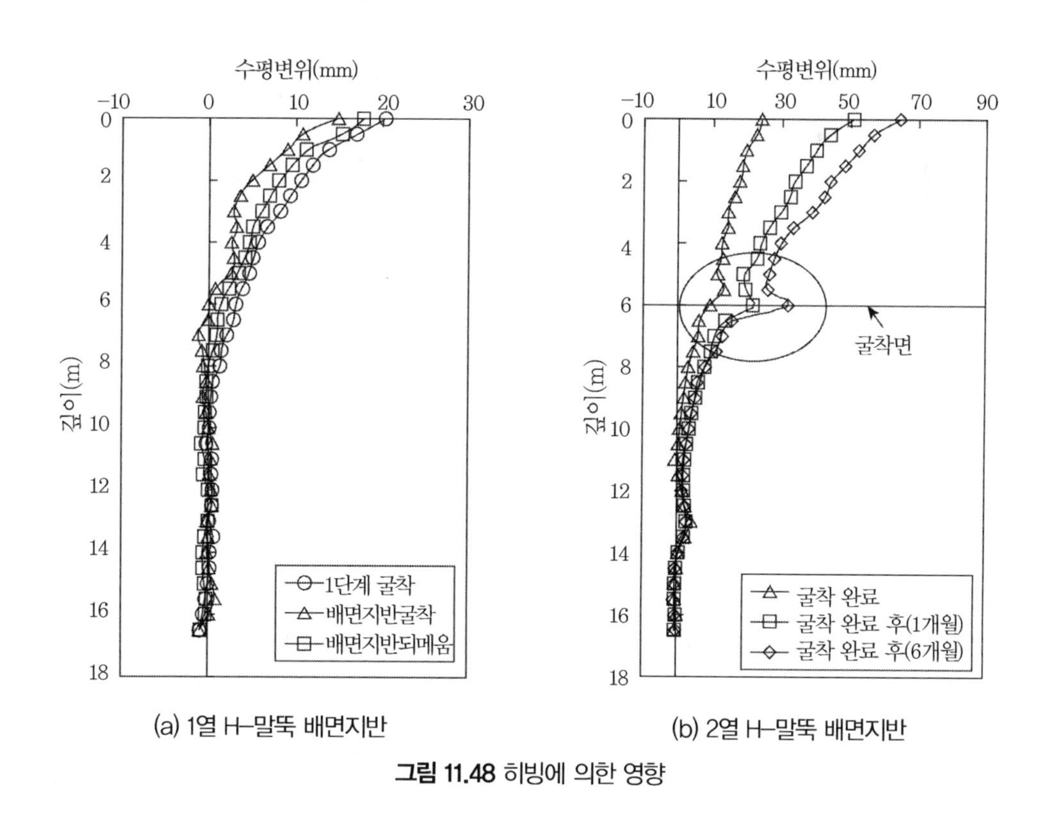

(a) 1열 H-말뚝 배면지반 (b) 2열 H-말뚝 배면지반

그림 11.48 히빙에 의한 영향

굴착바닥면의 변형으로 인한 흙막이벽의 안정성에 영향을 미치게 되므로, 점성토지반 굴착 시 히빙에 대한 안정검토와 시공관리가 반드시 이루어져야 한다.

11.6.3 흙막이벽의 사면안정효과

2열 말뚝 구간의 C-C 단면에서 흙막이말뚝과 배면지반의 최대수평변위를 비교하면 그림 11.49와 같다. 그림 11.49(a)와 (b)를 비교해보면, 1열 H-말뚝에서 지반의 수평변위는 2열 H-말뚝의 지반에서보다 더 큰 값을 나타내고 있으며, 1열 H-말뚝과 2열 H-말뚝의 수평변위는 유사한 것으로 나타났다.

이것은 굴착으로 인한 배면지반의 소성변형이 No.2열 H-말뚝지반에서보다 No.1열 H-말뚝지반에서 크게 발생하였기 때문이다. 또한 흙막이말뚝의 수평변위량이 배면지반의 변형량보다 작게 발생하는 것은 흙막이말뚝의 강성에 의해 배면지반의 소성변형이 억제되고 있음을 보여주는 것이다.

11.6.4 흙막이벽의 안정성

그림 11.50과 11.51은 무보강 구간, 1열 말뚝 구간 및 2열 말뚝 구간에서 흙막이말뚝과 굴착배면지반의 수평변위를 굴착깊이에 따라 나타낸 것이다. 그림에서 횡축은 최종 굴착깊이에 대한 단계별 굴착깊이($H/H_{\max}$)로 나타내고, 종축은 최종 굴착깊이에 대한 수평변위($\delta/H_{\max}$)로 무차원화시켜 나타낸 것이다.

먼저 그림 11.50은 무보강 구간과 1열 말뚝 구간에서 굴착깊이와 수평변위의 관계를 나타낸 것이다. 두 구간에서는 모두 굴착전면지반에 의한 지지효과로 인하여 굴착깊이에 따른 수평변위량이 작게 발생하는 것으로 나타났다. 그림에서 보는 바와 같이 굴착단계별 흙막이말뚝과 배면지반의 수평변위는 굴착깊이의 0.5%H 이내에서 발생하는 경향을 보이고 있다.

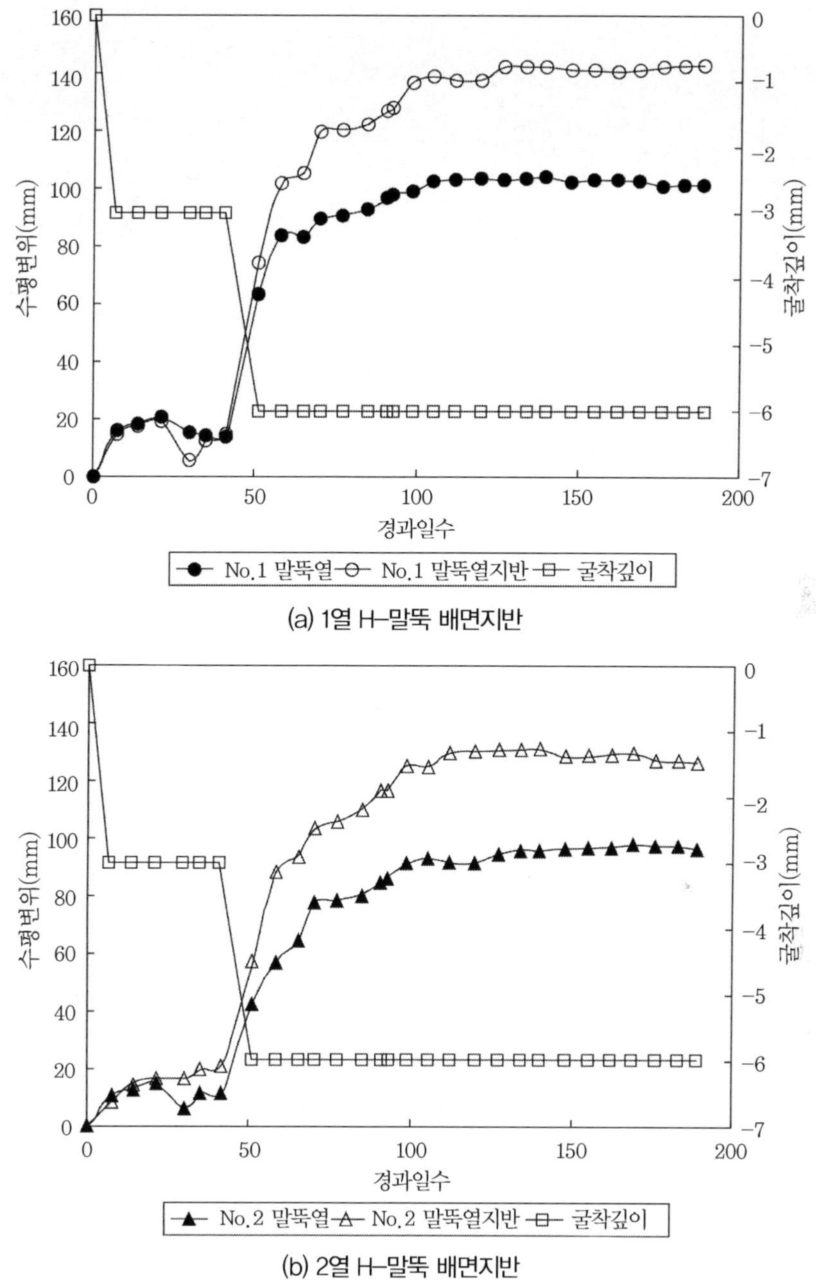

(a) 1열 H-말뚝 배면지반

(b) 2열 H-말뚝 배면지반

그림 11.49 2열 말뚝 구간 흙막이말뚝과 배면지반의 최대 수평변위량 비교

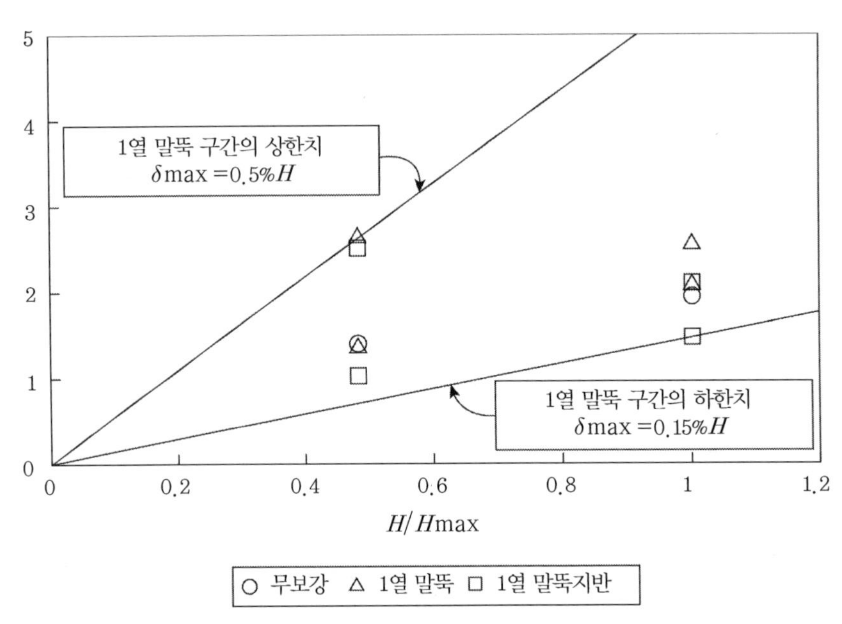

그림 11.50 굴착깊이와 수평변위의 관계(굴착 전면 지반의 지지효과가 있는 경우)

한편 그림 11.51은 2열 말뚝 구간에서 굴착깊이와 수평변위의 관계를 나타낸 것으로 굴착전면지반의 지지효과가 없어 굴착깊이에 따른 수평변위가 크게 발생하였다. 이 그림에서 보는 바와 같이 굴착단계별 흙막이말뚝과 배면지반의 수평변위는 대부분 굴착깊이의 0.8%H에서 2.3%H 사이에서 발생하고 있는 것을 알 수 있다.

그러므로 굴착전면지반의 지지효과 유무에 의하여 수평변위의 차이는 매우 크게 발생하였으며, 굴착깊이에 따른 수평변위는 전면지반의 지지효과가 없는 경우가 지지효과가 있는 경우보다 2배에서 6배 정도 크게 나타나고 있다.

한편 이 그림에서 보는 바와 같이 흙막이말뚝과 배면지반의 수평변위는 굴착깊이가 증가할수록 점진적으로 증가하는 경향을 보이고 있으며, 굴착깊이에 대한 수평변위 증가율은 거의 일정하게 나타나고 있다. 따라서 연약지반에 H-말뚝을 이용한 자립식 흙막이벽을 설치할 경우 과다한 수평변위를 억제하기 위해서는 굴착초기단계에서 세심한 시공관리를 실시할 필요가 있다.

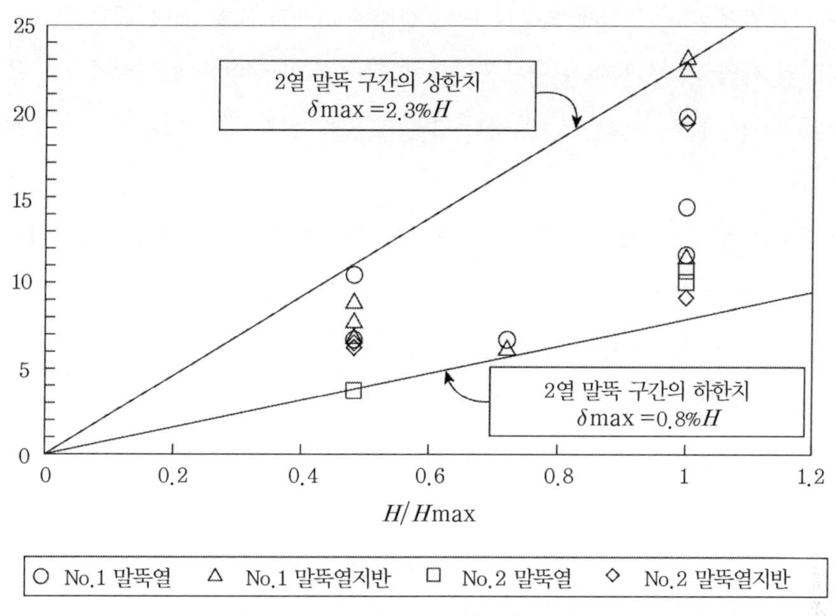

그림 11.51 굴착깊이와 수평변위의 관계(굴착전면지반의 지지효과가 없는 경우)

11.7 결 론

본 연구에서는 H-말뚝을 이용한 자립식 흙막이벽에 대한 설계법을 제안하였으며, 실제 시공될 현장을 대상으로 설계를 실시하였다. 본 공법의 합리성을 확인하기 위하여 현장실험을 실시하였으며, 현장실험 시 흙막이말뚝과 배면지반의 기동을 관찰하기 위하여 계측시스템을 설치하였다. 계측 결과를 통하여 흙막이말뚝과 배면지반의 상호거동을 분석하였다. 그러므로 본 연구를 통하여 점성토지반에 지하굴착 공사를 실시할 경우 H-말뚝을 이용한 자립식 흙막이벽의 합리성, 경제성, 시공성을 확인할 수 있었다.

(1) 점성토지반 지하굴착 공사 시 H-말뚝을 이용한 자립식 흙막이벽을 설치할 경우 기존의 앵커지지 강널말뚝 흙막이벽보다 매우 경제적이며, 시공성이 우수함을 확인할 수 있다.
(2) 본 연구에서는 H-말뚝을 이용한 자립식 흙막이벽의 설계법을 제안하였으며, 본 설계법은 지반조건 결정단계, 굴착면의 기울기와 높이 선택단계, 말뚝두부구속조건, 열수 및 설치위치 선택단계 그리고 말뚝치수, 강성 및 설치간격 선택단계로 구성되어 있다.

(3) 제안된 설계법에 의하여 실제 현장에 대한 설계를 실시할 경우 가장 중요한 요소는 건축물 시공부지와 사면정상부 사이의 여유폭이다. 따라서 시공 여유폭에 의하여 말뚝을 보강하지 않은 굴착 구간, 1열 H-말뚝 설치 구간, 2열 H-말뚝 설치 구간으로 나누어 설계를 실시할 수 있다.

(4) 흙막이말뚝과 배면지반에 설치된 경사계와 지하수위계로부터 측정된 수평변위와 지하수위의 거동을 조사한 결과 수평변위는 시공단계에 따라 큰 영향을 받는 것으로 나타났으나, 지하수위는 강우와 시공단계에 따라 민감하게 영향을 받지 않는 것으로 나타났다.

(5) 흙막이말뚝과 배면지반의 거동을 분석한 결과 거동에 영향을 미치는 요소는 굴착 전면 사면지반의 지지효과, 말뚝두부 구속조건, 배면지반의 굴착, 굴착바닥면의 히빙 현상 등이 있다.

(6) H-말뚝을 이용한 자립식 흙막이벽의 수평변위와 굴착깊이의 관계로부터 흙막이벽의 안정성을 판단할 수 있는 기준을 마련할 수 있다. 굴착 전면지반의 지지효과가 있는 무보강 구간과 1열 H-말뚝 설치 구간의 경우 흙막이말뚝과 배면지반의 수평변위량은 0.5%H 이내에서 발생한다. 한편 굴착 전면지반의 지지효과가 거의 없는 2열 H-말뚝 설치 구간의 경우 흙막이말뚝과 배면지반의 수평변위량은 2.3%H 이내에서 발생하는 것으로 나타났다.

• 참고문헌 •

(1) 윤중만(1993), '앵커지지 흙막이벽에 작용하는 측방토압과 수평변위', 중앙대학교대학원 석사학위논문.

(2) 윤중만(1997), '흙막이 굴착지반의 측방토압과 변형거동', 중앙대학교대학원 박사학위논문.

(3) 이양상(1992), '우리나라 서남해안 해성점토의 전단특성에 관한 연구', 중앙대학교건설대학원 석사학위논문, pp.12-17.

(4) 한중근(1989), '연약지반상에 설치된 벽강관식 안벽의 거동분석에 관한 연구', 중앙대학교 대학원 석사학위논문.

(5) 한중근(1997), '억지말뚝을 이용한 사면의 안정해석 및 설계', 중앙대학교 대학원박사학위논문.

(6) 허정(1992), '우리나라 서남해안 해성점토의 초기탄성계수에 관한 연구', 중앙대학교 건설대학원 석사학위논문, pp.15-53.

(7) 홍원표(1982a), '점토지반 속의 말뚝에 작용하는 측방토압', 대한토목학회논문집, 제2권, 제1호, pp.45-52.

(8) 홍원표(1982b), '모래지반 속에 작용하는 측방토압', 대한토목학회논문집, 제3권, 제3호, pp.63-69.

(9) 홍원표(1983), '수평력을 받는 말뚝', 대한토목학회지, 제31권, 제5호, pp.32-36.

(10) 홍원표(1984a), '모래지반 속에 설치된 단일말뚝의 극한수평저항력', 중앙대학교 논문집, 제28편, 자연과학편, pp.363-380.

(11) 홍원표(1984b), '수동말뚝에 작용하는 측방토압', 대한토목학회논문집, 제4권, 제2 호, pp.77-88.

(12) 홍원표(1984c), '측방변형지반 속 줄말뚝에 작용하는 측방토압', 대한토목학회논문집, 제4권, 제1호, pp.59-68.

(13) 홍원표(1984d), '측방변형지반속의 원형 말뚝에 작용하는 토압의 산정', 중앙대학교논문집, 제27편, 자연과학편, pp.319-328.

(14) 홍원표(1985), '주열식 흙막이벽의 설계에 관한 연구', 대한토목학회논문집, 제5권, 제2호, pp.11-18.

(15) 홍원표(1991), '말뚝을 사용한 산사태 억지 공법', 한국지반공학회지, 제7권, 제4호, pp.75-87.

(16) 홍원표(1994), 수동말뚝, 이진문화사.

(17) 홍원표 · 권우용 · 고정상(1989), '점토지반 속 주열식 흙막이벽 설계법', 대한토질공학회 논문집, 제5권, 제3호, pp.29-38.

(18) 홍원표 · 윤중만 · 한중근 · 송영석(1998), '줄말뚝을 이용한 자립식 흙막이벽의 변형거동', 대한토목학회 학술발표회 논문집(II), pp.413-416.

(19) 홍원표 · 이우현 · 남정만 · 한중근(1990), '편재하중을 받는 연약지반 속의 벽강관식 안벽의 안정해석', 한국강구조학회 논문집, 제2권, 제4호, pp.213-226; 홍원표 · 이우현 · 안종필 · 남정만(1991), '교대기초말뚝의 안정', 대한토질공학회지, 제7권, 제2호, pp.67-79.

(20) 홍원표 · 한중근(1993), '말뚝을 사용한 사면안정공법', 한국지반공학회 사면안정학술발표회, 제2집, pp.19-52.

(21) 홍원표 · 한중근 · 신민호(1996), '억지말뚝으로 보강된 절개사면의 강우 시 거동', 한국지반공학회, 제12권, 제1호, pp.35-45.

(22) 홍원표 · 한중근 · 윤중만(1998), '사면안정용 억지말뚝의 해석법 및 적용사례', 한국지반공학회 사면안정 학술발표회 논문집, pp.7-49.

(23) 홍원표 · 한중근 · 이문구(1994), '절개사면에 설치된 억지말뚝의 거동분석에 관한연구', 한국지반공학회 사면안정 학술발표회, 대한주택공사, pp.49-74.

(24) 홍원표 · 한중근 · 이문구(1995), '억지말뚝으로 보강된 절개사면의 거동', 한국지반공학회지, 제11권, 제4호, pp.111-124.

(25) 홍원표 · 한중근 · 이양상(1994), '우리나라 서남해안 해성점토의 전단특성에 관한연구', 중앙대학교 기술과학연구소 논문집, 제24집, pp.19-30.

(26) 홍원표 · 한중근 · 이재호(1996), '절개사면에 설치된 억지말뚝의 사면안정효과', 한국지반공학회 사면안정 학술발표회 논문집, pp.90-97.

(27) 松井 保(1991), "受動抗の基礎的概念と設計解析法", 土質工學會 中國地部, 講演會.

(28) Anderson, M.G. and Pichards, K.S.(1987), "Slope stability", Chapter 2, A comparative review of limit equilibrium methods of stability analysis, John Wiley & Sons.

(29) Bowles, J.E.(1982), Foundation Analysis and Design, 3rd Ed., McGraw-Hill, Tokyo, pp.516-547.

(30) Burland, J.B., Potts, D.M. and Walsh, N.M.(1981), "The overall stability of free and propped embedded cantilever retaining walls", Ground Engineering, 14(5), pp.28-38.

(31) Duncan, J.M. and Chang, C.Y.(1970), "Nonlinear analysis of stress and strain soils", Jour. SMFD, ASCE, Vol.96, SM5, pp.1629-1653.

(32) Fellenius, W.(1936), "Calculation of stability of earth dams", Trans. 2nd Int. Con. Large Dams, 4, p.445.

(33) Frelund, D.G. and Krahn, J.(1977), "Comparison slope stability methods of analysis", Can. Geotech. Jour., 14, pp.429-439.

(34) Ito, T., Matsui, T. and Hong, W.P.(1979a), "Design method for the stability analysis of the slope

with landing pier", Soils and Foundations, Vol.19, No.4, pp. 43-57.

(35) Ito, T., Matsui, T. and Hong, W.P.(1979b), "Effect of foundation piles for landing pier on slope-stability", 京阪論叢, 第4号, pp.323-344.

(36) Ito, T., Matsui, T. and Hong, W.P.(1981), "Design method for the stabilizing piles against landslide one row of piles", Soils and Foundations, Vol.21, No.1, pp.21-37.

(37) Ito, T., Matsui, T. and Hong, W.P.(1982), "Extended design method for multi-row stabilizing piles against landslide", Soils and Foundations, Vol.22, No.1, pp.1-13.

(38) Janbu, N.(1954), "Application composite slip surface for stability analysis", Proc. European Conf. on Stability of Earth Slopes, Vol.3, pp.43-49.

(39) Ladd, C.C.(1965), "Stress-strain behavior of anisotropically consolidated clays during undrained shear", Proc. 6th ICSMFE., Montreal, Vol.1, pp.282-286.

(40) Lambe, T.W. and Whitman, R.V.(1979), Soil Mechanics(SI version), John Wiley & Sons, pp.12-14.

(41) Matsui, T., Hong, W.P. and Ito, T.(1982), "Earth pressures on piles in a row due to lateral soil movements", Soils and Foundations, Vol.22, No.2, pp.71-81.

(42) Mogenstern, N. and Price. V.E.(1965), "The analysis of the stability of general slip surface", Geotechnique, Vol.15, No.1, pp.79-93.

(43) Moser, M.A.(1973), "Lateral pressure of clayey soils on structures", Proc. 8th ICSMFE. Specialaty, Session 5, Moscow, Vol.4, pp.252-253.

(44) Peck, R.B. and Davisson(1962), Discussion, Trans. ASCE, Vol.127, pt.4, p.413.

(45) Peck, R.B.(1969), "Deep excavation and tunneling in soft ground", Proc. 7th ICSMFE, State of the Art Voulome, pp.225-290.

(46) Poulos, H.G.(1971), "Behavior of laterally loaded piles; I-single piles", ASCE, Vol.97, No.SM5, pp.711-731.

(47) Shultze, E.(1958), "Die Verteilung der Sohlpressungen unter Foundamenten", Mitt. Inst. Fur Verkehrswasserbau, Grunbau und Bodenmechanik, T.H. Aachen, 18, pp.107-139.

(48) Shultze, E. and Mezler, K.L.(1965), "The determenation of the density and the modulus of compressibility of non-cohesive soils by soundings", Proc. 6th ICSMFE., Montreal, Vol.1, pp.354-358.

(49) Spencer, E.(1967), "A method of analysis of the stability of embankments assuming parallel

inter-slice forces", Geotechnique, Vol.17, No.1, pp.11-26.

(50) Wu, T. H.(1966), Soil Mechanics, Allym and Bacon, Boston, p.431.

(51) 홍원표 · 윤중만 · 이재호(2007), '2열 H-Pile을 이용한 자립식 흙막이 공법의 연약지반 적용 방안 연구보고서', 중앙대학교.

(52) 홍원표(1992), '한계평형법을 이용한 여러 방법의 비교분석', 한국지반공학회지, 제8권, 제3호, pp.127-129.

(53) 홍원표(2019), 사면안정, 도서출판 씨아이알.

(54) Bishop, A.W.(1955), "The use of slip circle in the stability analysis of slopes", Geotechnique, Vol.5, No.1, pp.7-17.

(55) Janbu, N.(1968), "Slope Stability Computations", Soil Mechanics and Foundation Engineering Report, The Technical University of Norway, Tronheim.

(56) Fang, H.Y.(1975), "Stability of Earth Slopes", Ch.10 in Foundation Engineering Handbook, edited by H.F. Winterkorn and H.Y. Fang, pp.354-372.

(57) Taylor, D.W.(1937), "Stability of earth slopes", Joun., Boston Society of Civil Engineers, Vol.24, No.3, July Reprinted in Contributions to Soil Mechanics 1925-1940, Boston Society of Civil Engineers, pp.337-386.

(58) Taylor, D.W.(1948), Fundamentals of Soil Mechanics, Wiley, Ch.16, pp.406-479.

찾아보기

■A

■B

■C

■D

■F

■G

■H

■I

■J

저자 소개

홍 원 표

- (현)중앙대학교 공과대학 명예교수
- 대한토목학회 저술상
- 중앙대학교 학생처장, 건설대학원장, 대외협력본부장(부총장)
- 서울시 토목상 대상
- 과학기술 우수 논문상(한국과학기술단체 총연합회)
- 대한토목학회 논문상
- 한국지반공학회 논문상·공로상
- UCLA, 존스홉킨스 대학, 오사카 대학 객원연구원
- KAIST 토목공학과 교수
- 국립건설시험소 토질과 전문교수
- 중앙대학교 공과대학 교수
- 오사카 대학 대학원 공학석·박사
- 한양대학교 공과대학 토목공학과 졸업

지하굴착사례

초판인쇄 2024년 01월 22일
초판발행 2024년 01월 29일

저　　자 홍원표
펴 낸 이 김성배
펴 낸 곳 도서출판 씨아이알

책임편집 박영지
디 자 인 윤지환, 박영지
제작책임 김문갑

등록번호 제2-3285호
등 록 일 2001년 3월 19일
주　　소 (04626) 서울특별시 중구 필동로8길 43(예장동 1-151)
전화번호 02-2275-8603(대표)
팩스번호 02-2265-9394
홈페이지 www.circom.co.kr

I S B N 979-11-6856-202-8 (세트)
979-11-6856-203-5 (94530)
정　　가 26,000원